西北工业大学精品学术著作培育项目资助出版

基于四维航迹运行的大型客机飞行引导技术

李广文　翟少博　贾秋玲　著

U0216258

电子工业出版社

Publishing House of Electronics Industry

北京·BEIJING

内 容 简 介

本书围绕四维航迹运行中如何实现精准定时到达这一目标，全面阐述基于四维航迹运行的大型客机飞行引导技术，内容覆盖飞行计划航段解析、四维航迹规划和重规划、四维航迹飞行误差估计、基于四维航迹运行的飞行引导指令计算、飞行管理着陆系统（FLS）进近引导等飞行引导全过程。

本书共 12 章，主要内容包括飞行计划航段解析和过渡路径的构建、基于航迹运行的四维航迹规划、四维航迹各个航路点的要求到达时间（RTA）分配、四维航迹冲突探测与消解、四维航迹飞行误差估计和误差管理策略研究、基于四维航迹运行的推力管理系统需求分析及架构设计、基于四维航迹运行的飞行引导指令计算、飞行管理着陆系统进近引导技术等飞行管理和飞行引导技术领域的前沿问题，对新一代飞行管理系统的研究具有参考价值。读者若要查询本书各章相关彩色插图，尤其是仿真结果彩色插图，可登录华信教育资源网（http://www.hxedu.com.cn）下载素材。

本书是作者团队 10 年来从事飞行管理系统和飞行引导技术研究工作的总结，书中所阐述的理论方法基本上是经过预研项目和实际工程型号验证的，具有重要的理论意义和工程应用价值。本书可供从事飞行控制、飞行管理、飞行引导技术研究的工程技术人员和相关专业的硕士/博士研究生参考使用。

图书在版编目（CIP）数据

基于四维航迹运行的大型客机飞行引导技术 / 李广文，翟少博，贾秋玲著. —北京：电子工业出版社，2022.12

ISBN 978-7-121-44757-0

Ⅰ. ①基…　Ⅱ. ①李…　②翟…　③贾…　Ⅲ. ①旅客机—飞行控制　Ⅳ. ①V24

中国版本图书馆 CIP 数据核字（2022）第 244737 号

责任编辑：郭穗娟
印　　刷：三河市鑫金马印装有限公司
装　　订：三河市鑫金马印装有限公司
出版发行：电子工业出版社
　　　　　北京市海淀区万寿路 173 信箱　　邮编　100036
开　　本：787×1092　1/16　印张：22.75　字数：582.4 千字
版　　次：2022 年 12 月第 1 版
印　　次：2022 年 12 月第 1 次印刷
定　　价：98.00 元

凡所购买电子工业出版社图书有缺损问题，请向购买书店调换。若书店售缺，请与本社发行部联系，联系及邮购电话：（010）88254888，88258888。

质量投诉请发邮件至 zlts@phei.com.cn，盗版侵权举报请发邮件至 dbqq@phei.com.cn。

本书咨询联系方式：（010）88254502，guosj@phei.com.cn。

前　言

基于四维航迹运行是指，以飞机等航空器的四维（4D）航迹预测为基础，在空中交通管制部门（ATM）、航空公司运营通信系统（AOC）、飞机之间实时共享航迹动态信息，做出协同决策的运行模式。四维航迹运行是新一代空中交通管制系统的核心技术，基于四维航迹运行的飞行引导技术是实现基于航迹运行的关键技术，也是基于四维航迹运行的飞行管理系统（4D-FMS）的核心功能。4D-FMS 将飞行计划和航迹预测/规划相结合，利用机载性能数据库和导航数据库，结合飞机当前飞行状态进行四维航迹预测/规划，给出飞行引导指令控制飞机，使之按预定航迹精确地飞行，实现可定时到达的精确飞行引导。

本书围绕四维航迹运行中如何实现精准定时到达这一目标，全面阐述了基于四维航迹运行的大型客机飞行引导技术。全书共 12 章，各章内容简述如下。

第 1 章绪论，介绍飞行管理系统、基于航迹运行模式的概念和研究进展、基于四维航迹运行的飞行管理系统需求分析、基于四维航迹运行的飞行引导关键技术和飞行引导系统架构。

第 2 章地球模型及飞行引导参数计算，主要介绍飞行管理系统所用导航坐标系和大圆航线、等角航线等常用飞行引导参数的计算方法，为后文介绍航段/模态切换和飞行引导指令计算奠定基础。

第 3 章飞行计划航段的解析和过渡路径的构建，主要介绍飞行管理系统常用的导航数据库标准 ARINC 424 中的飞行计划编码和存储方式，以及该标准规定的各航段定义所需数据和解析方式、飞行计划航段之间平滑过渡路径的构建方法，以此生成水平参考航迹。

第 4 章基于航迹运行的四维航迹规划，主要介绍飞机性能数据库的建立过程，以及考虑飞机性能限制、空管要求和气象条件影响的四维航迹规划过程、航迹参数预测和基于性能优化指标的航迹垂直剖面规划。

第 5 章四维航迹各个航路点的 RTA 分配，主要包括空间气象网格数据预报和更新修正方法、基于伪航路点法的估计到达时间（ETA）计算、四维航迹 RTA 序列初始分配、基于约束管理和松弛的四维航迹 RTA 序列重分配等内容。

第 6 章四维航迹冲突探测与消解，主要包括四维航迹冲突探测、基于机动消解模式的航迹冲突消解路径遗传算法等。

第 7 章四维航迹飞行误差估计和误差管理策略研究，主要介绍了四维航迹飞行误差定义和所需导航性能（RNP）相关概念、基于多源信息融合算法的飞行位置误差估计、飞行技术误差估计、ETA 误差估计和误差管理策略研究。

第 8 章基于四维航迹运行的推力管理系统需求分析及架构设计，主要包括基于四维航迹运行的推力管理系统需求分析和基于四维航迹运行的推力管理系统架构设计、基于四维航迹运行的推力管理系统功能实现及转换逻辑等。

第 9 章基于四维航迹运行的飞行引导指令计算，主要内容包括优化水平航段过渡路径、飞行引导过程中的模式管理、飞行引导指令计算等。

第 10 章飞行管理着陆系统（FLS）进近引导技术，主要内容包括 FLS 进近引导技术简介、FLS 进近引导功能架构设计和关键技术、基于导航传感器完好性的 FLS 进近能力判断、FLS 进近引导模式判断及转换逻辑、FLS 虚拟波束生成和 FLS 进近引导指令计算等。

第 11 章基于四维航迹运行的大型客机飞行引导技术仿真验证系统设计，介绍了该仿真验证系统的功能架构、任务设计等内容。

第 12 章 FLS 进近引导技术仿真验证，介绍了该仿真验证系统功能需求分析及总体框架设计、基于蒙特卡洛模型的 FLS 进近引导技术仿真验证等内容。

本书是作者团队 10 年来从事飞行管理系统和飞行引导技术研究工作的总结。在过去 10 年，作者所在团队和航空工业 615 所与 618 所就飞行管理系统和飞行引导技术开展了深入合作，共同完成了两项民机专项项目研究。在此特别感谢 615 所孙晓敏研究员、陈芳高级工程师、王丹高级工程师、齐林高级工程师、薛广龙高级工程师，以及 618 所魏学东研究员、屈重君研究员、王祎敏研究员、祖肇梓高级工程师、王梓桐高级工程师、徐丽娜高级工程师为我们的研究提供的无私帮助；对以上两个研究所其他各位同仁给作者提供的支持一并表示诚挚感谢。

本书是作者团队集体工作的结晶，李广文撰写了第 1～8 章，翟少博撰写了第 10～12 章，贾秋玲撰写了第 9 章。除以上 3 位作者外，过去 10 年间，还有很多在本团队攻读硕/博士学位的研究生们为本书的撰写提供了素材，他们是倪静、张宁、庞寅、邵明强、惠辉辉、刘恒立、曹植、许博、马力、曹萱、黄天宇、黄彭辉、陈畅翀、张祥、李钊星、尹芝钰。在此感谢这些研究生们的辛勤付出。

本书响应当前我国机载航空电子核心设备关键技术研制需求，书中所阐述的理论方法基本上经过预研项目和实际工程型号验证，具有重要的理论意义和工程应用价值。本书对于推广飞行管理系统和飞行引导技术、提高我国航空装备研究水平、实现航空关键核心技术的自主可控具有重要意义。本书可供从事飞行控制、飞行管理技术研究的工程技术人员和硕士/博士研究生参考使用。

由于作者学识水平有限，书中缺点和不足在所难免，恳请读者批评指正。

作者
2022 年 5 月

缩 略 语 表

英文缩写	英文全称	中文含义
4DT	Four-Dimensional Trajectory	四维航迹
4D-TBO	4D Trajectory Based on Operation	基于四维航迹的运行
ADS	Air Data System	大气数据系统
AFCS	Automatic Flight Control System	自动飞行控制系统
AHP	Analytic Hierarchy Process	层次分析法
ANP	Actual Navigation Performance	实际导航性能
AOC	Airline Operational Communication	航空公司运营通信系统
ASBU	Aviation System Block Upgrade	航空系统组件升级计划
ATA	Actual Time of Arrival	实际到达时间
ATC	Air Traffic Control	空中交通管制
ATM	Air Transport Management	空中交通管制部门
ATSU	Air Traffic Service Unit	空中交通服务组件
CAAC	Civil Aviation Administration of China	中国民用航空局
CAAMS	China Aviation ATM Modernization Strategy	中国民航空管现代化战略
CAZ	Conflict Airspace	冲突空域
CCO	Continuous Climb Operations	连续爬升运行
CDO	Continuous Descent Operations	连续下降运行
CMR	Constraint Management and Relaxation	约束管理和松弛模块
CPDLC	Controller-Pilot Data Link Communication	空管人员-飞行员数据链通信
CTA	Controlled Time of Arrival	受控到达时间
DA/H	Decision Altitude/Height	决断高度/决断高
DDM	Difference in Depth of Modulation	调制深度差
ECMWF	European Centre for Medium-Range Weather Forecasts	欧洲中期天气预报中心
EFIS	Electronic Flight Instrument System	电子飞行仪表系统
EICAS	Engine Indication and Crew Alerting System	发动机指示和机组告警系统
EIS	Electronic Information System	电子信息显示系统

英文缩写	英文全称	中文含义
EPP	Extended Projection Profile	扩展投射剖面
ETA	Estimated Time of Arrival	估计到达时间
FAC	Final Approach Course	最后进近段航迹
FAF	Final Approach Fix	最后进近定位点
FANS	Future Air Navigation System	未来航行系统
FEP	Final End Point	最后终止点
FLS	FMS Landing System	飞行管理着陆系统
FMS	Flight Management System	飞行管理系统
FPA	Flight Path Angle	飞行航迹角
FPAP	Flight Path Alignment Point	飞行航迹对正点
FRT	Fixed Radius Transitions	固定半径过渡
FTP	Fictitious Threshold Point	假想入口点
GA	Genetic Algorithm	遗传算法
GARP	GBAS Azimuth Reference Point	陆基增强系统航向参考点
GPU	Graphics Processing Unit	图形处理器
ICAO	International Civil Aviation Organization	国际民用航空组织
IFR	Instrument Flight Rules	仪表飞行规则
ILS	Instrument Landing System	仪表着陆系统
IRS	Inertial Reference System	惯性参考系统
LOS	Loss of Separation	失去安全间隔
LTP	Landing Threshold Point	跑道入口点
MAPt	Missed Approach Point	错失进近点
MCDU	Multi-Control Display Unit	多功能控制显示组件
MCP	Mode Control Panel	模式控制面板
MMR	Multi-Mode Receiver	多模接收机
MTOW	Maximum Take-Off Weight	最大起飞质量
ND	Navigation Display	导航显示器
NextGen	Next Generation Air Transportation System	下一代航空运输系统
PAZ	Protected Airspace	保护空域
PFD	Primary Flight Display	主飞行显示器
QFU	Runway Magnetic Orientation	跑道磁方位

英文缩写	英文全称	中文含义
RNP AR	Required Navigation Performance Authorization Required	授权的所需导航性能
RNP	Required Navigation Performance	所需导航性能
RTA	Required Time of Arrival	要求到达时间
RTSP	Required Total System Performance	ATM 要求的系统总体性能
SESAR	Single European Sky ATM Research	单一欧洲天空计划
SPRT	Sequential Probability Radio Test	序贯概率比检验
TACAN	Tactical Air Navigation System	战术空中导航系统（简称"塔康"）
TBO	Trajectory Based Operation	基于航迹的运行模式
TCE	Time Control Error	时间控制误差
TCH	Threshold Crossing Height	穿越跑道入口高
TDE	Time Definition Error	时间定义误差
TEE	Time Estimation Error	时间估计误差
TFM	Traffic Flow Management	交通流量管理
TMC	Thrust Management Computer	推力管理计算机
TOAC	Time of Arrival Control	到达时间控制
TOC	Top of Climb	爬升顶点
TOD	Top of Descent	下降顶点
TTE	Total Time Error	总时间误差
UPT	User Preferred Trajectory	用户首选航迹
VD	Vertical Display	垂直显示器
VFR	Visual Flight Rules	目视飞行规则

目　　录

第1章 绪 论

1.1 飞行管理系统

飞行管理系统（Flight Management System，FMS）是大型客机数字化电子系统的核心，是集航迹预测、性能优化、综合导航、飞行引导、信息显示、飞行控制等功能为一体的综合系统。飞行管理系统通过组织、协调和综合飞机上多个航空电子系统的功能，在飞行过程中管理飞行计划、提供参考航迹、计算最优性能参数、按照参考轨迹与导航数据引导飞机飞行，保证飞行计划的实施，协助飞行员完成从起飞到着陆的各项任务，管理、监视和操纵飞机以实现全航程自动飞行。

狭义的飞行管理系统主要包括两部分：飞行管理计算和多功能控制显示组件（Multi-Control Display Unit，MCDU）。广义的飞行管理系统一般指综合航空电子系统的核心部分，主要包括飞行管理计算机系统、综合导航系统、自动飞行控制系统和自动油门系统。机上通信系统（电台、卫星通信终端、空管人员-飞行员数据链通信系统等）和机上监视系统（应答机、广播式自动相关监视收发机）、气象雷达等设备也被划分到飞行管理系统范畴。图 1-1 所示为飞行管理计算机主要功能模块的关系。

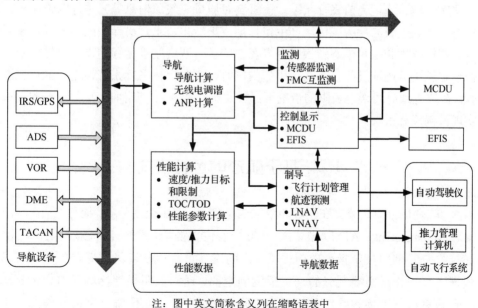

注：图中英文简称含义列在缩略语表中

图 1-1 飞行管理计算机主要功能模块的关系

飞行引导是飞行管理系统最早实现的功能，早在 20 世纪 80 年代，波音公司的 B767 客机飞行管理系统就实现了性能管理和三维（3D）飞行引导功能。三维飞行引导指令由水平引导指令和垂直引导指令组成，水平引导是指根据飞机相对于水平航迹（经度+纬度）的水平误差，生成横侧向操纵指令；垂直引导是指在水平引导的基础上，先根据垂直飞行计划和飞行性能生成垂直参考航迹，再根据飞机相对于垂直参考航迹的垂直误差产生俯仰和推力指令，并把指令输送到自动飞行系统和自动油门系统。

美国国家航空航天局（NASA）与洛克希德公司在 20 世纪 80 年代基于 L-1011 型飞机，对四维飞行引导的相关技术（包含导航、制导、飞行管理系统）进行了研究。该项研究通过机载设备和预报数据获得对风速更加准确的估计，并提出四维飞行引导算法必须支持选择合适的巡航和下降速度计划，并产生空速、高度和航程（范围）指令用于闭环控制来满足优异的到达时间和三维空间剖面要求。

随着四维（4D）导航技术的发展，霍尼韦尔公司（Honeywell）、罗克韦尔柯林斯公司（Rockwell Collins、泰雷兹公司（THLAES）、通用电气公司（GE）和加拿大马可尼电子公司（CMC Electronics）研发的飞行管理系统都具备了四维航迹规划和四维飞行引导功能，此类飞行管理系统简称 4D-FMS。四维飞行引导功能体现如下：当航路点有到达时间（Required Time of Arrival，RTA）约束时，垂直引导计算功能基于当前飞行状态和四维航迹误差生成飞行引导指令，使飞机按照四维航迹飞行，从而满足航路点对到达时间的控制要求。

4D-FMS 将飞行计划和航迹预测/航迹规划相结合，利用支撑航迹运行的性能数据库和导航数据库，结合飞机当前飞行状态（飞机实时质量、气象信息等）进行四维航迹计算，并根据航迹规划生成的参考航迹，产生包括期望滚转角、垂直引导的期望速度、期望航迹倾斜角、期望推力和控制模态转换指令等在内的基于四维航迹运行的飞行引导指令，控制飞机按预定航迹精确地飞行。在飞行引导的同时，实时评估飞行系统误差，进行航迹运行自检验，在位置或时间误差超限的情况下，触发航迹重规划，从而在满足 RTA 的约束条件下，实现精确飞行引导。

1.2　基于航迹的运行模式

当前，航空运行模式建立在空域和扇区的基础上，空中交通管制（简称空管）部门（Air Transport Management，ATM）在已知飞机当前位置的情况下做出统筹决策，飞行管理系统在接收空管部门决策指令的前提下，协助飞行员完成从起飞到着陆的各项任务。空域是根据飞行和作战需要划分的一定范围的空间，通常以明显地标和导航台为标志。由于飞行管理系统自主规划路径的能力与权限有限，因此，在传统航空运行模式下，飞机只能在规定的空间做背台飞行或向台飞行，航线比较固定，通常达不到大圆航线下的最短路径要求。又由于导航精度有限，飞行管理系统控制下飞机的飞行误差较大，因此导致航线之间容留的安全间隔较大，使有限空间能够容纳的航线数量较少，在航线繁忙的时候容易造成航线的拥挤。此时，拥堵空域的交通压力都集中到空管部门。由于空管部门不能精确地预测飞机未来的动向并进行统筹安排，因此导致扇区之间不能有效地动态分配资源，造成资源利用不均，并且容易引发安全事故。随着民用航空业的快速发展，现行空中交通管制系统保障能力却日渐局促，空中交通流量密集，枢纽机场、主要航路容量已经饱和，由此导致的空中交通拥堵和航班延误现象日益严重，极大地影响了飞行效率和飞行安全。

在空域使用矛盾和协同管制问题进一步加剧的情况下，需要对现行的空中交通管制和保障能力提出更高的要求。因此，如何提升空中交通管制系统运行和保障能力是需要解决的首要问题。在传统的航空运行模式下，空管部门承担了绝大部分的决策任务，而且，空管部门无法对所有飞机的航迹进行精确的预测，只能在飞机当前位置已知情况下做出战术决策，无法对飞行流量做出全局的战略安排。此外，繁重的管制和决策任务也增加了空管人员的压力，容易造成空中交通拥堵，引发安全问题。综上可知，传统空中交通管制模式无法满足未来大密度飞行流量的要求。

1.2.1 概述

为了进一步提高飞行效率和空域流量，保障飞行安全，基于航迹运行（Trajectory Based Operation，TBO）模式应运而生。TBO 的概念来源于国际民用航空组织（ICAO）发布的第 9854 号文件《全球空中交通管理运营概念》，其定义为空中交通管制系统在飞行的所有阶段考虑有人或无人驾驶飞机的航迹，并管理该航迹与其他航迹或其他危害的相互作用，尽可能与用户要求的航迹误差最小，以实现系统最佳的运行效果。

TBO 的核心是信息交换和协同决策，是以飞机飞行全生命周期的四维航迹（Four Dimensional Trajectory，4DT）为中心，空管部门、航空公司运营通信系统和飞机之间通过共享、协商、管理动态航迹，实现飞行规划和飞行实施全过程的一体化。同时，利用数据链技术，实现空地数字化协同管制。基于航迹的全运行阶段的管理过程如图 1-2 所示，基于空域和扇区的运行与基于航迹的运行的区别如表 1-1 所示。

与传统航空运行方式相比，TBO 具有以下突出特点：

1）精细化

引入四维航迹的概念，一方面使空域的使用和管理转变为四维时空资源的综合管理，另一方面使飞机的飞行过程变为定时、可控、可达，空中交通管制的时间分辨率将大大提高，由原来分钟级的管理运营控制，提高到 10 秒级的定时到达控制，时间和空间资源的使用效率大幅度提高。

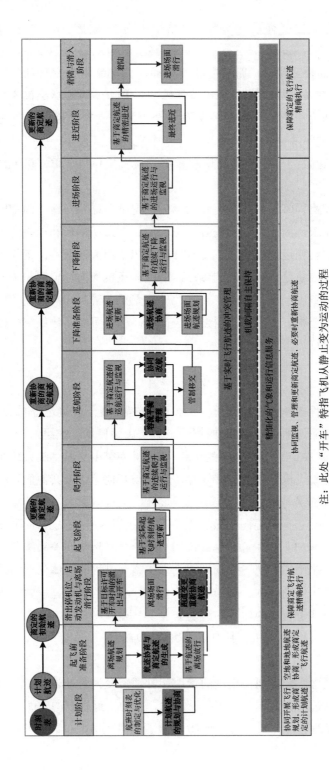

图 1-2　基于航迹的全运行阶段的管理过程

注：此处"开车"特指飞机从静止变为运动的过程

表 1-1 基于空域和扇区的运行与基于航迹的运行的区别

比较项目	基于空域和扇区的运行	基于航迹的运行
概念	规划阶段和执行阶段相对分离	规划阶段和执行阶段通过航迹管理实现一体化
飞行	航空公司向空管部门提交飞行计划	航空公司与空管部门共享和协商航迹
	航空器必须沿事先划设的固定航路飞行	航空器可根据实际情况自主选取最优航迹
	航空器之间完全独立	航空器之间实现航迹共享，提高飞行员感知能力
管制	对所有航空器实施一致的间隔流程	根据航空器性能采取不同的间隔标准
	对空指挥通过语音发布指令	对空指挥利用数据链技术修改并上传航迹数据
	空管系统具有一定的自动化水平	精确掌握航空器飞行意图，有助于飞行流量预测
	空管人员负责监视航空器是否按指令飞行	数字化航迹管理大大提升空管系统自动化水平
	由空管部门提供间隔服务	条件允许时，由航空器自主保持间隔

2）协同化

TBO 的核心是信息交换和协同决策，其主要作用体现在以下 3 个方面。

（1）运行的协同。参与航班航迹管理和维护的利益相关方通过协同的信息环境进行协同决策。

（2）信息的协同。信息的协同包括综合飞行流量、气象、情报等各类信息的协同。

（3）系统的协同。利用数据链技术实现地面空中交通管制系统与机载航空电子系统的协同。

3）可预知

地面空中交通管制系统可以获取由机载飞行管理系统计算的准确的四维航迹，进而预知指定空域未来的运行态势，从而提高空中交通管制系统的情景态势感知能力，便于提前采取措施缓解潜在的交通拥堵压力和避免飞行冲突。这些特点使 TBO 能够带来容量、效率和安全性的提升，减少燃油消耗和碳排放，增加航班灵活性和可预测性，充分利用地面空中交通管制系统的自动化和飞机的性能。

1.2.2 研究进展

2012 年 11 月，在第 12 届全球空中航行大会上，国际民用航空组织积极开展以基于航迹运行为核心的下一代航空运输系统和飞行管理系统的研制与升级，在《全球空中航行容量与效率计划》（第 9750 号文件）中正式推出了酝酿已久的"航空系统组块升级计划"（Aviation System Block Upgrade，ASBU），作为 2013—2028 年全球空中航行发展的战略规划。

ASBU 将国际民用航空组织发布的第 9854 号文件所提出的新航行系统的愿景和运行概念转化成具体的、操作性更强的组块（Block）及模块（Module）。在 ASBU 中，关于 TBO 的发展路线主要体现在"高效的飞行航迹"这一性能改进领域，涉及基于航迹的运行、连续下降运行、连续爬升运行、遥控驾驶航空器 4 个部分。其中，基于航迹的运行是指采用先进概念和技术，支持基于四维航迹（纬度、经度、高度、时间）和速度的运行，以增强全球空管决策能力，其强调的重点是为地面自动化系统整合所有飞行信息，以获得最准确的航迹模型。

目前，欧盟和美国，欧盟和中国都开展了基于四维航迹预测的 TBO 具体项目。美国在掌握和实施基于四维航迹预测的多项关键技术的基础上，又提出了下一代航空运输系统（Next Generation Air Transportation System，NextGen）。欧盟提出了单一欧洲天空计划（Single European Sky ATM Research，SESAR）。这些项目已实现的效果和 4D-TBO 的愿景对目前航空运输问题的解决有着很好的借鉴作用。

1）美国的 NextGen 计划

为了满足预计的 2025 年航空需求，美国于 2003 年提出了下一代航空运输系统，简称 NextGen。NextGen 将美国航空运输系统的所有元素，包括空域、设备、服务、工作人员、程序等都整合起来，使如今的美国国家空域系统全面转变为一个更加安全、可靠、高效且环境友好的系统。NextGen 把 TBO 作为核心技术，把基于飞行许可（Clearance-Based）运行转变为基于航迹运行，通过允许减少安全间隔，把基于航空飞行规则的运行转变为基于性能的运行，同时利用先进的四维天气多维数据集，把及时和准确的天气信息整合到基于航迹运行的过程中，改善决策，提高航迹预测的精度，使飞机根据商定的航迹飞行，从而精确管理飞机的当前和未来位置，把保证飞机之间安全间隔的任务由空管部门负责转变为由飞行机组负责等，提高空中交通管制系统容量和安全水平，从而达到使飞行更安全、高效和可预测的目的。

2011 年 11 月 30 日—12 月 22 日，美国联邦航空管理局（FAA）在西雅图塔科马国际机场，对配备了通用电气公司（GE）提供的 U10.7 飞行管理系统（FMS）的波音 737NG 型飞机进行了 595 次 TBO 飞行验证。验证飞行管理系统使用的要求到达时间（RTA）的能力。

在试验中，飞机在距离终端区 200～300 海里（1 海里=1.852 千米）范围内，由 FMS 根据地面发送预测风速、飞行限制等信息，计算出含有 RTA 窗口的四维航迹信息，并发送给地面空中交通管制系统，进行空地协商。

2016 年，美国进行了关于使用空地广域信息管理（SWIM）共享四维航迹信息演示的相关研究；2019 年 5 月启动了四维航迹运行演示工作。

2）欧洲的 SESAR 项目

随着欧洲航空运输量的增长，欧盟于 1999 年提出了 SESAR，并在 2009 开始的第二阶段中提出了"单一欧洲天空"（SES）的目标：3 倍于当前的容量、安全性能提高 10 倍，每次飞行对环境的冲击减少 10%，以及减少一半的 ATM 成本。欧盟委员会和欧洲航天局于 2004 年联合启动了 SESAR 项目，将其作为核心项目为"单一欧洲天空"计划提供技术保障。

SESAR 明确了四维航迹运行的概念，提出了多个相关的概念和解决措施，包括首选航迹、受控飞越时间、受控到达时间、初始四维（initial 4D，i4D）航迹和全面四维航迹运行等。同时提出了基于四维航迹运行的航空器、地面空中交通管制系统应具备的能力，以及地空数据交换的标准化要求。i4D 是一种全新的空中交通管制技术，通过传统的三维空间和第四维（时间）来确定航空器航迹。这一技术要求航空器具有将飞行数据传输到地面的功能和预测功能，可以使航空器与地面空中交通管制系统协调后，精确地按照预定航迹飞行。其核心特点是确保空中和地面航迹信息共享与同步，并通过使用飞行管理系统（FMS）中的要求到达时间（RTA）功能自动管理速度，在受控到达时间（Controlled Time of Arrival，CTA）范围内到达汇聚点，以此提高交通排序能力。SESAR 还提出了扩展到场管理区边界（Extended Arrive Manager，E-AMAN）和基于时间的间隔（Time Based Separation，TBS）概念，前者是指通过扩大终端区管制范围至 200 海里，可以提前对到达飞机进行航迹预测，规划排序；后者是指针对最后进近和降落过程中，飞机保持的安全距离不能体现风的影响问题，将安全间隔由距离替换为时间间隔以适应风的变化，可以更加灵活可靠地管理间隔，降低终端区容量，提高进近降落的安全性。

SESAR 中的 TBO 目标主要通过 3 个阶段逐步完成，具体如下。

阶段一"基于时间的运行"，聚焦飞行效率、可预测性和环境 3 个方面，目标是形成一个同步的欧洲空中交通管制系统。

阶段二"基于航迹的运行"，聚焦飞行效率、可预测性、环境和容量方面，目标是形成一个基于航迹的空中交通管制系统，参与航迹运行的各方通过网络中共享的四维航迹信息和用户自定义优先级功能，优化四维任务航迹。

阶段三"基于性能的运行"，建成欧洲高性能、完整的、以网络为中心、协同和无缝的空中/地面管控系统，实现基于全系统信息管理（SWIM）以及使用用户驱动的优先级过程（User Driven Prioritization Process，UDPP）的协同规划网络运行。

2012 年 2 月 10 日，欧洲用空中客车 A320 客机和法国泰雷兹公司的飞行管理系统完成了首次 i4D 航迹运行；2014 年 3 月，测试了从法国图卢兹到丹麦哥本哈根的 i4D 航迹运行，并于 2015 年 4 月利用飞往汉堡和图卢兹的多个航班，向地面下传扩展投射剖面（Extended Projection Profile，EPP），以验证空地数据共享效果。在四维航迹方面验证了 i4D 航迹概念，开发了具备 i4D 航迹能力的飞行管理系统（FMS）、空中交通服务组件（Air Traffic Service Unit，ATSU）和电子信息显示系统（Electronic Information System，EIS）原型。

2019 年 3 月，在欧洲"SESAR 2020"研究技术框架下进行了大规模的仿真，验证了 100 架飞机同时执行 i4D 航迹运行的情况。

3）中国民用航空局关于 TBO 的项目

为了应对中国民航发展的机遇与挑战，中国民用航空局根据世界民航发展趋势，分别于 2002 年和 2005 年提出"民航强国"战略目标和新一代航空运输系统构想。2016 年，中国向国际民用航空组织提交中国民航空管现代化战略（China Aviation ATM Modernization Strategy，CAAMS），提出将围绕安全、容量、效率和服务 4 个性能领域的目标推进 CAAMS 的实施。TBO 作为 CAAMS 核心之一，成为使运行具有航迹规划的全局性、航迹运行的可预测性、航迹管控的精细化、飞行管制的数字化和协同化的技术手段，用于提升空中交通运行效能，降低管制工作负荷，有效保障飞行安全，提高飞行效率。

2017 年 10 月，中国民用航空局专门成立了 TBO 工作组，负责开展 TBO 运行概念的研究与论证，组织和实施中国 TBO 相关试验验证工作，针对空管新概念、新技术提出中国的实施指南和绘制路线图。

2019 年 3 月 20 日，中国民用航空局空中交通管理局与研发团队和空中客车公司在天津至广州的航线上，共同完成了中国首次 i4D 航迹运行试验。试验飞机由中国南方航空公司订购，在空中客车天津总装厂交付前经过改装并由机组人员负责试飞。该飞机配备了泰雷兹公司提供的 i4D 航迹运行航空电子设备，支持未来空中导航系统（FANS C）和 RTA 的功能。

1.3 基于四维航迹运行的飞行管理系统需求分析

TBO 以对空域所有飞行器的精确四维航迹的掌握为基础，特别是未来航迹的掌握，从而保证航空器满足安全间隔要求，提高航空运输系统的效率和安全性。四维航迹相对于一般的三维航迹增加了时间维的要求，即对规划航迹上的航路点增加要求到达时间（RTA）的限制。四维航迹的位置精度和时间精度相较于三维航迹有更高的要求，TBO 通过保证航迹精度确保飞机之间的安全间隔要求。基于四维航迹运行（4D-TBO）的空地信息交互示意如图 1-3 所示。

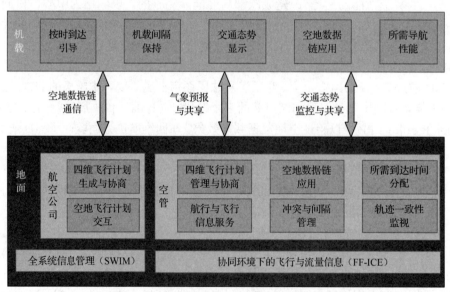

图 1-3 基于四维航迹运行的空地信息交互示意

由图 1-3 可以看出，按时到达引导和精确的机载间隔保持是实现 4D-TBO 的核心功能。因此，能够提供定时到达的精准飞行引导能力的机载飞行管理系统是实现 4D-TBO 的关键核心航空电子设备。由于 TBO 的核心是信息交换和协同决策，包括共享航迹信息、通过协同决策管理航迹、共享飞行计划，因此，不仅需要地面自动化系统、空地数据链技术的支持，还要求 4D-FMS 能够结合气象数据，实现高精度、鲁棒性的四维航迹预测和控制。四维航迹的空地协同决策包括四维航迹规划和航迹监控两部分工作，如图 1-4 所示。

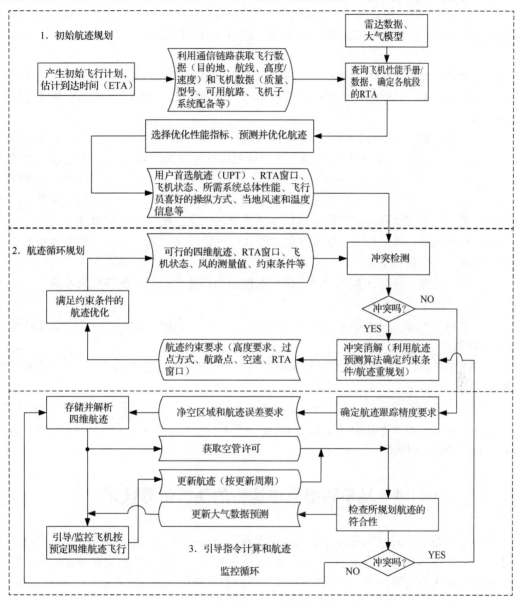

图 1-4　四维航迹的空地协同决策

　　4D-FMS 中满足 RTA 要求的航迹规划计算是一个多约束动态优化过程，其约束条件包括飞机性能限制、空管要求（高度、航线位置、速度、时间等）、成本限制、环境约束、航空运输法规要求等。我们的目的就是在满足上述条件约束的情况下，根据飞机当前的状态、环境约束等信息，找到一个期望指标最优的航迹并由此产生飞行引导指令。整个四维航迹规划过程可分为 3 个阶段，包括初始航迹规划、航迹循环规划、飞行引导指令计算和航迹监控循环。

为支持 4D-FMS，需要在传统 FMS 的基础上，增加支持 4D-TBO 的飞行引导技术升级改造所需的内容，标准 ARINC 702A《增强型飞行管理计算机系统》中的 FMS 功能划分总结如下：

（1）导航。导航功能用于从合适的数据来源获取相关数据，输出高度、经度、纬度、地速、航向角、风、真航向和磁航向、偏流角、磁差等信息，以确定飞机的位置和速度等状态。

（2）飞行计划。飞行计划用于提供从起飞机场到目的机场的航路点、航路、飞行高度层、离场程序、进场和进近程序等信息，飞行计划可以通过 MCDU 输入，或通过空地数据链上传。FMS 中的导航数据库（NDB）包含整个飞行区域飞行计划相关元素的必要数据。

（3）水平和垂直引导。水平引导功能用于计算与飞行计划有关的航段和过渡路径，以提供航向引导；垂直引导功能用于根据储存或计算的剖面，提供高度和速度引导。

（4）航迹预测。航迹预测功能用于估算待飞距离、待飞时间和飞行计划中未来各个航路点的速度、高度和总质量。

（5）性能计算。性能计算功能用于优化高度剖面和速度剖面，使飞行成本最小，或者在某些限制下满足其他指标要求。

（6）空地数据链。空地数据链用于提供航空公司运营通信（AOC）和空中交通管制（ATC）数据链。

（7）MCDU 接口。MCDU 接口用于响应飞行员在 MCDU 上的操作和显示 FMS 相应的数据。

（8）电子飞行仪表系统（Electronic Flight Instrument System，EFIS）接口。EFIS 接口用于给主飞行显示器（Primary Flight Display，PFD）和导航显示器（Navigation Display，ND）输出飞机动态信息。

1.4 基于四维航迹运行的飞行引导技术

飞行引导是基于四维航迹运行的飞行管理系统的核心功能，该飞行管理系统在执行飞行计划时，能够根据飞机的状态、性能限制和优化指标生成最优的四维航迹。同时，在飞行过程中生成飞行引导指令，并通过与自动飞行控制系统（Automatic Flight Control System，AFCS）耦合，实现对四维航迹精确跟随。

精确四维飞行引导是在精确三维飞行引导的基础上引入时间维的引导和控制，应用四维航迹规划和预测技术，可以在飞行过程中周期性地进行估计到达时间（Estimated Time of Arrival，ETA）的计算，并将 ETA 引入速度的调节。速度指令计算的合理性和准确性直接影响到达时间控制（Time of Arrival Control，TOAC）能力，并会影响后续 ETA 计算的准确性。

支持 4D-TBO 的飞行引导与传统的三维飞行引导相比，要考虑的因素更多，控制精度要求更高，计算复杂度更大，既要追求指令的可行性和最优性，又要强调指令的时效性和准确性。所谓可行性，是指在飞行引导指令控制下飞机的飞行满足各种约束条件（飞机性能限制、空管要求、飞行计划等）。所谓最优性，是指要在飞行管理指令控制下飞机的飞行达到所选最优指标（最小成本、最少燃油消耗量、最远航程、最短飞行时间等）。所谓时效性，是指飞行管理系统能够快速地对环境和约束的动态变化做出及时的响应；要做到时效性，就必须对飞机在一段时间内的误差进行统计预测，使飞机及时发出修正指令。所谓准确性，是指四维航迹运行管理系统能控制飞机并实现高精度的飞行，准确性由飞行引导指令生成的算法保证。

1.4.1 基于四维航迹运行的飞行引导关键技术

基于四维航迹运行的飞行引导关键技术可以分为两个方向：四维航迹规划和预测技术、基于四维航迹运行的飞行引导技术。

四维航迹规划和预测技术是保障精确空间引导和定时到达精度的基础，也是应用基于性能模式优化能力的主要环节，其目的是在空间和时间上实现高精度的四维航迹预测，为实现高精度、鲁棒性的四维航迹控制提供基础。为了满足可靠、可预测和可重复的航迹要求，进行四维航迹规划和预测时，需要用基于四维航迹运行的飞行管理系统构建满足 RNP 运行的参考航迹，优化水平航段过渡路径，并考虑水平引导截获路径的优化。同时，为了满足精确性的要求，还需要考虑气象因素。另外，为了达到经济性等运行目标，需要根据优化模式，兼顾飞行高度限制和速度限制，优化高度剖面和速度剖面，从而生成满足四维航迹运行要求的优化航迹。

基于四维航迹运行的飞行引导技术是保障水平导航（LNAV）、垂直导航（VNAV）、估计到达时间（ETA）和到达时间控制（TOAC）精度最重要的一环，是在空间上实现高精度、鲁棒性的航迹控制，在时间上实现定时可控可达。精确四维飞行引导主要指在四维航迹规划和预测的基础上，由基于四维航迹运行的飞行管理系统进行模式管理、飞行引导指令计算和误差管理等。

因此，基于四维航迹运行的飞行引导关键技术的两个方向又可以细分如下。

1）四维航迹规划和预测技术

（1）构建满足所需导航性能的参考航迹。

（2）构建水平航段过渡路径。

（3）基于性能数据的垂直剖面规划。

（4）处理高度限制和速度限制。

（5）考虑气象因素下的计算性能。

（6）特殊情况下的航迹重规划。

2）基于四维航迹运行的飞行引导技术

（1）引导过程中的模式管理。

（2）基于四维航迹运行的飞行引导指令计算。

（3）四维航迹运行中的误差管理。

（4）飞行管理着陆系统（FLS）进近引导。

1.4.2 基于四维航迹运行的飞行引导系统架构

为实现上述要求，本书提出一种基于四维航迹运行的飞行引导系统架构，如图 1-5 所示。该飞行引导系统在飞机性能数据库、空中交通管制信息、气象信息处理系统和机载传感器系统的支持下工作，它由四维航迹预测和航迹规划算法、航段解析和区段四维引导三大模块组成。

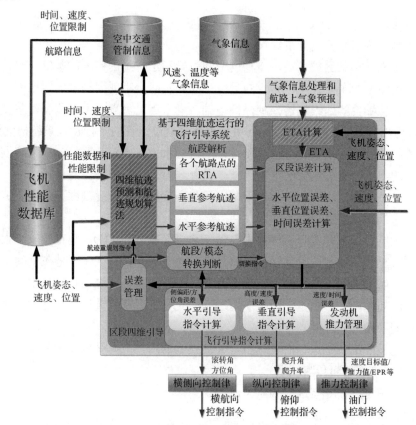

图 1-5　基于四维航迹运行的飞行引导系统架构

四维航迹预测和航迹规划算法模块在具有时间约束的情况下，根据各种性能指标要求和飞机当前质量、姿态、高度、空管要求、风速、风向、温度等信息进行四维航迹规划，优化并生成四维航迹。

航段解析模块的功能是，把四维航迹预测和航迹规划算法模块生成的四维航迹分解为水平参考航迹和垂直参考航迹，把航段类型、时间约束条件等转化为四维飞行引导计算所需的空间和时间信息。

区段四维引导模块是整个四维飞行引导系统的核心，根据解析后的航路信息、气象信息和飞机当前状态等，计算水平位置误差、垂直位置误差和时间误差，并计算得到期望的方位角、滚转角、爬升率、期望地速、发动机推力等飞行引导指令，将其发送给飞行控制系统和自动油门系统，进而引导飞机按照四维航迹飞行。同时，根据飞机位置进行航段/模态转换判断，并发出转换指令。区段四维引导模块由 ETA 计算、区段误差计算、飞行引导指令计算、航段/模态转换判断、误差管理 5 个小模块组成，各个模块的功能简述如下。

ETA 计算模块根据飞机接收到的风速、风向和飞机空速等信息，进行飞机地速和到指定航路点剩余航程的实时计算，进而计算估计到达时间。

区段误差计算模块根据解析后的航路信息、航段/模态转换指令和飞机当前状态等计算水平位置误差（侧偏距、方位角误差、纵向水平误差等）、垂直位置误差（高度差、垂直速率差、航迹倾斜角差等）和时间误差（到指定航路点的 RTA 与 ETA 的差），为飞行引导指令的计算奠定基础。

航段/模态转换判断模块主要包括俯仰轴、推力轴的控制要求和模态转换逻辑关系，并根据飞机当前状态（位置、速度、时间、发动机状态等）、误差信息（水平/垂直位置误差、时间误差）和飞行环境信息（风速、风向、温度、气压等），决定是否进行航段/模态转换，以保证飞机的安全性和飞行性能。

误差管理模块对飞机的位置误差和时间误差进行统计和预测，并根据飞行阶段和 RNP/RSP 要求发出航段/模态转换指令或航迹重规划指令，是空中交通管制部门要求的系统总体性能（RTSP）要求的体现，在 RNP 运行时，分析在自动驾驶仪接通情况下的四维航迹控制误差（位置误差、时间误差）。

飞行引导指令计算模块是基于 4D-TBO 的飞行引导系统的核心，根据区段误差计算结果得到期望的航迹角、滚转角、爬升率、期望地速、发动机推力/转速设定值等飞行引导指令，将其发送给飞行控制系统，进而引导飞机按照预定航迹飞行。

第 2 章　地球模型及引导参数计算

2.1　概　述

在地球表面任意两点之间，都可作一条大圆航线和一条等角航线。大圆航线是指通过任意两点和地心的共平面且与地球表面切割形成的平面曲线，其曲率半径最大，等于地球半径，是两点之间最平坦的曲线，其距离最短。等角航线是指地球表面上一条与所有经线相交成等方位角的曲线。等角航线无限延长后将趋于地球极点，形成螺旋曲线。和大圆航线相比，等角航线都凸向赤道，其瞬时曲率半径都小于地球半径，呈逐渐减小趋势。因此等角航线两点之间的距离比大圆航线长。若两点都处在赤道上或在同一条经线上，则大圆航线和等角航线重合，并与赤道和经线一致；若两点不处在赤道上或在同一条经线上，则这两种航线的长度不同，大圆航线的长度比等角航线的长度短。因此，多采用大圆航线飞行。

2.2　导航坐标系的建立和引导参数的计算

地球的形状呈东西方向长、南北方向短的梨形，通过地轴的平面在地球表面的切痕为椭圆。因此，地球的数学模型可以表述为椭圆绕地轴旋转的椭球体。旋转椭球体一般用赤道长半径、极轴短半径和扁率 3 个指标描述。到目前为止，全球采用的旋转椭球体模型共 10 余种，表 2-1 为常用坐标系下的旋转椭球体参数。根据体积相等的原则，把各种椭球体模型均一化以后，地球模型被简化为球体，其平均半径约为 6371km。

表 2-1　常用坐标系下的旋转椭球体参数

地球模型名称	长轴 R_e /m	短轴 R_ρ /m	扁率 $1/e$ $e = \dfrac{R_e - R_\rho}{R_e}$	使用国家和地区
克拉索夫斯基椭球体	6378245	6356863	298.300	苏联及中国
IAG-75 椭球体	6378140	6356755	298.257	中国
贝塞尔椭球体	6377397	6356079	299.150	日本及中国台湾地区
克拉克椭球体	6378206	6356583	294.980	北美洲
海福特椭球体	6378388	6356912	297.000	欧洲及中东地区
WGS-84 椭球体	6378137	6356752	298.257	全球

国际民用航空组织规定，全球民航于 1998 年 1 月 1 日开始统一采用 WGS-84（world geography system-84）坐标系。我国在 1975 年以前采用从苏联引进的克拉索夫斯基椭球体，

建立了北京-54 坐标系；1975 年以后公布的测绘资料采用 IAG-75（International Association Geodesy-75）椭球体，建立了西安-80 坐标系。

　　远距导航常采用以地球为中心的坐标系，主要有两种坐标系：一种是以地心为坐标原点的空间直角坐标系——地心坐标系；另一种是地球球面坐标系，又称地理坐标系，常用地理坐标系表示方式为 (L, λ, h) 3 个字母分别代表纬度、经度、高度。这两种坐标系都和飞机位置有一一对应的关系。

　　空间直角坐标系如图 2-1 所示，其坐标原点在旋转椭球体的中心，Z 轴和地球自转轴重合，正向沿地球自转方向，X 轴和 Y 轴在赤道平面内，X 轴穿过本初子午线，Y 轴穿过东经 90° 子午线。

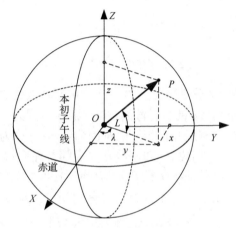

图 2-1　空间直角坐标系

　　若已知飞机所在位置的纬度 L 和经度 λ，飞机飞行高度为 h，在假设地球是球体的前提下，由图 2-1 可知，飞机在地球直角坐标系中的坐标为

$$
\begin{cases}
x = (R_\mathrm{L} + h) \cos L \cos \lambda \\
y = (R_\mathrm{L} + h) \cos L \sin \lambda \\
z = (R_\mathrm{L} + h) \sin L
\end{cases}
\tag{2-1}
$$

式中，R_L 为将地球看作正球体时的半径，其值为 6371393m。

　　由于地球实际上是椭球体，为了更好地描述飞机在椭球体上的位置，通常采用以下公式描述地理坐标系和空间直角坐标系的关系。

$$
\begin{cases}
x = (R_\mathrm{N} + h) \cos L \cos \lambda \\
y = (R_\mathrm{N} + h) \cos L \sin \lambda \\
z = \left[R_\mathrm{N} (1 - e)^2 + h \right] \sin L
\end{cases}
\tag{2-2}
$$

式中，R_N 为卯酉圈曲率半径。

　　子午圈和卯酉圈的定义如图 2-2 所示。

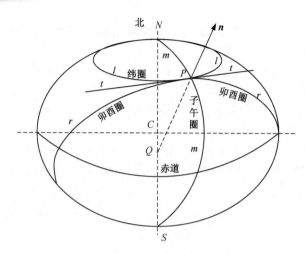

图 2-2　子午圈和卯酉圈的定义

在图 2-2 中，设 P 点为地球椭球面上的一点，$\boldsymbol{n}$ 为 P 点处的椭球面的法线，直线 NS 为椭球面的对称轴，过 P 点作 NS 的垂直截面，该截面所得到的平面曲线 lPl 称为过 P 点的纬圈。过 P 点和直线 NS 作一个截面，所得到的平面曲线 mPm 称为过 P 点的子午圈（经圈）。过 P 点作纬圈 lPl 的切线 tPt，切线 tPt 和法线 $\boldsymbol{n}$ 形成的截面所得到的平面曲线 rPr 称为 P 点的卯酉圈。P 点所在子午圈的曲率半径 R_{M} 和 P 点所在卯酉圈的曲率半径 R_{N} 称为旋转椭球面在 P 点的主曲率半径。R_{M} 与 R_{N} 的计算公式分别为式（2-3）和式（2-4），即

$$R_{\mathrm{M}} = R_{\mathrm{e}}\left(1 - 2e + 3e\sin^2 L\right) \tag{2-3}$$

$$R_{\mathrm{N}} = R_{\mathrm{e}}\left(1 + e\sin^2 L\right) \tag{2-4}$$

2.3　大圆航线及其引导参数的计算

我们注意到，从地心到地球椭球面上的一点可以引出一个向量，该向量称为地垂线，可以用它唯一确定地球球面上的一点。因此地球椭圆面上任意一点还可以用地垂线向量表示。若地球椭球面上 P 点的经纬高坐标为 (L, λ, h)，则 P 点的地垂线向量为

$$\boldsymbol{u}_P = \begin{bmatrix} \cos L \cos \lambda \\ \cos L \sin \lambda \\ \sin L \end{bmatrix} \tag{2-5}$$

大圆是过球心的平面和球面相交所得到的曲线，根据空间几何的知识可知，大圆航线是球面上的最短航线。因此，飞行器在远距飞行时，常用大圆航线。有了地垂线向量后，大圆航线可以用大圆航线起点 $P_1(L_1, \lambda_1, h)$ 和终点 $P_2(L_2, \lambda_2, h)$ 的地垂线向量的叉乘表示，如图 2-3 所示。显然，这个叉乘也是大圆航线所在平面的法向量。

$$\boldsymbol{u}_{P_1P_2} = \boldsymbol{u}_{P_1} \times \boldsymbol{u}_{P_2} = \begin{bmatrix} \cos L_1 \cos \lambda_1 \\ \cos L_1 \sin \lambda_1 \\ \sin L_1 \end{bmatrix} \times \begin{bmatrix} \cos L_2 \cos \lambda_2 \\ \cos L_2 \sin \lambda_2 \\ \sin L_2 \end{bmatrix}$$

$$= \begin{bmatrix} -\sin L_1 \cos L_2 \sin \lambda_2 + \cos L_1 \sin \lambda_1 \sin L_2 \\ \sin L_1 \cos L_2 \cos \lambda_2 - \cos L_1 \cos \lambda_1 \sin L_2 \\ -\cos L_1 \sin \lambda_1 \cos L_2 \cos \lambda_2 + \cos L_1 \cos \lambda_1 \cos L_2 \sin \lambda_2 \end{bmatrix} \tag{2-6}$$

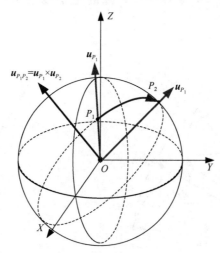

图 2-3　地垂线向量和大圆航线

2.3.1　大圆航线应飞航向（真航向）

大圆航线起点 $P_1(L_1, \lambda_1, h)$ 和终点 $P_2(L_2, \lambda_2, h)$ 所在的大圆面与过起点 P_1 的子午面的夹角为大圆航向，以正北为 $0°$，顺时针方向为正。显然，大圆航向是大圆航线所在大圆面的法线 $\boldsymbol{u}_{P_1P_2}$ 和过起点 P_1 的子午面的法线 $\boldsymbol{u}_e$ 的夹角，其计算公式为

$$\psi_{\mathrm{gct}} = \arccos \left(\frac{\boldsymbol{u}_{P_1P_2}}{|\boldsymbol{u}_{p1}|} \cdot \frac{\boldsymbol{u}_e}{|\boldsymbol{u}_e|} \right) \tag{2-7}$$

其中，

$$\boldsymbol{u}_{P_1P_2} = \begin{bmatrix} -\sin L_1 \cos L_2 \sin \lambda_2 + \cos L_1 \sin \lambda_1 \sin L_2 \\ \sin L_1 \cos L_2 \cos \lambda_2 - \cos L_1 \cos \lambda_1 \sin L_2 \\ -\cos L_1 \sin \lambda_1 \cos L_2 \cos \lambda_2 + \cos L_1 \cos \lambda_1 \cos L_2 \sin \lambda_2 \end{bmatrix}$$

$$\boldsymbol{u}_e = \begin{bmatrix} \cos L_1 \sin \lambda_1 \\ -\cos L_1 \cos \lambda_1 \\ 0 \end{bmatrix}$$

2.3.2　大圆航线侧偏距计算

大圆航线侧偏距的计算如图 2-4 所示，设飞机从航路点 $P_1(L_1,\lambda_1,h)$ 飞向 $P_2(L_2,\lambda_2,h)$，飞机的瞬时位置为 P，大圆弧 PM 的长度即侧偏距。其中，M 点是 P 点到大圆弧 P_1P_2 的最短弧长所确定的点。显然，过 M 点的大圆弧 PM 的切线垂直于 $\boldsymbol{u}_{P_1}$ 和 $\boldsymbol{u}_{P_2}$ 所确定的平面。设沿该切线的单位向量为 $\boldsymbol{u}_{P_1P_2}$，P_{i-1} 点和 P_i 点的地垂线单位向量分别为 $\boldsymbol{u}_{P_1}$ 与 $\boldsymbol{u}_{P_2}$，则

$$\boldsymbol{u}_{P_1P_2}=\frac{\boldsymbol{u}_{P_1}\times\boldsymbol{u}_{P_2}}{\left|\boldsymbol{u}_{P_1}\times\boldsymbol{u}_{P_2}\right|}$$

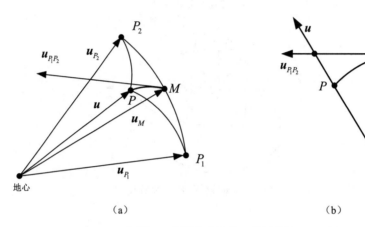

（a）　　　　　　　　　　　　　（b）

图 2-4　大圆航线侧偏距的计算

一般用 $\angle uu_M$ 表示向量 $\boldsymbol{u}$ 和 $\boldsymbol{u}_M$ 的夹角，由图 2-4（b）可知，$\angle uu_M=\dfrac{\pi}{2}-\angle uu_{P_1P_2}$，那么 $\sin\angle uu_M=\cos\angle uu_{P_1P_2}=\boldsymbol{u}\bullet\boldsymbol{u}_{P_1P_2}$，故 $\angle uu_M=\arcsin\left(\boldsymbol{u}\bullet\boldsymbol{u}_{P_1P_2}\right)$。

综上可知，大圆航线侧偏距计算公式为

$$\Delta d_{\text{gct}}=\left(R_L+h\right)\arcsin\left(\boldsymbol{u}\bullet\boldsymbol{u}_{P_1P_2}\right)\tag{2-8}$$

其中，$\boldsymbol{u}=\begin{bmatrix}\cos L\cos\lambda\\\cos L\sin\lambda\\\sin L\end{bmatrix}$，$\boldsymbol{u}_{P_1P_2}=\dfrac{\boldsymbol{u}_{P_1}\times\boldsymbol{u}_{P_2}}{\left|\boldsymbol{u}_{P_1}\times\boldsymbol{u}_{P_2}\right|}$，

$$\boldsymbol{u}_{P_1}\times\boldsymbol{u}_{P_2}=\begin{bmatrix}-\sin L_1\cos L_2\sin\lambda_2+\cos L_1\sin\lambda_1\sin L_2\\\sin L_1\cos L_2\cos\lambda_2-\cos L_1\cos\lambda_1\sin L_2\\-\cos L_1\sin\lambda_1\cos L_2\cos\lambda_2+\cos L_1\cos\lambda_1\cos L_2\sin\lambda_2\end{bmatrix}$$

2.3.3　大圆航程计算

若在飞机大圆航线上的两个航路点的经纬高坐标分别为 $P_1(L_1,\lambda_1,h)$ 和 $P_2(L_2,\lambda_2,h)$，则

利用球面余弦定理可计算出 P_1 点到 P_2 点的大圆弧长度。具体计算步骤如下：

$$a = \sin(L_1)\sin(L_2) \tag{2-9}$$

$$b = \cos(L_1)\cos(L_2)\cos(\lambda_2 - \lambda_1) \tag{2-10}$$

$$\theta_{\mathrm{rng}} = \arccos(a+b) \tag{2-11}$$

$$l_{\mathrm{dist}} = \theta_{\mathrm{rng}} \cdot R \tag{2-12}$$

式中，L_1 为起点的纬度，λ_1 为起点的经度，L_2 为终点的纬度，λ_2 为终点的经度，a 和 b 为中间变量，θ_{rng} 为起点与终点的大圆夹角，R 为 WGS-84 椭球体半径，l_{dist} 为大圆弧长度。

2.3.4 大圆航线的正解

大圆航线尽可能精确且高效。大圆航线的计算包括大圆航线的正解和大圆航线的反解，大圆航线的正解是指已知起点的经度 λ_1、纬度 L_1、方位角 χ_{az} 和大圆弧长，求终点的经度 λ_2 和纬度 L_2。

大圆航线的正解为

$$L_2 = \arcsin\left[\sin(L_1)\cos(\theta_{\mathrm{rng}}) + \cos(L_1)\sin(\theta_{\mathrm{rng}})\cos(\chi_{az})\right] \tag{2-13}$$

$$\lambda_2 = \lambda_1 + \arctan\left(\frac{\sin(\theta_{\mathrm{rng}})\sin(\chi_{az})}{\cos(L_1)\cos(\theta_{\mathrm{rng}}) - \sin(L_1)\sin(\theta_{\mathrm{rng}})\cos(\chi_{az})}\right) \tag{2-14}$$

2.3.5 大圆航线的反解

大圆航线的反解是指已知起点的经度和纬度，以及终点的经度和纬度，求大圆弧长和方位角。大圆航线的反解通常由球面三角余弦定理计算得到，或由向量法计算得到，尽管两种计算方法在数学原理上是精确的，但在计算机上前者存在不可靠的情况，例如，在处理 $\cos(\theta_1 - \theta_2)$ 时，若 θ_1 与 θ_2 的差值较小，则其舍入误差将对大圆弧长的精度造成较大的影响，进而影响大圆航线正解得到的终点的经度和纬度精度；而后者通过解方程组，需要考虑多种情况，不仅代码冗长而且计算效率低下。为了解决上述问题，可以使用 Haversine 公式（半正矢公式）对球面三角余弦定理进行改进。

Haversine 公式定义如下：

$$\mathrm{haver}\sin(\theta) = \sin^2\left(\frac{\theta}{2}\right) = \frac{1 - \cos(\theta)}{2} \tag{2-15}$$

令 $\theta = \theta_{\mathrm{rng}}$，可得

$$\mathrm{haver}\sin(\theta_{\mathrm{rng}}) = \mathrm{haver}\sin(L_1 - L_2) + \cos(L_1)\cos(L_2)\mathrm{haver}\sin(\lambda_1 - \lambda_2) \tag{2-16}$$

利用半正矢公式计算大圆航线的反解，可得

$$a' = \sin^2\left(\frac{L_2 - L_1}{2}\right) + \cos(L_1)\cos(L_2)\sin^2\left(\frac{\lambda_2 - \lambda_1}{2}\right) \tag{2-17}$$

$$\theta_{rng} = 2 \arctan\left(\sqrt{\frac{a'}{1-a'}}\right) \qquad (2-18)$$

式中，a' 为中间变量。另外，还需要进行方位角计算：

$$\chi_{az} = \arctan\left(\frac{\cos(L_2)\sin(\lambda_2 - \lambda_1)}{\cos(L_1)\sin(L_2) - \sin(L_1)\cos(L_2)\cos(\lambda_2 - \lambda_1)}\right) \qquad (2-19)$$

2.4 等角航线及其引导参数的计算

等角航线也称为恒向航线，等角航线上任意两点之间的连线和地理经线的夹角相等。椭球体表面上的等角航线如图 2-5 所示，图中，P_1P_2 表示一条起点为 P_1 点、终点为 P_2 点、航向角为 ψ_{rh} 的等角航线。该航线引导参数满足式（2-20）所示的微分方程。

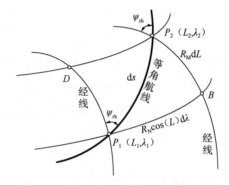

图 2-5 椭球体表面上的等角航线

$$\begin{cases} \cos\psi_{rh}ds = R_M dL \\ \sin\psi_{rh}ds = R_N \cos(L)d\lambda \\ \dfrac{d\psi_{rh}}{ds} = 0 \end{cases} \qquad (2-20)$$

式中，s 为等角航线的长度；R_M 为子午圈曲率半径；R_N 为卯酉圈曲率半径；L 为纬度；λ 为经度。

由微分方程可得

$$d\lambda = \tan\psi_{rh} \frac{R_M}{R_N \cos L} dL \qquad (2-21)$$

显然，等角航线可以由起点坐标 $P_1(L_1, \lambda_1)$ 和航向角 ψ_{rh} 表示，也可以由等角航线的起点坐标 $P_1(L_1, \lambda_1)$ 和终点坐标 $P_2(L_2, \lambda_2)$ 表示。

由地图投影理论可得

$$dq = \frac{R_M}{R_N \cos L} dL \qquad (2\text{-}22)$$

式中，q 为等量纬度。

对式（2-22）等号两边积分，可得

$$L_2 - L_1 = \tan \psi_{rh} \left(q_2 - q_1 \right) \qquad (2\text{-}23)$$

其中，

$$\begin{cases} q_1 = \operatorname{arctanh}\left(\sin L_1 \right) - e \operatorname{arctanh}\left(e \sin L_2 \right) \\ q_2 = \operatorname{arctanh}\left(\sin L_2 \right) - e \operatorname{arctanh}\left(e \sin L_2 \right) \end{cases} \qquad (2\text{-}24)$$

2.4.1 等角航线的正解

已知等角航线的起点坐标为 $P_1\left(L_1, \lambda_1 \right)$、起点与终点之间的航段长度 s 和航向角 ψ_{rh}，求终点坐标 $P_2\left(L_2, \lambda_2 \right)$，这一过程称为等角航线的正解。

对式（2-20）的第一个方程式积分，可得

$$s = \frac{\Delta X}{\cos \psi_{rh}} \qquad (2\text{-}25)$$

式中，ΔX 为起点与终点之间的子午线弧长。

在进行等角航线计算时，首先要计算起点和终点之间的纬度差和经度差，其计算公式如下。

纬度差公式：$\Delta L = L_2 - L_1$

经度差公式：$\begin{cases} \Delta \lambda = \lambda_2 - \lambda_1, & -180° < \Delta \lambda < 180° \\ \Delta \lambda = \lambda_2 - \lambda_1 - 360°, & \Delta \lambda > 180° \\ \Delta \lambda = \lambda_2 - \lambda_1 + 360°, & \Delta \lambda < -180° \end{cases}$

等角航线上任一点 $A\left(L, \lambda \right)$ 所在纬线到赤道的子午线弧长为

$$X(L) = R_e \left(1 - e^2 \right) \left(K_1 L + K_2 \sin 2L + K_3 \sin 4L + K_4 \sin 6L + K_5 \sin 8L \right) \qquad (2\text{-}26)$$

式中，R_e 为参考椭球体的长轴。

$$K_1 = 1 + \frac{3}{4} e^2 + \frac{45}{64} e^4 + \frac{175}{256} e^6 + \frac{11025}{16384} e^8$$

$$K_2 = -\frac{3}{4} e^2 - \frac{15}{32} e^4 - \frac{525}{1024} e^6 - \frac{2205}{4096} e^8$$

$$K_3 = \frac{15}{256} e^4 + \frac{105}{1024} e^6 + \frac{2205}{16384} e^8$$

$$K_4 = -\frac{35}{3072} e^6 - \frac{105}{4096} e^8$$

$$K_5 = \frac{315}{131072} e^8$$

若要计算终点坐标，则先由式（2-26）计算从赤道到起点 $P_1\left(L_1, \lambda_1 \right)$ 的子午线弧长

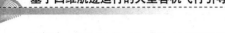
$X(L_1)$，再由式（2-25）计算得到从赤道到终点 $P_2(L_2, \lambda_2)$ 的子午线弧长 $X(L_2)$，解得

$$X(L_2) = X(L_1) + \Delta X = X(L_1) + s\cos\psi_{rh} \tag{2-27}$$

根据子午线弧长的反解公式，可得到 $P_2(L_2, \lambda_2)$ 的纬度，即

$$L_2 = \varphi + a_2\sin 2\varphi + a_4\sin 4\varphi + a_6\sin 6\varphi + a_8\sin 8\varphi \tag{2-28}$$

其中，

$$\varphi = \frac{X(L_2)}{R_e(1-e^2)\left(1 + \dfrac{3}{4}e^2 + \dfrac{45}{64}e^4 + \dfrac{175}{256}e^6 + \dfrac{11025}{16384}e^8\right)}$$

$$a_2 = \frac{3}{8}e^2 + \frac{3}{16}e^4 + \frac{213}{2048}e^6 + \frac{255}{4096}e^8$$

$$a_4 = \frac{21}{256}e^4 + \frac{21}{256}e^6 + \frac{533}{8192}e^8$$

$$a_6 = \frac{151}{6144}e^6 + \frac{151}{4096}e^8$$

$$a_8 = \frac{1097}{131082}e^8$$

求出 L_2 后，先由式（2-24）求出 q_1 和 q_2，再将其代入式（2-23）计算得到 λ_2。

当 $\psi_{rh} = \dfrac{\pi}{2}$ 或 $\dfrac{3\pi}{2}$ 时，$\tan\psi_{rh}$ 为无穷大。此时，无法利用式（2-23）求出 λ_2，并且等角航线的长度为起点所在纬线圈的弧长，因此

$$s = N_1\cos L_1(L_2 - L_1) \tag{2-29}$$

其中，

$$N_1 = \frac{R_e}{\left(1 - e^2\sin^2 L_1\right)^{\frac{1}{2}}}$$

等角航线的正解计算公式为

$$\begin{cases} L_2 = L_1 \\ \lambda_2 = \dfrac{s\left(1 - e^2\sin^2 L_1\right)^{\frac{1}{2}}}{R_e\cos L_1} + \lambda_1 \end{cases} \tag{2-30}$$

2.4.2 等角航线的反解

等角航线的反解是指由已知等角航线起点坐标 $P_1(L_1, \lambda_1)$ 和终点坐标 $P_2(L_2, \lambda_2)$，求这两点之间的航段长度 s 和航向角 ψ_{rh}。由式（2-23）可得航向角的计算公式，即

$$\psi_{rh} = \arctan\left(\frac{\lambda_2 - \lambda_1}{q_2 - q_1}\right) \tag{2-31}$$

航向角 ψ_{rh} 所在象限的判断条件如表 2-2 所示。

表 2-2 　 航向角 ψ_{rh} 所在象限的判断条件

航向角 ψ_{rh}	判断条件
$\dfrac{\pi}{2}$	$L_1 = L_2$ 且 $\lambda_2 > \lambda_1$
$\dfrac{3\pi}{2}$	$L_1 = L_2$ 且 $\lambda_2 < \lambda_1$
$\arctan\left(\dfrac{\lambda_2 - \lambda_1}{q_2 - q_1}\right)$	$L_2 > L_1$ 且 $\lambda_2 \geqslant \lambda_1$
$\arctan\left(\dfrac{\lambda_2 - \lambda_1}{q_2 - q_1}\right) + \pi$	$L_2 < L_1$ 且 $\lambda_2 \geqslant \lambda_1$
$\arctan\left(\dfrac{\lambda_2 - \lambda_1}{q_2 - q_1}\right) + 2\pi$	$L_2 > L_1$ 且 $\lambda_2 \leqslant \lambda_1$
$\arctan\left(\dfrac{\lambda_2 - \lambda_1}{q_2 - q_1}\right) + \pi$	$L_2 < L_1$ 且 $\lambda_2 \leqslant \lambda_1$

等角航线的长度可由式（2-25）计算得到。其中，$\Delta X = X(L_2) - X(L_1)$，$X(L_1)$ 和 $X(L_2)$ 由式（2-26）计算得到。

当航向角 ψ_{rh} 为 $\dfrac{\pi}{2}$ 或 $\dfrac{3\pi}{2}$ 时，根据下式计算等角航线的长度，即

$$s = \frac{R_{\mathrm{e}} \cos L_1 (L_2 - L_1)}{\left(1 - e^2 \sin^2 L_1\right)^{\frac{1}{2}}} \tag{2-32}$$

2.4.3 　 等角航线侧偏距的计算

设等角航线上一个起点为 $P_0(L_0, \lambda_0)$，航向角为 ψ_{rh}，飞机当前位置为 $P(L, \lambda)$，求飞机距离当前等角航线的侧偏距。首先在等角航线上找到一点 $P_1(L, \lambda_1)$，使其纬度和 P 点相同

当 $\tan\psi_{\mathrm{rh}}$ 存在时，则

$$\lambda_1 = \lambda_0 + \tan\psi_{\mathrm{rh}} \ln \frac{\cos L_0 (1 + \sin L)}{\cos L (1 + \sin L_0)} \tag{2-33}$$

然后由此可以求出 P_1 点和 P 点之间的距离，即

$$|PP_1| = (\lambda - \lambda_1) R_L \cos L \tag{2-34}$$

飞机距离当前等角航线的侧偏距为

$$\Delta d_{\mathrm{rh}} = |PP_1| \cos\psi_{\mathrm{rh}} = (\lambda - \lambda_1) R_L \cos L \cos\psi_{\mathrm{rh}} \tag{2-35}$$

当 $\psi_{\mathrm{rh}} = \dfrac{\pi}{2}$ 或 $\dfrac{3\pi}{2}$ 时，$\tan\psi_{\mathrm{rh}}$ 不存在。此时，可以直接利用纬度差计算侧偏距，即

$$\Delta d_{\mathrm{rh}} = (L - L_0) R_L \tag{2-36}$$

2.5　平面直角坐标系及其引导参数的计算

在近距导航过程中，平面直角坐标系由于其直观简洁的特点，较为常用。在工程实际中，可以选择地平面上任意一点作为平面直角坐标系的原点，选择地理经线北向作为 OX 轴方向，OZ 轴垂直于地平面指向下方，OY 轴在地平面内垂直于 OX 轴指向右侧。这样建立的坐标系通常称为北-东-地平面直角坐标系（North-East-Down，NED）。

平面直角坐标系中的直线航段有两种表示方式：一是沿航线方向给出航线上任意两点坐标 $P_1(x_1, y_1)$ 和 $P_2(x_2, y_2)$；二是给出航线上一点坐标 $P_0(x_0, y_0)$ 和航迹方位角 χ_{leg} 或方向矢量 $\boldsymbol{r} = (r_1, r_2)$。显然，这两种直线航段表示方法是等价的。

若沿航线方向给出航线上任意两点坐标 $P_1(x_1, y_1)$ 和 $P_2(x_2, y_2)$，则可以按式（2-37）计算出航迹方位角 χ_{leg}，或用式（2-38）计算出航线方向矢量 $\boldsymbol{r} = (r_1, r_2)$。

$$\chi_{\text{leg}} = \begin{cases} \arctan\left(\dfrac{y_2 - y_1}{x_2 - x_1}\right), & x_2 - x_1 \geqslant 0\text{且}y_2 - y_1 \geqslant 0 \\[2mm] \arctan\left(\dfrac{y_2 - y_1}{x_2 - x_1}\right) + \pi, & x_2 - x_1 < 0 \\[2mm] \arctan\left(\dfrac{y_2 - y_1}{x_2 - x_1}\right) + 2\pi, & x_2 - x_1 > 0\text{且}y_2 - y_1 < 0 \end{cases} \tag{2-37}$$

$$\boldsymbol{r} = (r_1, r_2) = (x_2 - x_1, y_2 - y_1) \tag{2-38}$$

若给出航线起点坐标 $P_0(x_0, y_0)$ 和航迹方位角 χ_{leg} 或方向矢量 $\boldsymbol{r} = (r_1, r_2)$，同时给定一个航段长度 l，则根据式（2-39）和式（2-40）可以很方便地计算出航线上的另一个点 $P(x, y)$。

$$x = \begin{cases} x_0 - l\cos\chi_{\text{leg}}, & \dfrac{\pi}{2} < \chi_{\text{leg}} < \dfrac{3\pi}{2} \\[2mm] x_0 + l\cos\chi_{\text{leg}}, & \text{其他} \end{cases} \tag{2-39}$$

$$y = \begin{cases} y_0 - l\sin\chi_{\text{leg}}, & \dfrac{\pi}{2} < \chi_{\text{leg}} < \dfrac{3\pi}{2} \\[2mm] y_0 + l\sin\chi_{\text{leg}}, & \text{其他} \end{cases} \tag{2-40}$$

2.5.1　经度和纬度方程

在建立了北-东-地平面直角坐标系后，还可以根据经度和纬度方程建立北-东-地平面直角坐标系和地理坐标系之间的联系。若飞机在北-东-地平面直角坐标系中的瞬时北向速度为 V_{N}，东向速度为 V_{E}，飞机经纬高坐标为 (L, λ, h)，则其经度和纬度方程如下。

纬度变化率：

$$\dot{L} = \frac{V_{\mathrm{N}}}{R_{\mathrm{M}}} \tag{2-41}$$

经度变化率：

$$\dot{\lambda} = \frac{V_{\mathrm{E}}}{R_{\mathrm{N}} \cos L} \tag{2-42}$$

式中，R_{M} 为飞机所在子午圈在地球椭球体上的曲率半径；R_{N} 为卯酉圈曲率半径。

2.5.2　平面直角坐标系中某一点的经度和纬度推算

在导航中，经常会遇到这样的问题，即已知两点之间的距离和两点连线的航向，以及其中一点的经度坐标和纬度坐标，求另一点的经度坐标和纬度坐标，这就涉及平面直角坐标系和地理坐标系的转换问题。对这个问题，我们可以采取两种方式解决：一是采用等角航线的正解公式，二是借助地理坐标系和平面直角坐标系的关系加以处理。

使用第二种方式时，可以先将两点之间的距离分解为沿地理经线（北向）和垂直于地理经线（东向）的两个分量，再利用经度和纬度方程计算出两点之间的经度差和纬度差，进而得到待求点的经度和纬度。平面直角坐标系中某一点的经度和纬度推算如图 2-6 所示。

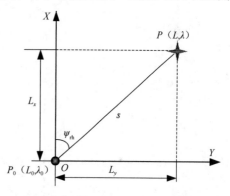

图 2-6　平面直角坐标系中某一点的经度和纬度推算

平面直角坐标系中某一点的经度和纬度推算问题可以表述如下：若已知当前北-东-地坐标系原点 P_0 的经度和纬度，以及 P 点在当前北-东-地坐标系中的坐标（L_x，L_y），求 P 点的经度坐标和纬度坐标。

由图 2-6 可知

$$|P_0 P| = s = \sqrt{L_x^2 + L_y^2}$$

对经度和纬度方程积分，可以得到纬度差和经度差，分别如下。

纬度差：

$$\Delta L = \int \dot{L} \mathrm{d}t = \int \frac{V_{\mathrm{N}}}{R_{\mathrm{M}}} \mathrm{d}t = \frac{L_x}{R_{\mathrm{M}}} \tag{2-43}$$

经度差：

$$\Delta \lambda = \int \dot{\lambda} \mathrm{d}t = \int \frac{V_{\mathrm{E}}}{R_{\mathrm{N}} \cos L} \mathrm{d}t = \frac{L_y}{R_{\mathrm{N}} \cos L} \tag{2-44}$$

进而得到 $L = L_0 + \Delta L$，$\lambda = \lambda_0 + \Delta \lambda$。

2.5.3 平面直角坐标系中的侧偏距计算

在平面直角坐标系中，点到直线的距离和点到平面的距离表示方式如图 2-7 所示。图中 $P_1(x_1, y_1)$ 和 $P_2(x_2, y_2)$ 两点确定空间直角坐标系中的一条应飞直线航线，$P(x, y)$ 为当前飞机的位置，是应飞直线航线外的一点，P_1 点、P_2 点和 P 点坐标均已知，则从 P 点到应飞直线航线 P_1P_2 的距离由下式计算。

$$\Delta d = \frac{\left| \boldsymbol{u}_{PP_2} \times \boldsymbol{u}_{P_1P_2} \right|}{\left| \boldsymbol{u}_{P_1P_2} \right|} = \frac{\left| (y_2 - y_1)x - (x_2 - x_1)y + y_1x_2 - y_2x_1 \right|}{\sqrt{(y_2 - y_1)^2 + (x_2 - x_1)^2}} \tag{2-45}$$

式中，$\boldsymbol{u}_{PP_2}$ 和 $\boldsymbol{u}_{P_1P_2}$ 是由 P_1、P_2 和 P 点坐标构成的向量，它们的表达式分别如式（2-46）和式（2-47）所示，$|\cdot|$ 表示求模运算。

$$\boldsymbol{u}_{PP_2} = (x_2 - x, y_2 - y, 0) \tag{2-46}$$

$$\boldsymbol{u}_{P_1P_2} = (x_2 - x_1, y_2 - y_1, 0) \tag{2-47}$$

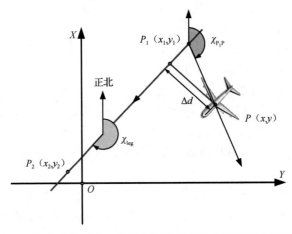

图 2-7　在平面直角坐标系中，点到直线的距离和点到平面的距离表示方式

本 章 小 结

本章首先对地球模型进行简单介绍，然后详细介绍了大圆航线和等角航线的正反解算法，给出了大圆航线、等角航线和平面直角坐标系下导航参数的计算方法。

第 3 章 飞行计划航段的解析和过渡路径的构建

3.1 概 述

飞机的水平参考路径由给定的航线（由程序航段、航路点、保持方式等组成）、飞行管理系统（FMS）按照飞机应该怎样飞行计算出的各种转弯点和航段终点组成，对整条水平航线按直线段和转弯段定义各个航段，其起点和终点是固定的，或者是非固定的地理坐标点。

水平参考路径的构建是一个动态过程，需要考虑飞机状态、飞机性能、气象条件和飞行计划、空域设置、飞行程序、管制指令、飞行员操作等运行因素在飞行过程中的在线计算，根据飞行计划、空管要求、飞机性能限制，在航迹预测的基础上，生成合理的水平参考航迹。航段信息是构建飞行管理系统参考航迹的主要依据，在飞行管理计算机中，航段信息通常以导航数据库标准 ARINC 424 中的编码形式存储。

3.2 ARINC 424 中的飞行计划简介

水平飞行计划的组成单元是航段。航段分为直线航段和圆弧航段，直线航段又细分为起点和终点水平位置都确定的普通直线航段（TF）、起点水平位置和终点高度都确定的高度截止型直线航段（CA，FA，VA，HA）、起点水平位置确定而终点不确定的人工截止型直线航段（FM，VM，HM）、起点不确定而终点水平位置确定的直线航段（DF，CF）等。

在 ARINC 424 中，按照支路起点和终点的不同划分了 23 种飞行支路类型，如表 3-1 所示。

表 3-1　ARINC424 中的 23 种飞行支路类型

类型	说明
AF	DME Arc to a Fix，即以测距仪（DME）导航台为中心，以指定距离为半径的一段圆弧为轨迹飞至某个固定点
CA	Course to an Altitude，即按指定航向飞至指定高度
CD	Course to a Distance，即按指定航向飞至距离指定的 DME 导航台一定距离处
CF	Course to a Fix，即按指定航向飞至指定的固定点
CI	Course to an Intercept，即以某航向截获下一个航段
CR	Course to Intercept a Radial，即以某航向飞至指定的甚高频全向信标（VOR）导航台的径向线上
DF	Direct to a Fix，即直飞至指定的导航数据库中的固定点
FA	Course from Fix to Altitude，即由固定点按指定轨迹飞至指定高度

续表

类型	说明
FC	Course from Fix to Distance，即由导航数据库中的固定点按指定轨迹飞行一段距离
FD	Course from Fix to DME Distance，即由导航数据库中的固定点按指定轨迹飞至距离指定的 DME 导航台一定距离处
FM	Course from Fix to Manual Term，即由固定点按指定轨迹飞行，直到人工终止航段
HA	Hold to an Altitude，即保持到高度终止
HF	Hold, Terminate at Fix after 1 Circuit，即在固定点单圈终止
HM	Hold, Manual Termination，即人工终止
IF	Initial Fix，即初始固定点
PI	Procedure Turn，即定义导航数据库中固定点的一个航向反向
RF	Constant Radius to a Fix，即固定半径圆弧：数据库中的两个固定点之间的一段半径确定的圆弧
TF	Track to Fix，即两个已知固定点之间的大圆弧轨迹
VA	Heading to Altitude，即按指定机头方向飞至指定高度
VD	Heading to Distance，即按指定机头方向飞至距离指定的 DME 导航台一定距离处
VI	Heading to Intercept next leg，即让机头以指定方向截获下一个航段
VM	Heading to Manual Termination，即由一个固定点按指定机头方向飞行，直到人工终止航段
VR	Heading to Intercept Radial，即机头按指定某航段飞至指定的 VOR 导航台的径向线上

从表 3-1 可以看出，除了 TF 航段明确要求按照大圆航线飞行，其他航段均需要明确航迹是否应为大圆航线。根据导航原理，当飞机被要求按指定航向飞行时，应按等角航线飞行。此时不能用大圆航线计算。此外，地面航迹为圆弧的航段显然是在平面直角坐标系中给出的。因此，下面对航段的解析按等角航线和平面直角坐标系计算。只有当两个航路点的距离超过 50km 时，才考虑用大圆航线计算。

3.3 ARINC 424 中的飞行计划编码和存储方式

航段的解析就是将航段的空间位置和形式以某种形式给出，把飞行计划在解码后，得到一组由空间定位点分隔而成的航段，这些航段分成两类：直线航段和圆弧航段。因此，可以按这样的方式存储飞行计划：定义一个数组，使该数组的每行都对应一条航段；数组中存储的信息包括航段起点和终点坐标、起点和终点的高度值、航段的类型（此处航段类型只区分两类：0，代表直线；1，代表圆弧）、圆弧半径。飞行计划存储方式如下：

Data_leg=[航段 1 起点坐标　航段 1 终点坐标　航段 1 起点高度　航段 1 终点高度　航段 1 类型……；
　　　　　航段 2 起点坐标　航段 2 终点坐标　航段 2 起点高度　航段 2 终点高度　航段 2 类型……；
　　　　　⋮
　　　　　航段 n 起点坐标　航段 n 终点坐标　航段 n 起点高度　航段 n 终点高度　航段 n 类型]

同时也要考虑定义各个航段所需的信息，可参考标准 ARINC 424 第 193 页。

在飞行管理计算机中，飞行计划以 ARINC 424 规定的编码的形式存储，各个航段所需信息如图 3-1 所示。在 ARINC 424 中，统一采用 132 位字节的纯文本格式，对各种导航数据库元素进行编码，以 1～132 若干字节定义某航空要素的某一特定属性。若一条 132 位字节的纯文本格式记录不能完全定义某航空要素，则可使用多条 132 位字节的纯文本格式记录定义（多条记录之间有接续标记）。

PT	W/P ID	OVR FLY	MAP	HLD	TD	TDV	RMD VHF	THETA	RHO	OBD MAG CRS	TM/ DST	ALT ONE	ALT TWO	SPD LMT	VRT ANG	ARC CTR
AF	X	O			X		X	X	X	R		O	O	O		
CA			O		O	O				C		+		O		
CD		O			O	O	X			C	D	O		O		
CF	X	B	O		O	O	X	X	X	C	P	O	O	O	O	
CI		O	O		O	O	O			C		O	O	O		
CR		O	O		O	O	X	X		C		O	O	O		
DF	X	B			O		O	O	O			O	O	O		
FA	X		O		O	O	X	X	X	C		+		O		
FC	X	B			O	O	X	X	X	C	P	O	O	O		
FD	X	B			O	O	X	X	X	C	D	O	O	O		
FM	X	B			O	O	X	X	X	C		O	O	O		
HA	X			X	O		O	O	O	C	X	+		O		
HF	X			X	O		O	O	O	C	X	O		O		
HM	X			X	O		O	O	O	C	X	O		O		
IF	X						O	O	O			O	O	O		
PI	X			X			X	X	X	C	P	X		O		
RF	X	O			X		O	O		T	A	O	O	O	O	X
TF	X	O			O	O	O	O	O	O	O	O	O	O		
VA			O		O	O				H		+		O		
VD			O		O	O	X			H	O	O		O		
VI		O	O		O	O	O			H		O		O		
VM	O		O		O					H		O		O		
VR		O	O		O	O	X	X		H		O		O		

说明：
X：必要项　　　　　　　　　R：边界径向线　　　　　　　　　　D：到指定DME导航台的距离
A：沿航迹飞行距离　　　　　C：航迹　　　　　　　　　　　　　+=：等于或大于此高度
O：可选项　　　　　　　　　H：航向　　　　　　　　　　　　　阴影：不适用项
P：航段长度　　　　　　　　T：出航切向航迹
B：对于CF/DF、DF/DF或FC/DF组合航段为必要项，否则为可选项

图 3-1　各个航段所需信息

一条 ARINC 424 编码代表一个航段，在该编码中体现出以下信息：

（1）该航段定位点的名称，也就是坐标（编码的第 30～34 位）。

（2）航段转弯的方向（编码的第 44 位）。

（3）该航段轨迹的类型（编码的第 48～49 位）。

（4）为该航段提供引导信号的导航台坐标（编码的第 51～54 位）。

（5）该航段引导台的方位（编码的第 63～66 位）。

（6）该航段与引导台的距离（编码的第 67～70 位）。

（7）该航段的方位（编码的第 71～74 位）。

（8）各个航段所需数据。

（9）该航段的高度描述符是上升还是下降（编码的第 83 位 "+"）。

（10）该航段的高度限制（编码的第 85～89 位为英尺单位的高度上限，第 90～94 位 "08860" 为英尺单位的高度下限，1 英尺=30.48 厘米）。

（11）该航段的速度限制（编码的第 100～102 位）。

（12）该航段的仰角（编码的第 103～106 位）。

由于无法获取机场、导航台名称、定位台、飞行情报区等编码信息，因此，在进行飞行计划编码时暂时不考虑机场、导航台名称、定位台、飞行情报区等编码信息，只考虑该航段序号、类型、方位、定位点的坐标，航段转弯的方向、航段类型，航段引导台方位、飞机与引导台的距离、高度描述符、高度限制、速度限制、航迹方向角 12 个信息。在进行仿真实验时，采用一个结构体数组存储飞行计划各个构成航段的编码信息，每行存储一个航段。

航段编码结构体组成
LEG{
序号；
类型；
航段类型；
航段方位；
定位点坐标；
转弯方向；
引导台方位；
高度描述符；
高度限制；
速度限制；}

根据上述信息就可以确定航段的空间形状，这些空间形状可以分成两大类：一类是直线，另一类是圆弧。如果是直线，只需确定航段的起点（坐标、高度）、终点（坐标、高度）、高度变化速率和在此航段的速度限制；如果是圆弧，就要根据圆弧的起点、起始方位、终止方位、终止方位上的任意一点 4 个条件，才可确定该航段。

3.4　ARINC 424 中的各个航段的定义、所需数据和解析算法

3.4.1　AF 航段

AF 航段示意如图 3-2 所示。

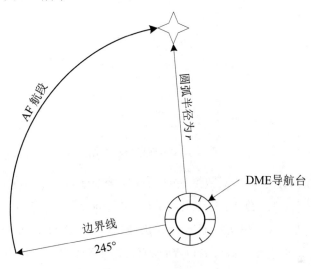

图 3-2　AF 航段示意

1）定义

DME Arc to a Fix：以 DME 导航台为圆心，以指定距离为半径的一段圆弧为轨迹飞往某个固定点。

2）所需数据

（1）W/P ID：固定点的编号，表示需要知道固定点的经度和纬度坐标，下同。

（2）TD（Turn Direction）：转弯方向，表示终端航线的转弯方向，也可用来表示航向；L 表示左转，R 表示右转，E 表示任意方向。

（3）Theta：磁方位角，表示飞机飞到推荐导航台的磁方位角。其单位为度（°），采用十进制，其数值允许带 1 位小数，该角度值由航段终点和编码规则确定，下同。说明：Theta=Fix RDL，表示从 DME 导航台到固定点的径向线角度。

（4）Rho：到航路点的距离，表示飞机到航路点的球面最短距离，用海里表示，下同。

（5）OBD MAG CRS：飞机外飞磁航向，定义为从定位点到飞机位置引出的直线和磁北向构成的磁航向，下同。说明：OBD MAG CRS=Boundary RDL，即该圆弧的边界径向线。

（6）RMD VHF：应为 DME 导航台的频率，由此识别出 DME 导航台的坐标，下同。

3）解析算法

解析该航段时，要确定圆弧所在的空间位置。若要确定一段圆弧，则需要给出该圆弧的圆心、半径、起点坐标和终点坐标。AF 航段解析算法如图 3-3 所示。

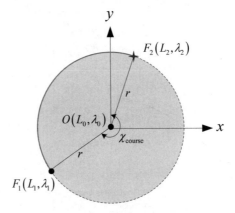

图 3-3　AF 航段解析算法

检查上文所述的 AF 航段所需数据，可以看出，终点坐标 $F_2(L_2, \lambda_2)$ 已经由固定点给出，圆弧的圆心 $O(L_0, \lambda_0)$ 由 RMD VHF 给出，半径 r 由 Rho 给出。因此，AF 航段解析目标就是求出起点坐标 $F_1(L_1, \lambda_1)$。在 AF 航段给出的数据中，OBD MAG CRS 定义的圆弧边界径向线就是该航段的起始边界。该边界以航迹方位角的方式给出，设该方位角为 χ_{course}，利用等角航线的正解公式就可以直接求出起点坐标 $F_1(L_1, \lambda_1)$。

3.4.2　CA 航段

CA 航段示意如图 3-4 所示。

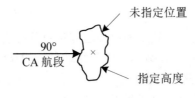

图 3-4　CA 航段示意

1）定义

Course to an Altitude：按指定航向飞至指定高度。

2）所需数据

（1）OBD MAG CRS：飞机外飞磁航向。说明：CD 航段中 OBD MAG CRS=Course，为飞机的航向，即飞机飞行速度矢量和磁北向的夹角，在本书中按照飞机的真航向处理。

（2）ALT ONE：高度描述符，表示等于或大于此高度。

3）解析算法

已知条件：CD 航段的起点坐标 $F_1(L_1, \lambda_1)$ 为前一个航段的终点坐标或飞机当前位置；航迹方向角 χ；终点的高度值；求终点坐标 $F_2(L_2, \lambda_2)$。

该航段的终点坐标可由高度描述符与爬升率给出，在导航数据库标准 ARINC 424 的第 184 页中给出了计算距离所需的爬升率，即 r_{climb} =500 英尺/海里。根据飞机当前高度和 ALT ONE 给出的高度值，可以计算出起点和终点的高度差 H_d，进而由爬升率计算出航段的长度 $l_{leg} = \dfrac{H_d}{r_{climb}}$。又已知起点坐标、航迹方位角和两点之间的距离，利用等角航线的正解公式就可求出终点坐标 $F_2(L_2, \lambda_2)$。

3.4.3 CD 航段

CD 航段示意如图 3-5 所示。

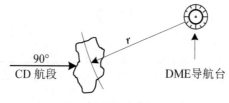

图 3-5 CD 航段示意

1）定义

Course to a Distance：按指定航向飞至距离指定的 DME 导航台一定距离处。

2）所需数据

（1）OBD MAG CRS：飞机外飞磁航向，更准确地说是飞机相对于导航台的方位角。说明：CD 航段中的 OBD MAG CRS=Course，即飞机的航向，即飞机飞行速度矢量和磁北向的夹角，在本书中按照飞机的真航向处理。

（2）TM/DST，即 DME Distance：到指定 DME 导航台的距离。

3）解析算法

已知条件：起点坐标为前一个航段的终点坐标；DME 导航台的坐标；航迹方位角；到 DME 导航台的距离；求终点坐标 $F_2(L_2, \lambda_2)$。

CD 航段的具体含义：从某已知航路点沿特定航向飞行，直到距离某 DME 导航台一定距离处。解析 CD 航段时，必须求出终点坐标。该航段的解析算法如图 3-6 所示，已知 DME 导航台所在的 N 点坐标；航段起点 M 点的坐标；航向 MP_1 的航迹方位角 α；以及 N 点到 P_1 点的距离 r，求 P_1 点坐标。具体步骤如下：

（1）在 $\triangle MNP_1$ 中，M 和 N 两点的坐标已知，由等角航线的反解公式可计算出 MN 的长度和方位。

（2）可知 $\angle P_1MN$ 为 MP_1 航向角 α 与 MN 航迹方位角之差。

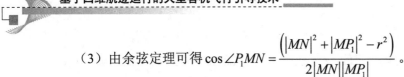

（3）由余弦定理可得 $\cos\angle P_1MN = \dfrac{\left(\left|MN\right|^2 + \left|MP_1\right|^2 - r^2\right)}{2\left|MN\right|\left|MP_1\right|}$。

（4）P_1 点与 M 点的距离和方位都已知，从而求得 P_1 点坐标。最后，由等角航线的正解公式可求出终点坐标 $F_2\left(L_2, \lambda_2\right)$。

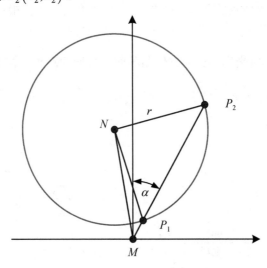

图 3-6　CD 航段的解析算法

3.4.4　CF 航段

CF 航段示意如图 3-7 所示。

图 3-7　CF 航段示意

1）定义

Course to a Fix：按指定航向飞向指定的固定点。

2）所需数据

（1）W/P ID：固定点编号，即固定点坐标。

（2）OVER FLY：是否过点飞行标志，B 表示必须过点飞行。

（3）Theta：磁方位角，表示飞机到推荐导航台的磁方位角。说明：CF 航段中 Theta=Fix RDL，即从 DME 导航台到固定点的径向线角度。

（4）Rho：到航路点的距离，表示飞机到航路点的球面最短距离，用海里表示，航路点为以 Fix Ident 表示的航路点，单位为海里，采用十进制，其数值允许带 1 位小数，下同。

（5）OBD MAG CRS：飞机外飞磁航向。说明：CF 航段中 OBD MAG CRS=CRS to

Specified Fix，为飞机位置到固定点的方位角，即从飞机当前位置向固定点引出的直线和磁经线的夹角，在本书中按真航向处理。

（6）RMD VHF：应为 DME 导航台的频率，由此识别出 DME 导航台的坐标。

3）解析算法

已知条件：终点坐标 $F_2(L_2, \lambda_2)$ 由固定点坐标给出；航迹方位角 χ；到固定点的距离；求起点坐标。

根据航迹方位角，可计算出飞机相对于固定点的方位角为 $2\pi - \chi$，又已知固定点坐标 $F_2(L_2, \lambda_2)$ 和由 Rho 给出的到固定点的距离，根据等角航线的正解公式可以求出起点坐标 $F_1(L_1, \lambda_1)$。

3.4.5　CI 航段

CI 航段示意如图 3-8 所示。

1）定义

Course to an Intercept：从某航向截获后一个航段。

2）所需数据

OBD MAG CRS：飞机外飞磁航向。

图 3-8　CI 航段示意

3）解析算法

已知条件：起点坐标 $F_1(L_1, \lambda_1)$ 由飞机当前位置给出；航迹方位角由 OBD MAG CRS 给出；求终点坐标 $F_2(L_2, \lambda_2)$。

CI 航段终点坐标的求解较难，必须知道后一个航段的类型和数据才能求解。根据各个航段可能的组合表（参考 ARINC 424 第 187 页），CI 航段的后一个航段只能是 AF、CF、FA、FC、FD、FM 6 类航段。

3.4.6　CR 航段

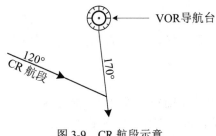

图 3-9　CR 航段示意

CR 航段示意如图 3-9 所示。

1）定义

Course to Intercept a Radial：以某航向飞至指定 VOR 导航台的径向线上。

2）所需数据

（1）RMD/VHF：导航台的频率，用于识别导航台，由此得到导航台的经度和纬度坐标。

（2）Theta：磁方位角，表示飞机到推荐导航台的磁方位角。

（3）OBD MAG CRS：飞机外飞磁航向。

3）解析算法

已知条件：起点坐标由飞机当前位置给出；导航台坐标；飞机的航迹方向角由 OBD

MAG CRS 给出；VOR 导航台的径向线方位角由 Theta 给出；求终点坐标 $F_2(L_2, \lambda_2)$。

CR02 航段的具体含义：从某个已知航路点沿特定航向飞行，直到与某 VOR 导航台的径向线相交。CR 航段的解析算法如图 3-10 所示，图中，航段起点为 M 点，其坐标已知；航向的方位角为 β；VOR 导航台位于 N 点，其坐标已知；该导航台的径向线方位角为 α。现在要求 P 点的坐标，具体步骤如下：

（1）在 $\triangle MNP$ 中，M 和 N 两点的坐标已知，由等角航线的反解公式求出 MN 的长度和方位角。

（2）$\angle P$ 为 MP 方位角 β 与 PN 方位角 α 之差。

（3）$\angle N$ 为 MN 方位角与 PN 方位角 α 之差。

（4）由正弦定理可得 $\sin\angle PMN = \sin\angle NMP$，从而计算出 MP 长度。

（5）P 点与 M 点的距离和方位都已知，由等角航线的正解公式可计算出 P 点坐标。

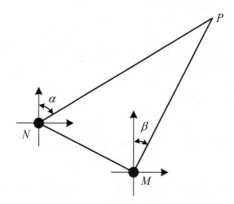

图 3-10　CR 航段的解析算法

3.4.7　DF 航段

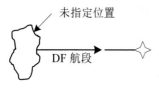

图 3-11　DF 航段示意

DF 航段示意如图 3-11 所示。

1）定义

Direct to a Fix：由任意位置直飞至指定的数据库中的固定点。

2）所需数据

（1）W/P ID：固定点的识别号，即固定点的坐标。

（2）OVER FLY：是否过点飞行，B 表示过点飞行。

3）解析算法

已知条件：起点坐标，飞机当前位置；终点坐标，固定点坐标；求飞机的航向角。

该航向角的计算方式有两种：如果距离较近，就采用等角航线计算；如果距离较远，就采用大圆航线计算。

3.4.8　FA 航段

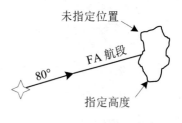

图 3-12　FA 航段示意

FA 航段示意如图 3-12 所示。

1）定义

Course from Fix to Altitude：由固定点按指定轨迹飞至指定高度。

2）所需数据

（1）W/P ID：固定点编号，即固定点坐标。

（2）Theta：磁方位角，表示飞机到推荐导航台的磁方位角。

（3）Rho：到航路点的距离。

（4）OBD MAG CRS：飞机外飞磁航向。

（5）RMD VHF：应为 DME 导航台的频率，由此识别出 DME 导航台的坐标。

（6）ALT ONE，高度描述符。

3）解析算法

已知：起点坐标由固定点给出；飞机的航向角由 OBD MAG CRS 给出；终点的高度由 ALT ONE 给出；求终点坐标。

终点坐标可由高度描述符与爬升率给出，所需爬升率为 r_{climb} =500 英尺/海里。根据飞机当前高度和由 ALT ONE 给出的高度值，可以计算出起点和终点的高度差 H_d，进而由爬升率计算出航段长度 $l_{leg} = \dfrac{H_d}{r_{climb}}$。知道了起点坐标，以航向角和两点之间的距离，利用等角航线正解公式，就可求出终点坐标 $F_2(L_2, \lambda_2)$。

3.4.9　FC 航段

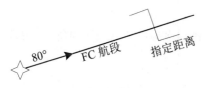

图 3-13　FC 航段示意

FC 航段示意如图 3-13 所示。

1）定义

Course from Fix to Distance：由数据库中的固定点按指定轨迹飞行一段距离。

2）所需数据

（1）W/P ID：固定点编号，即固定点坐标。

（2）OVER FLY：过点飞行。

（3）Theta：磁方位角，表示飞机到推荐导航台的磁方位角。

（4）Rho：到航路点的距离。

（5）OBD MAG CRS：飞机外飞磁航向。

（6）RMD VHF：应为 DME 导航台的频率，由此识别出 DME 导航台的坐标。

（7）Path Length：航段长度。

3）解析算法

已知条件：起点坐标由固定点给出；飞机的航向角由 OBD MAG CRS 给出。

航段长度由 Path Length 给出；求终点坐标。

显然，这是一个典型的等角航线正解问题，由已知条件和等角航线的正解公式可以很方便地求出终点坐标。

3.4.10 FD 航段

FD 航段示意如图 3-14 所示。

图 3-14　FD 航段示意

1）定义

Course from Fix to DME Distance：由数据库中的固定点按指定轨迹飞至距离某 DME 导航台一定距离处。

2）所需数据

（1）W/P ID：固定点编号，即固定点坐标。

（2）Theta：磁方位角，表示飞机到推荐导航台的磁方位角。

（3）Rho：到航路点的距离。

（4）OBD MAG CRS：飞机外飞磁航向。

（5）RMD VHF：应为 DME 导航台的频率，由此识别出 DME 导航台的坐标。

（6）TM/DST：飞机到 DME 导航台的距离。

3）解析算法

已知条件：起点坐标由固定点坐标给出；DME 导航台的坐标；飞机的航向角；飞机到 DME 导航台的距离；求终点坐标 $F_2(L_2, \lambda_2)$。

该航段解析算法同 CD 航段，只是起点坐标不同而已。

3.4.11 FM 航段

FM 航段示意如图 3-15 所示。

图 3-15　FM 航段示意

1）定义

Course from Fix to Manual Term：由固定点按指定轨迹飞行，直到人工终止航段。

2）所需数据

（1）W/P ID：固定点编号，即固定点坐标。

（2）Theta：磁方位角，表示飞机到推荐导航台的磁方位角。

（3）Rho：到航路点的距离。

（4）OBD MAG CRS：飞机外飞磁航向。

（5）RMD VHF：应为 DME 导航台的频率，由此识别出 DME 导航台的坐标。

3）解析算法

已知条件：起点坐标由固定点给出；飞机的航向角由 OBD MAG CRS 给出；求终点的坐标。

该航段解析算法同 FA 航段，只是终点产生方式不同，这里不再赘述。

3.4.12　HX 航段

HX 航段示意如图 3-16 所示。

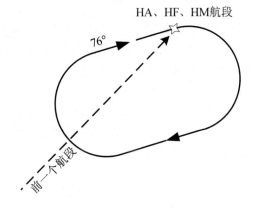

图 3-16　HX 航段示意

1）定义

HA（Hold to an Altitude）：保持到高度终止。

HF（Hold, Terminate at Fix after 1 Circuit）：在固定点单圈终止。

HM（Hold, Manual Termination）：人工终止。

参考原中国民航总局航空安全技术中心在 2008 年编写的《目视和仪表飞行程序设计》第 28 页。

2）所需数据

（1）W/P ID：固定点编号，即固定点坐标。

（2）Hold：是否保持标志，一般情况下选择保持。

（3）OBD MAG CRS：飞机外飞磁航向。

（4）TM/DST：距离的说明。

3）解析算法

HX 航段解析算法如图 3-17 所示。

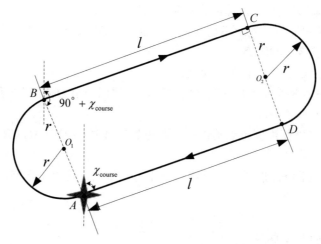

图 3-17　HX 航段解析算法

已知条件：起点 A 坐标由固定点坐标给出；出航航迹方位角 χ_{course} 由 OBD MAG CRS 给出；出航航段长度即图 3-17 中 AD 线段和 BC 线段的长度 l，由 TM/DST 给出；求 B 点、C 点、D 点、O_1 点、O_2 点坐标和圆弧航段转弯半径 r。

解析步骤如下。

（1）确定圆弧航段转弯半径。根据原中国民航总局航空安全技术中心编写的《目视和仪表飞行程序设计》第 5 页中的规定，飞机进近初始速度为指示空速 350km/h，转弯坡度为 25°，由此可以确定圆弧航段转弯半径，即

$$r = |O_1 A| = |O_2 D| = \frac{V^2}{g \tan 25°} \tag{3-1}$$

式中，V 为根据指示空速 350km/h 计算出的真空速；g 为重力加速度。

（2）计算 B 点坐标。显然，$|AB| = 2r$，AB 线段的航迹方位角为 $\chi_{\text{course}} + 90°$，由等角航线的正解公式可以求得 B 点坐标。

（3）计算 C 点坐标。$|BC| = l$，BC 线段的航迹方位角为 χ_{course}，由等角航线的正解公式可以求得 C 点坐标。

（4）计算 D 点坐标。$|AD| = l$，AD 线段的航迹方位角为 χ_{course}，由等角航线的正解公式可以求得 D 点坐标。

（5）计算 O_1 点坐标。$|AO_1| = r$，AO_1 线段的航迹方位角为 $90° - \chi_{\text{course}}$，由等角航线的正解公式可以求得 O_1 点坐标。

（6）计算 O_2 点坐标。$|CO_2| = r$，CO_2 线段的航迹方位角为 $90° + \chi_{\text{course}}$，由等角航线的正解公式可以求得 O_2 点坐标。

3.4.13　IF 航段

IF 航段示意如图 3-18 所示。

图 3-18　IF 航段示意

1）定义

Initial Fix：初始固定点。

2）所需数据

W/P ID：航路点编号，即经度和纬度坐标。

3）解析算法

该航段没有解析算。

3.4.14　PI 航段

PI 航段示意如图 3-19 所示。

1）定义

Procedure Turn：定义数据库中的固定点的一个航向反向。

2）所需数据

（1）W/P ID：固定点编号，即固定点坐标。

（2）TD：转弯方向，R 表示右转，L 表示左转。

（3）Theta：磁方位角，表示飞机到推荐导航台的磁方位角。
说明：Theta=Fix RDL，从 DME 导航台到固定点的径向线角度。

（4）Rho：到航路点的距离。

（5）OBD MAG CRS：飞机外飞磁航向。

（6）RMD VHF：应为 DME 导航台的频率，由此识别出
DME 导航台的坐标。

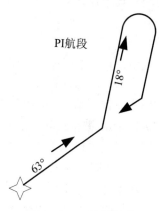

图 3-19　PI 航段示意

（7）Path Length：航段长度。

（8）ALT ONE：高度描述符。

3）解析算法

PI 航段解析算法如图 3-20 所示。

已知条件：起点坐标由固定点给出；航迹方位角 χ_{course} 由 OBD MAG CRS 给出；飞机转弯方向由 TD 给出；求 O 点、B 点、C 点、D 点、E 点坐标。

根据航段的使用规则（参考导航数据库标准 ARINC 424 的第 184 页），以地速 210 节（1 节=1.852 千米/小时）为基准，把它乘以时间计算航段长度。对于航段反向，如果没有指定时间和距离，则飞机在转弯前最少要飞行 4.3 海里。

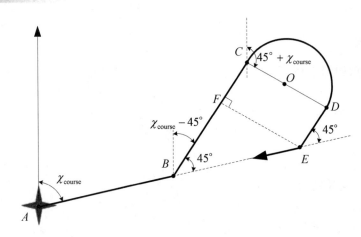

图 3-20 PI 航段解析算法

根据原中国民航总局航空安全技术中心编写的《目视和仪表飞行程序设计》第 5 页中的规定，飞机进近初始速度为指示空速 350km/h，转弯坡度为 25°，由此可以确定圆弧航段转弯半径，即

$$|OC| = |OD| = \frac{V^2}{g\tan 25°}$$ （3-2）

式中，V 为根据指示空速 350km/h 计算出的真空速；g 为重力加速度。

（1）B 点坐标计算。根据原中国民航总局航空安全技术中心编写的《目视和仪表飞行程序设计》第 27 页中的规定，AB 线段长度应为飞机飞行 1~3min 的路程，本书中选取飞机以指示空速 350km/h 飞行 3 分钟的路程。在计算出 AB 线段长度后，根据等角航线的正解公式，可以求出 B 点坐标。

（2）C 点坐标计算。根据原中国民航总局航空安全技术中心编写的《目视和仪表飞行程序设计》第 27 页中的规定，BC 线段长度应为飞机飞行 1 分 15 秒的路程，本书中选取飞机以指示空速 350km/h 飞行 1 分 15 秒的路程。计算出 BC 线段长度后，BC 线段的航迹方位角根据飞机转弯方向确定：若左转，则 BC 线段的航迹方位角为 $\chi_{course} - 45°$；若右转，则 BC 线段的航迹方位角为 $\chi_{course} + 45°$。最后根据等角航线的正解公式，可以求出 C 点坐标。

（3）E 点坐标计算。由于 BE 线段和 BC 线段都呈 45° 角，并且 $EF \perp BC$，因此 BE 线段长度为 $2\sqrt{2}|OC|$，BE 线段的航迹方位角为 χ_{course}，则根据等角航线的正解公式，可以求出 E 点坐标。

（4）D 点坐标计算。DE 线段长度显然为 $|BC| - |OC|$，其航迹方位角和 BC 线段的航迹方位角相等，根据等角航线的正解公式，可以求出 E 点坐标。

（5）O 点坐标计算。当飞机左转时，CO 线段的航迹方位角为 $\chi_{course} + 45°$；当飞机右转时，CO 线段的航迹方位角为 $\chi_{course} - 45°$，由于 $|OC|$ 已知，因此根据等角航线的正解公式，可以求出 O 点坐标。

3.4.15　RF 航段

RF 航段示意如图 3-21 所示。

1）定义

Constant Radius to a Fix：固定半径圆弧，指导航数据库中两个固定点之间的一段半径确定圆弧。

2）所需数据

（1）W/P ID：固定点编号，即固定点坐标。

（2）TD：转弯方向，R 表示右转；L 表示左转。

（3）OBD MAG CRS：飞机外飞磁航向。说明：此时 OBD MAG CRS 为轨迹切线的方向。

（4）TM/DST：沿航迹的距离。

（5）ARC CTR：圆弧航段的圆心坐标。

3）解析算法

由于起点和终点坐标都已知，因此圆弧航段的圆心坐标也已知，无须解析。

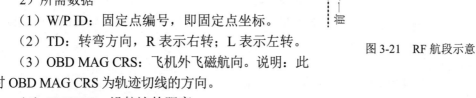

图 3-21　RF 航段示意

3.4.16　TF 航段

TF 航段示意如图 3-22 所示。

图 3-22　TF 航段示意

1）定义

Track to Fix：两个已知固定点之间的大圆弧轨迹。

2）所需数据

W/P ID：固定点编号，即固定点坐标。

3）解析算法

按照大圆航线计算方法求出飞机航向。

3.4.17　VA 航段

VA 航段示意如图 3-23 所示。

1）定义

Heading to Altitude：按指定的机头方向飞至指定高度。

2）所需数据

OBD MAG CRS：飞机外飞磁航向。说明：此时航向为 Heading。

3）解析算法

该航段解析算法同 CA 航段，只需将航向角更换为偏航角，两者之间差一个偏流角。

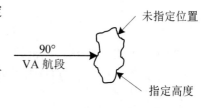

图 3-23　VA 航段示意

3.4.18 VI 航段

VI 航段示意如图 3-24 所示。

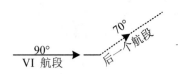

图 3-24　VI 航段示意

1）定义

Heading to Intercept Next Leg：让机头以指定方向截获后一个航段。

2）所需数据

OBD MAG CRS：飞机外飞磁航向。说明：此时航向为 Heading。

3）解析算法

该航段解析算法同 CI 航段，只需将航向角更换为偏航角，两者之间差一个偏流角。

3.4.19 VM 航段

VM 航段示意如图 3-25 所示。

1）定义

Heading to Manual Termination：由一个固定点按指定的机头方向飞行，直到人工终止航段。

2）所需数据

OBD MAG CRS：飞机外飞磁航向。说明：此时航向为 Heading，还应注意遵守标准进场程序（STAR）。

图 3-25　VM 航段示意

3.4.20 VR 航段

VR 航段示意如图 3-26 所示。

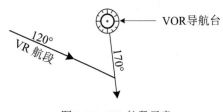

图 3-26　VR 航段示意

1）定义

Heading to Intercept Radial：机头以指定某航段方向飞至指定的 VOR 导航台的径向线上。

2）所需数据

（1）Theta：磁方位角，表示飞机到推荐导航台的磁方位角。说明：Theta=Fix RDL，为从 DME 导航台到固定点的径向线角度。

（2）OBD MAG CRS：飞机外飞磁航向。说明：此时航向为 Heading。

（3）RMD VHF：应为 DME 导航台的频率，由此识别出 DME 导航台的坐标。

3）解析算法

该航段解析算法同 CR 航段，只需将航向角更换为偏航角，两者之间差一个偏流角。

3.5　ARINC 424 中的各个航段的过渡路径构建

航段的过渡路径构建需要考虑前一个航段和后一个航段的解析结果。在 ARINC 424 中，共有 6 种不同情况的过渡。

3.5.1　切线过渡

切线过渡适用于前后两个航段的空间位置都固定的情况，即前后两个航段的航向角 χ_i（初始航向角）和 χ_f（终止航向角）都已知，并且存在固定点没有飞越要求的直线航段组合，主要有 AF-CF、AF-FA、AF-FM、CF-FA、CF-FM、CF-PI、CF-TF、DF-CF、DF-FA、DF-FM、DF-PI DF-TF、TF-CF、TF-FA、TF-FM、TF-PI、TF-TF 等航段组合。此类切线过渡分两种情况：一种情况是两个航段的交点为固定点，也就是说，前一个航段的终点为后一个航段的起点，如图 3-27 所示；另一种情况是前后两个航段都有固定点，并且航向角已知，但个两航段的交点未知。

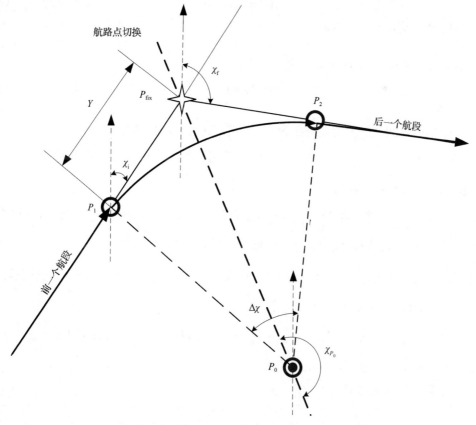

图 3-27　切线过渡情况 1

在图 3-27 中，已知条件为固定点 P_{fix} 坐标、前一个航段的航向角（初始航向角）χ_i 和后一个航段的航向角（终止航向角）χ_f，需要求过渡圆弧的圆心 P_0 点坐标、转弯起点 P_1 点坐标和转弯过渡终点 P_2 点坐标。

航路点切换条件：可以由飞机当前位置，以及过渡圆弧圆心的连线与过渡起点和过渡圆弧圆心连线的夹角确定。

1. 第一种情况下的切线过渡路径解析算法

该过渡路径的求解过程如下：

（1）计算转弯半径，即图 3-27 中的过渡圆弧半径 r。

$$r = \frac{1.458(V+W)^2 10^{-5}}{\tan\phi} \tag{3-3}$$

式中，$V+W$ 为飞机转弯时的最大地速，单位为度；ϕ 为飞机的最大倾斜角。

当高度小于 FL195 时，

$$(V+W) = 500 \tag{3-4}$$

$$\phi = \min(0.5\alpha, 23°) \tag{3-5}$$

当高度等于或大于 FL195 时，

$$\phi = 5° \tag{3-6}$$

如果 $\phi = 5°$ 导致 $Y > 20 \text{ n mile}$，那么

$$Y = 20 \text{ n mile} \tag{3-7}$$

$$R = 23 / \tan(0.5\alpha) \tag{3-8}$$

（2）根据前后两个航段的航向角大小，判断飞机的转弯方向。

① 当 $0 < \chi_i < \frac{\pi}{2}$ 时，如果 $0 < \chi_f - \chi_i < \pi$，就可以判定飞机右转；如果 $-\frac{\pi}{2} < \chi_f - \chi_i < 0$ 或 $\pi < \chi_f - \chi_i < 2\pi$，就可以判定飞机左转。

② 当 $\pi < \chi_i < \frac{3\pi}{2}$ 时，如果 $0 < \chi_f - \chi_i < \pi$ 或 $-\frac{3\pi}{2} < \chi_f - \chi_i < -\pi$，就可以判定飞机右转；如果 $-\pi < \chi_f - \chi_i < 0$，就可以判定飞机左转。

③ 当 $\frac{\pi}{2} < \chi_i < \pi$ 时，如果 $-\pi < \chi_f - \chi_i < 0$ 或 $\frac{\pi}{2} < \chi_f - \chi_i < \pi$，就可以判定飞机左转；如果 $0 < \chi_f - \chi_i < \pi$，就可以判定飞机右转。

④ 当 $\frac{3\pi}{2} < \chi_i < 2\pi$ 时，如果 $-\pi < \chi_f - \chi_i < 0$，就可以判定飞机左转；如果 $0 < \chi_f - \chi_i < \frac{\pi}{2}$ 或 $-2\pi < \chi_f - \chi_i < -\pi$，就可以判定飞机右转。

（3）计算过渡圆弧对应的圆心角 $\Delta\chi$

$$\Delta\chi = |\chi_f - \chi_i|$$

（4）计算转弯起点 P_1 点坐标。由图 3-27 可以看出，固定点 P_{fix} 到转弯起点 P_1 的距离为

$$Y = r \tan\left(\frac{\Delta\chi}{2}\right)$$

固定点 P_{fix} 点到转弯起点 P_1 连线的航向角为 $\pi + \chi_i$，因此，由等角航线的正解公式可以求出转弯起点 P_1 点坐标。

（5）计算转弯终点 P_2 点坐标。由图 3-27 可以看出，固定点 P_{fix} 点到转弯起点 P_2 点的距离为

$$Y = r \tan\left(\frac{\Delta\chi}{2}\right)$$

固定点 P_{fix} 点到转弯起点 P_2 点连线的航向角为 χ_f，因此，由等角航线的正解公式可以求出转弯起点 P_2 点坐标。

（6）计算过渡圆弧的圆心 P_0 点坐标。从转弯起点 P_1 点到过渡圆弧的圆心 P_0 点坐标的航向角 χ_{P_0} 分以下 4 种情况。

① 当 $0 < \chi_i < \dfrac{\pi}{2}$ 时，

$$\chi_{P_0} = \begin{cases} \dfrac{\pi}{2} + \chi_i, & \text{右转} \\[2mm] \dfrac{3\pi}{2} + \chi_i, & \text{左转} \end{cases}$$

② 当 $\dfrac{\pi}{2} < \chi_i < \pi$ 时，

$$\chi_{P_0} = \begin{cases} \dfrac{\pi}{2} + \chi_i, & \text{右转} \\[2mm] \chi_i - \dfrac{\pi}{2}, & \text{左转} \end{cases}$$

③ 当 $\pi < \chi_i < \dfrac{3\pi}{2}$ 时，

$$\chi_{P_0} = \begin{cases} \chi_i - \dfrac{\pi}{2}, & \text{右转} \\[2mm] \chi_i + \dfrac{\pi}{2}, & \text{左转} \end{cases}$$

④ 当 $\dfrac{3\pi}{2} < \chi_i < 2\pi$ 时，

$$\chi_{P_0} = \begin{cases} \chi_i - \dfrac{3\pi}{2}, & \text{右转} \\[2mm] \chi_i - \dfrac{\pi}{2}, & \text{左转} \end{cases}$$

又由于转弯起点 P_1 点到过渡圆弧的圆心 P_0 点的距离 r 已知，因此，根据等角航线的正解公式可以求出过渡圆弧的圆心 P_0 点坐标。

2. 第二种情况下的切线过渡路径解析算法

第二种情况下，前后两个航段的交点坐标未知，只知道这两个航段的航向和固定点。如果能够求出这两个航段的交点，那么其过渡路径的求解就和第一种完全相同。因此，第二种情况下切线过渡路径的求解取决于两个航段的交点 P_{cross} 点坐标的计算，如图 3-28 所示。

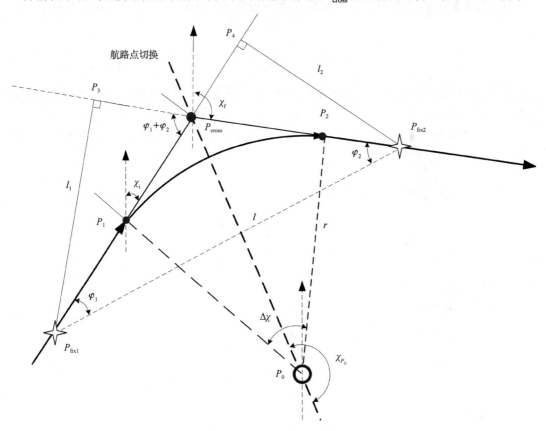

图 3-28 切线过渡情况 2

在图 3-28 中，前后两个航段上的固定点 P_{fix1} 点和 P_{fix2} 点坐标已知，并且两个航段的航向角分别为 χ_i 和 χ_f，因此，由等角航线侧偏距的计算公式可以计算出 P_{fix1} 点到第二个航段的侧偏距 l_1。同理，可以计算出 P_{fix2} 点到第二个航段的侧偏距 l_2。由等角航线的反解公式可以求出 P_{fix1} 点到 P_{fix2} 点的距离 l。由此可以得到

$$\varphi_1 = \arcsin\left(\frac{l_2}{l}\right) \tag{3-9}$$

$$\varphi_2 = \arcsin\left(\frac{l_1}{l}\right) \tag{3-10}$$

P_{fix1} 点到 P_{cross} 点距离为

$$\frac{l_1}{\sin(\varphi_1 + \varphi_2)}$$

P_{fix1} 点到 P_{cross} 点的航向角为 χ_i，由等角航线的正解公式可以计算出 P_{cross} 点坐标。

3. 航路点切换条件判断

由于飞机当前位置 P 点的坐标已知，因此，根据等角航线的反解公式计算从过渡圆弧圆心 P_0 点和 P 点连线的航向角 $\chi_{P_0 P}$、P_0 点和 P_2 点连线的航向角 $\chi_{P_0 P_2}$、P_0 点和固定点 P_{fix} 连线的航向角 $\chi_{P_0 P_{\text{fix}}}$。当飞机右转（顺时针转向）时，若 $\left| \chi_{P_0 P} - \chi_{P_0 P_2} \right| < \left| \chi_{P_0 P_{\text{fix}}} - \chi_{P_0 P_2} \right|$，则说明飞机已飞过需切换的航路点；当飞机左转（逆时针转向）时，若 $\left| \chi_{P_0 P} - \chi_{P_0 P_2} \right| > \left| \chi_{P_0 P_{\text{fix}}} - \chi_{P_0 P_2} \right|$，则说明飞机飞越需切换的航路点。

3.5.2 45° 截获过渡

45° 截获过渡适用于这样的航段：前一个航段的终点坐标已知，该航段的航向角已知，后一个航段的空间位置已知（经过固定点且航段的航向角已知）。此类过渡和直飞的区别在于，直飞过渡时，后一个航段只有固定点坐标已知，而航向未知；45° 截获过渡和方位截获过渡的区别在于，方位截获过渡时，只知道后一个航段的航向角，并不知道航段的空间位置；45° 截获过渡和切线过渡的区别在于，前后两个航段不能仅仅通过一个较短的圆弧过渡，必须在中间加上一段直线过渡。由此可以看出，45° 截获过渡相当于方位截获过渡和切线过渡的综合。

1. 45° 截获过渡路径的解析算法

45° 截获过渡路径的解析算法如图 3-29 所示。已知条件：前一个航段的终点 P_1 点坐标、前一个航段的航向角 χ_i、后一个航段的固定点 P_{fix} 点坐标、后一个航段的航向角 χ_f。

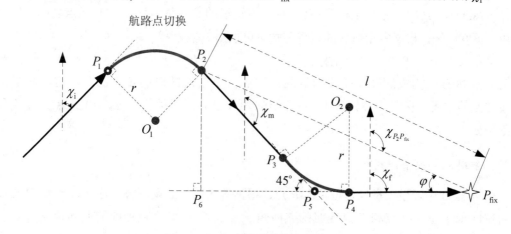

图 3-29 45° 截获过渡路径的解析算法

求两个过渡圆弧的圆心 O_1 点和 O_2 点坐标、第一个过渡圆弧终点 P_2 点坐标、第二个圆弧起点 P_3 点坐标和终点 P_4 点坐标。

（1）根据前后两个航段的航向角判断飞机的转弯方向，判断方法与 3.5.1 节介绍的方法一致。

（2）根据飞机的转弯方向和后一个航段的航向角 χ_f，计算中间过渡航段的航向角 χ_m。

当飞机右转时，

$$\chi_m = \begin{cases} \chi_f - \dfrac{\pi}{4}, & 0 < \chi_f < \dfrac{\pi}{2} \\ \chi_f + \dfrac{\pi}{4}, & \text{其他} \end{cases}$$

当飞机左转时，

$$\chi_m = \begin{cases} \chi_f - \dfrac{\pi}{4}, & \dfrac{3\pi}{2} < \chi_f < 2\pi \\ \chi_f + \dfrac{\pi}{4}, & \text{其他} \end{cases}$$

（3）计算过渡圆弧的半径，计算方法参考 3.5.1 节。

（4）计算 O_1 点和 P_2 点坐标。根据前一个航段的航向角 χ_i、中间过渡航段的航向角 χ_m 和过渡圆弧半径，利用方位截获过渡路径的解析算法求出 O_1 点和 P_2 点坐标，具体解析算法参考 3.4.3 节。

（5）求 P_5 点坐标。由于 P_2 点坐标和固定点 P_{fix} 点坐标已知，因此，由等角航线的反解公式，可以求出两点之间的距离 l，以及 P_2 点和 P_{fix} 点连线的航向角 $\chi_{P_2 P_{fix}}$，进而计算出 P_2 点和 P_{fix} 点连线与第二个航段的夹角 φ。由图 3-29 可以看出，$\varphi = |\chi_{P_2 P_{fix}} - \chi_f|$。因此，$|P_2 P_6| = l\sin\varphi$，$|P_2 P_5| = \sqrt{2}l\sin\varphi$。而 P_2 点和 P_5 点连线的航向角为 χ_m，并且两点之间的距离已知，角度已知，根据等角航线的正解公式可以求出 P_5 点坐标。

（6）求 O_2 点、P_3 点和 P_4 点坐标。已知 P_5 点坐标、P_2 点坐标和固定点 P_{fix} 点坐标，并且由 P_2 点和 P_5 点构成的过渡航段的航向角和后一个航段的航向角也已知，这就相当于切线过渡的情况。因此，按照 3.4.1 节介绍的切线过渡路径解析算法求出 O_2 点、P_3 点和 P_4 点坐标。

2. 航路点切换条件判断

在图 3-30 中，设飞机当前位置为 P 点，根据等角航线的反解公式计算 O_1 点和 P 点连线的航向角 $\chi_{O_1 P}$、O_1 点和 P_1 点连线的航向角 $\chi_{O_1 P_1}$、O_1 点和 P_2 点连线的航向角 $\chi_{O_1 P_2}$。若 $|\chi_{O_1 P} - \chi_{O_1 P_2}| < |\chi_{O_1 P_1} - \chi_{O_1 P_2}|$，则说明在该航段飞机飞越需切换的航路点。

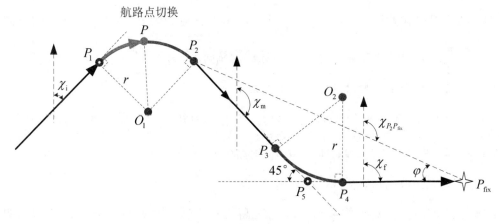

图 3-30　航路点切换判断

3.5.3　方位截获过渡

方位截获过渡适用于这样的情况：前一个航段的终点为固定点，并且为过点飞行，后一个航段只有航向的要求。因此，后一个航段为 CX（除 CF 航段）和 VX 类型的航段适用此类型。

方位截获过渡的已知条件：前一个航段的终点（固定点）P_1 点坐标，前一个航段的航向角 χ_i，后一个航段的航向角 χ_f。

方位截获过渡路径的解析需要求出过渡圆弧的圆心 P_0 点坐标和转弯终点 P_2 点坐标，如图 3-31 所示。

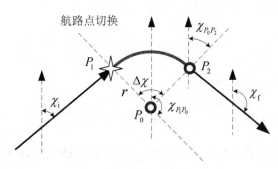

图 3-31　方位截获

1. 方位截获过渡路径的解析算法

（1）计算转弯半径，见 3.5.1 节。

（2）判断飞机的转弯方向。根据前后两个航段的航向角大小判断飞机的转弯方向，判断方法与 3.5.1 节介绍的方法一致。

（3）求 P_0 点坐标时，对应 4 种情况：

① 当飞机的初始航向角 $0 < \chi_i < \dfrac{\pi}{2}$ 时，若飞机右转，则 P_1 点和 P_0 点连线的航向角 $\chi_{P_1P_0} = \chi_i + \dfrac{\pi}{2}$；若飞机左转，则 P_1 点和 P_0 点连线的航向角 $\chi_{P_1P_0} = \dfrac{3\pi}{2} + \chi_i$。又由于 $|P_1P_0| = r$ 且已知，根据等角航线的正解公式可以求出 P_0 点坐标。

② 当飞机的初始航向角 $\pi < \chi_i < \dfrac{3}{2}\pi$ 时，若飞机右转，则 P_1 点和 P_0 点连线的航向角 $\chi_{P_1P_0} = \chi_i + \dfrac{\pi}{2}$；若飞机左转，则 P_1 点和 P_0 点连线的航向角 $\chi_{P_1P_0} = \chi_i - \dfrac{\pi}{2}$。又由于 $|P_1P_0| = r$ 且已知，根据等角航线的正解公式可以求出 P_0 点坐标。

③ 当飞机的初始航向角 $\dfrac{\pi}{2} < \chi_i < \pi$ 时，若飞机右转，则 P_1 点和 P_0 点连线的航向角 $\chi_{P_1P_0} = \chi_i + \dfrac{\pi}{2}$；若飞机左转，则 P_1 点和 P_0 点连线的航向角 $\chi_{P_1P_0} = \chi_i - \dfrac{\pi}{2}$。又由于 $|P_1P_0| = r$ 且已知，根据等角航线的正解公式可以求出 P_0 点坐标。

④ 当飞机的初始航向角 $\dfrac{3}{2}\pi < \chi_i < 2\pi$ 时，若飞机右转，则 P_1 点和 P_0 点连线的航向角 $\chi_{P_1P_0} = \chi_i - \dfrac{3\pi}{2}$；若飞机左转，则 P_1 点和 P_0 点连线的航向角 $\chi_{P_1P_0} = \chi_i - \dfrac{\pi}{2}$。又由于 $|P_1P_0| = r$ 且已知，根据等角航线的正解公式可以求出 P_0 点坐标。

（4）求 P_2 点的坐标。当飞机左转时，P_0 点和 P_2 点连线的航向角 $\chi_{P_0P_2} = \chi_f + \dfrac{\pi}{2}$。当 $\chi_f + \dfrac{\pi}{2} > 2\pi$ 时，P_0 点和 P_2 点连线的航向角 $\chi_{P_0P_2} = \chi_f - \dfrac{3\pi}{2}$。

当飞机右转时，若 $\chi_f - \dfrac{\pi}{2} > 0$，则 P_0 点和 P_2 点连线的航向角 $\chi_{P_0P_2} = \chi_f - \dfrac{\pi}{2}$；否则，$P_0$ 点和 P_2 点连线的航向角 $\chi_{P_0P_2} = \chi_f + \dfrac{3\pi}{2}$。

2. 航路点切换条件判断

由于飞机当前位置 P 点坐标已知，根据等角航线的反解公式可以计算过渡圆弧圆心 P_0 点和 P 点连线的航向角 χ_{P_0P}、P_0 点和 P_1 点连线的航向角 $\chi_{P_0P_1}$，而 P_0 点和 P_2 点连线的航向角 $\chi_{P_0P_2}$ 已知。当飞机右转（顺时针转向）时，若 $|\chi_{P_0P} - \chi_{P_0P_2}| < |\chi_{P_0P_1} - \chi_{P_0P_2}|$，则说明飞机已飞过需切换的航路点；当飞机左转（逆时针转向）时，若 $|\chi_{P_0P} - \chi_{P_0P_2}| > |\chi_{P_0P_1} - \chi_{P_0P_2}|$，则说明飞机飞越需切换的航路点。

3.5.4 直飞过渡

直飞过渡适用于前一个航段的航向角（初始航向角）χ_i 和固定点坐标已知、后一个航段固定点坐标已知的情况。直飞过渡路径的解析算法如图 3-32 所示，其中，P_1 为前一个航段的终点，其坐标已知，前一个航段的航向角 χ_i 也已知，后一个航段的固定点 P_2 坐标已知。解析直飞过渡路径的关键步骤是求出过渡圆弧的圆心 P_0 点坐标和过渡终点 P_{ftp} 坐标，同时建立航路点切换的判断条件。

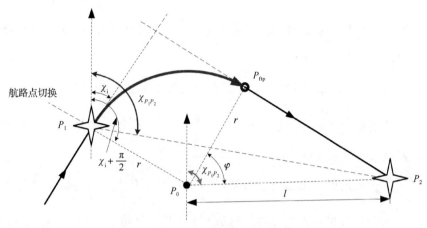

图 3-32　直飞过渡路径的解析算法

1. 直飞过渡路径的解析算法

（1）根据 P_1 点、P_2 点坐标和初始航段的航向角 χ_i 判断飞机转弯方向，首先需要根据等角航线的反解公式求出 P_1 点和 P_2 点连线的航向角 $\chi_{P_1P_2}$。

① 当 $0 < \chi_i < \dfrac{\pi}{2}$ 时，如果 $0 < \chi_{P_1P_2} - \chi_i < \pi$，那么飞机右转；如果 $-\dfrac{\pi}{2} < \chi_{P_1P_2} - \chi_i < 0$ 或 $\pi < \chi_{P_1P_2} - \chi_i < 2\pi$，那么飞机左转。

② 当 $\pi < \chi_i < \dfrac{3\pi}{2}$ 时，如果 $0 < \chi_{P_1P_2} - \chi_i < \pi$ 或 $-\dfrac{3\pi}{2} < \chi_{P_1P_2} - \chi_i < -\pi$，那么飞机右转；如果 $-\pi < \chi_{P_1P_2} - \chi_i < 0$，那么飞机左转。

③ 当 $\dfrac{\pi}{2} < \chi_i < \pi$ 时，如果 $-\pi < \chi_{P_1P_2} - \chi_i < 0$ 或 $\dfrac{\pi}{2} < \chi_{P_1P_2} - \chi_i < \pi$，那么飞机左转；如果 $0 < \chi_{P_1P_2} - \chi_i < \pi$，那么飞机右转。

④ 当 $\dfrac{3\pi}{2} < \chi_i < 2\pi$ 时，如果 $-\pi < \chi_{P_1P_2} - \chi_i < 0$，那么飞机左转，如果 $0 < \chi_{P_1P_2} - \chi_i < \dfrac{\pi}{2}$ 或 $-2\pi < \chi_{P_1P_2} - \chi_i < -\pi$，那么飞机右转。

（2）计算过渡圆弧半径 r，计算方法参考 3.5.1 节。

（3）求 P_0 点坐标时，对应 4 种情况：

① 当 $0 < \chi_i < \dfrac{\pi}{2}$ 时，如果飞机右转，那么 P_1 点和 P_0 点连线的航向角为 $\chi_i + \dfrac{\pi}{2}$；如果飞

机左转，那么 P_1 点和 P_0 点连线的航向角为 $\frac{3\pi}{2}+\chi_i$。又由于 $|P_1P_0|=r$ 且已知，根据等角航线的正解公式可以求出 P_0 点坐标。

② 当 $\pi < \chi_i < \frac{3}{2}\pi$ 时，如果飞机右转，那么 P_1 点和 P_0 点连线的航向角为 $\chi_i+\frac{\pi}{2}$；如果飞机左转，那么 P_1 点和 P_0 点连线的航向角为 $\chi_i-\frac{\pi}{2}$。又由于 $|P_1P_0|=r$ 且已知，根据等角航线的正解公式可以求出 P_0 点坐标。

③ 当 $\frac{\pi}{2} < \chi_i < \pi$ 时，如果飞机右转，那么 P_1 点和 P_0 点连线的航向角为 $\chi_i+\frac{\pi}{2}$；如果飞机左转，那么 P_1 点和 P_0 点连线的航向角为 $\chi_i-\frac{\pi}{2}$。又由于 $|P_1P_0|=r$ 且已知，根据等角航线的正解公式可以求出 P_0 点坐标。

④ 当 $\frac{3}{2}\pi < \chi_i < 2\pi$ 时，如果飞机右转，那么 P_1 点和 P_0 点连线的航向角为 $\chi_i-\frac{3\pi}{2}$；如果飞机左转，那么 P_1 点和 P_0 点连线的航向角为 $\chi_i-\frac{\pi}{2}$。又由于 $|P_1P_0|=r$ 且已知，根据等角航线的正解公式可以求出 P_0 点坐标。

（4）计算 P_0 点和 P_2 点连线的航向角。根据等角航线的反解公式，可以求出 P_0 点和 P_2 点连线的航向角 $\chi_{P_0P_2}$。

（5）求 P_{ftp} 的坐标。已知 P_0 点和 P_2 点坐标，根据等角航线的反解公式可以求出这两点之间的等角距离 l，由此可以求出由 P_{ftp} 点、P_0 点和 P_2 点构成的角度，即

$$\varphi = \arcsin\left(\frac{r}{l}\right)$$

当飞机左转时，P_0 点和 P_{ftp} 点连线在 P_0 点和 P_2 点连线的右侧；当飞机右转时，P_0 点和 P_{ftp} 点连线在 P_0 点和 P_2 点连线的左侧。

当 $0 < \chi_{P_0P_2} < \pi$ 时，飞机左转，P_0 点和 P_{ftp} 点连线的航向角 $\chi_{P_0P_{ftp}} = \chi_{P_0P_2}+\varphi$；当 $\chi_{P_1P_2}+\varphi > 2\pi$，$P_0$ 点和 P_{ftp} 点连线的航向角 $\chi_{P_0P_{ftp}} = \chi_{P_1P_2}+\varphi-2\pi$；当飞机右转时，若 $\chi_{P_1P_2}-\varphi > 0$，则 P_0 点和 P_{ftp} 点连线的航向角 $\chi_{P_0P_{ftp}} = \chi_{P_1P_2}-\varphi$；否则，$P_0$ 点和 P_{ftp} 点连线的航向角 $\chi_{P_0P_{ftp}} = \chi_{P_1P_2}-\varphi+2\pi$。

在上述已知条件下，根据等角航线的正解公式，可以求出 P_{ftp} 点坐标。

2. 航路点切换条件判断

由于飞机当前位置 P 点坐标已知，根据等角航线的反解公式可以计算过渡圆弧圆心 P_0 点和 P 点连线的航向角 χ_{P_0P}、P_0 点和 P_1 点连线的航向角 $\chi_{P_0P_1}$，而 P_0 点和 P_{ftp} 点连线的航向

角 $\chi_{P_0 P_{ftp}}$ 已知。当飞机是右转（顺时针转向）时，若 $\left| \chi_{P_0 P} - \chi_{P_0 P_{ftp}} \right| < \left| \chi_{P_0 P_1} - \chi_{P_0 P_{ftp}} \right|$，则说明飞机已飞过需切换的航路点；当飞机左转（逆时针转向），若 $\left| \chi_{P_0 P} - \chi_{P_0 P_{ftp}} \right| > \left| \chi_{P_0 P_1} - \chi_{P_0 P_{ftp}} \right|$，则说明飞机飞越需切换的航路点。

3.5.5　进入等待过渡

等待区域的划分和进入区域的确定如图 3-33 所示，设入航段的航向角为 χ_i，以定位点 P_0、过该定位点和入航段成 70° 角的直线为界限，把等待区域划分成 4 个小区域。与之对应，飞机经不同区域进入等待航段，其过渡路径也分 4 种情况。下面分别对这 4 种情况进行介绍。

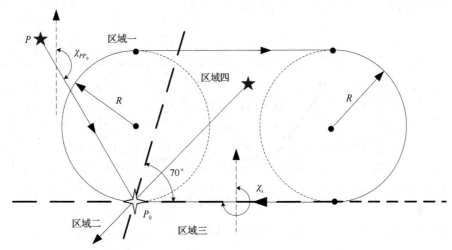

图 3-33　等待区域的划分和进入区域的确定

1. 飞机所在区域的确定

在解析进入等待过渡路径前，首先要判断飞机所在区域。判断方法如下：已知飞机当前位置 P 点坐标和定位点 P_0 点坐标，根据等角航线的反解公式，可以求出当前位置 P 点和定位点 P_0 点连接的航向角 χ_{PP_0}。根据飞机在入航段的航向角 χ_i 和 χ_{PP_0}，判断飞机所在的区域。

1）$\chi_i > 180°$ 时的情况

当 $70° < \chi_i - \chi_{PP_0} < 180°$ 时，飞机位于区域一。

当 $180° < \chi_i - \chi_{PP_0} < 250°$ 时，飞机位于区域二。

当 $250° < \chi_i - \chi_{PP_0} < 360°$ 时，飞机位于区域三。

当 $0° < \chi_i - \chi_{PP_0} < 70°$ 时，飞机处于区域四。

2）$0° \leqslant \chi_i < 180°$ 时的情况

当 $-290° < \chi_i - \chi_{PP_0} < -180°$ 时，飞机位于区域一。

当 $-180° < \chi_i - \chi_{PP_0} < -110°$ 时，飞机位于区域二。

当 $-110° < \chi_i - \chi_{PP_0} < 0°$ 时，飞机位于区域三。

当 $-360° < \chi_i - \chi_{PP_0} < -290°$ 时，飞机处于区域四。

2. 从区域一进入等待过渡路径的解析算法

从区域一进入等待过渡路径情况 1 和情况 2 分别如图 3-34 和图 3-35 所示。已知等待航段的圆弧圆心 O_1 点坐标和 O_2 点坐标、该圆弧的半径 R（该半径的计算方法见 3.4.12 节中 HX 航段的解析算法），以及入航段 C 点坐标、飞机当前位置 P 点坐标、飞机当前航向角 χ_{i1}、等待航段的入航段航向角 χ_f。需要求切线过渡转弯起点 A 点坐标、转弯终点 B 点坐标、$\overset{\frown}{AB}$ 圆弧圆心 O 点坐标、D 点坐标和 E 点坐标。

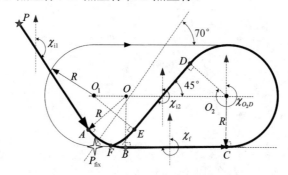

图 3-34　从区域一进入等待过渡路径情况 1

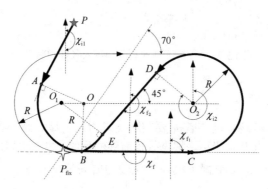

图 3-35　从区域一进入等待过渡路径情况 2

显然，AB 圆弧航段过渡相当于切线过渡的第二种情况，并且半径为 R，根据 3.5.1 节所述可以求出该圆弧圆心 O 点坐标、转弯起点 A 点坐标和过渡终点 B 点坐标。

O_2 点坐标已知，那么 O_2 点和 D 点连线的航向角为 χ_{i2}，即

$$\chi_{i2} = \begin{cases} \chi_f + 45°, & \chi_f + 45° < 2\pi \\ \chi_f + 45° - 2\pi, & \chi_f + 45° > 2\pi \end{cases} \quad (3\text{-}11)$$

由图 3-35 可知 O_2 点和 D 点之间的距离为 R，根据等角航线的正解公式可以求出 D

点坐标。

当 D 点坐标求出后，可知 D 点和 E 点连线的航向角 $\chi_{f_2} = \chi_f - 45°$，而经过固定点 P_{fix} 的航向角为 χ_f，这些已知条件仍然满足切线过渡的第二种情况，按 3.5.1 节所述解析算法可以计算出 E 点坐标和 F 点坐标。

3. 从区域二进入等待过渡路径的解析算法

从区域二进入等待过渡路径的已知条件：飞机当前位置 P 点坐标，飞机当前航向角（初始航向角） χ_i、固定点 P_{fix} 点坐标、等待航段圆弧圆心 O_2 点坐标、该圆弧半径 R（求解方法见 3.3.12 节中 HX 航段的解析算法）、等待航段的入航段的航向角 χ_f，需要求圆弧圆心 O 点坐标、转弯终点 A 点坐标、转弯起点 B 点坐标。从区域二进入等待过渡路径的解析算法如图 3-36 所示。

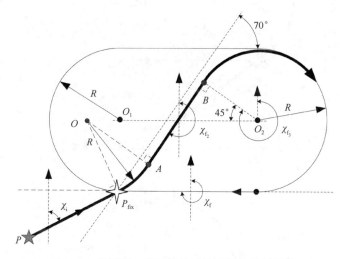

图 3-36 从区域二进入等待过渡路径的解析算法

（1）计算 B 点坐标。设 O_2 点和 B 点连线的航向角为 χ_{f_3}，由图 3-36 可知，

$$\chi_{f_3} = \begin{cases} \chi_f + 45°, & \chi_f + 45° < 2\pi \\ \chi_f + 45° - 2\pi, & \chi_f + 45° > 2\pi \end{cases} \tag{3-12}$$

又由于 O_2 点和 B 点之间的距离为 R，因此，根据等角航线的正解公式可以求出 B 点坐标。

（2）计算 A 点和 B 点连线的航向角 χ_{i_2}。

$$\chi_{i_2} = \begin{cases} \chi_f - 45°, & \chi_f - 45° > 0 \\ \chi_f + 315°, & \chi_f - 45° < 0 \end{cases} \tag{3-13}$$

（3）B 点坐标、A 点和 B 点连线的航向角 χ_{i_2} 已知，PP_{fix} 的航向角 χ_i 已知，这些已知条件又满足切线过渡的第二种情况。因此，可由 3.5.1 节所述算法求出 A 点坐标和圆弧圆心 O 点坐标。

4. 从区域三进入等待过渡路径的解析算法

从区域三进入等待过渡路径的已知条件：飞机当前位置 P 点坐标、飞机当前航向角（初始航向角）χ_i、固定点 P_{fix} 点坐标，以及等待航段圆弧圆心 O_2 点坐标、该圆弧半径 R（求解方法见 3.3.12 节中 HX 航段的解析算法）。等待航段入航段的航向角 χ_f、等待航段出航段转弯起点 C 点坐标。需要求圆弧圆心 O 点坐标、转弯终点 A 点坐标、转弯起点 B 点坐标。从区域三进入等待过渡路径情况 1 和情况 2 分别如图 3-37 和图 3-38 所示。

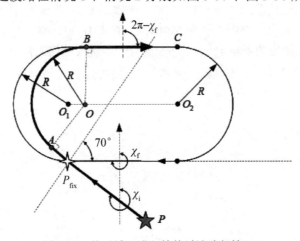

图 3-37 从区域三进入等待过渡路径情况 1

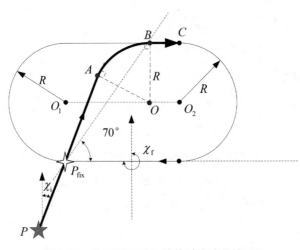

图 3-38 从区域三进入等待过渡路径情况 2

P 点和 P_{fix} 点连线的航向角 χ_i 已知，固定点 P_{fix} 点坐标已知，出航段的航向角为 $2\pi - \chi_f$，出航段转弯起点 C 点坐标已知，这些已知条件仍然符合切线过渡第二种情况。因此，按 3.5.1 节所述算法可以很方便地计算出圆弧圆心 O 点坐标、转弯终点 A 点坐标、转弯起点 B 点坐标。

5. 从区域四进入等待过渡路径的解析算法

从区域四进入等待过渡路径的已知条件：飞机当前位置 P 点坐标、飞机当前航向角（初始航向角） χ_i，固定点 P_{fix} 点坐标，以及等待航段圆弧圆心 O_2 点坐标、该圆弧半径 R（求解方法见 3.4.12 节中 HX 航段的解析算法）、等待航段入航段的航向角 χ_f，需要求圆弧圆心 O 点坐标、转弯终点 A 点坐标、转弯起点 B 点坐标。从区域四进入等待过渡路径的解析算法如图 3-39 所示。

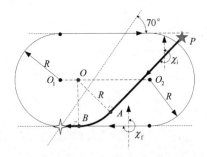

图 3-39　从区域四进入等待过渡路径的解析算法

P 点和 A 点连线的航向角 χ_i 已知，飞机当前位置 P 点坐标已知，入航段的航向角为 χ_f，入航段的固定点 P_{fix} 点坐标已知，这些已知条件仍然符合切线过渡第二种情况。因此，按 3.5.1 节所述算法可以很方便地计算出圆弧圆心 O 点坐标、转弯终点 A 点坐标、转弯起点 B 点坐标。

3.5.6　圆弧截获过渡

圆弧截获过渡路径情况 1 和情况 2 分别如图 3-40 和图 3-41 所示。

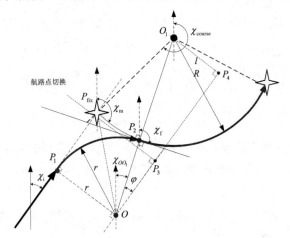

图 3-40　圆弧截获过渡路径情况 1

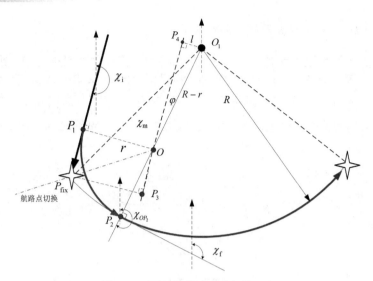

图 3-41　圆弧截获过渡路径情况 2

1. 适用范围、已知条件和待求点

圆弧截获过渡适用于后一个航段为圆弧（AF 或 RF 航段）的情况，已知条件：圆弧（AF 或 RF 航段）的圆心 O_1 点坐标，圆弧（AF 或 RF 航段）的半径 R，固定点 P_{fix} 点坐标，圆弧（AF 或 RF 航段）的转弯方向，飞机当前位置，飞机进入圆弧航段的航向角（初始航向角）χ_i，需要求圆弧的起点 P_1 点坐标，圆弧圆心 O 点坐标、圆弧终点 P_2 点坐标。

2. 圆弧截获过渡路径的解析算法

（1）判断飞机进入圆弧航段的方式。判断进入圆弧航段方式可以根据飞机从当前位置到圆弧（AF 或 RF 航段）圆心 O_1 点的距离判断，如果该距离大于圆弧（AF 或 RF 航段）的半径 R，说明飞机从圆弧外侧进入，反之，则从圆弧内侧进入。

（2）计算转弯半径，计算方法参考 3.5.1 节。

（3）判断飞机转弯方向。当飞机从圆弧外侧进入时，即圆弧航段向左时，飞机右转；圆弧航段向右时，飞机左转。当飞机从内侧进入时，即圆弧航段向左时，飞机左转；圆弧航段向右时，飞机右转。

（4）作辅助平行直线。过 O 点作与 P_1P_{fix} 平行的直线，在固定点 P_{fix} 点从该平行直线引出一条垂线，交点为 P_3，过圆弧圆心 O_1 点从该平行直线引出垂线，交点为 P_4 点。显然，$|P_3P_{fix}|=r$。

（5）求 P_3 点坐标。直线 $P_{fix}P_3$ 和直线 P_1P_{fix} 垂直，并且直线 P_1P_{fix} 的航向角为 χ_i，由此可计算出直线 $P_{fix}P_3$ 的航向角 χ_m，即

$$\chi_{\mathrm{m}} = \begin{cases} \chi_{\mathrm{i}} + \dfrac{\pi}{2}, & \text{飞机右转} \\[2mm] \chi_{\mathrm{i}} - \dfrac{\pi}{2}, & \text{飞机左转} \end{cases} \tag{3-14}$$

航向角已知且 $|P_3P_{\mathrm{fix}}| = r$，根据等角航线的正解公式可以求出 P_3 点坐标。

（6）求 $|O_1P_4|$。P_3 点坐标已知，直线 OP_3 的航向角和直线 P_1P_{fix} 的航向角相等，都为 χ_{i}，利用 2.4.3 节中介绍的等角航线侧偏距计算公式可以求得 $|O_1P_4| = l$。

（7）计算直线 OP_3 和两个圆弧的圆心连线 OO_1 的夹角 φ。

当飞机从圆弧外侧进入时，

$$\varphi = \arcsin\left(\frac{l}{R+r}\right)$$

当飞机从圆弧内侧进入时，

$$\varphi = \arcsin\left(\frac{l}{R-r}\right)$$

（8）计算圆弧圆心 O 点坐标。

先求 OO_1 的航向角 χ_{O_1O}。当飞机从圆弧内侧进入时，

$$\chi_{O_1O} = \begin{cases} \chi_{\mathrm{i}} + \varphi, & \text{飞机右转} \\[2mm] \chi_{\mathrm{i}} - \varphi, & \text{飞机左转} \end{cases} \tag{3-15}$$

当飞机从圆弧外侧进入时，

$$\chi_{O_1O} = \begin{cases} 2\pi - (\chi_{\mathrm{i}} - \varphi), & \text{飞机右转} \\[2mm] 2\pi - (\chi_{\mathrm{i}} + \varphi), & \text{飞机左转} \end{cases} \tag{3-16}$$

当飞机从圆弧外侧进入时，$|OO_1| = R+r$；从圆弧内侧进入时，$|OO_1| = R-r$。

距离和航向角都已知，根据等角航线的正解公式可以求出圆弧圆心 O 点坐标。

（9）求圆弧起点 P_1 点坐标。圆弧圆心 O 点坐标已知，P_3 点坐标也已知。由此可以根据等角航线的反解公式求得 $|OP_3|$。从图 3-40 和图 3-41 可以看出，$|OP_3| = |P_1P_{\mathrm{fix}}|$，因此 P_1 点到 P_{fix} 点之间的距离已知，$P_{\mathrm{fix}}P_1$ 的航向角为 $2\pi - \chi_{\mathrm{i}}$，由此可以计算出圆弧起点 P_1 点坐标。

（10）求圆弧终点 P_2 点坐标。O_1 点和 O 点坐标已知，根据等角航线的反解公式可以求出 O 点和 O_1 点连线的航向角 χ_{OO_1}。显然，P_2 点在 O_1 点和 O 点的连线上，O 点和 P_2 点连线的航向角为 χ_{OP_2}，当飞机从圆弧外侧进入时，$\chi_{OP_2} = \chi_{OO_1}$；当飞机从圆弧内侧进入时，$\chi_{OP_2} = 2\pi - \chi_{OO_1}$。航向角已知且 $|OP_2| = r$，则根据等角航线的正解公式可以求出 P_2 点坐标。

2. 航路点切换条件判断

圆弧截获过渡路径航路点切换条件的判断和切线过渡条件的判断相同，这里不再赘述。

3.6　ARINC 424 中的各个航段过渡时存在的特殊情况

在上述的航段中，不是所有的飞行计划解析完后都可以生成平滑的过渡路径。在 4 种特殊情况下，有些航路点必须跳过才有可能生成平滑的可飞航迹，即过渡路径，如图 3-42～图 3-45 所示。

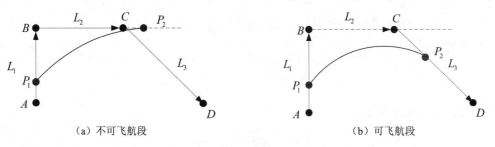

(a) 不可飞航段　　　　　　　　　　　　　　(b) 可飞航段

图 3-42　过渡时存在的特殊情况 1

过渡时存在的特殊情况 1 如图 3-42（a）所示，对应于 L_2 航段的终点在飞机圆弧截获过渡路径切入点的前面，也就是说，飞机如果按照平滑过渡飞行，当它飞到 L_2 航段时，已经飞过了它的终点，因此，L_2 航段不可飞。对这种特殊情况，必须舍弃 L_2 航段，直接从 L_1 航段飞到 L_3 航段，如图 3-42（b）所示。

过渡时存在的特殊情况 2 如图 3-43（a）所示，飞机连续经过两段非过点飞行，而前一个航段的过渡路径终点 B 点在后一个航段过渡路径起点 C 点的后方（由这两个点分别到 L_2 航段终点的距离判断），这样的航段显然也是不可飞的。这种情况下就必须舍弃 L_2 航段，如图 3-43（b）所示。思考以下问题：如何计算舍弃 L_2 航段后的过渡路径？由 L_1 航段直飞到 C 点，到 C 点后马上转圆弧飞行？

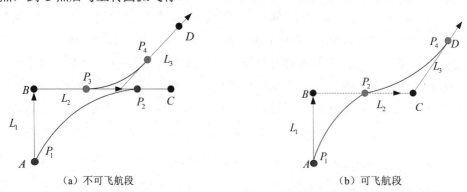

(a) 不可飞航段　　　　　　　　　　　　　　(b) 可飞航段

图 3-43　过渡时存在的特殊情况 2

过渡时存在的特殊情况 3 如图 3-44（a）所示，在该图中 L_2、L_3 和 L_4 航段都是不可飞的。只能将它们舍弃，直接建立从 L_1 航段到 L_5 航段的飞行过渡路径。

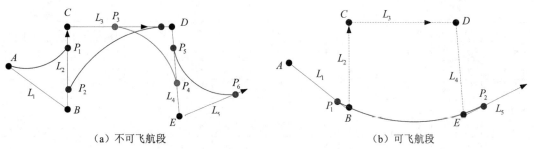

图 3-44　过渡时存在的特殊情况 3

如果连续几个航段都不可飞,而且从 L_1 航段到 L_5 航段,飞机的航向角变化值超过 90°且小于 135°,就要舍弃中间航段。飞机最终以 45° 截获 L_5 航段。

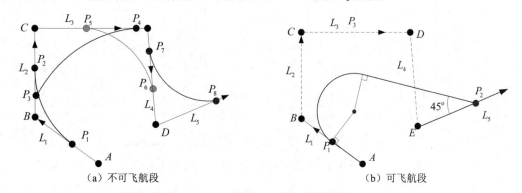

图 3-45　过渡时存在的特殊情况 4

3.7　ARINC 424 中的各个航段的过渡路径

对于常规情况下,即当各个航段的长度足够长,转弯不是特别剧烈,不存在所谓 Fish-Bird 型转弯,那么各个航段都能够按顺序执行,没有舍弃不可飞航段的情况。ARINC 424 中的各个航段的过渡路径如表 3-2 所示,该表中数字 1~6 表示 3.2 节中定义的 6 种过渡的序号,字母"D"表示 ARINC 424 中定义的强迫不连续,星号*表示不可能的航段组合。

表 3-2　ARINC 424 中的各个航段的过渡路径

航段	AF	CA	CD	CF	CI	CR	DF	FA	FM	HA	HF	HM	IF	PI	RF	TF	VA	VD	VI	VM	VR
AF	6	3	3	2	3	3	*	1	1	5	5	5	*	*	2	*	3	3	3	3	3
CA	*	3	3	2	3	3	4	2	2	*	*	*	D	*	*	*	3	3	3	3	3
CD	6	3	3	2	3	3	4	2	2	*	*	*	D	*	*	*	3	3	3	3	3
CF	6	3	3	2	3	3	4	1	1	5	5	5	*	1	2	1	3	3	3	3	3
CI	6	*	*	1	*	*	*	4	4	*	*	*	D	*	*	*	*	*	*	*	*

航段	AF	CA	CD	CF	CI	CR	DF	FA	FM	HA	HF	HM	IF	PI	RF	TF	VA	VD	VI	VM	VR
CR	*	3	3	2	3	3	4	2	2	*	*	*	D	*	*	*	3	3	3	3	3
DF	6	3	3	2	3	3	4	1	1	5	5	5	*	1	*	1	3	3	3	3	3
FA	*	3	3	2	3	3	4	2	2	*	*	*	*	*	*	*	3	3	3	3	3
FM	*	3	3	2	3	3	4	2	2	*	*	*	*	*	*	*	3	3	3	3	3
HA	6	3	3	2	3	3	4	2	2	*	*	*	*	*	2	2	3	3	3	3	3
HF	6	3	3	2	3	3	4	2	2	*	*	*	*	*	2	2	3	3	3	3	3
HM	6	3	3	2	3	3	4	2	2	*	*	*	*	*	2	2	3	3	3	3	3
IF	D	D	D	D	D	D	D	D	D	D	D	D	*	D	D	D	D	D	D	D	D
PI	*	*	*	2	*	*	*	*	*	*	*	*	*	*	*	*	*	*	*	*	*
RF	6	3	3	2	3	3	*	2	2	5	5	5	*	*	2	2	*	*	*	*	*
TF	6	3	3	2	3	3	1	1	1	5	5	5	D	1	2	1	3	3	3	3	3
VA	*	3	3	2	3	3	4	2	2	*	*	*	D	*	*	*	3	3	3	3	3
VD	6	*	*	4	*	*	*	4	4	*	*	*	D	*	*	*	*	*	*	*	*
VI	6	3	3	2	3	3	4	2	2	*	*	*	D	*	*	*	3	3	3	3	3
VM	*	3	3	2	3	3	4	2	2	*	*	*	D	*	*	*	3	3	3	3	3
VR	*	3	3	2	3	3	4	2	2	*	*	*	D	*	*	*	3	3	3	3	3
	AF	CA	CD	CF	CI	CR	DF	FA	FM	HA	HF	HM	IF	PI	RF	TF	VA	VD	VI	VM	VR

当各个航段的过渡不平滑，需要舍弃某些航段时，航段过渡路径由表3-3确定。

表3-3 ARINC 424 中各个航段的过渡不平滑时的路径

航段	AF	CA	CD	CF	CI	CR	DF	FA	FM	HA	HF	HM	IF	PI	RF	TF	VA	VD	VI	VM	VR
AF	2	2	2	2	2	2	2	2	2	T3	T3	T3	T2	2	2	2	3	3	3	3	3
CA	2	3	3	2	3	3	4	2	2	T3	T2	TS	T2	2	2	2	3	3	3	3	3
CD	2	3	3	2	3	3	4	2	2	T2	T3	T2	T2	2	2	2	3	3	3	3	3
CF	2	2	2	2	2	2	2	2	2	T3	T3	T3	T2	2	2	2	3	3	3	3	3
CI	2	3	3	2	3	3	4	2	2	T3	T3	T2	T2	2	2	2	3	3	3	3	3
CR	2	3	3	2	3	3	4	2	2	T3	T3	T2	T2	2	2	2	3	3	3	3	3
DF	2	2	2	2	2	2	2	2	2	T3	T3	T3	T2	2	2	2	3	3	3	3	3
FA	2	3	3	2	3	3	4	2	2	T3	T2	T3	T2	2	2	2	3	3	3	3	3
FM	2	3	3	2	3	3	4	2	2	T3	T3	T3	T2	2	2	2	3	3	3	3	3
HA	2	3	3	2	3	3	4	2	2	T3	T3	T3	T2	2	2	2	3	3	3	3	3
HF	2	2	2	2	2	2	2	2	2	T3	T3	T3	T2	2	2	2	3	3	3	3	3
HM	2	3	3	2	3	3	4	2	2	T3	T3	T3	T2	2	2	2	3	3	3	3	3
IF	TS	T1	T1	T1	T1	T1	T1	T1	T1	T1	T1	T1	T1	T1	T1	T1	T1	T1	T1	T1	T1
PI	*	*	*	T1	*	*	*	*	*	T3	T3	T3	T2	*	*	*	*	*	*	*	*
RF	2	2	2	2	2	2	2	2	2	T3	T3	T3	T2	2	2	2	3	3	3	3	3
TF	2	2	2	2	2	2	2	2	2	T3	T3	T3	T2	2	2	2	3	3	3	3	3

续表

航段	AF	CA	CD	CF	CI	CR	DF	FA	FM	HA	HF	HM	IF	PI	RF	TF	VA	VD	VI	VM	VR
VA	2	3	3	2	3	3	4	2	2	T3	T3	T3	T2	2	2	2	3	3	3	3	3
VD	2	3	3	2	3	3	4	2	2	T3	T3	T3	T2	2	2	2	3	3	3	3	3
VI	2	3	3	2	3	3	4	2	2	T3	T3	T3	T2	2	2	2	3	3	3	3	3
VM	2	3	3	2	3	3	4	2	2	T3	T3	T3	T2	2	2	2	3	3	3	3	3
VR	2	3	3	2	3	3	4	2	2	T3	T3	T3	T2	2	2	2	3	3	3	3	3

如果第二个航段为 IF 航段，即当前航段的过渡起点在前一个未舍弃航段的终点之前，那么采用第二种过渡类型，过渡到当前航段终点，这种飞行为过点飞行。

注意：PI 航段必须连接 CF 航段。

本 章 小 结

本章详细阐述了导航数据库标准 ARINC 424 中规定的 23 种飞行支路的定义，并给出了各类型航段的解析算法。在此基础上，研究了符合 ARINC 424 标准的航段过渡路径解析算法，包括切线过渡、45°截获、方位截获、直飞、进入等待和圆弧截获，并对 ARINC 424 中各个航段过渡时存在的特殊情况进行简单说明。

第 4 章　基于航迹运行的四维航迹规划

4.1　概　　述

一个满足各类约束条件的可执行四维航迹是实现航迹运行的基础。满足要求到达时间（RTA）约束条件的四维航迹规划是一个多约束条件下的动态优化过程。本章首先分析了影响四维航迹的各种因素和约束条件，建立了飞机性能数据库，给出了四维航迹预测主要参数的计算方法。最后，综合考虑飞机性能限制、空中交通管制要求（简称空管要求）、成本限制及气象条件等因素，从水平航迹规划、垂直剖面优化和 RTA 分配 3 个方面进行四维航迹规划。

4.2　四维航迹的关键概念及内容

（1）四维航迹。四维航迹是以空间和时间形式（飞机的经度与纬度、高度坐标与时间坐标，即在三维航迹的基础上加上时间维），对飞机全部飞行航迹的关键点和时间加以精确描述的一系列点的集合。

（2）四维航迹预测。四维航迹预测是指通过结合空域数据、气象信息、飞机性能数据、飞行计划及对空管人员意图的推断，预测飞机未来运动的轨迹和续航时间、航程等重要参数。

（3）要求到达时间（RTA）。RTA 是指飞机按照预定飞行计划到达任一航路点或航段终点的时间。

（4）估计到达时间（ETA）。ETA 是指根据飞机当前地速，预估到达任一航路点或航段终点的时间。

$$T_{ETA} = \frac{剩余航程}{当前地速} + 当前时间 \tag{4-1}$$

（5）实际到达时间（Actual Time of Arrival，ATA）。ATA 是指飞机在实际飞行中到达任一航路点或航段终点的时间。

（6）时间控制误差（Time Control Error，TCE）。

$$T_{TCE} = T_{RTA} - T_{ETA} \tag{4-2}$$

（7）时间估计误差（Time Estimation Error，TEE）。在整个飞行过程中，TEE 实际上是未知的，它并非飞机控制的内容，而是对 ETA 性能评估的一部分。

$$T_{TEE} = T_{ETA} - T_{ATA} \tag{4-3}$$

（8）时间定义误差（Time Definition Error，TDE）。TDE 是指飞行管理系统（FMS）中

RTA 和 ATC 要求的到达时间的误差。

（9）总时间误差（Total Time Error，TTE）。

$$T_{\text{TTE}} = T_{\text{TCE}} + T_{\text{TEE}} + T_{\text{TDE}} \tag{4-4}$$

ETA 与 RTA 的相关信息是四维航迹的必要组成部分，也体现了四维航迹的关键因素——时间因素。

（10）航路点。它是指四维航迹中能够标记出位置、时间和航向的显著变化的空间中的点。

（11）航段。它是指四维航迹中被相邻航路点分割而成的航迹段。为了方便计算航程和描述四维航迹的需求，可以把这些航段分成两类：直线航段和圆弧航段。为了将航段的空间位置和形式以某种形式给出，可以以这样的一种结构存储飞行计划：定义一个飞行计划数组 $\boldsymbol{D}_{\text{Leg}}$，数组的每行对应一个航段 $\boldsymbol{L}$，对第 i 个航段：

$$\boldsymbol{L}_i = \begin{bmatrix} P_0^i & P_1^i & h_0^i & h_1^i & \text{Type}^i & \text{RTA}^i & \text{remark}^i \end{bmatrix}$$

$$\boldsymbol{D}_{\text{Leg}} = \begin{bmatrix} \boldsymbol{L}_1^{\text{T}} \cdots, \boldsymbol{L}_i^{\text{T}} \cdots, \boldsymbol{L}_n^{\text{T}} \end{bmatrix}^{\text{T}}$$

其中，P_0^i 为航段 i 的起点坐标，P_1^i 为航段 i 的终点坐标，h_0^i 为航段 i 的起点高度，h_1^i 为航段 i 的终点高度；Type^i 代表航段 i 的类型（此处航段类型只区分两类：直线航段和圆弧航段），RTA^i 为航段 i 终点的要求到达时间；remark^i 为航段 i 的其他限制描述，例如，对飞行高度的限制为不高于（At or Below）或不低于（At or Above），对到达时间的要求是不早于（At or After）或不晚于（At or Before）等。这些信息对四维航迹的规划和飞行引导指令的计算都是非常必要的。

4.3 四维航迹规划中的约束条件和影响因素

4.3.1 性能限制

飞机四维航迹规划过程中的性能限制体现在各个飞行阶段。在四维航迹规划中主要考虑以下 4 个方面的性能限制。

（1）在爬升段的性能限制主要是指爬升率和爬升梯度的限制，爬升率和爬升梯度的限制会影响飞机爬升剖面的构建。

（2）在巡航段的性能限制主要体现在飞行包线方面，飞行包线决定飞机在某一高度下的最大/最小飞行速度，进而决定飞机到达任一航路点的最早/最晚到达时间，即 ETA 窗口。ETA 窗口与 RTA 的关系决定了在性能层面四维航迹的规划是否可实现。

（3）在下降段的性能限制主要是指下滑角和下降率的限制，下滑角和下降率的限制会影响飞机下降剖面的构建。

（4）各个飞行阶段的燃油消耗率的限制。在机载燃油质量一定的情况下，不同飞行方式和飞行状态下的燃油消耗率直接影响飞机的续航能力。

4.3.2 空管要求

四维航迹规划过程中的空管要求主要体现在以下两个方面。

1. 飞行计划的制订

根据用户输入的性能数据和导航数据，生成完整的从起飞机场到目的机场的包括各个航路点、航段以及离/进场程序的完整飞行计划和备用飞行计划。该计划给出的有关航路资料包括航路点的位置、经度和纬度、导航/助航设备的电台频率、各个航路点的代号、各个航段间的航向角或轨迹角、航路点之间的距离、飞行速度和高度的限制、RTA 的设置等相关数据。例如，空管部门给定的高度约束应包含"At"（准确按照要求高度）、"At or Above"（不低于要求高度）、"At or Below"（不高于要求高度）等；空管部门给定的时间约束应包含"At"（准确按照要求时间到达）、"At or After"（不早于要求时间到达）、"At or Before"（不晚于要求时间到达）等。

2. 飞行计划的编辑与管理

在飞行计划制订和飞行过程中，飞行员可根据空管指令，通过以下方式实现对飞行计划的编辑与管理：
（1）插入、删除和修改航路点。
（2）修改到达某一个航路点的 RTA 或飞行计划终点的 RTA 等。
（3）修改其他约束条件。

4.3.3 气象条件的影响

在四维航迹规划过程中，主要考虑的气象条件为风场数据和温度场数据。在动力学模型中，通过方向余弦矩阵将风速、温度投影到机体坐标系中，体现外界环境（风速、温度）变化所引起的力、力矩和飞机状态变化。这些预测条件用来帮助飞行管理系统（FMS）细化所预测的航迹，弥补单纯动力学数学模型在此方面的缺失，进而提供更准确的估计到达时间、燃油消耗率、爬升/下降速率及过渡路径的构建等。

4.3.4 性能优化指标的选择

在外界约束条件较少的情况下，可以按照某种或几种性能指标组合的要求优化垂直基准航迹。这些指标包括成本最小、燃油消耗量最小和续航时间最大。

1）成本最小
一个航班的总运营成本涉及燃油的成本和航班相关的使用时间成本，即

$$航班总运营成本=燃油成本+使用时间成本$$

$$C = C_f \cdot Q_f + C_t \cdot T \qquad (4-5)$$

式中，C 为总运营成本；C_f 为燃油成本系数，即每千克燃油成本（元/千克）；Q_f 为完成

一次航班任务所需的燃油总消耗量；C_t 为时间成本系数，即每小时使用时间成本（元/时，不包含燃油成本），T 为完成一次航班任务的总时间（小时）。

定义成本指数 CI（Cost Index）如下：

$$CI = \frac{C_t}{C_f} \qquad (4\text{-}6)$$

式（4-6）可变化为

$$T = \frac{C}{C_t} - \frac{1}{CI} \cdot Q_f \qquad (4\text{-}7)$$

由式（4-7）可知，当每小时使用时间成本 C_t 保持不变时，如果 C_f 增大，即 CI 减小，意味着燃油成本比例增大，省油更为重要；同理，如果 C_f 保持不变，C_t 增大，即 CI 增大，则意味着使用时间成本比例增大，节省时间更为重要。因此，根据 CI 的变化及飞机状态信息（包括飞机质量、高度、速度等信息），综合考虑飞行过程中所花费时间和燃油消耗量的关系才能获得最低成本的飞行计划。

2）燃油消耗量最小

在不考虑时间成本的情况下，飞行过程中燃油消耗量最小的飞行计划即最优飞行计划。在飞行总航程不变的情况下，选择合适的飞行高度和速度，令单位里程消耗的燃油量最小，即可满足最省油的要求。

3）续航时间最大

在飞机载油量不变的情况下，选择合适的飞行高度和速度，令单位时间消耗的燃油量最小（燃油消耗率最小），即可满足续航时间最大的要求。

在实际情况中，成本最小往往是飞机飞行中优先考虑的优化指标，燃油消耗量最小和续航时间最大一般是基于某种特定需求时会选择的优化指标。

4.4　性能数据库的建立

飞行性能可以定义为完成一个特定飞行任务的能力尺度，同时，也可以认为该尺度是飞机安全飞行的尺度。飞行性能与适航性、可靠性、安全性是紧密联系的。为了准确规划/预测四维航迹，进而在一定情况下对四维航迹进行调整优化，准确掌握飞行性能是十分必要的。

4.4.1　基本飞行性能数据库的建立

1. 爬升性能计算

本小节讨论完成起飞段。从离机场地面一定高度按一定方式爬升到规定的巡航高度值和速度值的爬升过程，通常称为航路爬升。爬升性能（climb performance）的优劣最终反映在从爬升起点到终点所需要的时间（爬升时间）、爬升过程飞越的水平距离及爬升过程燃油消耗量。

1）爬升时间

一定高度层之间的爬升时间可以表示成微分形式，即

$$dt = \frac{\Delta H}{\overline{V_z}} \qquad (4-8)$$

式中，ΔH 表示高度变化量，单位为 m；$\overline{V_z}$ 表示平均爬升率，单位为 m/s。

爬升过程中需要的时间为各个高度层爬升时间之和，即

$$t_{climb} = \int_0^H \frac{1}{V_y} dH = \int_0^H \frac{m\left(1 + \frac{V}{g}\frac{dV}{dH}\right)}{(T-D)V} dH \qquad (4-9)$$

2）爬升过程飞越的水平距离

爬升过程飞越的水平距离可以用积分形式表达如下：

$$L_{climb} = \int_0^H ctg\,\gamma\,dH \qquad (4-10)$$

式中，$\gamma = \arcsin(V_z/V)$，代表航迹倾斜角。

3）爬升过程燃油消耗量

爬升过程燃油消耗量的积分计算公式如下：

$$W_{climb} = \frac{1}{3600} \int_0^{t_{climb}} q_h dt \qquad (4-11)$$

式中，q_h 为在当前工况下单位小时的燃油消耗量，单位为 kg/h；q_h 值根据发动机当前时刻的工作状态选择、飞行速度、高度以及质量插值而得到。

燃油消耗导致飞机的质量不断变化，在 t 时刻飞机的质量为

$$W_t = W_0 - \frac{1}{3600} \int_0^t q_h dt \qquad (4-12)$$

式中，W_0 表示初始质量。

2. 续航性能计算

续航性能是指飞机能够持续飞行的能力，主要性能有续航时间和航程。

1）续航时间

续航时间的计算公式为

$$T = \frac{L}{3.6V} \qquad (4-13)$$

式中，L 为巡航时的航程，单位为 km；V 为巡航时的速度，单位为 m/s。续航时间的单位为 h。

2）航程

航程的计算公式为

$$L = -\int_{G_1}^{G_2} \frac{dG}{q_{km}} = 3.6 \int_{G_1}^{G_1} \frac{\eta V K}{q_{kg,h}} \frac{dG}{G} \qquad (4-14)$$

在飞机等高、等速巡航时，式（4-14）可简化为

$$L = \frac{3.6\eta V K}{q_{kg,h}} \frac{W_{cru}}{G_{pj}} \tag{4-15}$$

式中，η 为推力有效系数；V 为巡航时的速度，单位为 m/s；K 为巡航过程中的升阻比；$q_{kg,h}$ 为燃油消耗率，单位为 kg/(N·h)；W_{cru} 表示巡航段的可用燃油量，单位为 kg；$G_{pj} = G_0 - W_{cru}/2$，其中 G_0 表示巡航段起点的飞机质量，单位为 kg。

在以上计算公式中，航程的单位为 km。

3. 下降性能计算

与爬升性能的计算类似，下降性能的计算主要包括下降段的燃油消耗量、下降过程经过的水平距离及下降时间。

1）下降段的燃油消耗量

下降段的燃油消耗量计算公式为

$$W_{descent} = \frac{1}{3600} \int_0^t q_h \, dt \tag{4-16}$$

式中，q_h 为燃油消耗速率，单位为 kg/h；t 为下降过程中所用的时间，单位为 s；$W_{descent}$ 为下降段的燃油消耗量，单位为 kg。

2）下降过程经过的水平距离

下降过程经过的水平距离计算公式为

$$L_{descent} = \int_0^t V\cos\gamma \, dt \tag{4-17}$$

式中，V 为下降速度，单位为 m/s；γ 为航迹倾斜角，单位为 rad；t 为下降时间，单位为 s；$L_{descent}$ 表示下降过程经过的水平距离，单位为 m。

3）下降时间

下降时间的计算公式为

$$t_{descent} = \int_{H_{dn}}^{H_{apr}} \frac{1}{V_z} \, dH \tag{4-18}$$

式中，V_z 为下降率，单位为 m/s；H_{dn} 为下降段的初始高度，单位为 m；H_{apr} 为下降段的结束高度，即进近段的开始高度；$t_{descent}$ 为下降时间，单位为 s。

4.4.2 运行性能数据库的建立

在基于航迹运行的下一代空中交通管制系统（简称空管系统）中，在满足空管系统飞行要求的基础上，飞行员可根据实际情况自主选择最优航迹。飞行员在优化指标、计算最优航迹时，需要在获取飞机基本飞行性能数据的基础上，针对飞行过程中的成本最小、燃油消耗量最小、续航时间最大等指标进行计算分析。考虑到实际飞行过程中进行快速航迹规划的需求，以及机载计算机性能的局限性，有必要建立飞机运行性能数据库，方便最优航迹快速生成。

1. 成本最小数据库

飞机运行成本主要包括时间成本、燃油成本、固定成本。根据总运行成本计算公式 $C_{总} = C_f \cdot Q_f + C_t \cdot T + C_c$，在给定燃油成本系数 C_f、时间成本系数 C_t、一定的航程、高度、质量、马赫数的条件下，就能获得航程中的燃油消耗量和飞行时间（见图 4-1），进而计算出飞行过程中的成本。

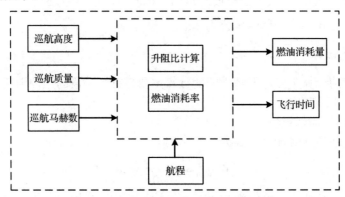

图 4-1　飞行时间和燃油消耗量计算框图

当给定航程 voyage_g = 800km、单位燃油成本 C_Fuel = 15 元/千克、固定成本 Fixed_Costs = 50 元时，在一定的巡航高度下，经济巡航马赫数随巡航质量和成本指数变化的曲线如图 4-2 所示。在一定巡航质量情况下，经济巡航马赫数随高度和成本指数变化的曲线如图 4-3 所示。

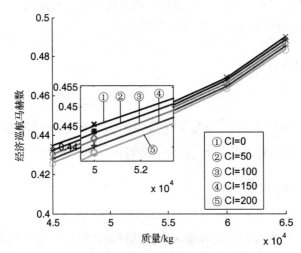

图 4-2　当巡航高度 H=6000m 时，经济巡航马赫数随巡航质量和成本指数变化的曲线

在给定巡航质量情况下，如果能够确定巡航的高度，以及给出合适的成本指数 CI，就可确定经济巡航马赫数或经济巡航速度，使成本最小。

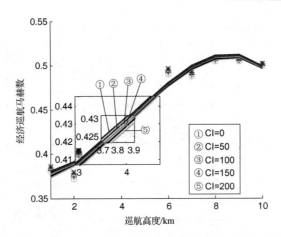

图 4-3　当巡航质量 m=65t 时，经济巡航马赫数随巡航高度和成本指数变化的曲线

2. 燃油消耗量最小数据库

以最大航程马赫数飞行时对应的燃油里程最大，即给定航程情况下的燃油消耗量最小。因此，应根据燃油里程计算公式获得不同巡航高度、不同巡航质量与不同巡航马赫数下的燃油里程，其计算框图如图 4-4 所示。

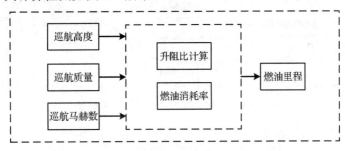

图 4-4　燃油里程计算框图

在不同巡航质量下，最大航程马赫数随巡航高度变化的曲线如图 4-5 所示。

当给定巡航质量和巡航高度时，就可根据图 4-5 找出最佳巡航马赫数或速度，使燃油消耗量最小。

3. 最大续航时间数据库

当给定可用燃油量时，就可以根据燃油消耗率计算消耗完可用燃油量时的飞行航程和飞行时间，其计算框图如图 4-6 所示。

当给定巡航段可用燃油量 Fuel Available = 18000kg 时，最大飞行时间马赫数随巡航高度和巡航质量变化的曲线如图 4-7 所示。

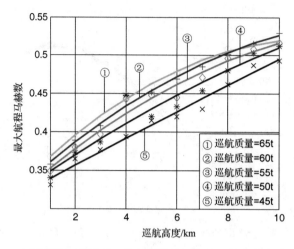

图 4-5 在不同巡航质量下，最大航程马赫数随巡航高度变化的曲线

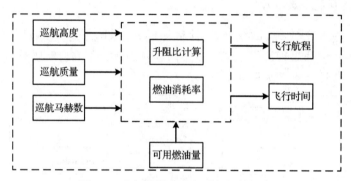

图 4-6 飞行航程和飞行时间计算框图

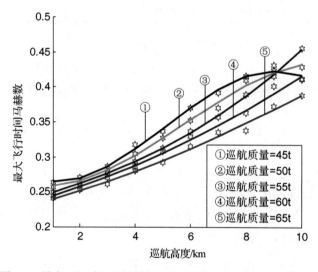

图 4-7 最大飞行时间马赫数随巡航高度和巡航质量变化的曲线

当给定可用燃油量和质量并选择好最佳巡航高度时，就可根据图 4-7 给出最佳巡航马赫数或巡航速度，使续航时间最大。

4.5　四维航迹参数预测

为进行准确的四维航迹预测，需要对飞机飞行过程中的状态信息和估计到达时间进行准确的估计。

4.5.1　地速

四维航迹中关键的一个参数就是估计到达时间（ETA），估计到达时间由剩余航程和地速决定。准确地估计地速是实现四维航迹的关键一环。

真空速与飞行过程中的气动力息息相关，而地速决定飞机在到达下一个航路点的时间。真空速与风速矢量和在水平面上的投影即地速。在已知飞机位置、真空速、气象信息的情况下，可以较为准确地估计飞机在某一位置的地速信息。

某一位置的真空速 V_{TAS} 水平分量和风速 V_{W} 的矢量和即该航段的地速 V_{GND}，三者关系如图 4-8 所示。地速计算公式如下：

$$V_{\text{GND}} = V_{\text{TAS}} \left\{ \sqrt{1 - \left(\frac{V_{\text{W}}}{V_{\text{TAS}}} \right)^2 \sin^2 \left(\chi_{\text{DA}} \right)} + \frac{V_{\text{W}}}{V_{\text{TAS}}} \cos(\chi_{\text{DA}}) \right\} \tag{4-19}$$

图 4-8 中，χ_{GND} 为该位置的航迹方位角；χ_{W} 为该位置的风向；χ_{DA} 为该位置的偏流角。

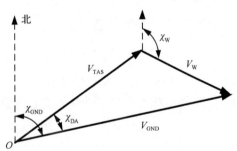

图 4-8　真空速、风速和地速的关系

根据预报气象信息中的风场变化情况，插值计算各个航段上的风速 $\{V_{\text{W}}\}_{\text{legs}}$。如果风场不同位置的风速和风向变化较大，导致在同一个航段上出现较为明显的风速方向和大小的变化，那么，可根据其变化情况，自动在航路点之间插入若干气象修正点，从而保证在各个修正点之间的风矢量变化较小，进而保证地速的预报精度。

修正点的选择方法：首先，在各个航段插入若干点进行等分，把航段分成若干小航段，计算出各个插入点坐标。其次，根据预报气象信息对各个插入点的气象信息进行插值计算。最后，从第一个插入点开始逐一比较前面相邻点的气象信息，计算其差值；若差值大于预先设定的阈值，则保留该点；否则，将其舍弃。

对剩余航程气象信息的预测主要用于 ETA 计算，因此该部分模型耦合在 ETA 计算模块内部。

4.5.2 估计到达时间

对估计到达时间，可按如下步骤计算。

（1）求当前位置距离待预测航路点的航程 $\sum\limits_{\text{WPTs}} L_{\text{dist}}$。

（2）根据预报气象信息，根据风场变化情况插值计算各个航段上的风速 $\{V_{\text{W}}\}_{\text{legs}}$，计算方法同上。

（3）根据当前飞行速度和 RTA 要求，计算各个航段上的速度，在预测风速的基础上计算各个航段上的地速 $\{V_{\text{GND}}\}_{\text{legs}}$。估计到达时间的计算公式如下。

$$\text{ETA} = \sum_{\text{WPTs}} \frac{L_{\text{dist}}}{V_{\text{GND}}} + T_{\text{current}} \tag{4-20}$$

式中，$\sum\limits_{\text{WPTs}} L_{\text{dist}}$ 为飞机当前位置到达目标航路点的航程；V_{GND} 为当前航段地速，T_{current} 为当前时间。

4.5.3 燃油余量

在已知飞机当前位置、当前速度、预报气象信息、待预测航路点位置、燃油消耗率的情况下，可按以下步骤计算燃油余量。

（1）求当前位置距离待预测航路点的航程 $\sum\limits_{\text{WPTs}} L_{\text{cist}}$。

（2）根据预报气象信息中的风场变化情况，插值计算各个航段上的风速 $\{V_{\text{W}}\}_{\text{legs}}$。

（3）预测各个航段上的速度和高度，查阅发动机性能表，得到各个航段的燃油消耗率。

（4）根据各个航段的飞行时间和燃油消耗率计算到达各个航路点的燃油消耗量，从而得到燃油余量。

4.6 四维航迹规划和 RTA 分配

四维航迹规划可以包括水平航迹规划、垂直剖面优化和 RTA 分配 3 个方面。

当水平航迹规划受到飞行计划、空中交通管制要求时，还要考虑飞机性能的影响。在水平航迹确定后，四维航迹的总航程即可较为准确地确定下来。此时，根据飞机性能数据和优化指标的选取，可以在综合约束情况下确定爬升顶点（Top of Climb，TOC）和下降顶点（Top of Descent，TOD），进而获得一个相对最优垂直剖面。在垂直剖面确定后，可以获得初始的三维航迹。然后，还需要对飞机在飞行过程中到达各个航路点的时间即 RTA 的分配进行研究。对 RTA 进行分配时，必须考虑飞机性能限制、垂直剖面限制、水平航迹限制。在当前的情况下，若 RTA 的分配不能满足需求，则需要对 RTA 或垂直剖面、水平航迹进行重新规划。

4.6.1　水平航迹规划

民航飞机（简称民机）的航迹规划是建立在杰普逊（Jeppesen）航路图的基础上的，杰普逊航路图采用最适合的航空图和地形图编制而成，主要提供飞行中所需要的航行信息，用来制订飞行计划、明确航空器位置、保持安全高度和确保导航信号的接收。航路图包含航路、管制空域限制、导航设施、机场、通信频率、最低航路或超障高度、航段里程、报告点和特殊用途空域等飞行中所需的航行资料。

航路/航线（Enroute/Airway）是指天上的空中走廊，一般由无线电导航设施或自主导航系统引导、定义和飞行的管制空域，用来指示飞行员遵循指定的特殊航路飞行。同时，由空管人员提供空中交通服务（Air Traffic Services，ATS），进行管制和预测航路的空中交通流量。

杰普逊航路图提供的航路/航线的组成部分及相关信息主要包括航路中心线、航路类型与航路代号、航路的航迹引导、航路上的定位点、航路上的里程、航路上的高度等。

每个航段的起点和终点不同，适用于从不同出发地飞到不同目的地。在特殊情况下，如大洋上空的航向，空管部门会随着气象条件的变化，规划出不同的航路，并提前通知航空公司。

管制空域是一个划定范围的空间，在其内按照空域的分类，对仪表飞行规则（Instrument Flight Rules，IFR）飞行和目视飞行规则（Visual Flight Rules，VFR）飞行提供空中交通管制服务。国际民用航空组织（ICAO）将管制空域分为管制区和管制地带。管制空域是一个统称，包括 A、B、C、D 和 E 类空域，其中 A 类空域是受限制最多的空域，由空中交通管制（Air Traffic Control，ATC）部门进行管制。所有在 A 类空域的航空器必须以仪表飞行规则飞行，要求飞行员必须持有仪表等级执照。

民航飞机在飞行过程中，受到杰普逊航路图和空中交通管制部门的严格限制。一般情况下，民航飞机必须按照由出发地和目的地确定的水平航迹飞行，飞行员难以自主选择理想的水平航迹。在航路图和航迹大致确定的情况下，飞行管理系统更多地根据空管要求和气象信息，对原航迹采取水平偏置和直飞的方式进行航迹的更新和优化。空管人员会定时对航迹上的气象信息进行监控，如果航迹上某区域存在影响飞行安全的气象情况（如雷暴等强对流天气），就有必要对航迹进行提前更改，并在飞机起飞前提前告知机组人员。此时，飞行员可以根据空管人员提前告知的信息，通过平行偏置或直飞方式，在航班起飞前对水平航迹进行更改，以便在避开危险区域的同时能方便地提前规划好四维航迹。

水平偏置航迹的基础是原航线和一个或多个偏置参考航路点。在要求的偏置距离作一条与原航迹平行的直线，该直线与原航线转弯角的角平分线的交点即偏置参考航路点。当航迹不连续或在航段终点存在例外时，偏置参考航路点在原航路点的正侧向。水平偏置包括向左水平偏置和向右水平偏置两类。

水平偏置航迹的计算过程如下。

1. 计算水平偏置点

设当前航段起点和终点坐标分别为 $P_1(L_1, \lambda_1)$、$P_2(L_2, \lambda_2)$，后一个航段的起点和终点坐标分别为 $P_2(L_2, \lambda_2)$，$P_3(L_3, \lambda_3)$，如图 4-9 所示。

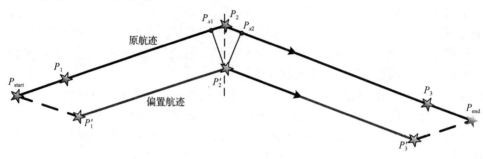

图 4-9　水平偏置点示意

需要求该航段的水平偏置点坐标 $P_2'(L_2', \lambda_2')$。当 $P_2(L_2, \lambda_2)$ 不是第一个或最后一个航路点时，P_2' 点位于由 P_1 点和 P_2 点连线与 P_2 点和 P_3 点连线构成的夹角平分线上。

由 P_1 点、P_2 点和地心构成的大圆平面可以用由 P_1 点与 P_2 点的地垂线向量叉乘所得的向量 $\boldsymbol{U}_{P_1P_2}$ 表示，即

$$\boldsymbol{U}_{P_1P_2} = \boldsymbol{U}_{P_1} \times \boldsymbol{U}_{P_2} = \begin{bmatrix} \cos L_1 \cos \lambda_1 \\ \cos L_1 \sin \lambda_1 \\ \sin L_1 \end{bmatrix} \times \begin{bmatrix} \cos L_2 \cos \lambda_2 \\ \cos L_2 \sin \lambda_2 \\ \sin L_2 \end{bmatrix}$$

$$= \begin{bmatrix} -\sin L_1 \cos L_2 \sin \lambda_2 + \cos L_1 \sin \lambda_1 \sin L_2 \\ \sin L_1 \cos L_2 \cos \lambda_2 - \cos L_1 \cos \lambda_1 \sin L_2 \\ -\cos L_1 \sin \lambda_1 \cos L_2 \cos \lambda_2 + \cos L_1 \cos \lambda_1 \cos L_2 \sin \lambda_2 \end{bmatrix} \tag{4-21}$$

同理，由 P_2 点、P_3 点和地心构成的大圆平面可以用由 P_2 点与 P_3 点的地垂线向量叉乘所得的向量 $\boldsymbol{U}_{P_2P_3}$ 表示。

P_2' 点的地垂线在地理坐标系中的投影向量为

$$\boldsymbol{U} = \begin{bmatrix} \cos L_2' \cos \lambda_2' \\ \cos L_2' \sin \lambda_2' \\ \sin L_2' \end{bmatrix} = \begin{bmatrix} x_1 \\ x_2 \\ x_3 \end{bmatrix} \tag{4-22}$$

显然，$x_1^2 + x_2^2 + x_3^2 = 1$。

由于 P_1 点和 P_2 点坐标已知，因此，由 P_1 点、P_2 点和地心构成的大圆平面的法线向量为

$$\boldsymbol{U}_1 = \begin{bmatrix} \cos L_1 \cos \lambda_1 \\ \cos L_1 \sin \lambda_1 \\ \sin L_1 \end{bmatrix} \times \begin{bmatrix} \cos L_2 \cos \lambda_2 \\ \cos L_2 \sin \lambda_2 \\ \sin L_2 \end{bmatrix}$$

$$= \begin{bmatrix} 0 & -\sin L_1 & \cos L_1 \sin \lambda_1 \\ \sin L_1 & 0 & -\cos L_1 \cos \lambda_1 \\ -\cos L_1 \sin \lambda_1 & \cos L_1 \cos \lambda_1 & 0 \end{bmatrix} \begin{bmatrix} \cos L_2 \cos \lambda_2 \\ \cos L_2 \sin \lambda_2 \\ \sin L_2 \end{bmatrix}$$

$$= \begin{bmatrix} -\sin L_1 \cos L_2 \sin \lambda_2 + \cos L_1 \sin \lambda_1 \cos L_2 \sin \lambda_2 \\ \sin L_1 \cos L_2 \cos \lambda_2 - \cos L_1 \cos \lambda_1 \sin L_2 \\ -\cos L_1 \sin \lambda_1 \cos L_2 \cos \lambda_2 + \cos L_1 \cos \lambda_1 \cos L_2 \sin \lambda_2 \end{bmatrix} = \begin{bmatrix} a_1 \\ b_1 \\ c_1 \end{bmatrix} \qquad （4\text{-}23）$$

同理，由 P_2 点、P_3 点和地心构成的大圆平面的法线向量为

$$\boldsymbol{U}_2 = \begin{bmatrix} \cos L_2 \cos \lambda_2 \\ \cos L_2 \sin \lambda_2 \\ \sin L_2 \end{bmatrix} \times \begin{bmatrix} \cos L_3 \cos \lambda_3 \\ \cos L_3 \sin \lambda_3 \\ \sin L_3 \end{bmatrix}$$

$$= \begin{bmatrix} -\sin L_2 \cos L_3 \sin \lambda_3 + \cos L_2 \sin \lambda_2 \cos L_3 \sin \lambda_3 \\ \sin L_2 \cos L_3 \cos \lambda_3 - \cos L_2 \cos \lambda_2 \sin L_3 \\ -\cos L_2 \sin \lambda_2 \cos L_3 \cos \lambda_3 + \cos L_2 \cos \lambda_2 \cos L_3 \sin \lambda_3 \end{bmatrix} = \begin{bmatrix} a_2 \\ b_2 \\ c_2 \end{bmatrix} \qquad （4\text{-}24）$$

根据球面上某点侧偏距的计算公式，P_2' 点到由 P_1 点、P_2 点和地心构成的大圆弧的距离为

$$D_1 = (R+h)\arcsin(\boldsymbol{U} \cdot \boldsymbol{U}_1) \qquad （4\text{-}25）$$

式中，R 为地球半径；h 为飞机飞行高度；D 为侧偏距。

P_2' 点到由 P_2 点、P_3 点和地心构成的大圆弧的距离为

$$D_2 = (R+h)\arcsin(\boldsymbol{U} \cdot \boldsymbol{U}_2) \qquad （4\text{-}26）$$

由于 P_2' 点位于由 P_1 点和 P_2 点连线与 P_2 点和 P_3 点连线构成的夹角平分线上，因此，$D_1 = D_2 = D$，即

$$\begin{cases} a_1 x_1 + b_1 x_2 + c_1 x_3 = M \\ a_2 x_1 + b_2 x_2 + c_2 x_3 = N \end{cases} \qquad （4\text{-}27）$$

式中，

$$M = \sin\left(\frac{D}{R+h}\right), \quad N = M$$

由此可得到用于求解 P_2' 点坐标的方程组，即

$$\begin{cases} a_1 x_1 + b_1 x_2 + c_1 x_3 = M & ① \\ a_2 x_1 + b_2 x_2 + c_2 x_3 = N & ② \\ x_1^2 + x_2^2 + x_3^2 = 1 & ③ \end{cases} \qquad （4\text{-}28）$$

（1）当 $a_1b_2 - a_2b_1 \neq 0$ 时，

$$x_1 = \frac{1}{a_1b_2 - a_2b_1}\left[(b_2 - b_1)M - (b_2c_1 - b_1c_2)x_3\right] \tag{4-29}$$

$$x_2 = \frac{1}{a_1b_2 - a_2b_1}\left[(a_1 - a_2)M - (a_1c_2 - a_2c_1)x_3\right] \tag{4-30}$$

将式（4-29）和式（4-30）代入 $x_1^2 + x_2^2 + x_3^2 = 1$ 中，得到一个关于 x_3 的一元二次方程，即

$$Ax_3^2 + Bx_3 + C = 0 \tag{4-31}$$

该方程系数分别为

$$A = (b_2c_1 - b_1c_2)^2 + (a_1c_2 - a_2c_1)^2 + (a_1b_2 - a_2b_1)^2$$
$$B = 2(b_1N - b_2M)(b_2c_1 - b_1c_2) + (a_1N - a_2M)(a_2c_1 - a_1c_2)$$
$$C = (b_2M - b_1N)^2 + (a_1N - a_2M)^2 - (a_1b_2 - a_2b_1)^2$$

已知 $N = M$，则上面三式也可写为

$$A = (b_2c_1 - b_1c_2)^2 + (a_1c_2 - a_2c_1)^2 + (a_1b_2 - a_2b_1)^2$$
$$B = 2M(b_1 - b_2)(b_2c_1 - b_1c_2) + M(a_1 - a_2)(a_2c_1 - a_1c_2)$$
$$C = M^2(b_2 - b_1)^2 + M^2(a_1 - a_2)^2 - (a_1b_2 - a_2b_1)^2$$

通过一元二次方程 $Ax_3^2 + Bx_3 + C = 0$ 求得 x_3，进而求得 x_1 和 x_2。

（2）当 $a_1b_2 - a_2b_1 = 0$ 时，有如下几种情况。

① 如果 $a_1 = a_2 \neq 0$，$b_1 = b_2 \neq 0$，并且 $\dfrac{a_1}{a_2} = \dfrac{b_1}{b_2} = \dfrac{c_1}{c_2}$，那么 $U_1 = U_2$，表明 P_1 点、P_2 点和 P_3 点在同一条大圆航线上。此时，式（4-27）所示的两个方程组相同，由式（4-28）所示的方程组无法求解，需要引入其他条件。设由 P_2' 点、P_2 点和地心构成的大圆平面的法线向量为

$$U' = \begin{bmatrix} 0 & -\sin L_2 & \cos L_2 \sin \lambda_2 \\ \sin L_2 & 0 & -\cos L_2 \cos \lambda_2 \\ -\cos L_2 \sin \lambda_2 & \cos L_2 \cos \lambda_2 & 0 \end{bmatrix}\begin{bmatrix} x_1 \\ x_2 \\ x_3 \end{bmatrix} \tag{4-32}$$

需要注意的是，当 P_1 点、P_2 点和 P_3 点在同一条大圆航线上时，由 P_2' 点、P_2 点和地心构成的大圆平面与由 P_1 点、P_2 点和地心构成的大圆平面垂直。因此，表征这两个大圆平面的向量的点乘积等于 0，即

$$U_3 = U_1 \cdot U' = \begin{bmatrix} a_1 \\ b_1 \\ c_1 \end{bmatrix}^{\mathrm{T}}\begin{bmatrix} 0 & -\sin L_2 & \cos L_2 \sin \lambda_2 \\ \sin L_2 & 0 & -\cos L_2 \cos \lambda_2 \\ -\cos L_2 \sin \lambda_2 & \cos L_2 \cos \lambda_2 & 0 \end{bmatrix}\begin{bmatrix} x_1 \\ x_2 \\ x_3 \end{bmatrix} = 0 \tag{4-33}$$

整理后得

$$a_4x_1 + b_2x_2 + a_4x_3 = 0 \tag{4-34}$$

其中，

$$\begin{cases} a_4 = b_1 \sin L_2 - c_1 \cos L_2 \sin \lambda_2 \\ b_4 = -a_1 \sin L_2 + c_1 \cos L_2 \cos \lambda_2 \\ c_4 = a_1 \cos L_2 \sin \lambda_2 - b_1 \cos L_2 \cos \lambda_2 \end{cases}$$

用式（4-34）取代式（4-28）中的第②式，可得

$$\begin{cases} a_1 x_1 + b_1 x_2 + c_1 x_3 = M & ① \\ a_4 x_1 + b_4 x_2 + c_4 x_3 = 0 & ② \\ x_1^2 + x_2^2 + x_3^2 = 1 & ③ \end{cases} \tag{4-35}$$

其他求解方法和上面相同，只是一元二次方程的系数不同。

在这种情况下，不可能出现 $\dfrac{a_1}{a_4} = \dfrac{b_1}{b_4} = \dfrac{c_1}{c_4}$ 的情况（除非 $M = 0$），但仍有可能出现 $a_1 \neq 0$，$b_1 \neq 0$，$a_4 \neq 0$，$b_4 \neq 0$，并且 $\dfrac{a_1}{a_4} = \dfrac{b_1}{b_4} \neq \dfrac{c_1}{c_4}$ 的情况，也有可能出现 $a_1 = 0$，$b_1 = 0$，并且 $a_4 \neq 0$，$b_4 \neq 0$ 的情况，以及 $a_4 = 0$，$b_4 = 0$，并且 $a_1 \neq 0$，$b_1 \neq 0$ 的情况。这 3 种情况在下文讨论，具体计算时，只需将系数进行更换即可。

② 如果 $a_1 \neq 0$，$b_1 \neq 0$，$a_2 \neq 0$，$b_2 \neq 0$，并且 $\dfrac{a_1}{a_2} = \dfrac{b_1}{b_2} \neq \dfrac{c_1}{c_2}$，那么把式（4-28）中的第②式乘以 a_1 再减去第①式乘以 a_2 的积，可得

$$\left(a_2 b_1 - a_1 b_2\right) x_2 + \left(a_2 c_1 - a_1 c_2\right) x_3 = a_2 M - a_1 N \tag{4-36}$$

已知 $a_1 b_2 - a_2 b_1 = 0$，则

$$\left(a_2 c_1 - a_1 c_2\right) x_3 = a_2 M - a_1 N \tag{4-37}$$

因此，

$$\sin L_2' = \frac{a_2 M - a_1 N}{a_2 c_1 - a_1 c_2} \tag{4-38}$$

由此解得偏置点的纬度，即

$$L_2' = \arcsin\left(\frac{a_2 M - a_1 N}{a_2 c_1 - a_1 c_2}\right) \tag{4-39}$$

求经度时，可将 $L_2' = \arcsin\left(\dfrac{a_2 M - a_1 N}{a_2 c_1 - a_1 c_2}\right)$ 代入式（4-28）中的第①式，得

$$a_1 \cos L_2' \cos \lambda_2' + b_1 \cos L_2' \sin \lambda_2' + c_1 \sin L_2' = M \tag{4-40}$$

令 $A = a_1 \cos L_2'$，$B = b_1 \cos L_2'$，$C = M - c_1 \sin L_2'$，则式（4-40）变为

$$A \cos \lambda_2' + B \sin \lambda_2' = C \tag{4-41}$$

把式（4-41）等号两边平方，得

$$A^2 \cos^2 \lambda_2' + 2AB \sin \lambda_2' \cos \lambda_2' + B^2 \sin^2 \lambda_2' = C^2 \tag{4-42}$$

把式（4-42）等号两边同时除以 $\cos^2 \lambda_2'$，得

$$A^2 + 2AB \tan \lambda_2' + B^2 \tan^2 \lambda_2' = C^2 \left(1 - \tan^2 \lambda_2'\right) \tag{4-43}$$

此时，$\lambda_2' \in \left[-\dfrac{\pi}{2}, \ \dfrac{\pi}{2}\right]$，因为经度的范围是 $[-\pi, \ \pi]$，所以还要判断解得的 λ_2' 是否可能在 $\left[-\pi, \ -\dfrac{\pi}{2}\right]$ 或 $\left[-\dfrac{\pi}{2}, \ -\pi\right]$ 区间。判断 λ_2' 所在的区间，需要知道 $\cos \lambda_2'$ 的值和 $\sin \lambda_2'$ 的值。

显然，

$$\lambda_{2真值}' = \begin{cases} \lambda_2', & \cos \lambda_2' > 0 \\ \pi - \lambda_2', & \cos \lambda_2' < 0 \text{且} \sin \lambda_2' > 0 \\ -\pi + \lambda_2', & \cos \lambda_2' < 0 \text{且} \sin \lambda_2' < 0 \end{cases} \tag{4-44}$$

③ 如果 $a_1 = 0$，$b_1 = 0$，并且 $a_2 \neq 0$、$b_2 \neq 0$，就说明 $\boldsymbol{U}_1$ 方向沿地理坐标系的 OZ 轴，P_1 点、P_2 点位于同一纬度上且在过地心的同一个大圆平面上。这样的大圆平面只可能是赤道面，但 P_3 点纬度和 P_2 点纬度不同且它和 P_2 点在同一个大圆平面内，如图 4-10 所示。

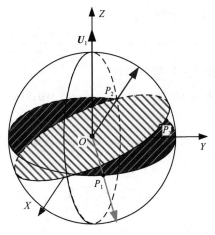

图 4-10　两点共面

则式（4-28）变为

$$\begin{cases} c_1 x_3 = M \\ a_2 x_1 + b_2 x_2 + c_2 x_3 = N \\ x_1^2 + x_2^2 + x_3^2 = 1 \end{cases} \tag{4-45}$$

解式（4-45）所示的方程组，可以解得 x_1，x_2，x_3，进而求出偏置点坐标，解法同情况②，只是参数不同而已。

④ 如果 $a_2 = 0$，$b_2 = 0$，并且 $a_1 \neq 0$，$b_1 \neq 0$，就说明 $\boldsymbol{U}_2$ 方向沿地理坐标系的 OZ 轴，P_2 点、P_3 点位于同一个纬度上且在过地心的同一个大圆平面上，但 P_1 点纬度和 P_2 点、P_3 点纬度不同，则式（4-28）可表示为

$$\begin{cases} a_1 x_1 + b_1 x_2 + c_1 x_3 = M \\ c_2 x_3 = N \\ x_1^2 + x_2^2 + x_3^2 = 1 \end{cases} \tag{4-46}$$

解式（4-46）所示的方程组，可以解得 x_1，x_2，x_3，进而求出偏置点坐标，解法同情况②，只是参数不同而已。

⑤ 如果 $a_1 = 0$，$b_1 = 0$，并且 $a_2 = 0$，$b_2 = 0$，就说明 P_1 点、P_2 点和 P_3 点位于同一个纬度的大圆平面上，这样的大圆平面只可能是赤道面。

此时，

$$\begin{cases} c_1 x_3 = M \\ c_2 x_3 = N \\ x_1^2 + x_2^2 + x_3^2 = 1 \end{cases} \tag{4-47}$$

可知 $M = N$，则 $c_1 = c_2$，由此解得 x_3。

由于

$$\begin{bmatrix} x_1 \\ x_2 \\ x_3 \end{bmatrix} = \begin{bmatrix} \cos L_2' \cos \lambda_2' \\ \cos L_2' \sin \lambda_2' \\ \sin L_2' \end{bmatrix} \tag{4-48}$$

解得

$$L_2' = \arcsin x_3 \tag{4-49}$$

此时，由 P_2' 点、P_2 点和地心构成的大圆平面与由 P_1 点、P_2 点和地心构成的大圆平面垂直，即 P_2' 点和 P_2 点在同一条经线上。因此，$\lambda_2' = \lambda_2$。

2. 求起始偏置点 $P_1'(L_1', \lambda_1')$ 和结束偏置点 $P_3'(L_3', \lambda_3')$ 坐标

由起始偏置点 $P_1'(L_1', \lambda_1')$、P_1 点和地心构成的大圆平面与由 P_1 点、P_2 点和地心构成的大圆平面垂直，因此，起始偏置点 $P_1'(L_1', \lambda_1')$ 的求解类似于当 P_1 点、P_2 点和 P_3 点在同一条大圆航线上时 P_2 点的偏置点 $P_2'(L_2', \lambda_2')$ 的求解，只是方程系数不同而已，求解过程不再赘述。

由于结束偏置点 $P_3'(L_3', \lambda_3')$ 的计算原理同上，只需将上式中的 P_1 点、P_2 点的坐标分别用 P_2 点和 P_3 点坐标取代即可。

3. 偏置点的选择

因为上述推导过程是根据点到航段的侧偏距计算偏置点的，所以可能的偏置点有两个，即 $P_2'(L_2', \lambda_2')$ 和 $P_2''(L_2'', \lambda_2'')$，如图 4-11 所示。

在图 4-11 中，$P_2(L_2, \lambda_2)$ 点为偏置前的原航路点。$P_2'(L_2', \lambda_2')$ 点在原航线附近，从该点向原航线作一条垂线，该垂线和原航线相交于一点，该交点往往距离原航路点较近；从所求偏置点向原航线作一条垂线，该垂线和原航线的延长线相交，交点 $P_2''(L_2'', \lambda_2'')$ 往往距离

原航路点较远。显然，后一种情况不是我们所要求的偏置点。可以根据所求偏置点距离原航路点的远近选择真正的偏置点，只需比较 P_2' 点、P_2'' 和 P_2 点的纬度差或经度差。若 $|L_2 - L_2'| < |L_2 - L_2''|$ 或 $|\lambda_2 - \lambda_2'| < |\lambda_2 - \lambda_2''|$，则选择 P_2' 点；否则，选择 P_2'' 点。

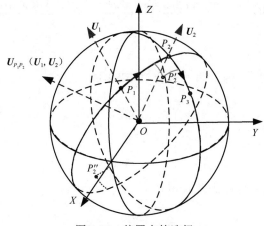

图 4-11　偏置点的选择

4.6.2　基于性能优化指标的航迹垂直剖面规划

通过对飞行计划的解析和过渡路径的构建，水平航迹能够被准确地规划和计算。在此基础上，需要确定垂直剖面，并对飞行过程中的 RTA 进行分配管理，进而完成四维航迹的规划。

垂直剖面规划过程如下：

在图 4-12 所示的典型三段式航迹中，水平航迹能够被准确地规划和计算。确定垂直剖面的关键在于确定 TOC 和 TOD。

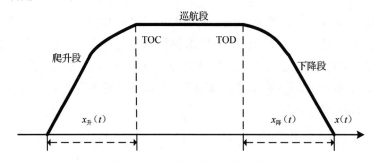

图 4-12　典型三段式航迹示意

在 TOC 的高度和 TOD 的高度确定的情况下（在简化情况下，一般默认二者的高度一致），即在确定爬升方式和初始爬升速度的情况下，就能够根据飞机爬升/下降性能数据库，确定爬升段和下降段所需时间以及对应的水平距离。在水平航迹确定的情况下，可以知道爬升起点和下降终点的位置，根据爬升段和下降段飞机飞越的水平距离与巡航高度，可以计算出 TOC 和 TOD 的位置，进而获得垂直剖面。

根据上面的论述，可以将垂直剖面的规划问题转化为选取合适的巡航高度的问题。因此，如果能根据空管要求或性能优化指标选择一定的巡航高度和速度，结合爬升段和下降段所需时间和飞机飞越的水平距离，就能够确定 TOC 和 TOD 的位置，以及到达 TOC 和 TOD 的时间，根据巡航速度，能够确定飞机到达巡航段各个航路点的时间，进而能够确定一个完整且含有时间要素的垂直剖面。

在空管人员没有给出时间约束条件的情况下，可以根据实际情况，选择合适的性能优化指标，获得选择最佳巡航高度和最佳巡航速度的组合，进而获得优化后的垂直剖面。

1. 成本最小时的垂直剖面

以前面得到的成本最小指标下的性能数据库（存储为指定格式的数据表）为基础，采用 Fibonacci 搜索法，反向搜索该数据表获得成本最小指标下的最佳巡航高度和最佳巡航速度，其计算模型如图 4-13 所示。

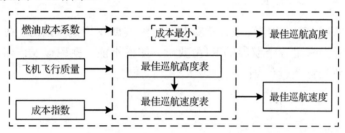

图 4-13　成本最小指标下最佳巡航高度和最佳巡航速度计算模型

2. 燃油消耗量最小时的垂直剖面

以前面得到的燃油消耗量最小指标下的性能数据库（存储为指定格式的数据表）为基础，采用 Fibonacci 搜索法，反向搜索该数据表获得燃油消耗量最小指标下的最佳巡航高度和速度，其计算模型如图 4-14 所示。

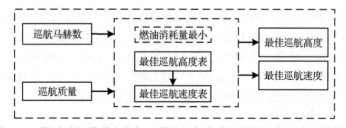

图 4-14　燃油消耗量最小指标下最佳巡航高度和最佳巡航速度计算模型

3. 续航时间最大时的垂直剖面

以前面得到的续航时间最大（给定可用燃油量情况下）指标下的性能数据库（存储为指定格式的数据表）为基础，采用 Fibonacci 搜索法，反向搜索该数据表获得续航时间最大指标下最佳巡航高度和最佳巡航速度，其计算模型如图 4-15 所示。

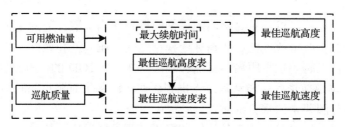

图 4-15　续航时间最大指标下最佳巡航高度和最佳巡航速度计算模型

4.6.3　基于航迹运行的四维航迹 RTA 分配

为获取满足 RTA 约束的四维航迹，需要对 RTA 的分配方法进行研究。在已经完成对飞行计划的解析、水平航迹和垂直剖面确定的情况下，RTA 的分配可以分为以下两类情况。

1. 分别给定各个航段的 RTA

在给定各个航段 RTA 的情况下，需要根据性能数据库和气象信息，在飞机性能限制范围内，确认飞机能否满足各个航段的 RTA 要求。如果不能，就应该发出告警信息，与空中交通管制中心重新制订飞行计划。

2. 只给定飞行计划总 RTA

RTA 分配流程如下：

（1）根据已经确定的水平航迹，确定飞行总航程及各个航段的航程。

（2）在确定 TOC 和 TOD 后，如果已确定爬升/下降方式以及对应速度，那么爬升段和下降段的时间也随之确定。

（3）当爬升段/下降段的时间确定后，把 RTA 减去其对应的时间便得到巡航段的时间。根据巡航段中各个航段的航程在巡航总航程中的比例，确定飞行计划中的 RTA 在各个航段的初始分配数值。

（4）从第 1 个航段开始，需要根据性能数据库和气象信息，计算飞机能否满足该航段的 RTA 要求。如果不能，应使飞机以最大（最小速度）飞至该航段终点，将实际到达时间作为该航段新的 RTA。然后，以同样方法依次计算剩余航程，完成 RTA 的分配。

（5）如果根据最终结果，飞机无法在 RTA 限制范围内飞至飞行计划终点，就应该发出告警信息，并与相关空中交通管制中心进行协商，重分配 RTA。

4.7　仿真算例

为了验证本章提出的四维航迹预测/规划方法的有效性，仿真初始条件设定如下：

（1）设定飞机总质量为 58000kg，其中载油量为 18000kg。

（2）飞机初始位置的纬经高坐标为（34°,118°,500m），下降终点位置的纬经高坐标为（30°,122.5°,100m）。

（3）设定垂直剖面优化指标为成本最小，成本指数 CI=10。

在进行离线四维航迹规划的基础上，为检验水平航迹规划中的大圆水平偏置算法的有效性，设定工作场景为在原定航路右侧附近发现雷暴区，需要重新规划四维航迹。根据预报气象信息，（33.2°,121°）、（33.2°,120.5°）、（31.6°,121.5°）这 3 个航路点需要向航路左侧水平偏置 40km。水平偏置前后两次四维航迹规划结果如表 4-1～表 4-4 所示。

表 4-1　水平偏置前初始飞行计划

航路点序号	航段类型	定位点坐标/(°)	定位点高度/m	高度限制描述	RTA/s	RTA 限制描述
1	IF	（34,118）	500	At		
2	TF	（33.2,121）	3200	At or Above		
3	TF	（33.2,120.5）	3500	At or Above		
4	TF	（31.6,121.5）	3000	At or Above		
5	TF	（30,122.5）	100	At	5500	At or Before

根据性能优化指标选择情况、高度限制、RTA 限制，对垂直剖面进行优化，可获得水平偏置前飞机计划航路点，如表 4-2 所示。

表 4-2　水平偏置前飞行计划航路点

航路点序号	纬度/（°）	经度/（°）	高度/m	航段长度/km	RTA/s
1	34	118	500		
2	33.749	118.472	4168	51.76	522.40
3	33.228	119.447	4168	107.50	1291.61
4	33.200	119.563	4168	11.34	1372.75
5	33.200	120.371	4168	75.37	1912.07
6	33.104	120.560	4168	21.68	2067.18
7	31.600	121.500	4168	188.79	3418.04
8	30.423	122.237	4168	148.32	4479.29
9	30	122.5	100	53.24	4924.17

根据 4.6.1 节介绍的水平偏置航路点计算方法，可以得到（33.2°,121°），（33.2°,120.5°），（31.6°,121.5°）3 点对应的偏置参考航路点，它们分别为（33.33°,119.50°），（33.33°,120.60°），（31.78°,121.57°）。水平偏置后初始飞行计划如表 4-3 所示。

表 4-3　水平偏置后初始飞行计划

航路点序号	航段类型	定位点坐标/(°)	定位点高度/m	高度限制描述	RTA/s	RTA 限制描述
1	IF	（34,118）	500	At		
2	TF	（33.33,119.50）	3200	At or Above		
3	TF	（33.33,120.60）	3500	At or Above		
4	TF	（31.78,121.57）	3000	At or Above		
5	TF	（30,122.5）	100	At	5500	At or Before

根据性能优化指标选择情况、高度限制、RTA 限制，对垂直剖面进行优化，可获得水平偏置后飞机计划航路点，如表 4-4 所示。

表 4-4　水平偏置后飞行计划航路点

航路点序号	纬度/(°)	经度/(°)	高度/m	航段长度/km	RTA/s
1	34	118	500		
2	33.952	118.557	4168	51.76	522.401
3	33.871	119.489	4168	86.634	1142.26
4	33.870	119.511	4168	2.074	1157.11
5	33.870	120.849	4168	123.77	2042.69
6	33.773	121.041	4168	21.812	2198.76
7	32.520	121.817	4168	156.69	3319.86
8	32.477	121.836	4168	5.10	3356.32
9	30.468	122.376	4168	228.66	4992.39
10	30	122.5	100	53.21	5437.39

水平偏置前后飞行计划水平航迹对比如图 4-16 所示，垂直航迹对比如图 4-17 所示。

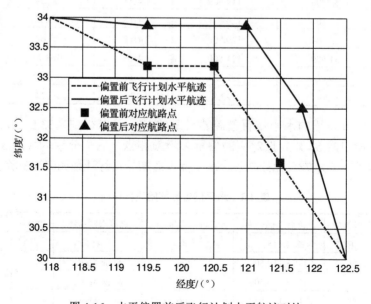

图 4-16　水平偏置前后飞行计划水平航迹对比

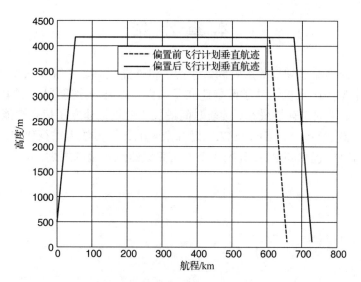

图 4-17　水平偏置前后飞行计划垂直航迹对比

水平偏置前后飞行计划三维航迹对比如图 4-18 所示。

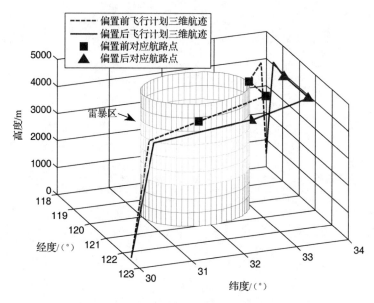

图 4-18　水平偏置前后飞行计划三维航迹对比

　　通过仿真结果可以看出，本书中使用的四维航迹规划方法较好地实现了四维航迹的规划和垂直剖面的优化，并且证明了水平航迹规划中的大圆水平偏置算法的有效性。

本 章 小 结

  本章首先对四维航迹规划的影响因素包括飞机性能限制、空管要求以及气象因素进行研究，基于某中型国产飞机运动学模型建立了飞机在爬升段/巡航段/下降段性能数据库，并针对成本最小、燃油消耗量最小、续航时间最长 3 个指标建立了运行性能数据库。其次，对四维航迹的关键参数包括地速、ETA、燃油余量的计算方法等进行研究。最后，从水平航迹规划、垂直剖面优化和 RTA 分配 3 个方面完成四维航迹的规划。

第 5 章　四维航迹各个航路点的 RTA 分配

5.1　概　　述

基于四维航迹的运行模式（4D Trajectory Based on Operation，4D-TBO）要求给每个航路点分配要求到达时间（RTA），使飞行器运行全程"可见，可控，可达"。RTA 的分配按照运行阶段的不同，可以分为初始 RTA 分配和 RTA 重分配。

初始 RTA 分配在飞行开始前进行。空管人员和飞行控制系统根据飞行计划、飞机数据、飞机性能数据、交通流量数据、气象数据等，按照一定优化标准给飞行计划中的各个航路点分配合理的 RTA 及其容限。

RTA 重分配在飞机运行过程中进行。气象条件和空管要求的变化等原因会造成面向定时到达的飞行引导无法满足 RTA 的要求，需要飞行管理系统根据飞机性能限制、空管要求、气象条件和当前飞机飞行状态等信息，对将要执行的航段航路点的 RTA 进行更新，并向空管部门提出符合空管要求的 RTA 建议，发起空地协商请求，使调整后的 RTA 序列满足飞机性能限制、空管要求、气象条件等要求。

5.2　空间气象网格数据预报和更新修正

现有的空间气象网格数据服务包括针对航班航线天气监控、机场天气实况和预报。例如，中国气象局运行的气象网格数据预报业务，分辨率达到 5 km×5 km，甚至达到 1 km×1 km，可实现每 3 小时发布一次风速和风向预报。

四维航迹预测是四维航迹 RTA 序列分配的基础，ETA 的计算是四维航迹预测的主要内容。计算 ETA 时，需要知道飞机剩余航程、飞机飞行速度和地速信息，而地速的计算需要风场信息支持。准确的气象预报数据是提高 ETA 计算精度的关键，空间气象网格数据为飞机提供了周期性的航路风场信息，而气象雷达、大气数据系统等机载传感器可以为飞机提供实时且准确的局部气象信息。因此，在空间气象网格数据的基础上，利用机载传感器提供的信息对气象预报数据进行更新修正，是进行高精度 ETA 计算的有效措施。

本节构建四维数值气象预报模型，利用空间网格插值方法和周期发布的空间气象网格数据，预报飞行计划航线和航路点的气象，融合机载传感器探测的气象信息和多元回归方法，对基于气象网格数据的预报结果进行修正，提高气象预报的时间和空间分辨率。在仿真过程中，通过模拟实际情况下的气象预报信息获取和实际真实气象信息获取，进行回归预测以满足 RTA 序列计算需要。

5.2.1 基于空间气象网格数据的航路气象预报

气象预报服务多采用空间气象网格数据预报形式，可以提供特定位置和高度处的风场信息和温度场信息。例如，欧洲气象预报中心每隔 6 小时更新一次全球范围内的气象预报值，图 5-1（a）、图 5-1（b）和图 5-2 分别是 2018 年 10 月 1 日世界时间 18 时，(100°～120°E,20°～40°N) 范围内北风、东风、温度随气压平面变化的分布情况和取值，网格的大小是 $0.75°×0.75°$，选取 100～1000hPa 范围内等间隔的 10 个气压平面。

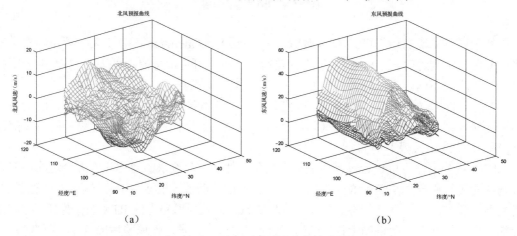

（a）　　　　　　　　　　　　　　　（b）

图 5-1　北风与东风随气压平面变化的分布情况和取值

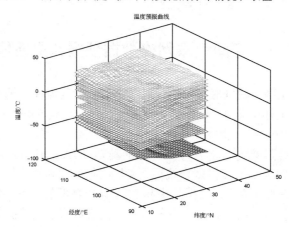

图 5-2　温度随气压平面变化的分布情况和取值

获得空间气象网格数据之后，可以通过空间三维线性插值方法计算出与航迹预测、飞机飞行有关点的风速值和温度值。空间三维线性插值原理如图 5-3 所示，根据该原理求出 O 点的气象数据。首先在数据范围内找到 O 点所在的网格，即求出其所在网格的 8 个边界点（$A_1, A_2, B_1, B_2, C_1, C_2, D_1, D_2$）的经纬高坐标和对应数值，可通过查表实现。其中，$O_1$ 点和 O_2 点分别是所求点 O 在网格上下表面的投影点，其经度和纬度坐标与 O 点相同，然后在网格上下表面分别进行关于经度和纬度坐标的二维插值。具体过程如下：已知 C_2 点与 D_2 点的经度和纬度坐标和气象数据，则可利用一维插值函数求出 M_2 点的气象数据，即

$$w_{M_2} = w_{C_2} + \left(w_{D_2} - w_{C_2} \right) \frac{x_{M_2} - x_{C_2}}{x_{D_2} - x_{C_2}} \qquad (5\text{-}1)$$

式中，变量 w 是气象数据（如温度、东风、北风），变量 x 是空间位置坐标（经纬高）。同理可得 N_2 点的气象数据，然后在 N_2 点和 M_2 点之间进行一维线性插值，即可得到 O_2 点的气象数据。使用相同的方法可以得到 O_1 点的风场数据，最后在 O_1 点和 O_2 点之间进行关于高度的一维线性插值，得到 O 点的气象数据。上述插值过程主要包含两部分：首先，找到所求位置的网格边界，其次进行基于不同坐标系的一维线性插值。所求位置的风速大小和风向向使用下述公式计算：

$$V_{\mathrm{W}} = \sqrt{u^2 + v^2} \qquad (5\text{-}2)$$

$$\chi_{\mathrm{W}} = \begin{cases} \arctan(u/v), & u > 0, v > 0 \\ 180^\circ - \arctan\left[u/(-v)\right], & u > 0, v < 0 \\ 180^\circ + \arctan(u/v), & u < 0, v < 0 \\ 360^\circ + \arctan(u/v), & u < 0, v > 0 \end{cases} \qquad (5\text{-}3)$$

式中，V_{W} 为风速；χ_{W} 为风向；在南北方向，北风 u（从北向南吹）为正；在东西方向，东风 v 为正（从东向西吹）。通过以上方法，就可以获取航迹上任一点的风速和风向等气象信息。

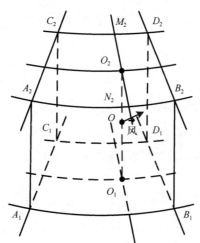

图 5-3　空间三维线性插值原理

5.2.2　基于多元回归方法和机载气象雷达数据的气象数据更新

地面气象部门周期发布的气象网格数据称为气象预报值。气象部门所发布的气象信息的精度不够、实际飞行过程中的局部气象突变等原因，造成气象预报值与飞机实际飞行过

程中的气象真实值存在误差，导致基于气象预报值的地速估计精度下降，进而降低 ETA 计算精度，影响 RTA 分配的合理性。

机载气象雷达探测的是航路前方及左右扇形区域的气象信息，不仅能显示气象目标，如雨区、湍流区、冰雹区等的平面分布图像及它们相对于飞机的方位，还能测量一定距离内的风力与风向。因此，可以通过机载气象雷达实时探测的真实气象信息，对气象部门发布的气象预报值进行修正和预测，以提高气象预报的时间和空间分辨率。经过机载气象雷达修正的气象数据称为气象预测值。

由于风场是一个流场，因此，可以把机载气象雷达在飞行过程中探测到的已飞航路上网格点的气象信息作为已飞航路点的真实气象样本，结合已飞航路点及其附近多个位置的气象预报值，利用多元回归方法，修正和预测航路某点的气象信息。

机载气象雷达对在飞机飞行过程中测得的航路气象数据，每隔相同距离的航路点进行采样，得到航路点采样真实气象信息 $y_i = (t'_i, u'_i, v'_i)$，共采样 n 个航路点，采样的样本为 $Y_n = y_1, y_2, \cdots, y_i, \cdots, y_n$，共 n 组数据。其中，t'_i, u'_i, v'_i 分别为采样真实温度、采样真实东风风速、采样真实北风风速，$i \in [1, n]$，当前航路点采样真实气象数据的序号为 n。把航路点采样真实气象信息作为回归预测的应变量。根据气象部门周期发布的气象数据，在和真实值样本中心航路点相同的采样位置，按照网格方式进行插值，得到同一高度层上，指定距离前、后、左、右和中心航路共 5 个位置的气象预报值 $x_i = (t_{ij}, u_{ij}, v_{ij})$，$j \in [1, 5]$，得到 n 组气象预报值，表示为 $X_n = x_1, x_2, \cdots, x_i, \cdots, x_n$，共 n 组数据；t_{ij}, u_{ij}, v_{ij} 分别为预报温度、预报东风风速、预报北风风速；当前航路点插值气象预报数据的序号为 n，把气象预报值作为回归预测的自变量。

为了提高相关性，可以截取样本中距离当前位置 L 内的样本数据作为回归预测使用的样本数据。设距离当前位置 L 内一共 p 个采样点，则一共 p 组采样真实值数据，即 $Y_p = y_n, y_{n-1}, \cdots, y_{n-p+1}$，相应地一共 p 组插值气象预报数据，即 $X_p = x_n, x_{n-1}, \cdots, x_{n-p+1}$，每组数据包含 5 个位置的预报温度、预报东风风速、预报北风风速。通过采样气象真实数据和插值气象预报数据，预测航线下一个航路点（$n+1$）的气象信息，即下一个航路点的气象预测值。

由于温度和风速的预测方式相同，因此以风速预测为例，设真实风速值采样样本为

$$Yu = \begin{bmatrix} u'_n & u'_{n-1} & \cdots & u'_{n-p+1} \end{bmatrix}^{\mathrm{T}} \tag{5-4}$$

风速气象预报值为

$$Xu = \begin{bmatrix} u_{n,1} & u_{n,2} & \cdots & u_{n,5} \\ u_{n-1,1} & u_{n-1,2} & \cdots & u_{n-1,5} \\ \vdots & \vdots & \ddots & \vdots \\ u_{n-p+1,1} & u_{n-p+1,2} & \cdots & u_{n-p+1,5} \end{bmatrix} \tag{5-5}$$

采样气象真实值和插值气象预报值满足如下关系：

$$\begin{cases} u'_{n,1} = b_1 u_{n,1} + b_2 u_{n,2} + \cdots + b_5 u_{n,5} + e_1 \\ u'_{n-1} = b_1 u_{n-1,1} + b_2 u_{n-1,2} + \cdots + b_5 u_{n-1,5} + e_2 \\ \vdots \\ u'_{n-p+1} = b_1 u_{n-p+1,1} + b_2 u_{n-p+1,2} + \cdots + b_5 u_{n-p+1,5} + e_p \end{cases} \tag{5-6}$$

为了简便起见，将此 p 个方程表示为矩阵形式，即

$$Yu = XuB + \varepsilon$$
$$B = [b_1, b_2, \cdots, b_5]^{\mathrm{T}} \tag{5-7}$$
$$\varepsilon = [e_1, e_2, \cdots, e_p]^{\mathrm{T}}$$

式中，B 为待估参数矩阵，ε 为随机因素 e 对气象采样值的影响向量。回归参数矩阵的最小二乘估计 $C = [c_1, c_2, \ldots, c_5]^{\mathrm{T}}$ 可以表示为

$$C = (Xu^{\mathrm{T}} Xu)^{-1} Xu^{\mathrm{T}} Yu \tag{5-8}$$

因此，可以利用下一个航路点及其附近点的气象预报值，结合回归参数矩阵，计算下一个航路点的气象预测值。插值气象网格数据，得到同一高度层上的下一个航路点和前、后、左、右指定距离处共 5 个位置的气象预报值，即

$$Xu_{(n+1,5)} = \begin{bmatrix} u_{n+1,1} & u_{n+1,2} & \cdots & u_{n+1,5} \end{bmatrix} \tag{5-9}$$

可以回归计算得到下一个航路点的气象预测值，即

$$u'_{n+1} = Yu_{(n+1,1)} = Xu_{(n+1,5)} C \tag{5-10}$$

同理，可以得到下一个航路点的温度回归预测信息。

5.2.3 气象预报值和气象预测值仿真结果对比

选取 2018 年 10 月 1 日世界时间 18 时，经度范围为（100°，120°），纬度范围为（20°，40°）的气象网格数据为气象预报值；选取 2018 年 10 月 2 日世界时间 18 时相同位置的气象数据为气象真实值，网格点大小为 0.75°。假设飞机从位置（32°，101.25°）沿纬线向位置（32°，116.25°）飞行，每隔经度 0.75°飞机采样一次气象真实值。当样本数量达到 5 个时，飞机开始预测下一个采样点的气象信息。在这之前用气象预报值作为气象预测值，不进行回归预测。飞机在飞行过程中通过已飞航路上采样点的气象真实值更新回归样本，始终保持样本数量为 5 个采样点。得到的飞机温度、东风风速、北风风速气象预测值与相同位置三者的气象真实值、气象预报值的对比分别如图 5-4、图 5-5 和图 5-6 所示。

从仿真结果可以看出，回归模型对于利用机载气象雷达修正的航路点的气象预测值在总体上具有较好的效果，在插值得到的气象部门发布的气象预报值和利用机载气象雷达修正的气象预测值相差较大的情况下，气象预测值在总体上可以跟上气象真实值的变化趋势。可见，利用气象回归预测方法，可以有效地改善由插值得到的气象部门发布的气象预报值和利用机载气象雷达修正的气象真实值存在误差的情况。

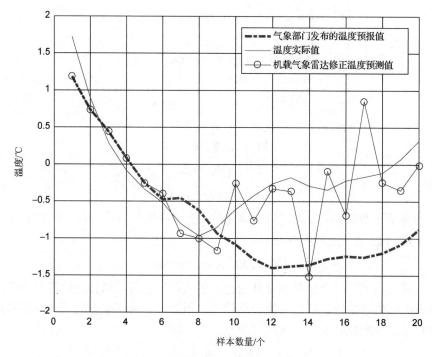

图 5-4　机载气象雷达修正温度预测值与气象部门发布的温度预报值、温度实际值对比

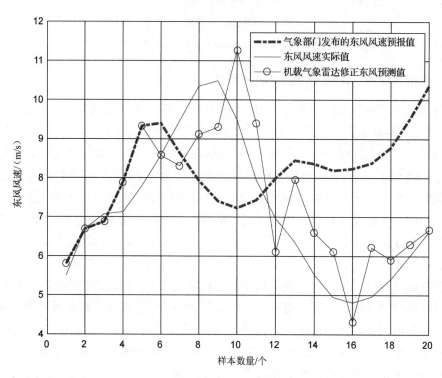

图 5-5　机载气象雷达修正东风风速预测值与气象部门发布的东风风速预报值、东风风速实际值对比

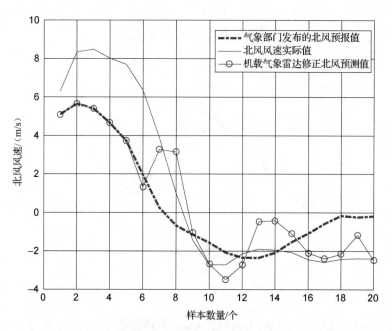

图 5-6　机载气象雷达修正北风风速预测值与气象部门
发布北风风速预报值、北风风速实际值对比

5.3　基于伪航路点法的 ETA 计算

在四维航迹预测过程中，精确的气象数据支持可以提高预测结果的有效性。时间控制精度取决于地速计算精度，而地速计算结果受风速和风向的影响。在计算 ETA 时，要满足的假设条件是在每个航段上的风速和风向均为常值。但是，由于风是随机变化的，因此，不能保证所规划的四维航迹的各个航段都满足这一假设条件。为了更精确地进行四维航迹预测和飞行引导，必须充分考虑四维航迹所在风场的变化。为此，引入伪航路点的概念细化风场信息。

5.3.1　基于伪航路点法的风场信息细化

伪航路点是指已规划的四维航迹上航路点之间的点，伪航路点的风场信息示意如图 5-7 所示。这些伪航路点可以风速或风向等气象信息变化显著的航段细化为若干子航段，并且确保各个子航段上的气象信息的变化幅度不会影响四维航迹预测结果。

要找到航段内所有的伪航路点，首先需要明确以伪航路点划分的子航段起点和终点相差的气象阈值，包括风速阈值和风向阈值。以固定距离 L 从起点向终点寻找伪航路点，当伪航路点和前一个航路点的气象差距大于阈值时，可用二分法选取一半固定距离上得到新的伪航路点，直到满足气象阈值要求。若最后得到的伪航路点和终点的距离不足 L，则直接比较气象差距是否满足气象阈值。若不满足，则采用二分法得到新的航路点，直到满足气象阈值要求。重复上述步骤，直到找到所有的航路点为止。

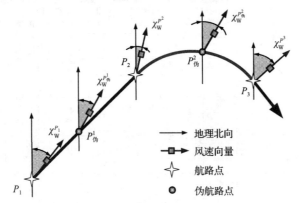

图 5-7　伪航路点的风场信息示意

5.3.2　ETA 计算

估计到达时间（ETA）是指根据飞机当前地速，预估到达任一下一个航路点或终点的时间。

$$\text{ETA} = \frac{\text{剩余航程}}{\text{当前地速}} + \text{当前时间} \tag{5-11}$$

为了提高 ETA 的预测精度，必须考虑剩余航程的气象条件，尤其是风对当前地速的影响。因此，必须依据当前地速和气象条件对剩余航程的地速进行预测。

在以伪航路点划分的子航段内，风速和风向默认是相同不变的。因此，当前航段地速 V_{GND} 的预测值是该航段上真空速水平分量 V_{TAS} 和预测风速 V_{W} 的向量和。图 5-8 所示为考虑风影响时以伪航路点划分的直线航段的地速预测。

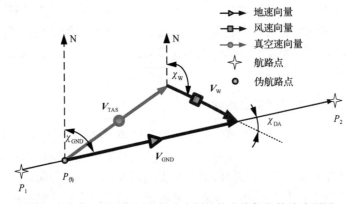

图 5-8　考虑风影响时以伪航路点划分的直线航段的地速预测

在图 5-8 中，P_1 为直线航段的起点，P_2 为直线航段的终点，$P_\text{伪}$ 为直线航段内的一个航路点，χ_{GND} 为飞机航迹方位角，χ_{W} 为该航段的风向方位角，χ_{DA} 为飞机航迹方位角 χ_{GND}

和该航段风向方位角 χ_W 的差。

由图 5-8 可知地速预测值的计算公式，即

$$V_{GND} = V_{TAS}\left\{\sqrt{1-\left(\frac{V_W}{V_{TAS}}\right)^2 \sin^2(\chi_{DA})} + \frac{V_W}{V_{TAS}}\cos(\chi_{DA})\right\} \qquad (5\text{-}12)$$

由于飞机航段包括直线航段和圆弧航段，因此对以伪航路点划分的直线航段，可以直接利用上式预测地速，把该航段长度除以地速就可以得到该直线航段的飞行时间。但是在圆弧航段上，飞机的航迹方位角随位置的不同而不同，即使在以伪航路点划分的航段内可认为风速和风向不变，计算出的地速也在不断变化。因此，需要采用更精细的方法预测地速，从而提高 ETA 的计算精度。图 5-9 所示以伪航路点划分的圆弧航段内考虑风影响时的地速预测，其中，O 点为圆弧航段对应的圆心，ψ 为圆心和圆弧航段上一个航路点连线向量的航向角，其他变量的定义同直线段。

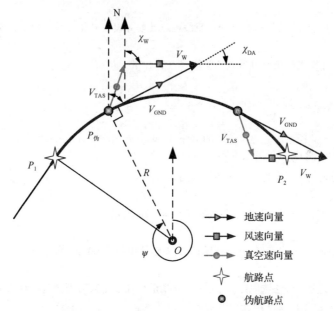

图 5-9　以伪航路点划分的圆弧航段内考虑风影响时的地速预测

由图 5-9 可知该圆弧航段内预测地速的计算公式和直线航段相同，但是飞机航迹方位角 χ_{GND} 在不断变化，导致其与该航段风向方位角 χ_W 的差 χ_{DA} 也在变化，计算公式为

$$\chi_{DA} = \chi_{GND} - \chi_W = \psi + 90° - \chi_W \qquad (5\text{-}13)$$

可以采用积分中值定理求圆弧航段内的平均地速，即

$$\bar{V}_{GND} = \frac{\int_{\psi_1}^{\psi_2} V_{TAS}\left\{\sqrt{1-\left(\frac{V_W}{V_{TAS}}\right)^2 \sin^2(\psi + 90° - \chi_W)} + \frac{V_W}{V_{TAS}}\cos(\theta + 90° - \chi_W)\right\}d\psi}{\psi_2 - \psi_1} \qquad (5\text{-}14)$$

式中，ψ_1 为圆弧航段对应的圆心和圆弧航段起点连线向量的航向角，ψ_2 为圆弧航段对应

的圆心和圆弧航段终点连线向量的航向角。这样，圆弧航段和直线航段内的预测地速都可以求得。在此基础上，可以结合式（5-14）求得直线航段和圆弧航段的 ETA。

以伪航路点划分的航段 ETA 计算伪代码如下。

```
if （当前航段总长度>=伪航路点划分距离 L2）
{
    将航段起点作为伪航段起点；
    while （伪航段终点到航段终点的距离 L1>伪航路点划分距离 L2）
    {
        按照距离 L 从伪航段起点正解得到伪航段终点坐标；
        while （伪航段起点和终点的风向差距超出阈值 R）
        {
            利用二分法选取距离 L2/2，从伪航段起点正解得到伪航段终点坐标；
        }
        if （飞机当前位置在这个伪航段内且此前并没有开始计算 ETA）//伪代码块 A 起始
        {
            计算飞机当前位置到伪航段终点的 ETA；
        }
        else if （此前已经开始计算 ETA）
        {
            计算伪航段起点到终点的 ETA 并和之前计算的 ETA 求和为 ETA_sum；
        }//伪代码块 A 结束
        将伪航段终点作为下一个伪航段的起点；
    }
    while （伪航段终点和航段终点的风向差距超出阈值 R）
    {
        while （伪航段起点和终点的风向差距超出阈值 R）//此时认为航段终点为伪航段终点
        {
            利用二分法选取距离 L1/2，从伪航段起点正解得到伪航段终点坐标；
        }
        伪代码块 A；//和前面伪代码块 A 相同
        将伪航段终点作为下一个伪航段的起点；
    }
}
else if （当前航段总长度<伪航路点划分距离 L2）
{
    while （伪航段终点和航段终点的风向差距超出阈值 R）
    {
        while （伪航段起点和终点的风向差距超出阈值 R）//此时认为航段终点为伪航段终点
        {
```

利用二分法选取距离 L1/2，从伪航段起点正解得到伪航段终点坐标；

```
    }
    伪代码块 A；//和前面伪代码块 A 相同
    将伪航段终点作为下一个伪航段的起点；
}
if （飞机当前位置在伪航段终点和航段终点之间且此前并没有开始计算 ETA）
{
    计算飞机当前位置到伪航段终点的 ETA；
}
else if （此前已经开始计算 ETA）
{
    计算伪航段起点到终点的 ETA 并把它和之前计算得到的 ETA 求和，表示为 ETA_sum；
}
}
```

5.4　四维航迹 RTA 序列初始分配

RTA 的分配需要考虑飞机的飞行计划、飞机数据和飞机性能数据，以及空管部门根据航线交通流量、跑道分配情况等分配的航班起始时间、气象数据等约束条件。由此可见，RTA 序列初始分配是一个动态协同的过程，需要在飞机性能限制、空管要求和航空公司效益之间达到平衡。

5.4.1　四维航迹 RTA 序列初始分配流程

根据四维航迹 RTA 序列初始分配的功能需求和约束条件，可以得到其分配流程，如图 5-10 所示。

（1）空管部门根据航线交通流量等约束，在飞行计划的基础上，对飞机的高度和速度进行约束，飞机在空管要求、飞机性能限制、气象条件等多个因素影响下，选择巡航高度和速度的优化指标，以及选择飞机的爬升/下降方式。

（2）在飞行计划的高度限制和速度限制下，根据用户首选的优化指标和性能数据，搜索飞机最佳巡航高度和最佳巡航速度；计算飞机在不同优化指标下的速度区间，若优化指标为成本最小，则可以根据不同的成本指数 CI，得到巡航速度的最大值和最小值。

（3）根据所选择的飞机的爬升/下降方式，根据爬升段/下降段飞机性能数据库，得到爬升/下降的时间、距离、燃油消耗率等性能数据，依次可以计算爬升顶点 TOC 和下降顶点 TOD 的位置、高度、时间等数据，更新飞行计划。

（4）根据查询得到的爬升/下降时间、巡航段预测速度和速度边界，结合气象数据，计算飞行计划航路点的 ETA 和 ETA 边界。

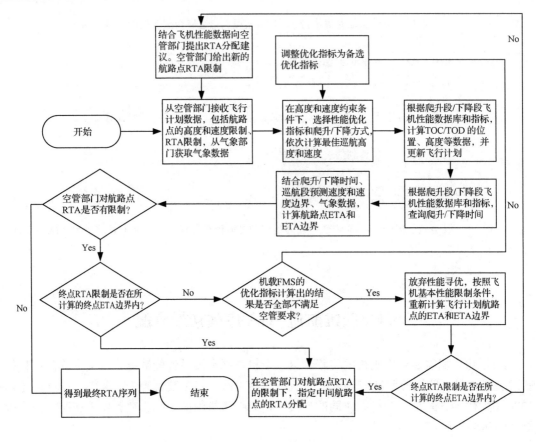

图 5-10　四维航迹 RTA 序列初始分配流程

（5）明确空管部门根据航线交通流量、跑道分配情况等约束条件对航路点的到达时间要求。若没有到达时间要求，则可以直接把 ETA 序列作为分配的 RTA 序列。

（6）如果空管部门对航路点有到达时间要求，那么到达终点的总时间要求是否在所计算的终点 ETA 边界内？如果在其边界内，那在空管部门给出的航路点 RTA 限制下指定中间航路点的 RTA 分配。如果不在其边界内，调整优化指标为备选优化指标，重新计算飞行计划航路点的 ETA 和 ETA 边界。

（7）通过性能寻优计算出的 ETA 和 ETA 边界是否满足空管部门对航路点的到达时间要求？如果找到满足要求的 ETA 和 ETA 边界，那么在空管部门给出的航路点 RTA 限制下指定中间航路点的 RTA 分配；如果没有找到满足要求的 ETA 和 ETA 边界，那么放弃性能寻优过程，直接按照飞机基本性能限制，重新计算飞行计划航路点的 ETA 和 ETA 边界。

（8）按照飞机基本性能限制计算出的 ETA 和 ETA 边界是否满足空管部门提出的 RTA 要求，如果满足要求，那么在空管部门给出的航路点 RTA 限制下指定中间航路点的 RTA 分配；如果不满足要求，那么根据飞机性能数据向空管部门提出 RTA 分配建议，由空管部门给出新的到达时间要求；机载 FMS 在新的到达时间要求下重分配流程。

5.4.2 四维航迹 RTA 序列初始分配仿真算例

为检验 5.4.1 节提出的四维航迹 RTA 序列初始分配流程的合理性，以某型号的国产飞机为例，该飞机总质量为 65000kg。此处针对空管部门给出的如表 5-1 所示的初始飞行计划，按照图 5-10 所示的分配流程进行 RTA 序列初始分配。

表 5-1 仿真算例所用初始飞行计划

航路点序号	经度/(°)	纬度/(°)	高度/m	到下一个航路点的距离/km	限制高度/m	限制高度符号
1	30	110	500	241.94	3000	−
2	32	111	6000	146.12	50	−
3	31	112	6000	146.01	50	+
4	32	113	6000	240.69	200	−
5	34	114	100	—	50	+

根据成本最小指标，按照 4.4.2 节介绍的方法搜索得到的经济巡航速度为 140.7m/s、经济巡航高度为 5980m。由表 5-1 可知，搜索得到的经济巡航高度在空管部门对飞行计划巡航段航路点限制高度内。

假设按照等表速-等马赫数条件下的爬升/下降方式，根据爬升段/下降段飞机性能数据库和经济巡航高度，可知在爬升段飞机飞越的水平距离为 70.67km，在下降段飞机飞越的水平距离为 83.58km。通过等角航线的反解方式计算出的爬升顶点和下降顶点坐标分别为 TOC（30.9986°，110.4966°）和 TOD（33.3123°,113.6353°）。高度分别为 5980m（TOC），5980m（TOD）。又因为飞行计划中其他航路点也存在高度限制，所以需要扩展飞行计划，如表 5-2 所示。

表 5-2 扩展飞行计划

航路点序号	经度/(°)	纬度/(°)	到下一个航路点的距离/km	高度/m
1	30	110	70.67	500
TOC	30.9986	110.4966	121.14	5980
2	32	111	146.12	5980
3	31	112	146.01	6000
4	32	113	157.57	5980
TOD	33.3123	113.6353	83.58	5980
5	34	114		100

假设根据爬升段/下降段飞机性能数据库、爬升起点和爬升顶点 TOC、下降顶点 TOD 和下降终点查询得到的爬升段的飞行时间为 1027s，爬升段的飞行时间边界为[604,1028]s，下降段的飞行时间为 628s，下降段的飞行时间边界为[415,829]s，在飞机性能的基础

上，计算经济巡航速度边界。结合 5.2.2 节介绍的多元回归方法气象预测，利用 5.3.2 节介绍的 ETA 计算方法，计算得到扩展飞行计划中各个航路点的 ETA 和 ETA 窗口，如表 5-3 所示。

表 5-3　航路点的 ETA 和 ETA 窗口

航路点序号	1	TOC	2	3	4	TOD	5
ETA（s）	0	1027	1633	2543	3537	4660	5288
ETA_max（s）	0	1208	2296	3576	4975	6554	7383
ETA_min（s）	0	604	1149	1789	2489	3279	3694

其中，成本指数 CI 区间为[0,300]，计算得到的飞机总质量为 65000kg，高度为 5980m 时的速度边界为[120,160]m/s。利用机载气象雷达对气象预报数据进行修正，东风风速和北风风速预测值如图 5-11 所示。

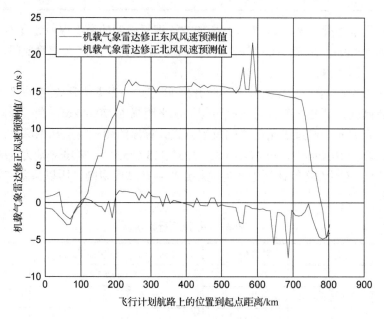

图 5-11　机载气象雷达修正风速预测值

如果预测得到的飞行计划航路点 ETA 序列符合空管部门的 RTA 序列要求，就可以把预测得到的 ETA 作为飞行计划航路点 RTA 序列。如果空管部门的 RTA 在预测的 ETA 边界内，那么可以在 ETA 边界内重分配 RTA 序列。按比例重分配的 RTA 序列如表 5-4 所示。

表 5-4　按比例重分配的 RTA 序列

航路点序号	1	TOC	2	3	4	TOD	5
RTA/s	0	874	1390	2164	3010	3966	4500

5.5　基于约束管理和松弛的四维航迹 RTA 序列重分配

根据航迹规划循环和航迹监控循环条件可知，航迹重规划的触发条件如下：

（1）到达时间的边界不满足 RTA 要求。

（2）空管部门的重规划指令。

（3）气象条件等引起的航迹重规划。

（4）传感器运行状况。

在具有时间约束的情况下，飞机的飞行管理系统必须具备定时到达的飞行引导能力。飞行管理系统将飞行计划和航迹预测相结合，利用支撑航迹运行的导航数据库，以及飞机当前飞行状态（飞机实时质量、气象信息等）进行四维航迹重计算，并通过飞行系统误差实时评估，以便进行航迹运行自检验，在满足 RTA 约束条件下，实现可定时到达的精准飞行引导。

对于上述第一条触发条件，指定的 RTA 限制超出了飞机的性能边界，即以性能指标约束下的最大或最小速度飞行仍然不能满足 RTA 的要求，便无法利用速度剖面的调整满足时间控制需要。此时，可通过如图 5-12 中的约束管理和松弛模块松弛 RTA 约束条件，在多个航路点的 RTA 约束条件下重分配航路点的 RTA 序列，使 RTA 序列与飞机性能限制相适应，可以利用速度剖面的调整满足时间控制需要。RTA 约束条件的松弛是指利用 RTA 的裕度提供有限的时间松弛，可以在有限的情况下仅通过速度剖面的调整完成对时间冲突的消解。

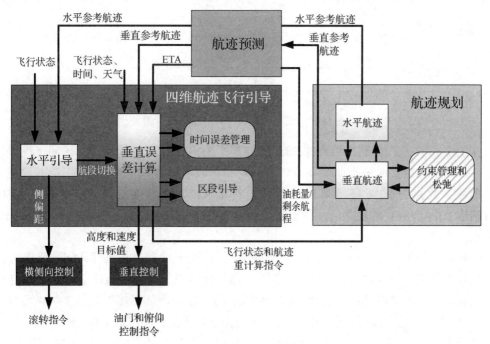

图 5-12　航迹规划和四维航迹飞行引导模块示意

5.5.1 四维航迹 RTA 序列与飞机 ETA 预测的冲突分析

约束管理和松弛模块可以处理多个航路点存在 RTA 限制的情况。如果因为飞机性能限制而不能满足多个指定的 RTA 容限，那么约束管理和松弛模块提供在特定容限范围内松弛 RTA 约束条件的能力。

可以依据成本指标区间、燃油指标区间、续航时间指标区间得到相应的巡航速度边界，从而得到飞机到达某一航路点的 ETA 窗口。例如，根据成本指数 CI 区间计算得到的最大巡航速度和最小巡航速度，结合到目的航路点的航段长度就可求得 ETA 窗口。RTA 约束条件的松弛原理示意如图 5-13 所示，该图第一行矩形代表飞机实际到达航段 1、航段 2、航段 3 终点的最早时间和最晚时间的时间约束，即航段 1、航段 2、航段 3 终点的 ETA 窗口。空管部门根据空域的交通流量、航班的安排等约束条件，为飞机的飞行计划航路点提供一组 RTA 序列，代表飞机被要求到达航段 1、航段 2、航段 3 终点的时间，即图 5-13 中的 RTA_1，RTA_2，RTA_3。实际飞行过程中的气象条件等因素的影响使飞机实际到达 RTA 航路点的时间，总会与空管部门给出的 RTA 序列存在误差。因此，空管部门还给出了飞机到达某个计划航路点所需最早到达时间和最晚到达时间的限制，即 RTA 容限，用图 5-13 中的第二行矩形表示。

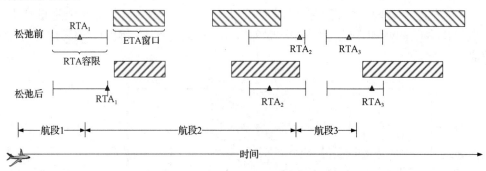

图 5-13 RTA 约束条件的松弛原理示意

在图 5-13 中，当前航段终点的 RTA 序列都不在相应的 ETA 窗口中，说明飞机即使以飞机性能确定的最大或最小速度飞行，也不能在相应航路点的 RTA 约束下准时到达。而且，航段 3 终点的 ETA 窗口和 RTA 容限没有重合，说明即使航段 3 终点的 RTA_3 可以选取相应 RTA 容限中的任意值，飞机实际到达航段 3 终点航路点的时间都不能满足 RTA_3 的要求。

因此，本节提出以 RTA 约束条件的松弛重分配 RTA 序列，使飞行计划航路点的 ETA 窗口能包含航路点的 RTA 值。在图 5-13 中，通过使航段 1 终点、航段 2 终点在各自 RTA 窗口中选取合理的 RTA 值，改变航段 3 终点的 ETA 窗口，从而使得航段 3 终点可以选取相应 RTA 窗口中的合理值，最终使航段 3 终点的 RTA3 落在相应的 ETA 窗口中。

基于上述分析，假设飞行计划航路点序号为 $i, i \in (2, 3, \cdots, n)$，$n$ 为飞行计划航路点总数。

当第 $i-1$ 个航路点的 RTA_{i-1} 改变时，其变化会影响到达第 i 个航路点的 ETA_i，进而影响到达第 i 个航路点的 ETA 窗口，如图 5-14 所示。

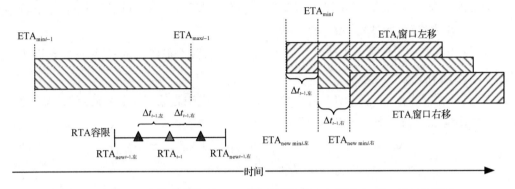

图 5-14　第 $i-1$ 个航路点的 RTA_{i-1} 变化对到达第 i 个航路点 ETA 窗口的影响

其中，第 $i-1$ 个航路点的 RTA_{i-1} 的容限为 $[\mathrm{RTA}_{\min i-1},\mathrm{RTA}_{\max i-1}]$，飞机到达第 $i-1$ 个航路点的 ETA 窗口为 $[\mathrm{ETA}_{\min i-1},\mathrm{ETA}_{\max i-1}]$，飞机到达第 i 个航路点的 ETA 窗口的最小值为 $\mathrm{ETA}_{\min i}$，$\Delta t_{i-1,左}$ 和 $\Delta t_{i-1,右}$ 分别为第 $i-1$ 个航路点的 RTA_{i-1} 在 RTA 容限内左移和右移变为 $\mathrm{RTA}_{\mathrm{new}i-1,左}$ 与 $\mathrm{RTA}_{\mathrm{new}i-1,右}$ 的 RTA 增量，其影响的第 i 个航路点的 ETA 窗口的最小值的变化为 $\mathrm{ETA}_{\min \mathrm{new}i,左}$ 和 $\mathrm{ETA}_{\min \mathrm{new}i,右}$。设第 $i-1$ 个航路点的 RTA_{i-1} 的增量为 Δt_{i-1}，RTA_{i-1} 为 $\mathrm{RTA}_{\mathrm{new}i-1}$，则

$$\mathrm{RTA}_{i-1}+\Delta t_{i-1}=\mathrm{RTA}_{\mathrm{new}i-1},\qquad \mathrm{RTA}_{\mathrm{new}i-1}\in[\mathrm{RTA}_{\min i-1},\mathrm{RTA}_{\max i-1}] \tag{5-15}$$

设 RTA_{i-1} 右移时 Δt_{i-1} 为正，左移时 Δt_{i-1} 为负，则第 $i-1$ 个航路点的 RTA 变化对第 i 个航路点 ETA 窗口的影响如图 5-14 中右边由左斜线填充的矩形。设到达第 i 个航路点的 ETA 窗口由 $[\mathrm{ETA}_{\min i},\mathrm{ETA}_{\max i}]$ 变为 $[\mathrm{ETA}_{\min \mathrm{new}i},\mathrm{ETA}_{\max \mathrm{new}i}]$，则

$$[\mathrm{ETA}_{\min \mathrm{new}i},\mathrm{ETA}_{\max \mathrm{new}i}]=[\mathrm{ETA}_{\min i}+\Delta t_{i-1},\mathrm{ETA}_{\max i}+\Delta t_{i-1}] \tag{5-16}$$

到达第 $i+1$ 个航路点的 ETA 窗口也会受到第 i 个航路点 RTA_i 变化的影响。

5.5.2　四维航迹 RTA 序列重分配问题描述和建模

由上文分析可知，在飞行计划中，每个航路点 RTA 容限内的 RTA 变化都会影响后一个航路点的 ETA 窗口。因此，可以通过移动前一个航段的 RTA，以释放部分 RTA 裕度，使后一个航段出现的 RTA 容限和 ETA 窗口不重合的情况，可以因为 ETA 窗口的改变而变成重合的情况，最终实现在每个航路点的 RTA 容限和 ETA 窗口重合，并且使各自的 RTA 位于对应的 ETA 窗口中。

基于上述分析，当第 i 个航路点的 RTA_i 变为 $\mathrm{RTA}_{\mathrm{new}i}$ 时，$\mathrm{RTA}_{\mathrm{new}i}$ 与第 i 个航路点的 ETA 窗口 $[\mathrm{ETA}_{\min i},\mathrm{ETA}_{\max i}]$ 可能存在不同组合的情况，如图 5-15～图 5-17 所示。当第 $i-1$ 个航路点的 RTA_{i-1} 变为 $\mathrm{RTA}_{\mathrm{new}i-1}$ 时，到达第 i 个航路点的 ETA 窗口变为

$[\mathrm{ETA}_{\min\text{new}i}, \mathrm{ETA}_{\max\text{new}i}]$。为了保证 $\mathrm{RTA}_{\text{new}i}$ 能够位于新的 ETA 窗口 $[\mathrm{ETA}_{\min\text{new}i}, \mathrm{ETA}_{\max\text{new}i}]$ 中，到达第 i 个航路点的 ETA 窗口的变化范围应该是有限的，又因为到达第 i 个航路点的 ETA 窗口的变化是由第 $i-1$ 个航路点的 RTA_{i-1} 变化引起的，所以可以得到第 $i-1$ 个航路点的 RTA_{i-1} 允许的移动时间增量 Δt_{i-1} 的范围。

（1）若 $\mathrm{RTA}_{\text{new}i} \in [\mathrm{ETA}_{\min i}, \mathrm{ETA}_{\max i}]$，则飞机到达第 i 个航路点的 ETA 窗口允许变化的范围如图 5-15 所示。

因为到达第 i 个航路点的 ETA 窗口允许变化的范围也是第 $i-1$ 个航路点 RTA_{i-1} 允许的移动时间增量 Δt_{i-1} 的范围，所以

$$\Delta t_{i-1} \in [\mathrm{RTA}_{\text{new}i} - \mathrm{ETA}_{\max i}, 0] \bigcup [0, \mathrm{RTA}_{\text{new}i} - \mathrm{ETA}_{\min i}] \tag{5-17}$$

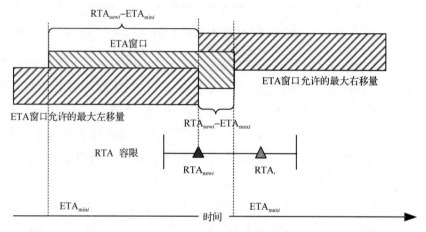

图 5-15　在 $\mathrm{RTA}_{\text{new}i} \in [\mathrm{ETA}_{\min i}, \mathrm{ETA}_{\max i}]$ 情况下，飞机到达第 i 个航路点的 ETA 窗口允许变化的范围

（2）若 $\mathrm{RTA}_{\text{new}i} < \mathrm{ETA}_{\max i}$，飞机到达第 i 个航路点的 ETA 窗口允许变化的范围如图 5-16 所示。

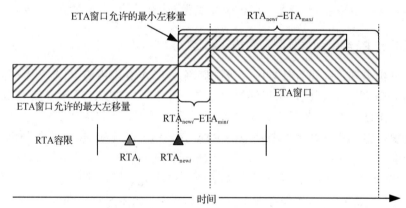

图 5-16　在 $\mathrm{RTA}_{\text{new}i} < \mathrm{ETA}_{\max i}$ 情况下，飞机到达第 i 个航路点的 ETA 窗口允许变化的范围

因为到达第 i 个航路点的 ETA 允许变化的范围也是第 $i-1$ 个航路点 RTA_{i-1} 允许的移动时间增量 Δt_{i-1} 的范围，所以

$$\Delta t_{i-1} \in [\text{RTA}_{\text{new}i} - \text{ETA}_{\max i}, \text{RTA}_{\text{new}i} - \text{ETA}_{\min i}] < 0 \tag{5-18}$$

（3）若 $\text{RTA}_{\text{new}i} < \text{ETA}_{\max i}$，飞机到达第 i 个航路点的 ETA 窗口允许变化的范围如图 5-17 所示。

因为到达第 i 个航路点的 ETA 允许移动的范围也是第 $i-1$ 个航路点 RTA_{i-1} 允许的移动时间增量 Δt_{i-1} 的范围，所以

$$\Delta t_{i-1} \in [\text{RTA}_{\text{new}i} - \text{ETA}_{\max i}, \text{RTA}_{\text{new}i} - \text{ETA}_{\min i}] > 0 \tag{5-19}$$

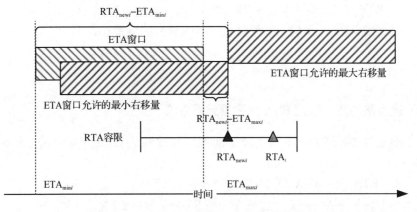

图 5-17　在 $\text{RTA}_{\text{new}i} < \text{ETA}_{\max i}$ 情况下，飞机到达第 i 个航路点的 ETA 窗口允许变化的范围

综上所述，第 $i-1$ 个航路点 RTA_{i-1} 允许的移动时间增量 Δt_{i-1} 的范围为

$$\begin{aligned}\Delta t_{i-1} &\in [\text{RTA}_{\text{new}i} - \text{ETA}_{\max i}, \text{RTA}_{\text{new}i} - \text{ETA}_{\min i}] \\ &= [\text{RTA}_i + \Delta t_i - \text{ETA}_{\max i}, \text{RTA}_i + \Delta t_i - \text{ETA}_{\min i}], i = 2, 3, \cdots, n\end{aligned} \tag{5-20}$$

同时，移动时间增量 Δt_{i-1} 又受到 RTA 窗口的约束，即

$$\Delta t_{i-1} \in [\text{RTA}_{\min i-1} - \text{RTA}_{i-1}, \text{RTA}_{\max i-1} - \text{RTA}_{i-1}], i = 2, 3, \cdots, n \tag{5-21}$$

因此，松弛 RTA 序列后得到 RTA_{new} 序列，移动时间增量序列即松弛量序列 Δt 需要满足上述关系。

在满足上述关系的前提下，需要设定一个松弛最优指标，以便在所有的可行解中找到一个满足指标的最优解。可以遵循松弛后的 RTA_{new} 序列与原 RTA 序列的变化尽可能小的原则，即找到使松弛量序列 $|\Delta t|$ 均值最小的序列。

上述 RTA 约束条件的松弛问题可以表述为以下数学模型。

设一组数为 $\text{RTA}_i, i = 1, 2, \cdots, n$，这组数中的每个数都满足

$$\text{RTA}_{\min i} \leqslant \text{RTA}_i \leqslant \text{RTA}_{\max i}, i = 1, 2, \cdots, n \tag{5-22}$$

当 RTA_i 在其满足的范围内改变时，即

$$\text{RTA}_{\text{new}i} = \text{RTA}_i + \Delta t_i, i = 1, 2, \cdots, n \tag{5-23}$$

式中，Δt_i 为 RTA$_i$ 改变后的增量，RTA$_{\text{new}i}$ 为 RTA$_i$ 改变后的值，由此可知 Δt_i 满足如下关系：

$$\text{RTA}_{\min i} \leqslant \text{RTA}_{\text{new}i} \leqslant \text{RTA}_{\max i}$$
$$\text{RTA}_{\min i} - \text{RTA}_i \leqslant \Delta t_i \leqslant \text{RTA}_{\max i} - \text{RTA}_i, i=1,2,\cdots,n \tag{5-24}$$

设一组区间为 $\left[\text{ETA}_{\min i},\text{ETA}_{\max i}\right], i=1,2,\cdots,n$，现在要得到一组数 $\Delta t_i, i=1,2,\cdots,n$ 序列，使得

$$\text{RTA}_{\text{new}i} - \text{ETA}_{\max i} \leqslant \Delta t_{i-1} \leqslant \text{RTA}_{\text{new}i} - \text{ETA}_{\min i}, i=2,\cdots,n \tag{5-25}$$

即

$$\text{RTA}_i + \Delta t_i - \text{ETA}_{\max i} \leqslant \Delta t_{i-1} \leqslant \text{RTA}_i + \Delta t_i - \text{ETA}_{\min i}, i=2,\cdots,n \tag{5-26}$$

需要求出 $\Delta t_i, i=1,2,\cdots,n$ 的可行解，使式（5-27）的值最小。

$$S = \sum_{i=1}^{n} \left|\Delta t_i\right| \tag{5-27}$$

5.5.3 基于内点法的四维航迹 RTA 序列重分配方法

由上述分析可知，RTA 序列重分配问题可以描述为找如下不等式方程组的可行解 $\Delta t_i, i=1,2,\cdots,n$。

$$\begin{cases} \text{RTA}_{\min i} - \text{RTA}_i \leqslant \Delta t_i \leqslant \text{RTA}\max_i - \text{RTA}_i, i=1,2,\cdots,n \\ \text{RTA}_i + \Delta t_i - \text{ETA}_{\max i} \leqslant \Delta t_{i-1} \leqslant \text{RTA}_i + \Delta t_i - \text{ETA}_{\min i}, i=2,\cdots,n \end{cases} \tag{5-28}$$

使式（5-29）的值最小，即

$$\min \sum_{i=1}^{n} \left|\Delta t_i\right| \tag{5-29}$$

这是一个多变量目标最优化问题，因此，可以采用非线性规划的搜索方式如内点法搜索得到 Δt 序列。将此问题写成非线性规划问题的标准形式，即

$$\min \sum_{i=1}^{n} \left|\Delta t_i\right|, x \in R^n$$
$$\text{s.t} \begin{cases} \begin{cases} \Delta t_i - \Delta t_{i-1} - (\text{ETA}_{\max i} - \text{RTA}_i) \leqslant 0 \\ \Delta t_{i-1} - \Delta t_i - (\text{RTA}_i - \text{ETA}_{\min i}) \leqslant 0 \end{cases}, i=2,\cdots,n \\ \begin{cases} \Delta t_i - (\text{RTA}_{\max i} - \text{RTA}_i) \leqslant 0 \\ -\Delta t_i - (\text{RTA}_i - \text{RTA}_{\min i}) \leqslant 0 \end{cases}, i=1,2,\cdots,n \end{cases} \tag{5-30}$$

上述规划问题可以用内点法解决，使用内点法时需要把新构建的无约束目标函数定义在可行域中，即把惩罚函数定义在可行域中，并在可行域中求惩罚函数的极值点。这样，在求解内点惩罚函数的序列无约束问题的迭代过程中，所求的系列无约束优化问题的解总是可行解，从而在可行域中逐步逼近原约束优化问题的最优解。

构建的惩罚函数如下：

$$\varphi(\Delta t, r) = f(\Delta t) - r \sum_{i=1}^{4n-2} \ln\left|-g_i(\Delta t)\right| \tag{5-31}$$

式中，Δt 为 $\Delta t_i (i=1,2,\cdots,n)$ 序列构成的向量；r 为惩罚因子。

$$f(\Delta t) = \sum_{i=1}^{n} \left|\Delta t_i\right| \tag{5-32}$$

$$\sum_{i=1}^{4n-2} \ln\left|-g_i(\Delta t)\right| = \sum_{j=2}^{n} \ln\left|-\left[\Delta t_j - \Delta t_{j-1} - (\mathrm{ETA}_{\max j} - \mathrm{RTA}_j)\right]\right| +$$

$$\sum_{j=2}^{n} \ln\left|-\left[\Delta t_{i-1} - \Delta t_i - (\mathrm{RTA}_i - \mathrm{ETA}_{\min i})\right]\right| +$$

$$\sum_{j=1}^{n} \ln\left|-\left[\Delta t_i - (\mathrm{RTA}_{\max i} - \mathrm{RTA}_i)\right]\right| +$$

$$\sum_{j=1}^{n} \ln\left|-\left[-\Delta t_i - (\mathrm{RTA}_i - \mathrm{RTA}_{\min i})\right]\right| \tag{5-33}$$

当选取的 Δt 在满足不等式约束的可行域 D 中时，$g_i(\Delta t) < 0, i=1,2,\cdots,4n-2$，而 $r^{(k)} > 0$，其中 k 为迭代数，则式（5-31）所示惩罚函数等号右边第二项称为惩罚项，该项恒为正值；当选取的 Δt 在可行域 D 中向约束边界移动时，惩罚项的值会急剧增大并趋于无穷大，此时内点法不收敛。因此，在迭代计算过程中，可以使 Δt 不触及约束边界。

运用内点法解决 RTA 重分配问题的迭代算法步骤如下。

（1）设初始惩罚因子 $r^{(0)} > 0$，Δt 允许误差 $\varepsilon > 0$，$f(\Delta t)$ 允许误差 $\varepsilon_1 > 0$。由于初始惩罚因子 $r^{(0)}$ 决定惩罚项在惩罚函数中所起的作用，影响内点法的收敛速度，因此，通常惩罚取值范围为 $1 < r^{(0)} < 50$，Δt 允许误差的取值范围为 $10^{-9} < \varepsilon < 10^{-11}$，$f(\Delta t)$ 允许误差的取值范围为 $10^{-5} < \varepsilon_1 < 10^{-7}$。

（2）在可行域 D 中选取初始序列 $\Delta t^{(0)}$，令 $k=1$。初始序列 $\Delta t^{(0)}$ 的选取必须严格控制在可行域中，并且满足所有的约束条件。但是当 RTA 航路点个数较多时，即 n 较大时，初始序列比较难找。因此，可以先采用线性规划的搜索方式在线性可行域中找到初始可行解。

（3）构建惩罚函数 $\varphi(\Delta t, r^{(k)})$，用 $\Delta t^{(k-1)}$ 求出惩罚函数 $\varphi(\Delta t, r^{(k)})$ 的最小值 $\Delta t^*(r^{(k)})$。

（4）若求出的最小值满足下式：

$$\left\|\Delta t^*(r^{(k)}) - \Delta t^*(r^{(k-1)})\right\| \leqslant \varepsilon \tag{5-34}$$

或

$$\left\|f(\Delta t^{(k)}) - f(\Delta t^{(k-1)})\right\| \leqslant \varepsilon_1 \tag{5-35}$$

则停止迭代计算，并将 $\Delta t^*(r^{(k)})$ 作为 $f(\Delta t)$ 的约束最优解；否则，转向步骤（5）。

（5）设 $r^{(k+1)} = Cr^{(k)}, \Delta t^{(0)} = \Delta t^*(r^{(k)}), k=k+1$，转向步骤（3）。其中，$C$ 为递减系数，

$C \in (0.1, 0.5)$，其值通常取 0.1。

利用内点法解决 RTA 重分配问题的迭代算法流程如图 5-18 所示。

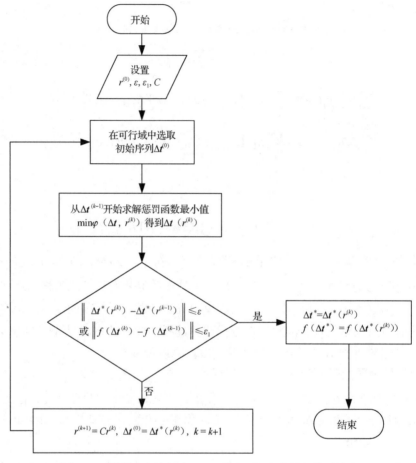

图 5-18　利用内点法解决 RTA 重分配问题的迭代算法流程

在得到 $\Delta t_i, i = 1, 2, \cdots, n$ 的基础上，结合原 RTA 序列可以得到 $RTA_{new i}, i = 1, 2, \cdots, n$。

5.5.4　四维航迹 RTA 序列重分配仿真算例

设某次航班飞行计划初始分配的 RTA 序列和 RTA 边界如表 5-5 所示。

表 5-5　某次航班飞行计划初始分配的 RTA 序列和 RTA 边界

航路点序号	1	2	3	4	5	6	7	8
RTA	12:00:00	12:10:00	12:20:00	12:30:00	12:40:00	12:50:00	13:00:00	13:10:00
RTA_{max}	12:01:00	12:11:00	12:21:00	12:31:00	12:41:00	12:51:00	13:01:00	13:11:00
RTA_{min}	11:59:00	12:09:00	12:19:00	12:29:00	12:39:00	12:49:00	12:59:00	13:09:00

假设该航班经过由 ETA 预测模块计算的航路点上的预测 ETA 窗口，如表 5-6 所示。

表 5-6　预测 ETA 窗口

航路点序号	1	2	3	4	5	6	7	8
ETA$_{max}$	12:03:00	12:11:00	12:22:00	12:29:30	12:43:00	12:48:30	13:03:00	13:13:00
ETA$_{min}$	11:57:00	12:05:00	12:16:00	12:25:00	12:37:00	12:43:00	13:57:00	13:07:00

可以发现，航路点 4 和航路点 6 的 RTA 不在其预测 ETA 窗口中，并且航路点 6 的 RTA 边界和 ETA 边界没有重合的部分。因此，若仅依靠单个航段内的速度变化调整单点 ETA，则不能满足 RTA 边界的约束要求，采用前述 RTA 序列重分配方法，计算结果如表 5-7 所示。

表 5-7　调整 RTA 序列和 RTA 调整后的 ETA 窗口序列

序号	1	2	3	4	5	6	7	8
Δt(s)	0	0	14	-16	45	-45	0	0
RTA$_{new}$	12:00:00	12:10:00	12:20:14	12:29:44	12:40:45	12:49:15	13:00:00	13:10:00
ETA$_{max\ new}$	12:03:00	12:11:00	12:22:00	12:29:44	12:42:43	12:49:15	13:02:15	13:13:00
ETA$_{min\ new}$	11:57:00	12:05:00	12:16:00	12:25:14	12:36:43	12:43:45	13:56:15	13:07:00

可以看出，经过调整后的 RTA 序列都位于调整后的 ETA 窗口中，松弛量序列绝对值之和为 120s。

5.5.5　四维航迹 RTA 序列重分配算法的局限性

本章所述的四维航迹 RTA 序列重分配算法只考虑了飞机速度的变化，而飞机在巡航过程中的飞行速度具有有限的灵活性，因此，ETA 窗口的大小受到了限制，进而使得约束条件松弛的收益不是很高。而且在有些情况下，通过 RTA 约束条件的松弛仍然找不到可行解。为此，可以考虑飞机航迹的重规划，以增加 ETA 窗口的大小，如横侧向路径延伸、高度层变化、TOD 点的移动等，使 RTA 满足性能要求。

本 章 小 结

本章根据航迹初始规划和循环规划中的现实需求，提出了 RTA 初始分配和 RTA 重分配的解决思路。根据气象预报数据和飞机性能数据，进行 ETA 的预测，在这个过程中和地面空管人员进行协商，最终将预测 ETA 和 ETA 窗口作为 RTA 和 RTA 窗口数据。在飞机飞行过程中当环境等条件改变后，若出现飞机无法满足现有 RTA 窗口的约束情况，则可以基于 RTA 约束条件的松弛进行 RTA 重分配。

第6章 四维航迹冲突探测与消解

6.1 概　述

航迹冲突探测与消解是基于四维航迹运行的飞行管理系统的关键功能之一，也是航迹规划的重要一环。基于本机和空域内其他飞机的飞行状态和意图，基于四维航迹运行的飞行管理系统通过航迹预测，计算本机与其他飞机的航迹冲突概率，并根据冲突概率发出航迹重规划指令，进行相应的冲突消解。基于四维航迹运行可以显著地减少航空器航迹预测的不确定性，提高空域和机场资源的安全性与利用率。本章基于概率型航迹冲突探测的 Paielli 法，提出改进型四维航迹冲突探测方法，即改进型 Paielli 法，在基于意图的计划航迹上加入与时间相关的不确定位置偏移，得到概率型航迹，通过航空器之间的相对概率位置和安全间隔计算冲突概率。同时，提出一种新的冲突消解方法：利用遗传算法，从一系列预先定义的机动消解模式中选择并优化可行的消解路径。

6.2　四维航迹冲突探测

支持概率型航迹冲突探测的 Paielli 法在预测航迹时，沿航空器飞行方向，即沿纵向对航空器的空速或马赫数进行闭环反馈控制。考虑到航空器导航误差、风速等不确定因素对预测航迹的影响，随着预测时间的增加，航迹的纵向位置误差呈线性增长。四维航迹冲突探测方法可以根据航空器飞行状态信息、外界环境（风速、温度）对航空器的地速进行预测，可以降低航迹纵向位置误差的线性增长率，提高冲突探测精度。改进型四维航迹冲突探测方法同时解决了因航向变化带来的航迹冲突探测问题。

6.2.1　四维航迹冲突探测的假设条件

1. 服从正态分布的航迹位置预测误差

Ballin 和 Erzberger 测试了安装在沃思堡航空交通管制中心的作为中央终端雷达进近管制自动系统（CTAS）下的航迹预测软件的精度。他们分析了 4000 多个巡航段的数据，发现沿轨道的航迹位置预测误差非常接近正态分布。因此，本书假设沿航空器飞行方向（纵向）、垂直航空器飞行方向（侧向）、竖直方向的航迹位置预测误差服从正态分布。

2. 同一航空器沿航迹坐标系 X、Y、Z 轴方向的航迹位置预测误差不相关

实际上，因为空间风和航迹的关系，所以沿航空器纵向、侧向和竖直方向的航迹位置预测误差具有相关性，但是为了建模方便，本书假设同一航空器的航迹位置预测误差不相关设。又因为假设航迹位置预测误差服从正态分布，所以可以得到同一航空器的航迹位置预测误差相互独立，则四维航迹冲突概率可以等价于航空器沿纵向、侧向和竖直方向的冲突概率的乘积。

3. 不同航空器的航迹位置预测误差不相关

实际上，当两个航空器相遇时，航空器的航迹位置预测误差存在相关性，但是相关性较小。因此，本书为了研究方便，认为航空器的航迹位置预测误差不存在相关性。

4. 冲突保护区的定义

同一空域中的航空器需要保证一定的相对距离，这一距离称为飞行安全间隔。飞行安全间隔是航空器基于时间或空间的最小安全距离。飞行冲突就定义为一对航空器的间隔小于飞行安全间隔。根据航空器的相关安全间隔规定，可以为航空器设立相应的保护区，其他航空器入侵保护区便认为存在飞行冲突，这种保护区就称为冲突保护区。

冲突保护区主要有立方体保护区、椭圆柱保护区、圆柱保护区等。本书中的冲突保护区为圆柱保护区，并在地理坐标系中定义该保护区。圆柱保护区以飞机位置为中心而定义，如图 6-1 所示。

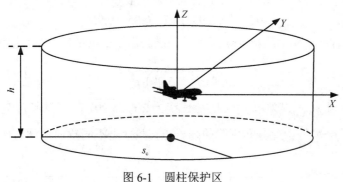

图 6-1　圆柱保护区

其中，s_c 为圆柱保护区底面圆的半径，其值一般取 5n mile；h 为圆柱保护区的高度，其值一般取 4000ft。

5. 航迹位置预测误差椭球体假设

在航空器侧向，飞行管理系统对航空器位置进行闭环反馈控制。航空器实际位置和估计位置存在误差，误差服从正态分布，可认为侧向航迹位置预测误差的期望值和均方根都是常数（可以认为是零均值，对装有飞行管理系统的飞机，可以认为该均方根小于 0.5n mile

（海里），否则，大于 1n mile。因此，侧向误差标准差一般取定值 $\sigma_y(t) = 0.5$n mile）。

在航空器纵向，传统三维航迹引导中的飞行管理系统对航空器的空速或马赫数进行闭环反馈控制，而不是直接控制其位置。随着预测时间的推移，纵向航迹位置预测误差不断积累，近似线性增长关系。设巡航段上的典型线性增长率为 $k_x = 0.25$n mile / min，因此，纵向航迹位置预测误差的标准差 $\sigma_x(t) = k_x t + 1$。四维航迹冲突探测方法结合风模型预测地速，可以降低纵向航迹位置预测误差的线性增长率，可以认为巡航段上的典型线性增长率为 $k_x = 0.05$n mile / min。因此，服从正态分布的水平位置预测误差可以表示为水平平面内位置不确定的椭圆，即误差椭圆，以此反映随机点（预测位置）以多大概率落入椭圆内。

对于水平位置随机变量 $\boldsymbol{p}$，X 轴方向和 Y 轴方向的位置预测误差服从正态分布，$\tilde{x} \sim N(0, \sigma_x^2)$，$\tilde{y} \sim N(0, \sigma_y^2)$，服从正态分布的水平位置随机变量 $\boldsymbol{p}$ 的误差椭圆可以表示为如下方程的解：

$$\boldsymbol{s}^\mathrm{T} \boldsymbol{S}^{-1} \boldsymbol{s} = c^2 \tag{6-1}$$

式中，$\boldsymbol{s} = \boldsymbol{p} - E(\boldsymbol{p})$，$X$ 轴方向和 Y 轴方向的位置预测误差互相独立，因此，$\boldsymbol{S} = \mathrm{cov}(\tilde{\boldsymbol{p}}) = E(\tilde{\boldsymbol{p}} \tilde{\boldsymbol{p}}^\mathrm{T})$，$E$ 是期望值，$E(\boldsymbol{p}) = 0$，c 是一个常数值。

由上式可知，误差椭圆轴的大小取决于数据的方差，误差椭圆方程可以化为

$$\frac{x^2}{\sigma_x^2} + \frac{y^2}{\sigma_y^2} = c^2 \tag{6-2}$$

X 和 Y 服从正态分布，式（6-2）等号左边代表独立正态分布数据样本的平方和。由卡方分布规律可知，当自由度为 2 时，可以获得该平方和的概率，即 c^2 的值。对式（6-2）等号左边式子累积卡方分布，得到 95%置信区间对应的 c^2 值，即 $c^2 = 5.991$。

$$P(c^2 < 5.991) = 1 - 0.05 = 0.95 \tag{6-3}$$

因此，95%的可能性预测位置将落入误差椭圆内，式（6-2）可以化为

$$\frac{x^2}{5.991\sigma_x^2} + \frac{y^2}{5.991\sigma_y^2} = 1 \tag{6-4}$$

由式（6-4）可知，误差椭圆的长轴长度为 $2\sigma_x\sqrt{5.991}$，短轴长度为 $2\sigma_y\sqrt{5.991}$。在MATLAB 中画出一组符合此分布规律的随机点，并画出不同置信区间对应的误差椭圆，如图 6-2 所示。

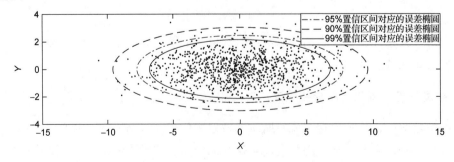

图 6-2　不同置信区间对应的误差椭圆

由图 6-2 可知，航空器水平位置预测误差可以表示为误差椭圆。该椭圆的长半轴沿飞行方向，短半轴垂直于飞行方向。

对于高度层面，典型的垂直位置预测误差主要由气压高度计误差引起，垂直位置预测误差大约为 100ft。对于所有的实际情况，可以假设每架飞机的垂直位置预测误差都不超过 ±600ft。由上述假设条件 4 可知，两架飞机之间的最小垂直安全间隔为 4000ft。如果预测的垂直安全间隔小于 3400ft，那么可以认为垂直方向上的航迹冲突概率为 1，此时，只需计算水平航迹冲突概率就能确定总的航迹冲突概率；如果预测的垂直安全间隔大于 4600ft，那么可以认为垂直方向上的航迹冲突概率为 0，此时，总的航迹冲突概率也是 0。因此，对于 100ft 的垂直位置预测误差，只有当预测的垂直安全间隔在 3400～4600ft 之间时才需要计算垂直方向上航迹冲突概率。

航空器在爬升或下降过程中对垂直速率的控制精度较低，这种情况下，一般假设 σ_z 的线性增长率 $k_z = 0.05 \text{n mie} / \text{min}$。因此，垂直方向上的航迹位置误差标准差 $\sigma_z(t) = k_z t + 0.019 \text{n mie}$。可见，在垂直平面内的位置预测误差同样可以表示成误差椭圆的形式。

综上所述，三维航空器位置预测误差分布可以表示成椭圆。

6.2.2　改进型 Paielli 法的流程和算法

设需要进行冲突探测的一对航空器中的一个为基准航空器 R，另一个为随机航空器 S。基准航空器 R 作为随机航空器 S 的参照物，在预测未来某时刻的相对位置时，默认基准航空器 R 静止，以这两个航空器的安全间隔作为基准航空器 R 保护区，随机航空器 S 以相对速度运动。这两个航空器的航迹冲突示意如图 6-3 所示。

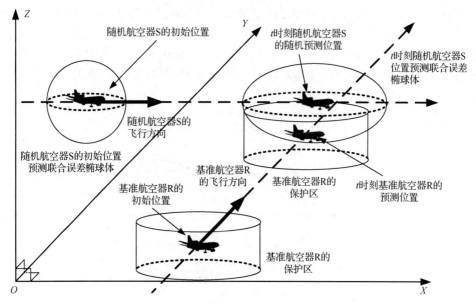

图 6-3　随机航空器 S 和基准航空器 R 的航迹冲突示意

把基准航空器 R 的位置预测误差与随机航空器 S 的位置预测误差合并，将合并后的误差（联合误差）作为随机航空器 S 的位置预测误差。此时的基准航空器 R 不存在位置预测误差，因此位置预测准确；把所有的位置预测误差都转移到随机航空器 S 的位置预测误差上，随机航空器 S 的预测位置就是位置预测误差符合正态分布的随机位置。改进型 Paielli 法被用来求未来某时刻随机航空器 S 的预测位置在基准航空器 R 的保护区中的概率，以此作为两个航空器的航迹冲突概率。改进型 Paielli 法的流程如图 6-4 所示。

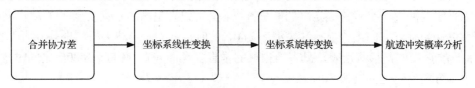

图 6-4　改进型 Paielli 法的流程

（1）合并两个航空器的位置预测误差的协方差，把它作为相对于基准航空器 R 的随机航空器 S 单一航空器位置预测联合误差的协方差。

（2）利用坐标系线性变换把位置预测联合误差的协方差转换为标准形式。

（3）利用坐标系旋转变换把椭圆柱保护区（圆柱保护区经过坐标系旋转变换成为椭圆柱保护区）的长短轴变成与坐标轴同向。

（4）计算冲突探测概率的解析解。

1. 合并协方差

由 6.2.1 节的假设条件可知，水平方向（沿飞机飞行方向）存在纵向位置预测误差，垂直于飞行航迹的方向存在横侧向位置预测误差；飞机竖直方向存在高度位置预测误差。若以飞机飞行方向的水平分量所在直线为 X 轴，垂直于飞行方向且向左的直线为 Y 轴，竖直方向向上的直线为 Z 轴，令这个坐标系为 Θ_1，那么坐标系 Θ_1 的 X 轴和地面坐标系的 X 轴的夹角为 α，以逆时针方向为负，以顺时针方向为正。这两种坐标系的位置关系如图 6-5 所示。

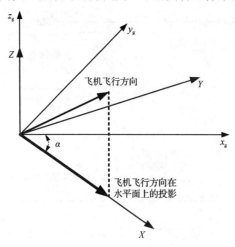

图 6-5　坐标系 Θ_1 和地面坐标系的位置关系

在坐标系 Θ_1 下，令 $\boldsymbol{p}_{\Theta_1}$ 为飞机的真实位置，$\overline{\boldsymbol{p}}_{\Theta_1}$ 为飞机预测位置，$\tilde{\boldsymbol{q}}_{\Theta_1}$ 为位置预测误差，则

$$\tilde{\boldsymbol{q}}_{\Theta_1} = \boldsymbol{p}_{\Theta_1} - \overline{\boldsymbol{p}}_{\Theta_1} \tag{6-5}$$

式中，σ_x、σ_y、σ_z 分别为飞机在坐标系 Θ_1 下 X、Y、Z 轴位置预测误差均方差，位置预测误差服从零均值的正态分布，则相应的协方差矩阵为

$$\boldsymbol{S}_{\mathrm{g}} = \mathrm{cov}(\tilde{\boldsymbol{q}}_{\Theta_1}) = \begin{bmatrix} \sigma_x^2 & 0 & 0 \\ 0 & \sigma_y^2 & 0 \\ 0 & 0 & \sigma_z^0 \end{bmatrix} \tag{6-6}$$

把不同飞机的位置预测误差合并到同一个坐标系下，便于计算航迹冲突概率。坐标系 Θ_1 到地面坐标系的旋转矩阵为

$$\boldsymbol{R}_{2\mathrm{g}} = \begin{bmatrix} \cos(-\alpha) & \sin(-\alpha) & 0 \\ -\sin(-\alpha) & \cos(-\alpha) & 0 \\ 0 & 0 & 1 \end{bmatrix} \tag{6-7}$$

因此，在地面坐标系下，预测的飞机的位置为

$$\overline{\boldsymbol{p}}_{\mathrm{g}} = \boldsymbol{R}_{2\mathrm{g}} \overline{\boldsymbol{p}}_{\Theta_1} \tag{6-8}$$

飞机位置预测误差为

$$\tilde{\boldsymbol{p}}_{\mathrm{g}} = \boldsymbol{R}_{2\mathrm{g}} \tilde{\boldsymbol{p}}_{\Theta_1} \tag{6-9}$$

相应的协方差矩阵为

$$\boldsymbol{S}_{\mathrm{g}} = \mathrm{cov}(\tilde{\boldsymbol{p}}_{\mathrm{g}}) = \boldsymbol{R}_{2\mathrm{g}} \boldsymbol{S} \boldsymbol{R}_{2\mathrm{g}}^{\mathrm{T}} \tag{6-10}$$

这样，两架飞机的航迹冲突概率分析问题就转换为地面坐标系下两个正态分布随机变量之间的距离小于安全间隔的概率问题。由于位置预测误差服从正态分布，因此两个正态分布随机变量的差仍服从正态分布。为此，可以简化为相对位置的计算。以图 6-3 所示两个航空器为例，这两个航空器的位置误差的协方差可以合并为随机航空器 S 相对于基准航空器 R 的位置预测误差的协方差。在地面坐标系中，基准航空器 R 以相对速度飞行，没有位置预测误差，而随机航空器 S 存在位置预测误差，其位置预测误差概率的分布为两个随机变量之间相对位置的分布。地面坐标系下两个航空器的相对位置为

$$\Delta \boldsymbol{p}_{\mathrm{g}} = \boldsymbol{p}_{\mathrm{gs}} - \boldsymbol{p}_{\mathrm{gr}} \tag{6-11}$$

相对预测位置为

$$\Delta \overline{\boldsymbol{p}}_{\mathrm{g}} = \overline{\boldsymbol{p}}_{\mathrm{gs}} - \overline{\boldsymbol{p}}_{\mathrm{gr}} \tag{6-12}$$

相对预测位置误差为

$$\Delta \tilde{\boldsymbol{p}}_{\mathrm{g}} = \Delta \boldsymbol{p}_{\mathrm{g}} - \Delta \overline{\boldsymbol{p}}_{\mathrm{g}} = \tilde{\boldsymbol{p}}_{\mathrm{gs}} - \tilde{\boldsymbol{p}}_{\mathrm{gr}} \tag{6-13}$$

因此，合并的协方差矩阵为

$$\Delta \boldsymbol{S}_{\mathrm{g}} = \mathrm{cov}(\Delta \tilde{\boldsymbol{p}}_{\mathrm{g}}) = \boldsymbol{S}_{\mathrm{sg}} + \boldsymbol{S}_{\mathrm{rg}} - \boldsymbol{S}_{\mathrm{sg,rg}} \tag{6-14}$$

式中，$\boldsymbol{S}_{sg}$ 和 $\boldsymbol{S}_{rg}$ 为随机航空器 S 和基准航空器 R 在地面坐标系下的位置预测误差的协方差矩阵，$\boldsymbol{S}_{sg,rg}$ 为交叉项，又根据上文假设条件可知，不同航空器之间的位置预测误差不相关，因此 $\boldsymbol{S}_{sg,rg} = 0$。

合并协方差后，以随机航空器 S 为中心设置误差椭球体；基准航空器 R 以相对速度飞行，以基准航空器 R 为中心设置圆柱保护区。基准航空器 R 沿相对运动速度方向运动，在某时刻 t，基准航空器 R 的冲突保护区与随机航空器 S 的联合误差椭球体在地面坐标系 XOY 面和 XOZ 平面上的投影如图 6-6 所示，总的航迹冲突概率为联合误差椭球体对应的概率密度分布函数在冲突保护区的积分值。

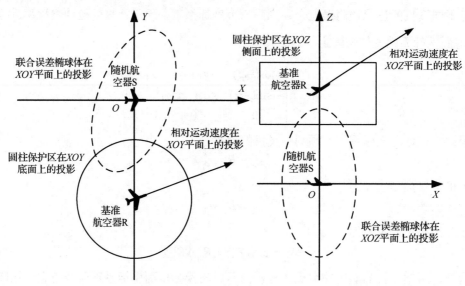

图 6-6　基准航空器 R 的圆柱保护区与随机航空器 S 的联合误差椭球体
在地面坐系 XOY 平面和 XOZ 平面上的投影

2. 坐标系线性变换

求以上联合误差椭球体的概率密度分布函数在圆柱保护区内的积分的解析解非常困难，而通过数值计算又不准确，而且计算量会随着航空器对数的增加而变得异常大。因此，有必要寻找一种简单而行之有效的方法。

坐标系的线性变换经常被应用在工程实践中，特别是在控制工程方面。利用坐标系线性变换可以将联合误差椭球体转换为联合误差球体，并且不影响航迹冲突概率的求解结果。

令 $\boldsymbol{p}$ 和 $\boldsymbol{\rho}$ 分别代表地面坐标系下的位置矢量和变换后坐标系 $\varTheta_2$ 下的位置矢量。因此，有以下的线性变换形式：

$$\boldsymbol{\rho} = \boldsymbol{T}\boldsymbol{p}$$
$$\boldsymbol{p} = \boldsymbol{T}^{-1}\boldsymbol{\rho}$$

（6-15）

式中，$\boldsymbol{T}$ 为坐标系变换矩阵。同理，其他向量也具有相同的变换形式：

$$\Delta\boldsymbol{\rho} = \boldsymbol{\rho}_s - \boldsymbol{\rho}_r$$
$$\Delta\overline{\boldsymbol{\rho}} = \overline{\boldsymbol{\rho}}_s - \overline{\boldsymbol{\rho}}_r \qquad (6\text{-}16)$$
$$\Delta\tilde{\boldsymbol{\rho}} = \Delta\boldsymbol{\rho} - \Delta\overline{\boldsymbol{\rho}} = \boldsymbol{T}\Delta\tilde{\boldsymbol{p}}$$

经过线性变换后，位置预测误差仍然服从零均值的正态分布，此时合并的协方差矩阵为

$$\mathrm{cov}(\Delta\tilde{\boldsymbol{\rho}}) = \boldsymbol{T}\Delta\boldsymbol{S}_g\boldsymbol{T}^{\mathrm{T}} \qquad (6\text{-}17)$$

由 Cholesky 分解法可知，正定矩阵 $\boldsymbol{M}$ 可以分解为

$$\Delta\boldsymbol{S}_g = \boldsymbol{L}\boldsymbol{L}^{\mathrm{T}} \qquad (6\text{-}18)$$

式中，$\boldsymbol{L}$ 为下三角矩阵，如果对 $\boldsymbol{L}$ 进行如下线性变换

$$\boldsymbol{T} = \boldsymbol{R}\boldsymbol{L}^{-1} \qquad (6\text{-}19)$$

这里，矩阵 $\boldsymbol{R}$ 是任意旋转矩阵，那么

$$\mathrm{cov}(\Delta\tilde{\boldsymbol{\rho}}) = \boldsymbol{T}\Delta\boldsymbol{S}_g\boldsymbol{T}^{\mathrm{T}} = \boldsymbol{R}\boldsymbol{L}^{-1}\boldsymbol{L}\boldsymbol{L}^{\mathrm{T}}(\boldsymbol{R}\boldsymbol{L}^{-1})^{\mathrm{T}} = \boldsymbol{R}\boldsymbol{R}^{\mathrm{T}} = \boldsymbol{I} \qquad (6\text{-}20)$$

因此，选取线性变换 $\boldsymbol{T} = \boldsymbol{R}\boldsymbol{L}^{-1}$，可将联合误差椭球体化为单位球体的标准形式，联合误差椭球体和圆柱保护区的线性变换示意如图 6-7 所示。

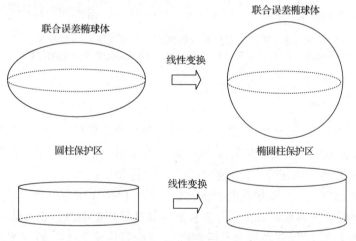

图 6-7　联合误差椭球体和圆柱保护区的线性变换示意

坐标系线性变换 $\boldsymbol{T}$ 对三维联合误差椭球体和圆柱保护区的作用可以分为水平方向和垂直方向两部分考虑：在垂直方向上，相当于进行了一个拉伸变换；在水平方向上，相当于综合了拉伸变换和旋转变换。由于线性变换 $\boldsymbol{T}$ 沿 Z 轴方向的垂直拉伸变换和绕 Z 轴的旋转拉伸变换，因此 $\boldsymbol{T}$ 可以表示一个对角矩阵：

$$\boldsymbol{T} = \begin{bmatrix} \boldsymbol{T}_k & 0 \\ 0 & \boldsymbol{t}_{33} \end{bmatrix} \qquad (6\text{-}21)$$

因此圆柱和椭圆柱保护区的高度变化为

$$h_{\Theta_2} = \boldsymbol{t}_{33}h \qquad (6\text{-}22)$$

式中，h 为地面坐标系下圆柱保护区的高度，h_{Θ_2} 为变换后坐标系 Θ_2 下椭圆柱保护区的高度。

此时，基准航空器 R 的椭圆柱保护区与随机航空器 S 的联合误差球体在坐标系 Θ_2 XOY 平面和 XOZ 平面上的投影如图 6-8 所示。其中，β 是椭圆柱保护区在 XOY 面投影椭圆的主轴和坐标系 Θ_2 坐标轴 Y 轴的夹角。

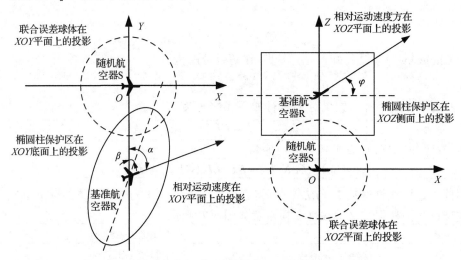

图 6-8　基准航空器 R 的椭圆柱保护区与随机航空器 S
的联合误差球体在坐标系 Θ_2 XOY 平面和 XOZ 平面上的投影

3. 坐标系旋转变换

经过坐标系线性变换，在坐标系 Θ_2 下，冲突保护区由圆柱变为一个椭圆柱（底面为椭圆），并且仍与 Z 轴平行，底面椭圆在 XOY 面上的投影长轴与坐标系 Y 轴的夹角为 β。上述两个航空器的相对运动速度方向一般不与任一坐标轴平行。

对 t 时刻 Z 轴方向冲突保护区的积分比较简单，但是 X 轴方向和 Y 轴方向的积分比较困难。在坐标系线性变换的基础上进行坐标系旋转变换不影响联合误差球体的形状，因此，可以进行旋转坐标系 R_z，使之成为坐标系 Θ_3，使椭圆柱保护区在 XOY 平面上的投影主轴与坐标系 Θ_3 的 Y 轴同向，由联合误差球体的对称性可知，其概率分布不变，因此，其在冲突保护区上的概率积分也不变。

为了便于计算航迹冲突概率，可以把坐标系旋转后的椭圆柱保护区用一个与该椭圆柱外切的矩形扩展保护区近似替代，如图 6-9 所示。

4. 航迹冲突概率分析

线性变换 $\boldsymbol{T}$ 是绕 Z 轴旋转的线性变换，故可以表示成一个对角矩阵，即

$$\boldsymbol{T} = \begin{bmatrix} \boldsymbol{T}_c & 0 \\ 0 & t_{33} \end{bmatrix} \tag{6-23}$$

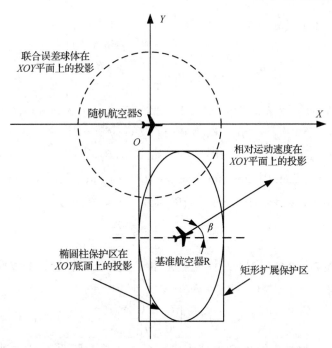

图 6-9　基准航空器 R 的椭圆柱保护区与随机航空器 S 的
联合误差球体在坐标系 $\Theta_3 XOY$ 平面上的投影

地面坐标系经过线性变换 T 成为坐标系 Θ_2，在坐标系 Θ_2 中的冲突保护区为平行于 Z 轴的柱体。该柱体底面与 XOY 平面平行，形状为椭圆，其在 XOY 平面上的投影椭圆方程表示为

$$\|\Delta \boldsymbol{p}_{\mathrm{c}}\| = \left\|\boldsymbol{T}_{\mathrm{c}}^{-1} \Delta \boldsymbol{\rho}_{\mathrm{c}}\right\| = \Delta \boldsymbol{\rho}_{\mathrm{c}}^{\mathrm{T}} (\boldsymbol{T}_{\mathrm{c}}^{-1})^{\mathrm{T}} \boldsymbol{T}_{\mathrm{c}}^{-1} \Delta \boldsymbol{\rho}_{\mathrm{c}} = s_{\mathrm{c}}^2 \tag{6-24}$$

式中，$\Delta \boldsymbol{p}_{\mathrm{c}}$ 为地面坐标系 XOY 平面中和基准航空器 R 相关的椭圆形冲突保护区上的点，$\Delta \boldsymbol{\rho}_{\mathrm{c}}$ 为坐标系 Θ_2 下的 XOY 平面下和基准航空器 R 相关的圆形冲突保护区上的点，s_{c} 为圆形冲突保护区的半径。若设 $\boldsymbol{W} = (\boldsymbol{T}_{\mathrm{c}}^{-1})^{\mathrm{T}} \boldsymbol{T}_{\mathrm{c}}^{-1}$，则式（6-24）可以写为

$$\Delta \boldsymbol{\rho}_{\mathrm{c}}^{\mathrm{T}} \boldsymbol{W} \Delta \boldsymbol{\rho}_{\mathrm{c}} = \begin{bmatrix} x & y \end{bmatrix} \begin{bmatrix} W_{11} & W_{12} \\ W_{21} & W_{22} \end{bmatrix} \begin{bmatrix} x \\ y \end{bmatrix} = s_{\mathrm{c}}^2 \tag{6-25}$$

式中，(x,y) 为坐标系 Θ_2 的 XOY 平面上圆形冲突保护区上的坐标点。令 (x',y') 为经过旋转变化后坐标系 Θ_3 的 XOY 平面上圆形冲突保护区上的坐标点，则转换前后的坐标关系可以表示为

$$\begin{bmatrix} x' \\ y' \end{bmatrix} = \begin{bmatrix} \cos\beta & -\sin\beta \\ \sin\beta & \cos\beta \end{bmatrix} \begin{bmatrix} x \\ y \end{bmatrix} \tag{6-26}$$

即把水平面 XOY 坐标轴逆时针旋转 β 角度，旋转矩阵可以表示为 $\boldsymbol{R}_{\mathrm{zc}}$。

$$\boldsymbol{R}_{\mathrm{zc}} = \begin{bmatrix} \cos\beta & -\sin\beta \\ \sin\beta & \cos\beta \end{bmatrix} \tag{6-27}$$

则绕 Z 轴的三维旋转矩阵为

$$\boldsymbol{R}_z = \begin{bmatrix} \boldsymbol{R}_{zc} & 0 \\ 0 & 1 \end{bmatrix} = \begin{bmatrix} \cos\beta & -\sin\beta & 0 \\ \sin\beta & \cos\beta & 0 \\ 0 & 0 & 1 \end{bmatrix} \tag{6-28}$$

经过 $\boldsymbol{R}_z$ 变换后的坐标系 $\varTheta_3$ 的 XOY 平面上圆形冲突保护区的表达式可以化为

$$(W_{11}\cos^2\beta + W_{22}\sin^2\beta + (W_{12} + W_{21})\sin\beta\cos\beta)x^2 +$$
$$(W_{11}\sin^2\beta + W_{22}\cos^2\beta - (W_{12} + W_{21})\sin\beta\cos\beta)y'^2 +$$
$$\left[-2W_{11}\cos\beta\sin\beta + 2W_{22}\sin\beta\cos\beta + (W_{12} + W_{21})(\cos^2\beta - \sin^2\beta) \right] = s_c^2 \tag{6-29}$$

令 $-2W_{11}\cos\beta\sin\beta + 2W_{22}\sin\beta\cos\beta + (W_{12} + W_{21})(\cos^2\beta - \sin^2\beta) = 0$，可得

$$\beta = \frac{1}{2}\arctan\left(\frac{W_{12} + W_{21}}{W_{11} - W_{22}} \right) \tag{6-30}$$

定义线性变换 $\boldsymbol{T}_1 = \boldsymbol{R}_z\boldsymbol{T}$，因为线性变换 $\boldsymbol{R}_z$ 和 $\boldsymbol{T}$ 都是绕 Z 轴旋转的线性变换，所以 $\boldsymbol{T}_1$ 是一个对角矩阵，即

$$\boldsymbol{T}_1 = \begin{bmatrix} \boldsymbol{T}_{1c} & 0 \\ 0 & t_{33} \end{bmatrix} \tag{6-31}$$

地面坐标系经过线性变换 $\boldsymbol{T}$ 和 $\boldsymbol{R}_z$ 成为坐标系 $\varTheta_3$，在坐标系 $\varTheta_3$ 中的冲突保护区为平行于 Z 轴的柱体。该柱体底面与 XOY 平面平行，形状为椭圆，其在 XOY 平面上的投影椭圆方程为

$$\|\Delta\boldsymbol{p}_c\| = \left\| \boldsymbol{T}_{1c}^{-1}\Delta\boldsymbol{\rho}_{1c} \right\| = \Delta\boldsymbol{\rho}_{1c}^T (\boldsymbol{T}_{1c}^{-1})^T \boldsymbol{T}_{1c}^{-1} \Delta\boldsymbol{\rho}_{1c} = s_c^2 \tag{6-32}$$

式中，$\Delta\boldsymbol{\rho}_{1c}$ 为坐标系 $\varTheta_3$ 的 XOY 平面下和基准航空器 R 相关的冲突保护区上的点，若设 $\boldsymbol{W}' = (\boldsymbol{T}_{1c}^{-1})^T \boldsymbol{T}_{1c}^{-1}$，则式（6-32）可以写为

$$\Delta\boldsymbol{\rho}_{1c}^T \boldsymbol{W}' \Delta\boldsymbol{\rho}_{1c} = \begin{bmatrix} x & y \end{bmatrix} \begin{bmatrix} W_{11}' & W_{12}' \\ W_{21}' & W_{22}' \end{bmatrix} \begin{bmatrix} x \\ y \end{bmatrix} = s_c^2 \tag{6-33}$$

近似矩形扩展保护区在 X 轴和 Y 轴上的投影，等于椭圆在 X 轴和 Y 轴方向上两个极值之差。对 x 求导并令 $\dfrac{\mathrm{d}y}{\mathrm{d}x} = 0$，可以求得 y 的极大值和极小值，即

$$y_{max} = s_c\sqrt{\frac{W_{11}'}{\det(\boldsymbol{W}')}}, \quad y_{min} = -s_c\sqrt{\frac{W_{11}'}{\det(\boldsymbol{W}')}} \tag{6-34}$$

对 y 求导并令 $\dfrac{\mathrm{d}y}{\mathrm{d}x} = 0$，可以得到 x 的极大值和极小值，即

$$x_{max} = s_c\sqrt{\frac{W_{22}'}{\det(\boldsymbol{W}')}}, \quad x_{min} = -s_c\sqrt{\frac{W_{22}'}{\det(\boldsymbol{W}')}} \tag{6-35}$$

利用概率密度分布函数在冲突区的积分求出冲突概率，在 Z 轴的积分限为 $\left(-\Delta z + \dfrac{h}{2}, -\Delta z - \dfrac{h}{2} \right)$，在 X 轴的积分限为 $(-\Delta x - x_{max}, -\Delta x + x_{max})$，在 Y 轴的积分限为

$(-\Delta y - y_{max}, -\Delta y + y_{max})$。其中，$\Delta x, \Delta y, \Delta z$ 分别是基准航空器 R 和随机航空器 S 相对位置经过线性变换 $\boldsymbol{T}$ 和 $\boldsymbol{R_z}$ 的位置，即坐标系 Θ_3 中上述两个航空器的相对位置，则上述两个航空器的航迹冲突概率可以表示为

$$P_c = \int_{-\Delta z-\frac{h}{2}}^{-\Delta z+\frac{h}{2}} \int_{-\Delta y-y_{max}}^{-\Delta y+y_{max}} \int_{-\Delta x-x_{max}}^{-\Delta x+x_{max}} p(x,y,z)\mathrm{d}x\mathrm{d}y\mathrm{d}z$$

$$= \int_{-\Delta z-\frac{h}{2}}^{-\Delta z+\frac{h}{2}} p(z)\mathrm{d}z \int_{-\Delta y-y_{max}}^{-\Delta y+y_{max}} p(y)\mathrm{d}y \int_{-\Delta x-x_{max}}^{-\Delta x+x_{max}} p(x)\mathrm{d}x$$

$$= \left[\Phi(-\Delta x + x_{max}) - \Phi(-\Delta x - x_{max})\right]*$$

$$\left[\Phi(-\Delta y + y_{max}) - \Phi(-\Delta y - y_{max})\right]*$$

$$\left[\Phi\left(-\Delta z + \frac{h}{2}\right) - \Phi\left(-\Delta z - \frac{h}{2}\right)\right] \tag{6-36}$$

为了保证计算的实时性，可以将标准正态累积分布概率制成插值表形式。这样便可以避免数值积分，减少计算的复杂度。

6.2.3 四维航迹冲突探测仿真算例

假设在一个三维地面坐标系中，飞机 A 的位置坐标为（0,-50,0），单位为 n mile；速度向量为（0,4.24,4.24），单位为 n mile/min。同一空域中另一架飞机 B 的位置坐标为（-70.71,0,50），单位为 n mile；速度向量为（6,0,0），单位为 n mile/min。在进行航迹冲突概率计算时，将飞机 A 看作基准航空器 R，将飞机 B 看作随机航空器 S。飞机 A 和飞机 B 的初始位置和飞行意图如图 6-10 所示。

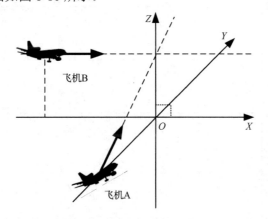

图 6-10 飞机 A 和飞机 B 的初始位置和飞行意图

飞机 A 和飞机 B 在飞行纵向、侧向、竖直方向上的航迹位置预测误差分布规律如 3.1.1 节中的假设条件 4 所示。设当前时刻为 0，需要预测 t 时刻的航迹冲突概率，时间单位为 min。

当纵向航迹位置预测误差采用空速或马赫数闭环反馈控制，并且纵向航迹位置预测误差随时间的增长率为 0.25n mile/min 时，航迹冲突概率随随测时间 t 的变化如图 6-11 所示。

当纵向航迹位置预测误差采用考虑了环境风影响的地速控制，并且纵向航迹位置预测误差随时间的增长率为 0.05n mile/min 时，航迹冲突概率随预测时间 t 的变化如图 6-12 所示。

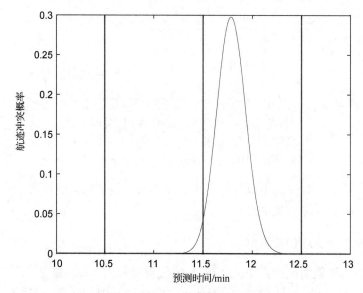

图 6-11　纵向航迹位置预测误差采用空速或
马赫数闭环反馈控制时的航迹冲突概率随预测时刻 t 的变化

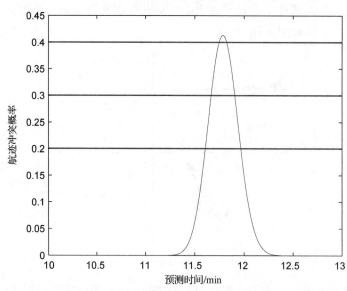

图 6-12　纵向航迹位置预测误差采用考虑了环境风影响的地速控制时的
航迹冲突概率随预测时间 t 的变化

由图 6-11 和图 6-12 可知，随着时间 t 由小变大，可以发现，在预测时间 t=11.78min 附近，航迹冲突概率先由小变大，再由大变小，并在 t=11.78min 处达到最大值。若不存在纵向、横侧向、竖直方向上的航迹位置预测误差，可以发现两架飞机在 $t=11.78$min 时正好正碰。因此，在这个时刻附近的航迹冲突概率应该为 1，但是，实际上因为上述 3 个方向上的航迹位置预测误差的存在导致航迹冲突概率降低。

对比以上两种控制方式下的航迹冲突概率预测结果，可以发现 $t=11.78$min 时第二种控制方式下的最大航迹冲突概率比第一种控制方式大。这是由于考虑了环境风影响的地速控制策略降低了预测位置的不确定性，因此降低了航迹冲突概率的不确定性。

6.2.4 航迹航向变化的冲突探测方法

前文所述的冲突探测方法是基于基准航空器和随机航空器进行航迹冲突概率计算的，在这个过程中，飞机 A 和飞机 B 完全等价，在计算过程中身份可以互换。前文中所述的航段都是直线航段，速度指令恒定，没有考虑由飞行计划解析出的飞行航迹上存在的飞行航迹角或地速大小显著变化的情况，如圆弧航段等。因此，本书在飞行航迹的方向或在地速发生显著变化的飞行航段、转弯航段，将飞行航迹分解为多个地速恒定的直线航段并进行处理。飞机 A 和同一空域中另一架飞机 B 的航迹被划分为多个直线航段，这两架飞机都以恒定地速沿着这些直线航段飞行，然后按照前文介绍的方法进行冲突探测。

1）圆弧航段上的冲突探测方法

圆弧航段上的速度指令向量始终与圆弧相切，因此速度方向不断变化，无法用前文介绍的方法预测其航迹位置误差。为此，将圆弧航段近似分割成多个直线航段进行处理。

圆弧航段上的冲突探测方法如图 6-13 所示，在圆弧航段上每隔 θ 角将圆弧航段近似分割成速度恒定、方向恒定的直线航段，如 CC_1。在计算冲突概率时，首先计算飞机 A 初始位置到 C 点直线航段的冲突概率并计算飞过这个航段的时间 t_1；然后将 C 点作为飞机 A 的初始位置。相应地，把飞机 B 经过 t_1 时间的位置作为飞机 B 的初始位置，计算直线航段 CC_1 上的冲突概率。飞机 A 和飞机 B 的航迹位置预测误差要考虑经过初始位置 C 点到点 C_1 的时间 t_1。以此类推，计算近似分割的直线航段上的总冲突概率，就可以计算出整个圆弧航段上的冲突概率。

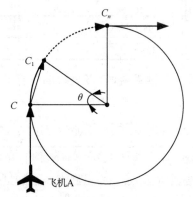

图 6-13 圆弧航段上的冲突探测方法

2）地速指令大小显著变化航段上的冲突探测方法

由于前文中的航迹位置预测误差尤其纵向位置预测误差，是根据速度指令恒定的假设条件而产生的，因此，为了更好地计算飞行器的预测位置，可以将地速指令不同的直线航段分割成多个地速指令恒定的直线航段，分别计算这些直线航段上的冲突概率。

地速指令大小显著变化航段上的冲突探测方法如图 6-14 所示，把飞行计划中地速大小显著变化的航段 CC_n 分割为地速指令大小恒定的直线航段 CC_1、C_1C_2 等。在计算冲突概率时，首先计算飞机 A 的初始位置 C 点到 C_1 点直线航段的冲突概率并计算飞过这个航段的时间 t_1；然后把 C_1 点作为飞机 A 的初始位置。相应地，把飞机 B 经过 t_1 时间的位置作为飞机 B 的初始位置，计算直线航段 C_1C_2 上的冲突概率。飞机 A 和飞机 B 的位置预测误差要考虑经过初始位置 C 点到 C_n 点的时间 t_1。以此类推，计算出地速指令恒定的各个直线航段上的冲突概率。

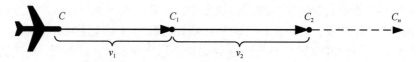

图 6-14　地速指令大小显著变化航段上的冲突探测方法

6.2.5　航迹航向变化的冲突探测仿真算例

设在一个三维地面坐标系中，飞机 A 的飞行计划如表 6-1 所示。

表 6-1　飞机 A 的飞行计划

航路点序号	x/n mile	y/n mile	z/n mile	速度/（n mile/min）	航迹方位角/（°）
1	50	0	0	6	−60
2	0	28.87	0	6	0
3	0	50	0	9	0
4	0	70	0	6	0
5	0	95.77	0	6	60
6	50	123.87	0	6	60

经过航段解析分成直线航段与圆弧航段，飞机 A 的飞行计划解析后的应飞航段如表 6-2 所示。

表 6-2　飞机 A 的飞行计划解析后的应飞航段

航段序号	航段类型	航段起点位置坐标/n mile	航段终点位置坐标/n mile	圆弧航段圆心位置坐标/n mile	航段速度向量/（n mile/min）
1	0	（50,0,0）	（5,25.98,0）	（0,0,0）	（−5.2,3,0）
2	1	（5,25.98,0）	（0,34.64,0）	（10,34.64,0）	（6,0,0）

续表

航段序号	航段类型	航段起点位置坐标/n mile	航段终点位置坐标/n mile	圆弧航段圆心位置坐标/n mile	航段速度向量/（n mile/min）
3	0	(0,34.64,0)	(0,50,0)	(0,0,0)	(0,6,0)
4	0	(0,50,0)	(0,70,0)	(0,0,0)	(0,9,0)
5	0	(0,70,0)	(0,90,0)	(0,0,0)	(0,6,0)
6	1	(0,90,0)	(5,92.89,0)	(10,90,0)	(6,0,0)
7	0	(5,92.89,0)	(50,123.87,0)	(0,0,0)	(5.2,3,0)

表 6-2 中，航段类型 0 表示直线航段，1 表示圆弧航段，直线航段没有航段圆心，因此其圆心位置坐标都表示成（0,0,0）。对航段速度向量圆弧航段，只选取速度向量的第一个分量作为速度标量。飞机 A 飞行计划解析后的应飞航段如图 6-15 所示。

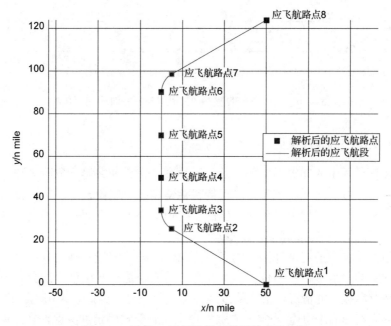

图 6-15　飞机 A 飞行计划解析后的应飞航段

设飞机 A 的初始位置坐标为（50,0,0），单位 n mile，该飞机按照飞行计划飞行；同一空域中另一架飞机 B 的初始位置坐标为（60,30,0），单位 n mile，其飞行意图即飞行速度向量为（-6,0,0），单位为 n mile/min。将飞机 A 看作基准航空器 R，将飞机 B 看作随机航空器 S，这两架飞机的航迹冲突概率随预测时间的变化如图 6-16 所示。

由图 6-16 可知，在预测时间 t=9.65min 处，即飞机 A 飞到第一个圆弧航段的冲突概率达到最大。若不计位置预测误差，上述两架飞机将会在 t=9.65min 处发生正碰，符合预设的情况。

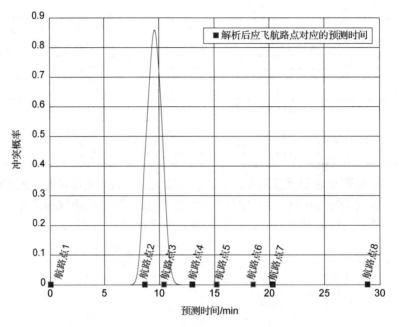

图 6-16　两架飞机的航迹冲突概率随预测时间的变化

6.2.6　根据冲突概率确定冲突区

在飞机飞行过程中的冲突类型包括危险区冲突、交通冲突等。危险区冲突是指飞机穿过预计有危险发生时的区域，该危险区可能包括禁飞区、气象云团区等；交通冲突则是指两架或多架飞机在飞行过程中，可能发生的相对距离小于安全间隔的冲突，这种情况称为失去安全间隔（Loss of Separation，LOS）。

参考危险区冲突中的局部冲突区的表示方法，根据冲突概率确定容易发生交通冲突的冲突区，为冲突的消解提供参考依据。冲突探测的原则是宁愿出现"冲突误报"的情况也不要出现"冲突漏报"的情况，最大限度地保障飞行安全。为此，采用以飞机 A 和作为冲突检测对象的飞机 B 的保护区确定的"空中走廊"的形式确定冲突区。在地面坐标系下，对以上假设条件下的飞机 A 的直线航段和作为冲突检测对象的飞机 B 的直线航段，采用如图 6-17 所示的方法确定航线上的冲突区。

图 6-17 是两架飞机及其保护区在地面坐标系 XOY 平面上的投影。飞机 A 的地速为 V_s，作为冲突检测对象的飞机 B 的地速为 V_r，其初始位置和速度方向如图 6-17 所示。飞机 A 的保护区沿相对速度 V_{rel} 方向延伸，与作为冲突检测对象的飞机 B 的保护区相交于 F_1 点和 L_1 点，这两点组成的弓形区就是飞机 A 沿相对速度方向扫过的区域。该弓形区沿着作为冲突检测对象的飞机 B 的速度方向延伸区与飞机 A 沿其飞行方向的延伸区相交于四边形 $F_1'F_1''L_1'L_1''$，这个四边形就是两架飞机的冲突区。以此四边形为底面的柱体就是三维空间中的飞机 A 飞行航迹上的冲突区。

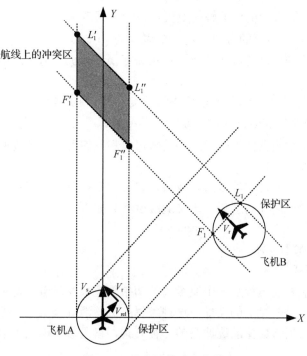

图 6-17　冲突区的确定方法

6.3　基于机动消解模式的航迹冲突消解路径遗传算法

基于机动消解模式的航迹冲突消解路径遗传算法原理如下：从一组预定义的机动消解模式中选择和优化消解路径，每种机动消解模式用于执行飞行员和空管人员能够接受的不同类型的消解路径。在生成消解路径的过程中，需要考虑冲突区的几何限制及消解路径的冲突概率。使用遗传算法时，需要根据不同的消解路径设置不同的适应度函数。因为一次只应用一种机动消解模式，所以可以设计每个消解路径的几何形状而不用考虑其他消解方式的几何要求。与利用纯粹应用路径上的约束控制消解路径生成的方式不同，利用预定义的机动消解模式严格控制消解路径的基本形态，可以排除出现不期望的消解路径的可能性。

6.3.1　机动消解模式和适应度函数的定义

每种机动消解模式由一系列参数定义，每个参数表示遗传算法可以变化的自由度。

1）水平偏置模式

在水平偏置模式下，飞机沿着一条在侧向平行于初始航迹的消解路径飞行。水平偏置模式是在当前空域中用来避免局部冲突的最典型的一种消解模式。水平偏置模式下消解路径的几何形状如图 6-18（a）所示。

水平偏置模式由如下参数定义。

（1）l_m：飞机开始进行机动消解的航段，是一个离散量。

（2）P_{dir}：偏置机动消解的方向，是一个离散量。

（3）d_{start}：开始进行机动消解的航路点距离将要进行机动消解的航段起点的长度，是一个连续量。

（4）d_{lat}：初始航迹距离偏置平行航路的长度，是一个连续量。

（5）d_{off}：偏置平行航迹的长度，是一个连续量。

其中，离开初始航迹到偏置平行航迹的转弯角和从偏置平行航迹截获初始航迹的截获角都默认为45°，即$\theta = 45°$。

从哪里开始机动消解，偏移多远以及保持多长的平行航路，都是路径消解和优化的关键参数。为了能够做出最优的选择，定义适应度函数如下：

$$\text{Fitness} = d_{off} + d_{lat} \qquad (6\text{-}37)$$

式中，Fitness 的值越小越好。

2）直飞截获模式

直飞截获模式能够使飞行从一个航段离开初始航迹，并沿着一定长度的水平消解路径飞行，然后截获下一个航段上的某处。这种类型的机动消解模式可以缩短飞行航程，是空管人员和飞行员经常用来避免航迹冲突的一种方式。直飞截获模式下消解路径的几何形状如图6-18（b）所示。

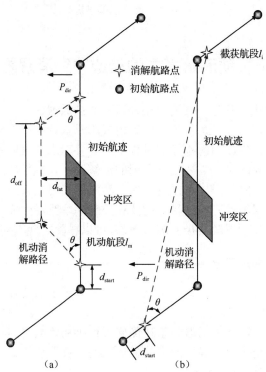

图 6-18　水平偏置模式下和直飞截获模式下的消解路径几何形状

直飞截获模式由如下参数定义。

（1）l_m：飞机开始进行机动消解的航段，是一个离散量。

（2）l_i：从消解路径截获的航段，是一个离散量。

（3）Z_{dir}：截获机动的方向，是一个离散量。

（4）d_{start}：开始进行机动消解的航路点距离将进行机动消解的航段起点的长度，是一个连续量。

（5）θ：开始进行机动消解并离开初始航迹的角度，是一个连续量。

原则上，最优的直飞截获需要跳过最少数量的中间航段，优先截获开始机动消解航段的下一个航段。如果该航段不可行，就要考虑截获之后的航段。定义适应度函数如下：

$$Fitness = l_i - l_m \tag{6-38}$$

式中，Fitness 的值越小越好。

3）路径延伸模式

路径延伸模式是目前空管人员用于满足交通流量管理约束（Traffic Flow Management, TFM）的一种常见模式，多应用于基于地面指挥系统的、在飞机交汇时产生的基于时间的交通流量管理约束。路径延伸模式下消解路径的几何形状如图 6-19（a）所示。

路径延伸模式由如下参数定义。

（1）l_m：飞机开始进行机动消解的航段，是一个离散量。

（2）w_i：从消解路径截获的航路点，是一个离散量。

（3）Y_{dir}：延伸机动的方向，是一个离散量。

（4）d_{start}：开始进行机动消解的航路点距离将进行机动消解的航段起点的长度，是一个连续量。

（5）$d_{stretch}$：消解路径在转向截获航路点之前的延伸距离，是一个连续量。

（6）θ：延伸路径和开始进行机动消解的航段所形成的角度，是一个连续量。

路径延伸模式是非常灵活的模式，可以在飞机当前航段和之前的航段上开始机动消解，并返回到之后的初始航迹上的任一航路点。这种模式既可以避免航迹冲突，也可以满足航路点上的 RTA 约束要求。原则上，倾向于最小化路径延伸距离 $d_{stretch}$ 并最大化离开角度 θ，这样可以增加消解冲突的裕度，同时减小消解路径的长度。定义适应度函数如下：

$$Fitness = k \frac{d_{stretch}}{\theta} \tag{6-39}$$

式中，k 为适应度函数的系数。Fitness 的值越小越好。

4）航路点偏移模式

航路点偏移模式使用一个或多个初始航迹的现有航路点的微小偏差避免航迹冲突，由于新产生的航路点可以直接上传到飞行管理系统，因此，可以轻松地适应初始航迹的微小变化。航路点偏移模式下消解路径的几何形状如图 6-19（b）所示。

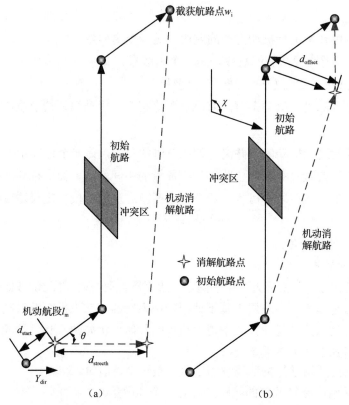

图 6-19　路径延伸模式和航路点迁移模式下消解路径的几何形状

航路点偏移模式由如下参数定义。

（1）n：偏移的航路点数量，是一个离散量。

（2）w_i：一组偏移的航路点，是与航路点偏移数量对应的一组位置量。

（3）χ_i：每个偏移的航路点的航向角，是一组连续量。

（4）$d_{offset,i}$：每个偏移的航路点偏移的距离，是一组连续量。

由于要偏移的航路点数量及每个航路点的方向是可变的，因此，该模式非常灵活。原则上，倾向于最小化偏移的航路点数量 n 和所有偏移的航路点偏移的距离之和。定义适应度函数如下：

$$\text{Fitness} = k_1 n + k_2 \sum_{i=1}^{n} d_{offset,i} \qquad （6-40）$$

式中，k_1 和 k_2 分别是偏移的航路点数量加权系数和所有偏移的航路点偏移的距离之和的加权系数；Fitness 的值越小越好。

5）巡航段高度层改变模式

除了以上所述的水平路径消解模式，还有使飞机巡航高度临时增加或减少，以避免航迹冲突的巡航段高度层改变模式，在消解路径结束后飞机将返回初始巡航高度。巡航段高度层的变化是典型的机动过程。巡航段高度层改变模式下消解路径的几何形状如图 6-20 所示。

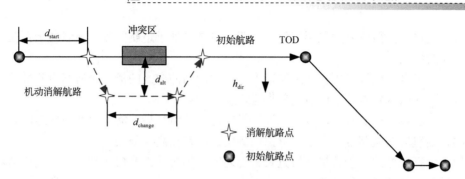

图 6-20　巡航段高度层改变模式下消解路径的几何形状

巡航段高度层改变模式由如下参数定义。

（1）h_{dir}：飞机巡航高度变化方向，是一个离散量。

（2）d_{start}：开始进行机动消解的航路点距离将进行机动消解的航段起点的长度，是一个连续量。

（3）d_{alt}：定义高度的变化量，是一个连续量。

（4）d_{change}：临时高度持续的距离，是一个连续量。

巡航段高度层改变模式类似于垂直剖面内的水平偏置模式，因此，定义适应度函数如下：

$$Fitness = d_{alt} + d_{change} \tag{6-41}$$

Fitness 的值越小越好。

6.3.2　机动消解模式的选择策略

为了针对给定情况选择适当的机动消解模式，所用的消解路径遗传算法必须结合当前的冲突场景对预定义的机动消解模式进行可行性检验。因此，需要为每种机动消解模式单独定义一组独立的约束条件，实现可行性检验并选择合适的机动消解模式。具体步骤如下：根据初始航迹，已知冲突造成的冲突区的形状大小及其他相关信息检验这些约束条件，以确定所用的消解算法是否可以针对特殊的冲突场景使用对应的机动消解模式；然后为满足可行性约束条件的机动消解模式创建各自的种群，采用遗传算法求解各自模式下的消解路径。

机动消解模式的可行性约束通常基于几何关系和程序限制。例如，在实际飞行航迹中尤其是远距离跨国航班中，经常存在由单个大圆航线组成的飞行航迹，若此时在航迹上出现冲突，则只能采用基于水平偏置模式的消解路径，而不能采用截获后面航路上的航段或航路点的方式，这属于几何关系对机动消解模式的可行性约束；又如，空管飞行程序不允许飞机采用包含越过有高度和速度限制的航路点的机动消解模式，这属于程序限制对机动消解模式的可行性约束。

以巡航段高度层改变模式为例，为了使这种模式成为可行的消解路径解决方案，冲突场景必须满足以下可行性限制条件。

（1）飞机当前航段必须包括巡航段，即飞机必须处于巡航阶段，或者处于正在过渡到巡航阶段的航段。

（2）冲突区的位置必须在此巡航段上，即预测的冲突区的第一个航路点和最后一个失去安全间隔（LOS）的航路点必须在此巡航段上。

（3）巡航段必须足够长，以便允许飞机经过消解路径后，能够返回原始巡航高度。

（4）巡航段的航路点没有由空管部门制定的航路点高度限制。

用过可行性检验，能够提前检查是否上述所有的机动消解模式都能用于航路消解，从而在之后的消解路径遗传算法过程中，不再为那些明确已知不可行的机动消解模式进行最优消解路径搜索。还可以大大节省机载飞行管理系统的算力，保证消解路径遗传算法的实时性。机动消解模式的可行性检验流程如图6-21所示。

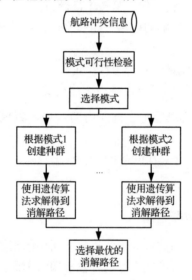

图6-21　机动消解模式的可行性检验流程

6.3.3　基于遗传算法的冲突消解

遗传算法（Genetic Algorithm，GA）是指用来模拟达尔文生物进化论的自然选择和遗传学机理的生物进化过程的计算模型，是一种通过模拟自然进化过程搜索最优解的方法。遗传算法在计算的每个阶段，基于适应度函数对候选解决方案进行排名，并且允许排名最高的候选解决方案将它们的特征传到后期阶段。遗传算法是不受特定域限制的启发式算法，因此可用于冲突消解这种复杂空间路径问题。以下是遗传算法一些通用的基本定义及适用于本节的相关参数。

1）染色体

染色体是遗传算法的基本单位，它由一些变量或基因组成，这些基因定义了给定问题的特定候选解。染色体的内部称为基因型，即某种基因的组合（基因数量为N_{var}）；外部称为表现型，即染色体具体的特征。在遗传算法中，首先需要把一个问题的可行解从其解空间转换到遗传算法所能处理的搜索空间，这一过程称为编码。在搜索过程中需要检验所得到的可行解的好坏，就需要将其从遗传算法解空间向问题空间转换，这一过程称为解码。

在本章所用的航迹冲突消解路径遗传算法中，由航路点和航段构成的候选消解路径对应染色体的表现型，本算法采用实数编码的方式，将候选消解路径编码为 6.3.1 节描述的不同机动消解模式下的相应参数，对应染色体的基因型。以水平偏置模式为例，其对应的遗传算法染色体有 5 个基因，分别对应水平偏置模式所定义的参数 l_m，dir，d_{start}，d_{lat}，d_{off}。这 5 个参数的值即基因的值，水平偏置模式下消解路径遗传算法染色体基因的取值范围如表 6-3 所示。

表 6-3　水平偏置模式下消解路径遗传算法染色体基因的取值范围

水平偏置模式 对应的染色体基因	基因取值范围描述
l_m	离散量，取值范围为出现航迹冲突的航段及在其之前的航段
dir	离散量，取值范围为{-1,+1}。其中，-1 表示沿飞行方向偏左，+1 表示沿飞行方向偏右
d_{start}	连续量，若 l_m 为出现航迹冲突的航段，则 d_{start} 应小于该航段起点到第一个失去安全间隔航路点的距离；若 l_m 为出现航迹冲突的航段之前的航段，则 d_{start} 应小于该航段起点到航段终点的距离
d_{lat}	连续量，应大于冲突区的水平距离，小于与其他航线存在的安全间隔的距离
d_{off}	连续量，若 l_m 为出现航迹冲突的航段，并且为消解冲突而截获的航路也出现航迹冲突的航段，则 d_{off} 必须满足：冲突区沿冲突航段的长度 $\leqslant d_{off} + 2\dfrac{d_{lat}}{\tan\theta} + d_{start} \leqslant$ 出现冲突航段的总距离

不同基因值的组合代表了水平消解路径染色体不同的表现型。在水平偏置模式下的消解路径遗传算法过程中，需要通过解码将搜索得到的可行解转换为由航路点和航段组成的消解路径，以便进行冲突探测。不同的机动消解模式对应不同定义的参数，其所包含的参数个数也不同，在计算过程中，需要根据不同的机动消解模式分别定义相应的染色体和基因。

2）种群

种群是染色体的集合，它们彼此竞争以确定"最佳"染色体，即最优消解模式。种群规模 N_{pop} 是指该种群所包含的染色体数量，若种群数量过大，则会导致遗传算法运行时间过长，降低遗传算法的实时性；若种群数量过小，则会导致收敛得到的可行解不具备全局性和最优性。通过调整种群规模，可以在遗传算法运行时间和能否找到可行解之间找到平衡。在本节介绍的基于机动消解模式的消解路径遗传算法中，对 N_{pop} 值选取 10～20 即可。

3）代际

代际是指种群的状态。在遗传算法随机产生第一代初始群体后，通过自然选择、交配和变异使种群经过代际调整，代际调整包括染色体的增加、删除和改变。通过调整代际数量 N_{gen}，可以影响遗传算法的收敛效果。在本节介绍的基于机动消解模式的消解路径遗传算法中，对 N_{gen} 值选取 10 即可。

4）自然选择

自然选择是指在某代种群中基于每条染色体所对应的适应度对染色体进行排序，去掉排名较低的染色体的过程，种群数量通过交配所产生的新染色体进行补充。对于本章介绍的基于机动消解模式的消解路径遗传算法，除了需要 6.3.1 节描述的不同机动消解模式对应的适应度函数，还要满足染色体对应的消解路径不存在航迹冲突的要求。因此，在解码后，需要把消解路径中存在航迹冲突的染色体删除，在剩下的染色体中进行染色体适应度的排序，然后进行选择。

自然选择的策略有很多，本书采用简单的概率型"轮盘赌"选择法，选择出适应度高的个体作为留存个体。"轮盘赌"选择法是指根据个体的适应度值计算每个个体在子代中出现的概率，并按照此概率随机选择个体构成子代种群。"轮盘赌"选择法的出发点是，适应度越高的个体被选择的概率越大。

以水平偏置模式为例，在删除存在航迹冲突的染色体后，需要在水平偏置模式种群中，选择出适应度较低的一组个体。基于水平偏置模式的消解路径遗传算法中的"轮盘赌"选择法步骤如下：

（1）需要先将最小化问题转换为最大化问题，因此，直接求取水平偏置模式对应的适应度的倒数，计算出群体中每个个体的适应度，即

$$f(x_i) = \frac{1}{d_{\text{off},i} + d_{\text{lat},i}}, i = 1, 2, \cdots, n \tag{6-42}$$

式中，x_i 为水平偏置模式下的个体；n 为群体总数。

（2）计算出每个个体被遗传到下一代群体中的概率，即

$$P(x_i) = \frac{f(x_i)}{\sum_{j=1}^{n} f(x_j)} \tag{6-43}$$

（3）计算每个个体的累积概率，即

$$q(x_i) = \sum_{j=1}^{i} P(x_j) \tag{6-44}$$

（4）进行轮盘选择，生成一个位于区间[0,1]的随机量。若该随机量小于或等于某个个体的累积概率且大于其上一个个体的累积概率，则保留这个个体，使之进入子代种群。

（5）重复步骤（4）N_{keep} 次，生成留存种群。

通过调整留存个体数量 N_{keep}，可以影响可行解收敛的速度。在本节介绍的基于机动消解模式的消解路径遗传算法中，经过自然选择剩下的种群大小与 N_{keep} 和 N_{pop} 的选择相关。当对 N_{pop} 值选取 10～20 时，对 N_{keep} 值选取 5 即可，也可以用 $N_{\text{pop}} = 20$ 和 $N_{\text{keep}} = 10$ 的组合。

5）交配

交配是指两个现有染色体的基因组合以创建新染色体的过程。交配产生的后代用于填充自然选择后的种群数量。交配将适应度高的染色体的特征遗传给更多的个体，但是这个过程也容易使种群产生局部收敛的现象。本算法采用简单的单点交配方式，以交叉率 λ 进行交叉操作。以基于水平偏置模式的消解路径遗传算法为例，水平偏置模式有 5 个基因，分别为 l_{m}，dir，d_{start}，d_{lat}，d_{off}，交叉流程如下。

（1）将进行自然选择后的种群中的第 $2i$ 个和第 $2(i-1)+1$ 个个体作为交配对进行遍历，$i=1,2,\cdots,n/2$。

（2）生成一个位于区间 $[0,1]$ 的随机量，若此随机量在交叉率 λ 内，则对交配对进行交叉操作；否则，不进行交叉操作。

（3）随机选择水平偏置模式对应的染色体中的一个基因，若随机选择的基因为 d_{start}，则将第 $2i$ 个个体染色体的基因 $l_{m,2i}$，dir_{2i}，$d_{start,2i}$ 与第 $2(i-1)+1$ 个个体染色体的基因 $l_{m,2(i-1)+1}$，$dir_{2(i-1)+1}$，$d_{start,2(i-1)+1}$ 进行交换。交叉前后交配对染色体基因分别如表 6-4 和表 6-5 所示。

表 6-4　交叉前交配对染色体基因

第 $2i$ 个染色体基因	$l_{m,2i}$	dir_{2i}	$d_{start,2i}$	$d_{lat,2i}$	$d_{off,2i}$
第 $2(i-1)+1$ 个染色体基因	$l_{m,2(i-1)+1}$	$dir_{2(i-1)+1}$	$d_{start,2(i-1)+1}$	$d_{lat,2(i-1)+1}$	$d_{off,2(i-1)+1}$

表 6-5　交叉后交配对染色体基因

第 $2i$ 个染色体基因	$l_{m,2(i-1)+1}$	$dir_{2(i-1)+1}$	$d_{start,2(i-1)+1}$	$d_{lat,2i}$	$d_{off,2i}$
第 $2(i-1)+1$ 个染色体基因	$l_{m,2i}$	dir_{2i}	$d_{start,2i}$	$d_{lat,2(i-1)+1}$	$d_{off,2(i-1)+1}$

6）突变

突变是指基因被随机改变以便把现有染色体改变为新染色体的过程。由于突变是纯随机过程，因此它使遗传算法能够搜索到远离局部收敛区域的可行解。为了确保下一代优秀个体的特征能够被保存下来，规定一定数量即优秀个体数量 N_{elite} 的适应度最高的染色体不会发生突变。这样可以提高可行解收敛的速度，这些染色体称为优秀个体。突变的主要调整特征是突变率 μ，它确定了所有可变染色体中有多少参数将会突变。增加突变率会减慢可行解收敛速度，也会降低收敛的局部最优解的机会。在本节介绍的基于机动消解模式的消解路径遗传算法中，对 N_{elite} 值选取 2 即可，对 μ 值选取 0.2 即可。

在本节介绍的消解路径遗传算法中，关键是使用有限的计算资源在有限的时间内找到问题的实际解决方案。因此，需要对种群规模、自然选择后的剩余种群数量、突变率等进行合理的设计，以符合实际的需要。

6.3.4　冲突消解流程

冲突消解模块是基于四维航迹运行的飞行管理系统中重要的一部分，它根据冲突探测得到的冲突信息与航迹重规划指令，结合本机与同一空域中其他飞机的状态信息和飞行意图信息，得到冲突消解路径并将指令更新到飞行管理系统中。因此，所设计的结合一般遗传算法流程的冲突消解流程如图 6-22 所示。该流程从载入飞行计划和解析飞行计划开始，飞行管理系统依据解析的航段和得到的当前空域中其他飞机的状态信号和飞行意图信息，每隔一段时间进行周期性的冲突检测。如果在冲突检测时没有发现存在航迹冲突，那么飞行管理系统就按照飞行计划解析航段生成飞行引导指令，引导本机飞行。如果在冲突检测时发现存在航迹冲突，那么冲突消解模块便需要生成消解路径以规避航迹冲突。首先根据冲突概率，明确当前航路上的冲突区，并根据冲突区确定消解路径所要遵循的几何限制。

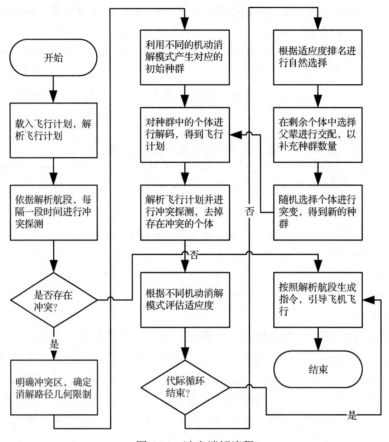

图 6-22　冲突消解流程

利用不同的机动消解模式产生对应的初始种群。初始种群由通过随机生成的个体所对应的基因参数产生。对每一代的种群个体，都要评估当前群体中的个体以准备自然选择，评估包括冲突探测和适应度计算。评估过程从解码染色体开始，由于生成的种群是染色体形式，并不能直接用作消解路径计算冲突概率。因此，需要对种群中的个体进行解码，得到飞行计划并解析，再用前文所述的方法探测冲突概率，将存在冲突可能性的个体从种群中删除。在剩余的个体中根据所评估的染色体适应度的高低排序，保留顶部 N_{keep} 个数量的种群个体。

此时，若代际循环已经结束，则可直接选择适应度最高的个体并解码，把它作为冲突消解路径；若代际循环没有结束，则在保留的种群中进行交配，以产生 $N_{pop} - N_{keep}$ 个数量的个体补充种群数量。然后在新产生的种群中随机选择个体进行突变，得到新的种群。突变的基因是从非精英染色体中选择的，完成交配和突变后，进行下一代计算并评估新生成的染色体，一直持续到 N_{gen} 代被评估。

6.3.5　冲突消解仿真算例

建立平面直角坐标系，以第一个航路点为坐标原点，OX 轴在地平面内指向正东方向，OY 轴在地平面内指向正北方向，OZ 轴垂直于地平面指向天空。设在平面直角坐标系中，飞机 A 的飞行计划如表 6-6 所示。

表 6-6　飞机 A 的飞行计划

航路点序号	x/n mile	y/n mile	z/n mile	速度/（n mile/min）	航迹方位角/（°）
1	0	0	0	6	45
2	25	25	0	6	0
3	25	100	0	6	0
4	50	125	0	6	45

把航段解析成直线航段与圆弧航段，解析后飞机 A 的应飞航段如表 6-7 所示。

表 6-7　解析后飞机 A 的应飞航段

航段序号	航段类型	航段起点位置坐标/n mile	航段终点位置坐标/n mile	圆弧航段圆心位置坐标/n mile	航段速度向量/（n mile/min）
1	0	（0,0,0）	（22.07,22.07,0）	（0,0,0）	（0,4.24,4.24）
2	1	（22.07,22.07,0）	（25,29.14,0）	（15,29.14,0）	（6,0,0）
3	0	（25,29.14,0）	（25,95.86,0）	（0,0,0）	（0,6,0）
4	1	（25,95.86,0）	（27.93,102.93,0）	（35,95.86,0）	（6,0,0）
5	0	（27.93,102.93,0）	（50,125,0）	（0,0,0）	（4.24,4.24,0）

设飞机 A 的初始位置坐标为（0,0,0），单位 n mile，按照飞行计划飞行；同一空域中另一架飞机 B 的初始位置坐标为（90,40,0），单位 n mile，飞行意图即飞行速度向量为（-5.82,1.4552,0），单位为 n mile/min。在计算冲突概率时，将飞机 A 看作基准航空器 R，将飞机 B 看作随机航空器 S，根据两架飞机的飞行冲突概率，得到初始飞行计划下的航段和冲突区。飞机 A 的初始航迹和同一空域中另一架飞机 B 的冲突区如图 6-23 所示。

由此可见，当飞机 A 按照当前航迹飞行时与同一空域中另一架飞机 B 存在航迹冲突，需要进行冲突消解。采用基于水平偏置模式的消解路径遗传算法，相关参数如表 6-8 和表 6-9 所示。

表 6-8　基于水平偏置模式的消解路径遗传算法相关参数

种群规模 N_{pop}	代际数量 N_{gen}	留存个体数量 N_{keep}	优秀个体数量 N_{elite}	交叉率 λ	突变率 μ
20	10	10	2	0.6	0.2

表 6-9　基于水平偏置模式的消解路径遗传算法染色体基因参数限制

水平偏置模式对应的染色体基因	l_m	dir	d_{start} /n mile	d_{lat} /n mile	d_{off} /n mile
基因取值范围描述	仅限于出现航迹冲突的航段	{-1,+1}	[0,27]	[5,20]	$\left[8, 75 - \left(2\dfrac{d_{lat}}{\tan\theta} + d_{start}\right)\right]$

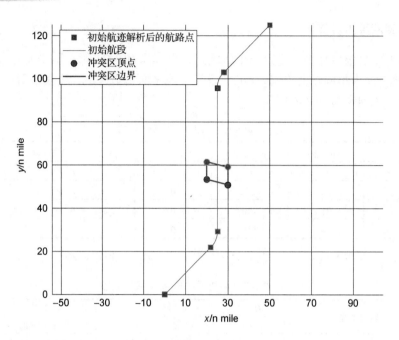

图 6-23　飞机 A 的初始航迹和同一空域中另一架飞机 B 的冲突区

利用遗传算法生成的消解路径及其对应的冲突区如图 6-24 所示。

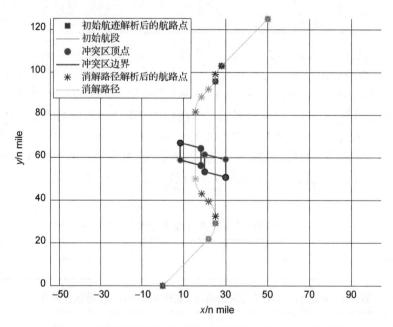

图 6-24　利用遗传算法生成的消解路径及其对应的冲突区

由图 6-24 可知，生成的消解路径依然和另一架飞机 B 存在航迹冲突。因此，需要利用遗传算法进行搜索。当搜索到 20 代时，生成可行的消解路径，即最终生成的最优消解路径，如图 6-25 所示。

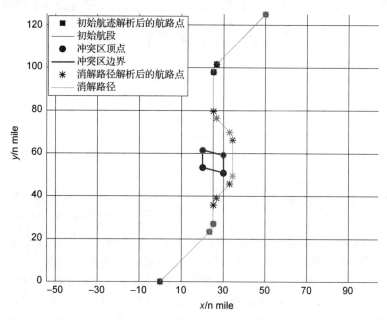

图 6-25　最终生成的最优消解路径

　　从图 6-25 可以看出，新的消解路径冲突概率差为 0，因此不存在冲突区。其中，水平偏置航段在飞机 A 的飞行方向向左偏转，机动起点距离航段起点的长度为 12.73n mile，偏置航段距离初始航迹的长度为 9.37n mile，水平偏置航段长度为 21.30n mile。

本 章 小 结

　　本章研究了四维航迹冲突探测和消解的相关算法和流程，结合四维航迹预测，利用改进型 Paielli 法计算某一时刻本机与同一空域中其他飞机的冲突概率，解决了原方法只能计算本机以固定的速度大小和方向计算冲突概率的缺点，实现航迹航向变化时的冲突探测。同时，利用基于机动消解模式的消解路径遗传算法，从预定义的机动消解模式中选择并优化可行的消解路径。本章还设计了仿真算例，验证了冲突探测算法和消解路径遗传算法的可行性。

第 7 章　四维航迹飞行误差估计和误差管理策略研究

7.1　概　　述

在飞机飞行过程中，基于四维航迹运行的飞行管理系统（4D-FMS）基于解析后的航路信息、航段/模态转换指令和飞机当前状态等，估计水平误差（侧偏距、方位角误差、纵向水平误差等）、垂直误差（高度差、垂直速率差、航迹倾斜角差等）和时间误差（到指定航路点的 ETA 与 RTA 的时间差），进而根据这些误差生成相应的指令引导飞机飞行。所计算的位置误差和时间误差一旦超过 4D-FMS 设定的阈值，4D-FMS 就根据飞行阶段和 RNP 要求告警，同时发出航段/模态转换指令或航迹重规划指令，这就是 4D-FMS 中的误差管理模块要实现的功能。误差管理模块在设定误差阈值和管理策略时，需要考虑造成飞行误差（包括飞行位置误差和时间误差）的不确定性因素，如传感器误差、控制误差、风场估计误差等。

本章采用理论研究与仿真验证相结合的方法，首先给出各个飞行阶段和飞行引导模式下对误差的定量描述，以某型国产飞机的气动数据、质量特性数据、发动机数据为基础，构建四维航迹飞行引导仿真模型。采用基于扩展卡尔曼滤波器的多元信息融合算法估计飞行位置误差（包括水平位置误差和垂直位置误差），利用飞机速度包线和气象预报信息对指定位置的 ETA 窗口进行估计。对不同情况下和不同飞行阶段的飞行引导过程进行随机仿真和统计分析，在此基础上梳理出系统误差阈值和飞行引导精度的关系，设定告警阈值和管理策略，以实现 4D-FMS 对航迹精确引导。

7.2　四维航迹飞行误差的定义和 RNP/ANP 的定义

7.2.1　水平位置误差

水平位置误差由 3 部分组成：航迹定义误差、航迹跟踪误差（飞行技术误差）和位置估计误差，如图 7-1 所示。

1）航迹定义误差

航迹定义误差是指期望航迹和定义航迹之间的差值。其中，期望航迹是在飞行计划中由空中交通管制部门批准的沿地面上的期望飞行路径，也称放行飞行路径或批准路径；定义航迹是指按期望航迹飞行中由飞行管理系统计算出的航迹。航迹定义误差是由地球模型参数、磁差、数据（航路点坐标、转弯半径、方位角）分辨率的不同引起的。

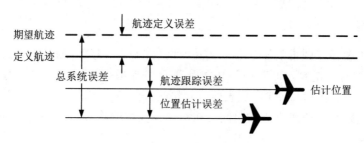

图 7-1　水平位置误差的组成

2）航迹跟踪误差

航迹跟踪误差（飞行技术误差）是指定义航迹和飞机估计位置之间的距离误差，是飞行管理系统或飞行员跟飞定义航迹的能力体现。它是一种随机误差，不包括由于操作失误引起的巨大误差。

3）位置估计误差

位置估计误差是指实际位置和估计位置之间的差值。估计位置是由导航系统或飞行管理系统根据导航传感器信息计算出的位置；实际位置是飞机的真实位置。

由于航迹定义误差的求解比较困难且对飞行误差的影响较小，因此水平飞行误差只考虑航迹跟踪误差和位置估计误差。

7.2.2　垂直位置误差

垂直位置误差由四部分组成：测高系统误差、航迹跟踪误差、航迹定义误差和横侧向耦合误差，如图 7-2 所示。

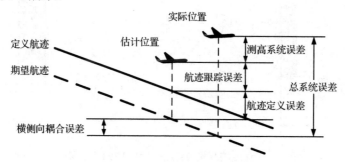

图 7-2　垂直位置误差的组成

（1）航迹定义误差和航迹跟踪误差。垂直位置误差中的航迹定义误差和航迹跟踪误差的定义与水平位置误差中的定义类似。

（2）测高系统误差。该误差是由飞机的测高装置引起的误差，包括由正常飞行姿态引起的位置误差。

（3）横侧向耦合误差。该误差是由水平航迹的位置估计误差与期望航迹耦合产生的垂直误差。

7.2.3 时间误差

时间误差主要指在四维航迹的要求到达时间（RTA）约束下和考虑气象的不确定性情况下实际到达时间的误差。而在航迹预测和飞行引导指令计算中，通常用估计到达时间（ETA）替代实际到达时间。RTA 代表四维航迹时间约束，ETA 代表在当前状态下，飞机预计到达某一航路点或航迹终点的时间。相对飞机速度的真实 ETA 窗口和可靠 ETA 窗口表示方式如图 7-3 所示。

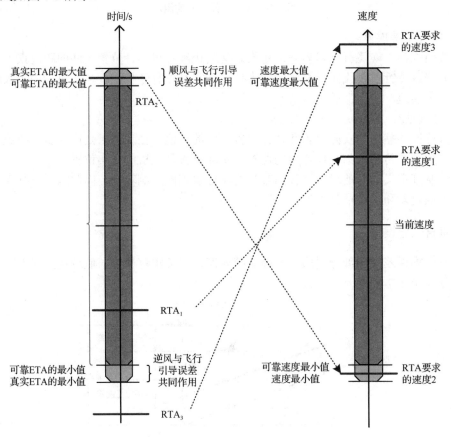

图 7-3　相对飞机速度的真实 ETA 窗口和可靠 ETA 窗口表示方式

ETA 窗口代表四维航迹时间维度的跟踪精度，是判定四维航迹时间维度跟踪误差的主要评价标准。

在图 7-3 中，上下两个被分开的浅色区域表示速度的调节裕度（不一定是常数），该调节裕度能够使飞行引导系统补偿总误差（包括系统位置误差和飞行引导误差）；中间深色区域是以 95%的概率到达指定四维航迹航路点的速度/距离包线,满足剩余航程的高度限制和速度限制要求。

(1) RTA$_1$ 表示以 95%的概率满足条件的到达时间,对应在可靠 ETA 窗口内侧的时间。

(2) RTA$_2$ 表示以较小概率满足条件的到达时间,对应真实 ETA 窗口内侧的时间约束。

(3) RTA$_3$ 表示不满足条件的到达时间,在真实 ETA 窗口外侧。

时间误差的计算精度取决于 ETA 窗口的估计,ETA 窗口估计需要考虑的参数如下。

(1) 飞机到期望时间限制的航路点的距离。

(2) 速度最小值(V_{min})和速度最大值(V_{max})。在飞机速度包线范围内,并且可由飞行员输入更多约束条件予以调节。

(3) 飞机飞到四维航迹中的固定航路点的高度限制和速度限制。

(4) 地速误差(由风和温度误差分量组成)。

(5) 飞行引导误差和预测误差。

和飞机速度相关联的真实 ETA 窗口和可靠 ETA 窗口的估计如图 7-4 所示。

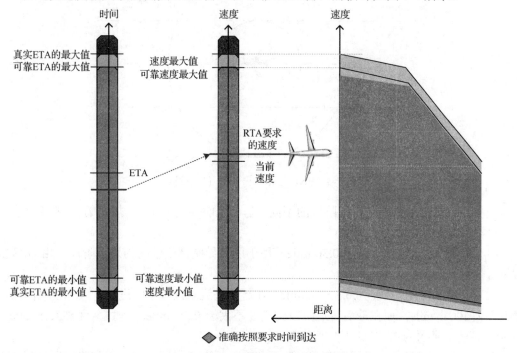

图 7-4　和飞机速度相关联的真实 ETA 窗口和可靠 ETA 窗口的估计

可靠 ETA 窗口是指一个时间范围,在考虑气象的不确定性情况下,飞机到达指定航路点的时间以 95%的概率落入该范围。可靠 ETA 窗口的计算与飞机速度密切相关,计算时需要考虑飞机速度包线,而飞机速度包线是风、温度、高度和推力的函数。

7.2.4 RNP/ANP 的定义

国际民用航空组织（ICAO）新航行系统（FANS）特别委员会对所需导航性能（RNP）的定义：在一个指定空域中运行的航空器在水平方向上（经度和纬度位置点）所必备的导航精度。RNP 数值根据航空器至少在 95%的飞行时间内能够达到预计导航性能精度的数值来确定，即要求水平位置误差中的位置估计误差在 95%的飞行时间内能够在 RNP 值规定的范围。

RNP 包容区（RNP-2X）和 RNP 包容度区（RNP-X）如图 7-5 所示，RNP 包容度区为距离中心线（图 7-5 中的虚线）两侧各 X n mile 的区域，指飞机在 95%的飞行时间内能够处于该区域，RNP 包容区为距离中心线两侧各 2X n mile 的区域，指飞机在 99.999%的飞行时间内能够处于该区域。RNP 包容度区的数值越小，精度越高。

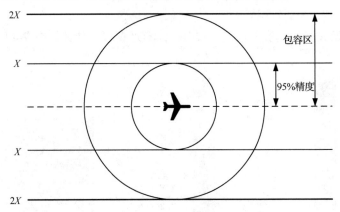

图 7-5　RNP 包容区和 RNP 包容度区

根据飞行地区的不同和飞行阶段的不同，基于性能导航（PBN）规定的 RNP 主要有以下几种类型：

（1）RNP AR，精度不大于 0.3n mile，用于所需导航精度较高的进近阶段，由 GPS 提供位置信息。

（2）RNP APCH，精度为 0.3～1n mile，在起始进近阶段、中间进近阶段和复飞阶段的精度不大于 1n mile，而在最后进近阶段的精度不大于 0.3n mile，垂直精度要求在-500～+10ft，导航信息源为 GPS 和气压高度表。

（3）RNP1/RNP2，一般用于有雷达监视和直接陆空通信联系的航路和终端区飞行，由多源导航传感器提供位置信息。

（4）RNP4，一般用于海洋和偏远地区的空域运行，由 GPS 提供位置信息。

（5）RNP10，通常用于没有地面助航设备的区域，如海洋、偏僻区域，由惯性导航设备提供位置信息。

实际导航性能（Actual Navigation Performance，ANP）表示飞行管理系统基于导航传感器提供的定位结果与飞机在飞行空域中的实际位置的误差。PBN 规定必须实时计算 ANP

值，以 95%的概率保证飞机的实际位置位于以飞行管理系统估计位置为圆心、以 ANP 值为半径的圆中，如图 7-6 所示。因此，水平位置误差可以用 ANP 表述。

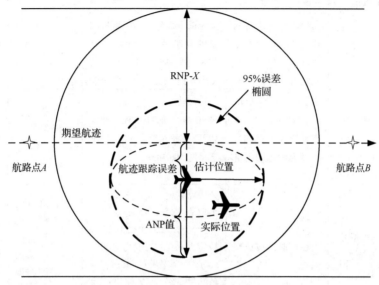

图 7-6　实际导航性能

7.3　基于多源信息融合算法的飞行位置误差估计

飞行位置误差主要与导航传感器的性能有关。随着航空导航性能需求的不断提高，可以利用的导航信息源越来越多样化，基于多源信息融合算法的组合导航方式成为当今民用航空的主流导航方式。利用各种导航设备的优缺点互补，可以实现较高精度和较高稳定性的导航性能。

7.3.1　常用导航传感器的精度和组合方式

常用的给飞机提供导航信息的传感器包括惯性导航系统（INS 或 IRS）、仪表着陆系统（ILS）、GPS，以及无线电高度表（RA）、甚高频全向信标（VOR）、DME 导航台、自动定向仪（ADF）、大气数据系统（ADS）等。常用的导航传感器性能和工作原理如表 7-1 所示。

表 7-1　常用的导航传感器性能和工作原理

传感器	坐标系或测量基准	工作原理	精度	作用范围	输出信息
GPS	（地球直角坐标系 WGS84）	以卫星为基础的无线电通信导航	径向定位精度为 1.0～3.9m，垂直轴方向定位精度为1.6～6.3m	全程使用	飞行器的三维位置，三维速度和时间

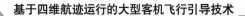

续表

传感器	坐标系或测量基准	工作原理	精度	作用范围	输出信息
INS	地心惯性系	利用惯性传感器测量载体的运动加速度，经过导航计算机求出导航参数	参考空中客车 A320 客机的惯性导航系统指标：在有 GPS 辅助的情况下，导航精度为 0.3 n mile	全程使用	飞行器的经度、纬度和高度，三轴速度，三轴位置和三轴角速度
ILS	以着陆点为中心的极坐标系	由航向信标台 LOC 和下滑信标台 GS 指点和信标台（MB）构成无线电着陆引导波束	对 III 级着陆，ILS 精度要求如下：水平精度为 4.02m，垂直精度为 0.54m	飞行器在跑道延伸线上方 30～500m 的高度范围内	相对航向道的偏差角、相对下滑道的偏差角
RA	以飞机正下方地面为基准	无线电脉冲或调频测高	无线点高度表精度与高度、下降率关系：高度为 3～100ft，下率为 0～20（ft/s），精度为±5ft；高度为 100～500ft，下降率为 0～25（ft/s），精度为±3%；高度为 500ft 及以上，下降率为 0～25（ft/s），精度为±5%	频率调制的低高度表最小测量高度达 0.5m，多用于飞机靠近地面（600m 以下高空）	飞行器距离当地地表面的垂直距离
VOR	以 VOR 导航台为中心的极坐标系	相位式测角	多普勒 VOR 最大误差为 0.4°，常规 VOR 误差为 1.4°	最大覆盖范围为 200n mile	飞机相对于所选 VOR 导航台的磁方位角
DME	以 DME 导航台为中心的极坐标系	询问-应答式脉冲测距	DME/N 精度为±370m；DME/P 进近精度为±30m；依赖 DME/P 着陆的精度为±12m	航路导航时半径范围为 200n mile；终端区和进近阶段半径范围为 25n mile	到所选 DME 导航台或着陆点的距离
ADS	气压高度以标准气压平面为基准	由大气静压、总压和总温等基本数据通过修正计算得到	参考 AS8002《大气数据计算机最低性能标准》，气压高度精度在 1200m 以下时为±8m；指示空速为 2 节（1 节＝1.852 千米/小时）；马赫数精度为 0.012	全程使用	气压高度、校正空速、马赫数、真空速等

　　飞行管理系统的导航功能可根据外部设备的工作状态，选择最佳的导航传感器组合方式，进而根据导航设备的输出数据计算飞机的位置、速度、姿态、大气数据等信息，为飞行引导和性能计算提供导航数据。本节借鉴波音737、空中客车 A320 等客机的飞行管理系统综合导航功能中关于导航传感器的管理策略，确定飞行阶段各导航传感器组合的优先级和转换逻辑，如表 7-2 所示。

表 7-2　飞行阶段各导航传感器组合的优先级和转换逻辑

优先级	传感器组合方式	备注
1	ADS-INS-GNSS	若 GNSS 有效，则 ADS 高度信息在 INS 内部实现对 INS 高度通道修正。ADS-INS-GNSS 进行数据融合
2	ADS-INS-DME-DME	若 GNSS 失效，则按无线电导航台调谐算法选择最优的一对 DME 导航台，并根据 DME 导航台的距离信息与 ADS-INS 数据进行位置更新
3	ADS-INS-VOR-DME	若没有满足要求的 DME 导航台，则选择共址安装的 VOR/DME 导航台，并利用该 VOR/DME 导航台距离和方位信息与 ADS-INS 数据进行位置更新
4	ADS-INS	若 GNSS 和无线电导航设备均失效，则采用经过固定误差修正的 ADS-INS 数据
5	INS	若 ADS 也失效，则采取纯惯性导航数据（根据惯性导航余度决定是否采取混合位置计算）

7.3.2　基于扩展卡尔曼滤波器的组合导航性能评估

根据表 7-2 中所列的飞行阶段不同的传感器组合方式，利用基于扩展卡尔曼滤波器的多元信息融合算法，分别计算对应的导航性能，以满足不同情况下的 RNP 要求。

本节以 INS-GPS 传感器组合方式为例，进行水平导航性能的计算。利用扩展卡尔曼滤波器，建立 GPS 和 INS 传感器模型，以加性噪声的形式将随机误差整合到传感器输出信号中。

1. 基于扩展卡尔曼滤波器的 INS-GNSS 的组合

用惯性导航系统和 GPS 输出的位置之差作为量测值，通过卡尔曼滤波器估计惯性导航系统的各项误差，然后对惯性导航系统进行校正。

1）组合导航的状态方程

这里选取速度误差、姿态角误差、位置误差、陀螺仪漂移误差和加速度计零偏误差作为系统状态，并表示成矩阵，即

$$X = [\delta V_E\ \delta V_N\ \delta V_U\ \phi_E\ \phi_N\ \phi_U\ \delta\lambda\ \delta\varphi\ \delta h\ \varepsilon_x\ \varepsilon_y\ \varepsilon_z\ \nabla_x\ \nabla_y\ \nabla_z]^T \tag{7-1}$$

式中，下标 E、N、U 分别表示东向、北向、天空方向；$\delta V_E\ \delta V_N\ \delta V_U$ 表示 3 个方向的速度误差；$\phi_E\ \phi_N\ \phi_U$ 表示东向、北向、天空方向的姿态角误差；$\delta\lambda\ \delta\varphi\ \delta h$ 表示经度、纬度、高度的位置误差；$\varepsilon_x\ \varepsilon_y\ \varepsilon_z$ 表示沿机体坐标系 X、Y、Z 轴上的陀螺仪漂移误差，∇_x、∇_y、∇_z 表示沿机体坐标系 X、Y、Z 轴上的加速度计零偏误差。

根据参考文献《民机导航系统》（程农，2015）中所列的惯性导航系统的速度误差方程、姿态角误差方程、位置误差方程、陀螺仪漂移误差方程、加速度计零偏误差方程，将 GPS 定位误差看作量测噪声，可以得到如下系统状态方程：

$$\dot{X} = FX + W \tag{7-2}$$

式中，F 为相应的状态转移矩阵；W 为相应的系统噪声矩阵。

$$F = \begin{bmatrix} F_{N(6\times6)} & \mathbf{0}_{6\times3} & \begin{bmatrix} \mathbf{0}_{3\times3} & C_{b(3\times3)}^{n} \\ -C_{b(3\times3)}^{n} & \mathbf{0}_{3\times3} \end{bmatrix} \\ \begin{bmatrix} F_{P(3\times3)} & \mathbf{0}_{3\times3} \end{bmatrix} & \mathbf{0}_{3\times3} & \mathbf{0}_{3\times6} \\ \mathbf{0}_{6\times6} & \mathbf{0}_{6\times3} & \mathbf{0}_{6\times6} \end{bmatrix}$$

$$F_{N} = \begin{bmatrix} \dfrac{V_{N}\tan\varphi}{R_{N}+h} & 2\Omega_{U}+\dfrac{V_{E}\tan\varphi}{R_{N}+h} & 0 & 0 & -f_{U} & f_{N} \\ -2\left(\Omega_{U}+\dfrac{V_{E}\tan\varphi}{R_{N}+h}\right) & 0 & 0 & f_{U} & 0 & -f_{E} \\ 0 & 0 & 0 & -f_{N} & f_{E} & 0 \\ 0 & \dfrac{1}{R_{M}+h} & 0 & 0 & \Omega_{U}+\dfrac{V_{E}\tan\varphi}{R_{N}+h} & -\Omega_{N}\dfrac{V_{E}}{R_{N}+h} \\ \dfrac{1}{R_{N}+h} & 0 & 0 & -\Omega_{U}-\dfrac{V_{E}\tan\varphi}{R_{N}+h} & 0 & -\dfrac{V_{N}}{R_{M}+h} \\ \dfrac{\tan\varphi}{R_{N}+h} & 0 & 0 & \Omega_{U}+\dfrac{V_{E}}{R_{N}+h} & \dfrac{V_{N}}{R_{M}+h} & 0 \end{bmatrix}$$

$$F_{P} = \text{diag}\begin{bmatrix} \dfrac{1}{(R_{N}+h)\cos\varphi} & \dfrac{1}{R_{M}+h} & 1 \end{bmatrix}$$

式中，C_{b}^{n} 为从飞机的机体坐标系到导航坐标系的坐标变换矩阵；R_{M} 为子午圈曲率半径；R_{N} 为卯酉圈曲率半径；Ω_{N}、Ω_{U} 为地球自转角速度在北向、天空方向的分量；f_{E}、f_{N}、f_{U} 为加速度计量测值在东向、北向、天空方向的分量；V_{N}、V_{E} 为飞机的北向和东向速度；φ 为飞机所处纬度。

2）组合导航的量测方程

位置组合的量测值为惯性导航位置 λ_{ins}、φ_{ins}、h_{ins} 和 GPS 接收机输出的位置 λ_{gps}、φ_{gps}、h_{gps} 之差。

令

$$Z = \begin{bmatrix} \delta\lambda \\ \delta\varphi \\ \delta h \end{bmatrix} = \begin{bmatrix} \lambda_{ins}-\lambda_{gps} \\ \varphi_{ins}-\varphi_{gps} \\ h_{ins}-h_{gps} \end{bmatrix} \tag{7-3}$$

根据量测值构成和状态变量选择，可构成量测方程，即

$$Z = HX + V \tag{7-4}$$

式（7-3）和式（7-4）中，$H = \begin{bmatrix} \mathbf{0}_{3\times6} & I_{3\times3} & \mathbf{0}_{3\times6} \end{bmatrix}$；$V$ 为量测噪声；λ、φ、h 分别为 GPS 接收机输出的经度、纬度、高度的量测噪声。

3）多传感器信息融合的算法步骤

（1）利用扩展卡尔曼滤波器，将连续方程离散化，即

$$X(k+1) = A(k)X(k) + G(k)W(k)$$
$$Z(k+1) = H(k+1)X(k+1) + V(k+1)$$

（7-5）

（2）状态量 $X(k)$ 到状态量 $X(k+1)$ 的转移方程为

$$\hat{X}(k+1/k) = A(k)\hat{X}(k/k)$$

（7-6）

（3）计算一步预测误差的协方差矩阵，即

$$P(k+1/k) = A(k)P(k/k)A^{\mathrm{T}}(k) + G(k)QG^{\mathrm{T}}(k)$$

（7-7）

（4）对状态量的一步预测，即

$$K(k+1) = P(k+1/k)H^{\mathrm{T}}(k+1) \times [H(k+1)P(k+1/k)H^{\mathrm{T}}(k+1) + R(k+1)]^{-1}$$
$$\hat{X}(k+1/k+1) = \hat{X}(k+1/k) + K(k+1)[Z(k+1) - H(k+1)\hat{X}(k+1/k)]$$

（7-8）

（5）确定估计的协方差矩阵，即

$$P(k+1/k+1) = [I - K(k+1)H(k+1)] \times P(k+1/k)$$

（7-9）

经过多次计算，可以计算导航位置，获取此时的协方差矩阵。

2. 基于协方差矩阵的误差椭圆的获取

卡尔曼滤波器的协方差矩阵给出了组合导航系统的随机误差估计值，根据多元正态分布的特性，从协方差矩阵中取出组合导航系统的位置误差矩阵，并求出组合导航系统的位置标准差。位置误差矩阵定义如下：

$$E'_{\mathrm{pos}} = [\delta\varphi \quad \delta\lambda]$$

（7-10）

那么位置误差的协方差矩阵为

$$P_{\mathrm{pos}} = \mathrm{cov}[E_{\mathrm{pos}}] = \begin{bmatrix} \sigma_\varphi^2 & \sigma_{\varphi\lambda}^2 \\ \sigma_{\varphi\lambda}^2 & \sigma_\lambda^2 \end{bmatrix}$$

（7-11）

由于计算的经度误差和纬度误差为非水平面内的直线误差，因此需要将经度误差和纬度误差转化为水平面内的直线误差（x,y），即

$$\begin{cases} x = \delta\lambda \cdot R\cos\varphi \\ y = \delta\varphi \cdot R \end{cases}$$

（7-12）

式中，R 为地球半径。

则平面直角坐标系下位置误差的协方差矩阵为

$$E_{\mathrm{pos}} = [x \quad y]$$

$$P_{\mathrm{pos}} = \mathrm{cov}[E_{\mathrm{pos}}] = \begin{bmatrix} \sigma_x^2 & \sigma_{xy}^2 \\ \sigma_{xy}^2 & \sigma_y^2 \end{bmatrix} = R^2 \begin{bmatrix} \cos\varphi\sigma_\lambda^2 & \cos\varphi\sigma_{\varphi\lambda}^2 \\ \cos\varphi\sigma_{\varphi\lambda}^2 & \sigma_\varphi^2 \end{bmatrix}$$

（7-13）

通常，位置估计的水平随机误差服从二元正态分布。由本书第 3 章关于误差椭圆的分析可知，由于飞机经度和纬度误差的差异，误差分布符合椭圆分布。然而，实际导航性能 ANP 的描述为以估计位置为圆心、以 ANP 值为半径的 95%概率误差圆。因此，需要将 95%概率误差椭圆转换为 95%概率误差圆。

3．ANP 值的获取

根据位置估计误差的协方差矩阵，可知 95% 概率对应的误差椭圆的长半轴 $\lambda_1 = \sigma_x \sqrt{5.991}$ 和短半轴 $\lambda_2 = \sigma_y \sqrt{5.991}$。为了保险起见，对 ANP 的 95% 概率误差圆，可以利用误差椭圆的外切圆来计算。

7.3.3 基于扩展卡尔曼滤波器的组合导航误差估计仿真算例

参考 7.3.1 节，GPS 和 INS 的仿真误差设置分别如表 7-3 和表 7-4 所示。

表 7-3 GPS 的仿真误差设置

序号	含义	单位	数值
1	水平位置测量误差	m	5
2	高度测量误差	m	5

表 7-4 INS 的仿真误差设置

序号	含义	单位	数值
1	陀螺仪常值漂移	°/h	0.015
2	陀螺仪白噪声	°/h	0.002
3	陀螺仪一阶马尔科夫噪声	°/h	0.004
4	加速度计误差	m/s²	$5\times10^{-5}g$

设飞机沿直线航段从 A 点飞到 B 点，A 点坐标为（31.1599°,112.1592°,2900m），B 点坐标为（31.5533°,112.5539°,2900m），速度为 80m/s。通过仿真可知，经度估计误差随时间变化的曲线如图 7-7 所示。

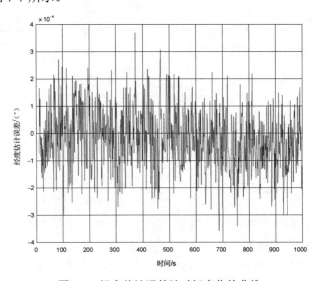

图 7-7 经度估计误差随时间变化的曲线

纬度估计误差随时间变化的曲线如图 7-8 所示。

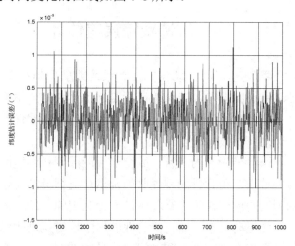

图 7-8　纬度估计误差随时间变化的曲线

高度估计误差随时间变化的曲线如图 7-9 所示。

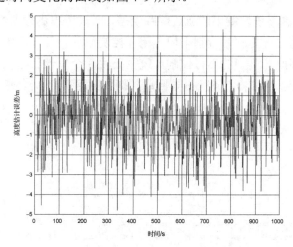

图 7-9　高度估计误差随时间变化的曲线

经统计，2900m 高度下的水平位置估计误差和高度估计误差如表 7-5 所示。

表 7-5　2900m 高度下的水平位置估计误差和高度估计误差

位置估计误差	经度误差/（°）	纬度误差/（°）	高度误差/m
均值	-2.0036×10^{-6}	1.7625×10^{-8}	2.87
标准差	2.1020×10^{-5}	3.4449×10^{-7}	3.60
95%置信区间	$(-6.2076, 2.2024) \times 10^{-5}$	$(-6.7136, 7.0661) \times 10^{-7}$	$(-4.32, 10.06)$

通过仿真可知，在 95%概率的情况下，飞机真实位置在卡尔曼滤波器估计值所示位置周围，即在半径约为 5.7m 的范围内。

7.4 航迹跟踪误差估计

航迹跟踪误差主要指航空器的自动飞行控制系统或航空器控制系统与飞行员的人为因素所形成的闭环控制系统的误差，该误差计量描述了无法完全精确地跟踪，或者保持目标侧向航径、目标高度与目标速度的性能局限性。航迹跟踪误差包括水平飞行技术误差、高度飞行技术误差和速度飞行技术误差。

航迹跟踪误差影响因素分为人为因素、航空器性能因素和环境因素三大类。人为因素主要包括飞行员的驾驶技术、飞行员的神经肌肉延迟、飞行员的飞行策略与飞行程序（将飞行程序归类为人为因素的原因在于飞行程序是人为制定的）。航空器性能因素包括航空器自身的性能局限性和系统摄动，航空器自身的性能局限性对航迹跟踪误差的影响主要包括自动飞行控制系统的目标指令跟踪性能和对扰动信号的抑制性能；系统摄动的影响主要是由随机快速变动而无法精确描述的某些因素导致的不确定性产生的。环境因素主要包括气象因素和前机产生的尾流，气象因素包括大气湍流、侧风与突风。本节仅考虑飞行管理系统（FMS）和飞行控制系统控制下的航迹跟踪误差，即只考虑飞行器性能因素和环境因素。

广义上，所有的飞行控制系统都采用了闭环控制原理，开环操纵系统也通过飞行员构成闭环控制回路。因此，典型的飞行控制系统主要由 3 个反馈回路构成：内回路（稳定回路）、外回路（姿态控制回路）、飞行引导回路（制导回路），此外，还包括一个属于执行机构的舵回路，如图 7-10 所示。

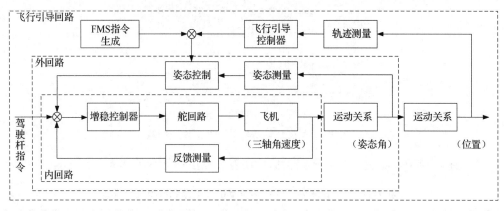

图 7-10 典型的飞行控制系统

本节通过对飞机、各回路控制律、飞行引导律、舵回路、传感器和环境风进行建模，综合考虑传感器误差对 FMS 指令的计算造成的影响，以及舵回路执行机构误差和环境风对飞机操纵系统的影响，建立用来估计典型飞行航迹下的航迹跟踪误差的蒙特卡洛模型，如图 7-11 所示。图 7-11 中的斜线填充框代表受到随机误差影响的模块。利用该模型进行仿真，然后对仿真结果进行统计，得到航迹跟踪误差（包括水平飞行技术误差和高度飞行技术误差）的统计值。

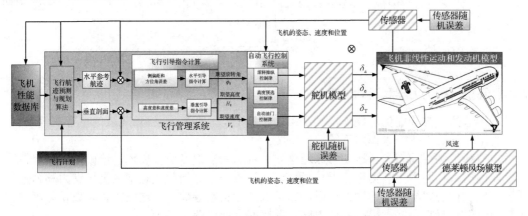

图 7-11　用来估计航迹跟踪误差的蒙特卡洛模型

航迹跟踪误差是导航传感器融合估计的位置值和航线定义位置值的差，主要包括飞机相对于基准航迹的水平误差（图 7-12 中的 Δd_{XTK}）和高度误差（图 7-12 中的 $\Delta H_{\mathrm{error}}$）。

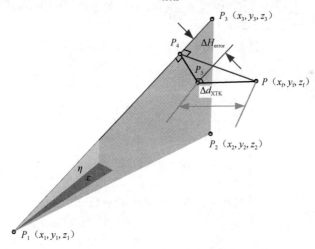

图 7-12　航迹跟踪误差计算原理

在图 7-12 中，P 点为飞机所在位置，P_1 点为基准航迹终点，P_3 点为基准航迹起点，P_2 点为 P_3 点在地平面上的投影，P_4 点为从飞机当前位置向期望基准航迹引出的一条垂线与基准航迹的交点。P 点在基准航迹所在铅垂面上的投影为 P_5 点，由图 7-12 所示的几何关系可以得出如下关系，即

$$P_1P_4 \perp P_5P_4, \quad P_1P_4 \perp PP_4, \quad P_5P_4 \perp PP_5 \tag{7-14}$$

由此可得出水平误差和高度误差的计算公式，即

$$\Delta d_{\mathrm{XTK}} = \overrightarrow{P_1P} \cdot \overrightarrow{e_{\mathrm{n}}} \tag{7-15}$$

式中，$\overrightarrow{e_n}$ 为由 P_1 点、P_2 点和 P_3 点确定的平面的法向量。

$$\Delta H_{\text{error}} = |P_5P_4| = \sqrt{|PP_4|^2 - |PP_5|^2} = \sqrt{|PP_4|^2 - \Delta d_{\text{XTK}}^2} \tag{7-16}$$

$$|PP_4| = \frac{\left|\overrightarrow{P_1P} \times \overrightarrow{P_1P_3}\right|}{\left|\overrightarrow{P_1P_3}\right|} \tag{7-17}$$

7.4.1 飞机飞行动力学和运动学模型

为了给仿真实验提供对象支撑，需要建立飞机运动学模型，描述飞机的位置在气动力、气动力矩、风等干扰因素作用下的变化情况。

本节基于飞行动力学和运动学原理建立飞机的六自由度仿真模型，该模型的输入量为飞机舵偏指令和油门控制指令，根据飞行动力学原理计算当前状态下飞机所受力和力矩，通过飞机飞行动力学和运动学方程组计算飞机飞行状态导数，对这些状态导数积分可得到更新的飞机飞行状态。飞机的六自由度仿真模型原理如图 7-13 所示。

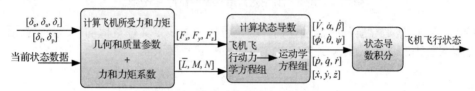

图 7-13　飞机的六自由度仿真模型原理

飞机飞行动力学和运动学方程组如下。

飞机受力方程组：

$$\begin{cases} \dot{u} = vr - wq - g\sin\theta + \dfrac{F_x}{m} \\[2mm] \dot{v} = -ur + wp + g\cos\theta\sin\phi + \dfrac{F_y}{m} \\[2mm] \dot{w} = uq - vp + g\cos\theta\cos\phi + \dfrac{F_z}{m} \end{cases} \tag{7-18}$$

力矩方程组：

$$\begin{cases} \overline{L} = \dot{p}I_x - \dot{r}I_{xz} + qr(I_z - I_y) - pqI_{xz} \\ M = \dot{q}I_y + pr(I_x - I_z) + (p^2 - r^2)I_{xz} \\ N = \dot{r}I_z - \dot{p}I_{xz} + pq(I_y - I_x) + qrI_{xz} \end{cases} \tag{7-19}$$

运动方程组：

$$\begin{cases} \dot{\phi} = p + (r\cos\phi + q\sin\phi)\tan\theta \\ \dot{\theta} = q\cos\phi - r\sin\phi \\ \dot{\psi} = \dfrac{1}{\cos\theta}(r\cos\phi + q\sin\phi) \end{cases} \tag{7-20}$$

导航方程组：

$$\begin{cases} \dot{x}_g = u\cos\theta\cos\psi + v(\sin\phi\sin\theta\cos\psi - \cos\phi\sin\psi) + w(\sin\phi\sin\psi + \cos\phi\sin\theta\cos\psi) \\ \dot{y}_g = u\cos\theta\sin\psi + v(\sin\phi\sin\theta\sin\psi + \cos\phi\cos\psi) + w(-\sin\phi\cos\psi + \cos\phi\sin\theta\sin\psi) \quad (7\text{-}21) \\ -\dot{h} = u\sin\theta - v\sin\phi\cos\theta - w\cos\phi\cos\theta \end{cases}$$

在上述公式中，m 为飞机质量；g 为重力加速度；F_x, F_y, F_z 为飞机所受合外力在机体坐标系中的表示；$\bar{L}, M, N$ 为飞机所受合外力矩在机体坐标系中的表示；I_x, I_y, I_z, I_{xz} 为飞机对相应机体坐标系三轴和坐标平面的转动惯量。

7.4.2　自动飞行控制系统架构及控制律设计

自动飞行控制系统是执行飞行引导指令，使飞机完成各项飞行任务的执行机构。本章介绍的自动飞行控制系统的控制律可分为俯仰操纵控制律、横滚操纵控制律、自动油门控制律。

俯仰操纵控制律根据飞行引导指令和飞机位置、姿态等计算俯仰指令，实现垂直导航（VNAV）、高度截获（ALT ACQ）、高度保持（ALT HOLD）、高度层改变（LVL CHG）、垂直速率预选（V/S）、下滑道截获、下滑道跟踪等俯仰操纵。自动飞行控制系统俯仰操纵和自动油门控制律功能架构示意如图 7-14 所示。

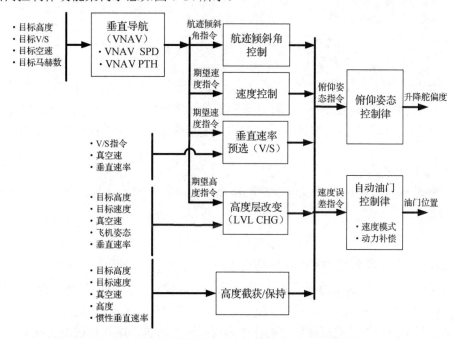

图 7-14　自动飞行控制系统俯仰操纵和自动油门控制律功能架构示意

与俯仰操纵控制律类似，横滚操纵控制律可以实现水平导航（LNAV）、航向预选（HDG SEL）、自动进场等横侧向操纵控制律。自动飞行控制系统中的方向舵控制和滚转姿态控制功能架构示意如图 7-15 所示。

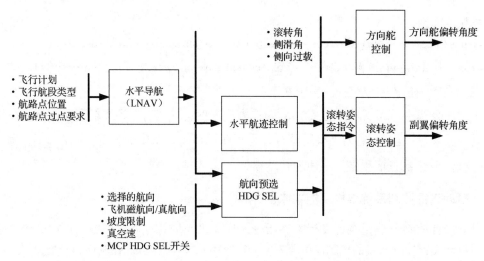

图 7-15 自动飞行控制系统中的方向舵控制和滚转姿态控制功能架构示意

自动飞行控制系统以滚转控制作为横侧向控制内回路，以垂直速率控制和俯仰姿态控制作为垂直控制内回路。

1）垂直速率控制律

通过垂直速率控制律计算得到的俯仰角指令 θ_c 为

$$\theta_c = \frac{1}{1+T_V s}\left[K_V + \frac{K_{V,I}}{s}\right]\left[V_{S,g} - V_S\right] + K_{\phi,\theta}\left(1-\cos\phi\right) \tag{7-22}$$

式中，V_S 为飞机当前垂直速率；$V_{S,g}$ 为给定垂直速率指令；ϕ 为滚转角；K_V 是垂直速率差比例信号；$K_{V,I}$ 是高度误差积分（式中 s 表示积分）信号传动比；$K_{\phi,\theta}\left(1-\cos\phi\right)$ 将滚转角引到俯仰通道，可以补偿因飞机滚转引起的垂直速率变化；T_V 为垂直速率指令软化环节时间常数。

2）高度控制/保持控制律

高度控制/保持控制律以垂直速率控制律作为内回路，由此计算得到的垂直速率指令 $V_{S,g}$ 为

$$V_{S,g} = K_H\left(H_g - H\right) \tag{7-23}$$

将高度差 $\Delta H = H_g - H$ 转化为垂直速率指令。

式（7-23）中，H_g 为高度指令；H 为飞机当前高度；K_H 为高度差增益。

3）航迹倾斜角控制律

航迹倾斜角控制律以垂直速率控制律作为内回路，由航迹倾斜角误差生成垂直速率指令，即

$$V_{S,g} = K_\gamma\left(\gamma_g - \gamma\right) \tag{7-24}$$

式中，γ_g 为给定航迹倾斜角指令；γ 为当前航迹倾斜角；K_γ 为航迹倾斜角误差增益。

4）高度层改变控制律

高度层改变控制律是指通过高度传感器测量飞机飞行高度与目标高度的误差，改变俯仰角，增减升力，实现高度层的改变和捕获。高度层改变控制律以垂直速率预选控制律作为内回路，由此计算得到的垂直速率指令 $V_{S,g}$ 为

$$V_{S,g} = \begin{cases} \dfrac{1}{1+T_{T,I}s}\left(K_T + \dfrac{K_{T,I}}{s}\right)\left\{K_{V,T}\left(V_g - V\right) + K_{VDT}V_{dot}\right\}, & \text{ALT ACQ} = 0 \\ K_H\left(H_g - H\right), & \text{ALT ACQ} = 1 \end{cases} \tag{7-25}$$

式中，V_g 为飞机期望速度；V 为飞机当前速度；V_{dot} 为飞机切向加速度。

当不满足高度截获条件（ALT ACQ = 0）时，由升降舵控制速度，使之保持恒定；当满足高度截获条件（ALT ACQ = 1）时，由高度层改变控制律转为高度控制/保持控制律。

高度截获判断条件为

$$\text{ALT ACQ} = \begin{cases} 0, & \left|H_g - H\right| > H_{cap} \\ 1, & \left|H_g - H\right| \leqslant H_{cap} \end{cases} \tag{7-26}$$

式中，H_{cap} 为截获判断阈值，当飞机飞行高度和期望高度之差小于该值时，由高度层改变控制律转为高度截获/高度控制控制律。

5）垂直导航控制律

垂直导航控制律以高度控制/保持控制律为内回路，根据飞行计划给出的当前航段起点/终点信息、航段类型等计算出垂直导航参数。然后根据这些导航参数计算出飞机当前期望高度和期望垂直速率，把计算结果输入高度控制/保持控制律中，以产生垂直航迹控制指令。

$$H_g = H_1 + \frac{D_{cur}}{D_{leg}}\left(H_2 - H_1\right) \tag{7-27}$$

式中，D_{cur} 为飞机当前位置距离当前航段起点 P_1 点的航程；D_{leg} 为根据航段类型计算出的航段长度；H_1 为航段起点的高度；H_2 为航段终点的高度。

6）滚转姿态控制律

由滚转姿态控制律计算得到的升降舵偏转角度指令 δ_r 和副翼偏转角度指令 δ_a 为

$$\begin{cases} \delta_a = K_\phi\left(\phi - \phi_g\right) + K_p p \\ \delta_r = K_{r,\phi}\phi_g + K_r r \end{cases} \tag{7-28}$$

式中，ϕ 为当前滚转角；ϕ_g 为期望滚转角；p 为滚转轴角速率；r 为偏航轴角速率；K_ϕ 为滚转角误差信号传动比，用于调节滚转角响应的快速性和稳态精度；K_p 和 K_r 分别为滚转轴角速率传动比与偏航轴角速率传动比，用于调节系统阻尼；$K_{r,\phi}$ 为期望滚转角作为交联信号到航向通道的传递系数，提供偏航控制主信号，用于驱动机头偏转，以消除侧滑。

7）航向控制/保持控制律

航向控制/保持控制律以滚转姿态控制回路为内回路，航向角反馈构成外回路，以实现对航向的控制。由航向控制/保持控制律计算得到的期望滚转指令为

$$\phi_g = \left(K_\psi + \frac{K_{\psi,I}}{s}\right)\left(\psi_g - \psi\right) \tag{7-29}$$

式中，ψ_g 为期望航向；ψ 为飞机当前航向角。

8）水平航迹控制律

水平航迹控制律依据导航传感器测量的导航信息计算飞行引导指令，调节飞机的方位角，使飞机能够跟踪预定航线。水平航迹控制律以滚转姿态控制律作为内回路，根据飞机相对应飞水平航迹的情况计算期望滚转角指令，将其输入滚转姿态控制律中，以实现对飞机水平航迹的控制。

飞机的水平航迹通常由直线航段和圆弧航段组成，直线航段的航迹方位角是固定的，而圆弧航段的航迹方位角则处处不同。因此，直线航段的水平航迹控制律和圆弧航段的水平航迹控制律是不同的，对水平航迹控制律，要根据航段类型进行转换。

直线航段的水平航迹控制律表示如下：

$$\phi_g = \left(K_d + \frac{K_{d,I}}{s} \right) \Delta d + K_\chi \left(\chi_{\text{leg}} - \chi \right) \cdot V_{\text{GND}} \tag{7-30}$$

式中，V_{GND} 为飞机当前地速；χ 为飞机当前航迹方位角；χ_{leg} 为当前直线航段的方位角；Δd 为飞机相对于当前直线航段的侧偏距；K_d 为侧偏距比例系数；$K_{d,I}$ 侧偏距积分系数。

由于圆弧航段的航迹方位角处处不同，因此圆弧航段的水平航迹控制律不同于直线航段的水平航迹控制律。圆弧航段的水平航迹控制律表示如下：

$$\phi_g = K_{\phi,R} \cdot \phi_{g,r} + K_{d_r} \cdot \Delta \dot{d}_r \tag{7-31}$$

$$\phi_{g,r} = \arctan\left(\frac{V_{\text{GND}}^2}{g R_{\text{arc}}} \right) \tag{7-32}$$

式中，R_{arc} 为圆弧航段的半径；$\Delta \dot{d}_r$ 为圆弧航段侧偏距的微分；$K_{\phi,R}$ 和 K_{d_r} 为比例系数。

飞行管理系统（FMS）指令计算、飞行引导律和控制律计算结果输出的随机性体现为输入状态的随机性，假设位置状态由 GPS 测量，GPS 的测量误差可以采用 7.3.1 节介绍的在真实位置基础上加正态随机误差的形式，模拟 GPS 的输出方式，参数设置与 7.3.1 节相同。

7.4.3 风场模型

风场模型主要包括定常风和大气紊流。通常在惯性坐标系下描述定常风，在机体坐标系下描述大气紊流。大气紊流是指叠加在常值风（平均风）上的连续随机脉冲，通常认为大气紊流是一种平稳、均匀、各态历经及各向同性的随机过程。该过程的统计特性不随时间而变化。可以用平稳随机过程理论，通过输入线性的成型滤波器模拟实际大气紊流。

大气紊流可以用德莱顿风场模型表示。

$$H_u(s) = \sigma_u \sqrt{\frac{2V_a}{L_u}} \frac{1}{s + \dfrac{V_a}{L_u}}$$

$$H_v(s) = \sigma_v \sqrt{\frac{3V_a}{L_v}} \frac{\left(s + \dfrac{V_a}{\sqrt{3}L_v} \right)}{\left(s + \dfrac{V_a}{L_v} \right)^2} \tag{7-33}$$

$$H_v(s) = \sigma_w \sqrt{\frac{3V_a}{L_w}} \frac{\left(s + \dfrac{V_a}{\sqrt{3}L_w}\right)}{\left(s + \dfrac{V_a}{L_w}\right)^2}$$

式中，σ_u、σ_v、σ_w 为沿机体坐标系三轴的风干扰强度；L_u、L_v、L_w 分别为沿机体坐标系三轴的空间波长；V_a 为飞机真空速。德莱顿风场模型通常在假设真空速 V_a 恒定的情况下建立。德莱顿风场模型参数如表 7-6 所示。

表 7-6　德莱顿风场模型参数

紊流描述	高度/m	$L_u = L_v$ /m	L_w /m	$\sigma_u = \sigma_v$ /（m/s）	σ_w /（m/s）
低高度、轻度干扰	50	200	50	1.06	0.7
低高度、中度干扰	50	200	50	2.12	1.4
中等高度、轻度干扰	600	533	533	1.5	1.5
中等高度、中度干扰	600	533	533	3.0	3.0

在 MATLAB 或 Simulink 中利用上述滤波器仿真风场时域信号，仿真条件如下：有限带宽白噪声的随机种子分别为 56789、36521、96358；噪声功率为 1，采样时间为 0.1s，ode1 法（欧拉算法）定步长仿真；对德莱顿风场模型参数选择中等高度、中度干扰下的参数，沿惯性坐标系三轴的定常风为 [5,5,5]（m/s）。此时飞机状态下的滚转角和侧偏角为 0°，俯仰角为 2°，空速为 80m/s，则沿机体坐标系三轴的风场速度随时间变化的仿真结果分别如图 7-16、图 7-17 和图 7-18 所示。

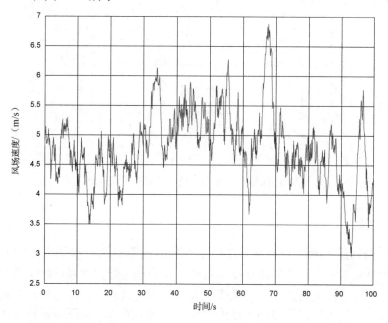

图 7-16　沿机体坐标系 X 轴的风场速度随时间变化的仿真结果

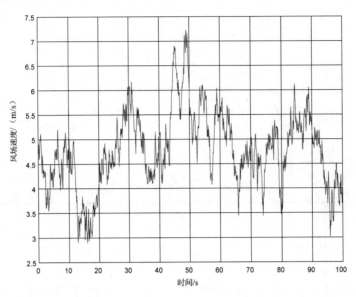

图 7-17 沿机体坐标系 Y 轴的风场速度随时间变化的仿真结果

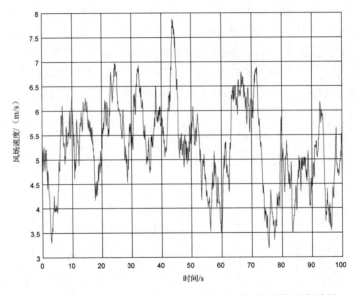

图 7-18 沿机体坐标系 Z 轴的风场速度随时间变化的仿真结果

7.4.4 舵回路模型

舵回路是指按照自动飞行控制系统输出的控制指令驱动飞机舵面偏转的机电伺服系统。舵回路本身构成一个独立的闭环反馈系统，是自动飞行控制系统的执行机构，舵回路的误差和延迟是造成航迹跟踪误差的重要原因。在仿真过程中，忽略电动舵机的电压和偏转角度的转换过程，可以得到自动飞行控制系统的输出关系，即舵面偏转指令 $\Delta\delta_r(s)$ 与飞

164

机的输入舵面偏转指令 $\Delta\delta_c(s)$ 之间的舵回路转换关系：

$$\Delta\delta_c(s) = \frac{K_\delta}{T_\delta s + 1}\Delta\delta_r(s) \qquad (7\text{-}34)$$

式中，K_δ 为静态增益；T_δ 为系统时间常数。

舵回路的随机性体现为舵机位置输出的误差，假设此误差为服从正态分布的随机信号，则舵回路仿真模型的输出量 $\Delta\delta_c'(k)$ 可以表示为

$$\Delta\delta_c(k) = \Delta\delta_c(k-1) + \omega(k-1) \qquad (7\text{-}35)$$

式中，$\omega(k-1)$ 为仿真模型中舵机时域输出的随机项，服从正态分布。

7.4.5　航迹跟踪误差估计仿真算例

设飞机沿直线航段从 A 点飞到 B 点，A 点坐标为（31.1599°,112.1592°,2900m），B 点坐标为（31.5533°,112.5539°,2900m），速度为 80m/s。基于前文所建立的模型，在考虑传感器测量误差、舵机噪声和风场的影响下，进行仿真，统计侧偏距的变化情况。

FMS 指令计算以及各种控制律计算的随机误差主要是由传感器的测量误差造成的，可在仿真模型的 FMS 指令计算模块的位置信息输入端加上符合 7.3 节中计算的位置估计误差特性的随机误差，相关仿真参数设置如表 7-7、表 7-8 和表 7-9 所示。

表 7-7　舵回路模块仿真参数设置

舵回路系统时间常数/s	输出误差均值/（°）	输出误差方差/（°）
0.015	0	0.5

利用蒙特卡洛模型仿真 100 次得到的飞机水平航迹和飞机垂直航迹分别如图 7-19 和图 7-20 所示。

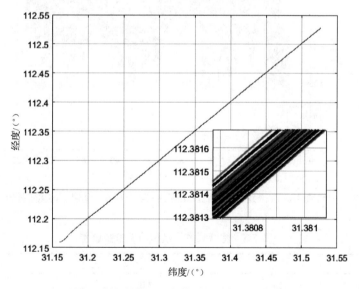

图 7-19　仿真 100 次得到的飞机水平航迹

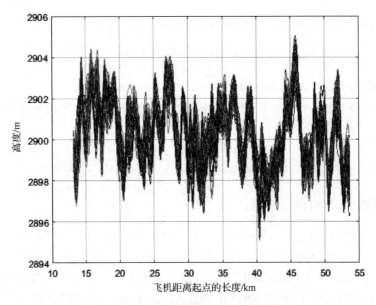

图 7-20 仿真 100 次得到的飞机垂直航迹

利用蒙特卡洛模型仿真 100 次得到的水平航迹跟踪误差随飞机距离起点的长度变化的曲线如图 7-21 所示。

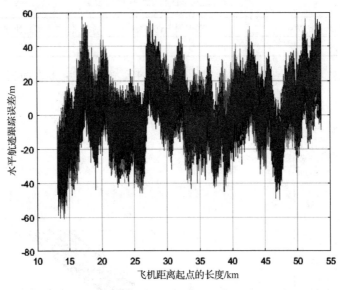

图 7-21 仿真 100 次得到的水平航迹跟踪误差随飞机距离起点的长度变化的曲线

表 7-8 德莱顿风场模型仿真参数设置

$L_u = L_v$/m	L_w/m	$\sigma_u = \sigma_v$ / (m/s)	σ_w / (m/s)
533	533	3.0	3.0

表 7-9　传感器模型仿真参数设置

误差项	经度误差/(°)	纬度误差/(°)	高度误差/m
均值	-2.0036×10^{-6}	1.7625×10^{-8}	2.87
标准差	2.1020×10^{-5}	3.4449×10^{-7}	3.60

利用蒙特卡洛模型仿真 100 次得到的垂直航迹跟踪误差随飞机距离起点的长度变化的曲线如图 7-22 所示。

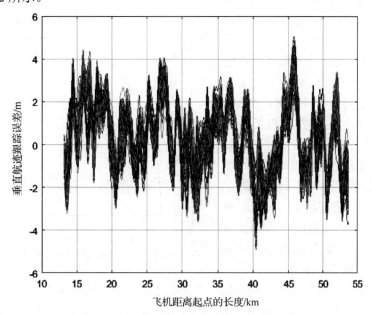

图 7-22　仿真 100 次得到的垂直航迹跟踪误差随飞机距离起点的长度变化的曲线

经统计，2900m 高度下的航迹跟踪误差如表 7-10 所示。

表 7-10　2900m 高度下的航迹跟踪误差

航迹跟踪误差	水平航迹跟踪误差	垂直航迹跟踪误差
均值/m	1.21	0.32
标准差/m	15.43	1.55
95%置信区间/m	(−29.65,32.07)	(−2.78,3.42)

7.5　ETA 误差估计

由 5.3.2 节给出的 ETA 计算方法可知，根据飞机当前地速，可以预估到达当前航段之后的任一航路点的时间。本节在气象网格数据的基础上，加上服从正态分布的随机干扰，模拟实际飞行过程中的气象预报误差，采用 5.3.2 节介绍的 ETA 计算方法计算 ETA 窗口，利用蒙特卡洛模型进行仿真，然后统计分析 ETA 误差。

7.5.1 飞机性能限制

飞行包线是指以飞行速度、高度、过载、环境温度等参数为坐标，表示飞机飞行范围和飞机使用限制条件的封闭几何图形。本节的飞行包线指平飞速度包线，即由最大平飞速度和最小平飞速度构成的曲线。给定高度下的最大平飞速度定义为飞机在该高度上，以特定的质量和给定的发动机工作状态，进行等速水平直线飞行所能达到的最大速度。同理，给定高度下的最小平飞速度定义为飞机在该高度上，以特定的质量和给定的发动机工作状态，进行等速水平直线飞行所能达到的最小速度。若受升力特性限制时，则按机种要求以失速边界或抖动边界确定该边界线，或者两者都给出。飞机的最大/最小平飞速度由飞机的升力特性或发动机的推力特性确定。通用型民用飞机的性能包线如图 7-23 所示。

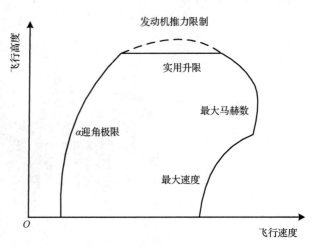

图 7-23　通用型民用飞机的性能包线

本节以某型国产飞机为例，利用所计算的在不同质量下的最大平飞速度、最小平飞速度数据以及对应的实用升限，画出某型国产飞机的平飞性能包线，如图 7-24 所示。

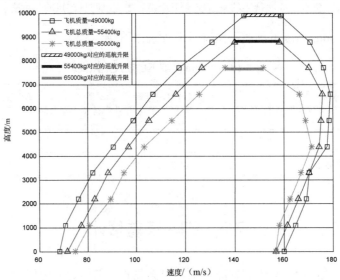

图 7-24　某型国产飞机的平飞性能包线

7.5.2　飞行时间误差估计仿真算例

设飞机沿直线航段从 A 点飞到 B 点，A 点坐标为（31.1599°,112.1592°,2900m），B 点坐标（31.9786°,112.9785°,2900m）。该直线航段总长度为 119540m，在飞行过程中考虑气象网格数据中的风场对地速的影响，采用第 5 章介绍的 ETA 预测方法计算 ETA 窗口。

当不考虑风场估计误差时，飞机以平飞最大/最小速度飞行向终点 B 点时的 ETA 窗口随飞机距离 A 点的长度变化的曲线如图 7-25 所示。

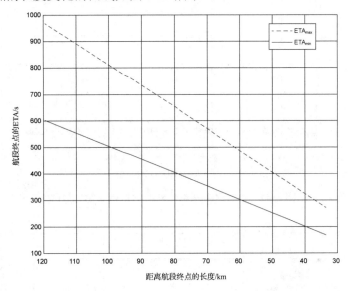

图 7-25　当不考虑风场估计误差时，ETA 窗口随飞机距离 A 点的长度变化的曲线

随着飞机初始位置与航段起点距离的增大，航段终点的 ETA 窗口越来越小，并且由于航段高度恒定，飞机的最大/最小平飞速度也大致不变，最大平飞速度为 167.89m/s，最小平飞速度为 92.77m/s，得到的 ETA 窗口随飞机距离航段起点 A 点长度的增大而减小。该航段不同距离处的预报风速变化情况如图 7-26 所示。

当考虑风场估计误差时，把气象网格数据预报风场的东风和北风预报风速加上服从正态分布的风场估计误差，设均值为 0，风速误差的标准差为 5m/s。根据以上条件仿真 100 次，得到的仿真结果如图 7-27 所示，即飞机以最大/最小平飞速度飞行到终点 B 点时的 ETA 窗口随飞机距离 A 点的长度变化的曲线。

由于存在风场估计误差，因此计算得到的 ETA 边界存在一定扰动。当考虑风场估计误差时，预报风速随距离变化的曲线如图 7-28 所示。

设随机变量为 X，蒙特卡洛模型仿真样本量为 n，均值为 θ，方差为 σ_x^2。蒙特卡洛模型仿真样本量 n 很大，由统计学的中心极限定理可知

$$\frac{X-\theta}{\sigma_x/\sqrt{n}}\qquad(7\text{-}36)$$

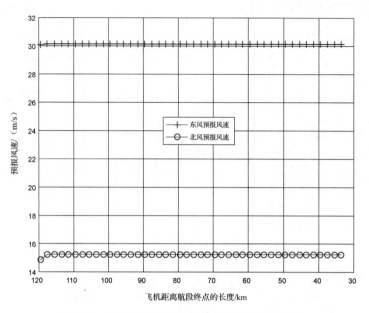

图 7-26　该航段不同距离处的预报风速变化情况

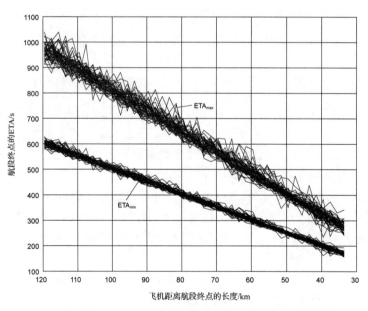

图 7-27　当考虑风场估计误差时，ETA 窗口随飞机距离 A 点的长度变化的曲线

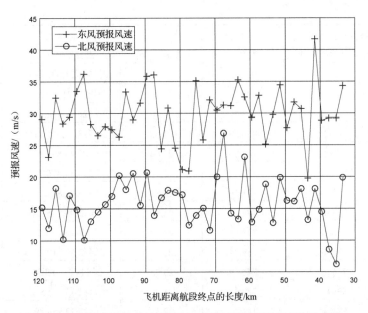

图 7-28　当考虑风场估计误差时，预报风速随距离变化的曲线

式（7-36）满足渐进正态分布，即

$$\lim_{x \to \infty} p\left(\frac{\overline{X} - \theta}{\sigma_x / \sqrt{n}} \leqslant x \right) = \int_{-\infty}^{x} \frac{1}{2\pi} e^{-\frac{1}{2}t^2} \mathrm{d}t \tag{7-37}$$

解得

$$p\left(\frac{\overline{X} - \theta}{\sigma_x / \sqrt{n}} \leqslant \mu_\alpha \right) = 1 - \alpha \tag{7-38}$$

式中，$1-\alpha$ 为置信度；μ_α 为标准正态分布中与 α 对应的临界值，其值可由统计分布表查得。

可以得到置信区间为

$$\overline{X} - \frac{\mu_\alpha \sigma_x}{\sqrt{n}} \leqslant \theta \leqslant \overline{X} + \frac{\mu_\alpha \sigma_x}{\sqrt{n}} \tag{7-39}$$

依据上述分析方式得到 $\mathrm{ETA}_{\max}$ 和 $\mathrm{ETA}_{\min}$ 仿真结果的相关数据，分别如表 7-11 和表 7-12 所示。

表 7-11　$\mathbf{ETA_{max}}$ 仿真结果的相关数据

飞机位置序号	飞机初始位置与航段终点的距离/m	$\mathrm{ETA}_{\max}$ 均值/s	$\mathrm{ETA}_{\max}$ 标准差/s	$\mathrm{ETA}_{\max}$ 95%置信区间/s	边界误差/s
1	119540	970.96	28.03	（581.45,1027.03）	56.06
2	117540	954.67	30.87	（569.01,1016.41）	61.74
3	115540	943.06	28.42	（563.1,999.91）	56.85
4	113540	923.34	29.62	（550.61,982.57）	59.23

续表

飞机位置序号	飞机初始位置与航段终点的距离/m	ETA$_{max}$均值/s	ETA$_{max}$标准差/s	ETA$_{max}$95%置信区间/s	边界误差/s
5	111540	911.03	30.73	（541.21,972.49）	61.46
6	109540	890.35	27.07	（531.91,944.5）	54.15
7	107540	873.67	29.44	（520.08,932.55）	58.88
8	105540	857.69	24.55	（513.37,906.79）	49.10
9	103540	842.88	26.64	（502.23,896.17）	53.29
10	101540	825.78	25.17	（493.44,876.12）	50.34
11	99540	811.36	24.88	（483.81,861.11）	49.75
12	97540	794.10	25.80	（472.98,845.69）	51.59
13	95540	775.54	23.08	（464.19,821.7）	46.16
14	93540	759.74	25.51	（452.37,810.77）	51.02
15	91540	745.69	23.75	（444.23,793.2）	47.50
16	89540	729.98	21.93	（436,773.85）	43.87
17	87540	713.81	22.54	（425.72,758.89）	45.08
18	85540	697.57	21.50	（416.36,740.58）	43.01
19	83540	681.70	22.18	（406.03,726.06）	44.36
20	81540	663.94	25.03	（393.14,714）	50.06
21	79540	644.10	20.06	（384.96,684.22）	40.12
22	77540	627.89	20.23	（374.76,668.35）	40.45
23	75540	618.96	22.60	（366.26,664.15）	45.19
24	73540	596.75	20.06	（355.23,636.86）	40.12
25	71540	585.88	19.94	（347.47,625.77）	39.88
26	69540	568.57	21.97	（335.81,612.5）	43.93
27	67540	552.40	20.44	（326.64,593.29）	40.88
28	65540	532.74	27.46	（309.62,587.67）	54.93
29	63540	517.82	28.14	（299.84,574.09）	56.27
30	61540	504.91	23.31	（295.06,551.53）	46.62
31	59540	485.37	22.20	（284.35,529.76）	44.40
32	57540	468.31	18.78	（276.03,505.87）	37.56
33	55540	454.22	18.82	（267.32,491.86）	37.64
34	53540	436.94	16.26	（258.63,469.46）	32.53
35	51540	419.95	18.14	（246.56,456.22）	36.28
36	49540	402.33	15.82	（237.46,433.97）	31.64
37	47540	386.48	15.87	（228,418.23）	31.75
38	45540	371.50	16.12	（217.98,403.74）	32.24
39	43540	355.81	17.88	（207.28,391.57）	35.76
40	41540	338.61	24.07	（191.85,386.76）	48.14

飞机位置序号	飞机初始位置与航段终点的距离/m	ETA$_{max}$均值/s	ETA$_{max}$标准差/s	ETA$_{max}$95%置信区间/s	边界误差/s
41	39540	322.03	27.72	（179.04,377.47）	55.43
42	37540	307.00	25.94	（170.28,358.89）	51.89
43	35540	290.66	21.99	（162.81,334.64）	43.98
44	33540	272.71	22.24	（151.52,317.19）	44.48

表 7-12　ETA$_{min}$仿真结果的相关数据

飞机初始位置序号	飞机初始位置与航段终点的距离/m	ETA$_{min}$均值/s	ETA$_{min}$标准差/s	ETA$_{min}$95%置信区间/s	边界误差/s
1	119540	603.10	10.83	（581.45,624.76）	21.65
2	117540	592.80	11.90	（569.01,616.6）	23.79
3	115540	584.49	10.70	（563.1,605.88）	21.39
4	113540	572.99	11.19	（550.61,595.36）	22.37
5	111540	564.51	11.65	（541.21,587.82）	23.31
6	109540	552.75	10.42	（531.91,573.59）	20.84
7	107540	542.42	11.17	（520.08,564.75）	22.34
8	105540	532.51	9.57	（513.37,551.66）	19.14
9	103540	522.91	10.34	（502.23,543.58）	20.68
10	101540	512.57	9.57	（493.44,531.71）	19.14
11	99540	503.10	9.64	（483.81,522.39）	19.29
12	97540	492.64	9.83	（472.98,512.31）	19.66
13	95540	481.67	8.74	（464.19,499.15）	17.48
14	93540	471.80	9.72	（452.37,491.24）	19.43
15	91540	462.50	9.14	（444.23,480.78）	18.28
16	89540	452.63	8.31	（436,469.25）	16.62
17	87540	442.55	8.41	（425.72,459.37）	16.83
18	85540	432.45	8.05	（416.36,448.55）	16.09
19	83540	422.52	8.25	（406.03,439.01）	16.49
20	81540	411.78	9.32	（393.14,430.42）	18.64
21	79540	400.38	7.71	（384.96,415.81）	15.42
22	77540	390.34	7.79	（374.76,405.93）	15.58
23	75540	382.99	8.36	（366.26,399.71）	16.72
24	73540	370.68	7.72	（355.23,386.12）	15.44
25	71540	362.68	7.60	（347.47,377.88）	15.21
26	69540	352.10	8.14	（335.81,368.38）	16.28
27	67540	342.12	7.74	（326.64,357.6）	15.48
28	65540	330.45	10.42	（309.62,351.29）	20.83

飞机初始 位置序号	飞机初始位置与 航段终点的距离/m	ETA$_{min}$ 均值/s	ETA$_{min}$ 标准差/s	ETA$_{min}$ 95%置信区间/s	边界误差/s
29	63540	320.92	10.54	（299.84,342）	21.08
30	61540	312.09	8.51	（295.06,329.12）	17.03
31	59540	300.82	8.24	（284.35,317.29）	16.47
32	57540	290.49	7.23	（276.03,304.95）	14.46
33	55540	281.20	6.94	（267.32,295.08）	13.88
34	53540	270.77	6.07	（258.63,282.91）	12.14
35	51540	260.34	6.89	（246.56,274.11）	13.78
36	49540	249.77	6.15	（237.46,262.08）	12.31
37	47540	239.83	5.92	（228,251.66）	11.83
38	45540	230.20	6.11	（217.98,242.41）	12.21
39	43540	220.26	6.49	（207.28,233.24）	12.98
40	41540	209.83	8.99	（191.85,227.81）	17.98
41	39540	199.50	10.23	（179.04,219.96）	20.46
42	37540	603.10	10.83	（170.28,209.56）	21.65
43	35540	592.80	11.90	（162.81,196.93）	23.79
44	33540	584.49	10.70	（151.52,186.71）	21.39

统计得到的 ETA 窗口的边界误差随飞机距离航段终点的长度变化的曲线如图 7-29 所示。

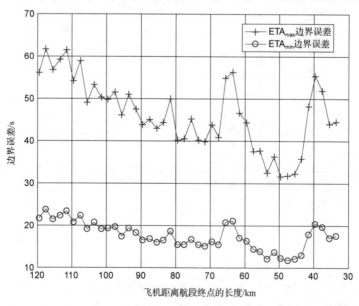

图 7-29　ETA 窗口的边界误差随飞机距离航段终点的长度变化的曲线

可以发现，考虑风场估计误差时的 ETA 窗口的边界误差随飞机到航段终点距离的增大呈现减小的趋势。这是因为在速度不变的情况下，距离减小时，所计算的 ETA 窗口边界也会减小，风速估计误差对 ETA 窗口边界的影响也因此减小。

因此，可以得到与期望时间限制航路点不同距离处的 ETA 窗口的边界误差。把计算得到的 ETA 窗口加上其边界误差，就可以得真实 ETA 最大值和真实 ETA 最小值；把计算得到的 ETA 窗口减去其边界误差，就可以得可靠 ETA 最大值和可靠 ETA 最小值。

7.6　误差管理策略研究

在误差管理中，判别是否需要告警的方法是，把飞机当前的飞行误差值和事先设定的误差阈值 D_T 作比较。当飞行误差值超出误差阈值范围时，需要发出告警信息，并触发航迹重规划指令，以满足不同的 RNP 需求。因此，误差阈值的选取比较重要。

飞行误差具有随机性，运用上述误差管理方法通常会出现两种错误：虚警率 P_F 和漏警率 P_M。前者指实际飞行误差值没有超出航路 RNP 规定的范围（事件 H_0），但是误差管理模块发出了告警信息（事件 Z_1）的概率；后者指实际飞行误差值超出航路 RNP 规定的范围（事件 H_1），但是误差管理模块没有发出告警信息（事件 Z_0）的概率 P_M。为了尽量降低虚警率和漏警率，有必要给出最优误差阈值的确定方法。本节借鉴故障检验中确定最优故障门限的方法，选取最优误差阈值。

7.6.1　虚警率、漏警率和误差阈值的关系

虚警率 P_F、漏警率 P_M 和误差阈值 D_T 之间存在着相互制约的关系，三者的关系如图 7-30 所示。

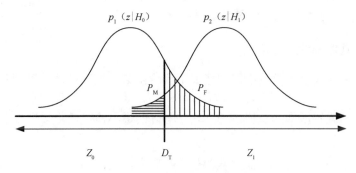

图 7-30　虚警率、漏警率和误差阈值的关系

在图 7-30 中，z 为由事件 Z_0 和事件 Z_1 构成的飞行误差值集合的取值，当 z 在事件 H_0 和事件 H_1 为真时的条件概率密度 $p_1(z|H_0)\mathrm{d}z$ 和 $p_2(z|H_1)\mathrm{d}z$ 已知时，可以得到虚警率和漏警率，如图 7-30 中的竖线和横线部分所示。误差阈值的设定是否合理直接影响虚警率和漏警率的大小。由图 7-30 可知，虚警率可以表示为

$$P_F = \int_{Z_1} p_1(z \mid H_0)\mathrm{d}z = \int_{D_T}^{+\infty} p_1(z \mid H_0)\mathrm{d}z =$$

$$1 - \int_{-\infty}^{D_T} p_1(z \mid H_0)\mathrm{d}z = 1 - [P_1(D_T) - P_1(-\infty)] \tag{7-40}$$

漏警率可以表示为

$$P_M = \int_{Z_0} p_2(z \mid H_1)\mathrm{d}z = \int_{-\infty}^{D_T} p_2(z \mid H_1)\mathrm{d}z =$$

$$\int_{-\infty}^{D_T} p_2(z \mid H_1)\mathrm{d}z = P_2(D_T) - P_2(-\infty) \tag{7-41}$$

因此，如果已知飞机飞行误差没有超出航路 RNP 规定的范围（H_0），以及飞机飞行误差超出航路 RNP 规定的范围（H_1）的分布函数，那么给定虚警率、漏警率和误差阈值中的任何一个，就可完全确定其余两个。本书用其仿真统计特性代替概率密度分布函数，认为事件 H_0 和事件 H_1 下的飞行误差分别服从正态分布 $N(\mu_1, \sigma_1^2)$ 与 $N(\mu_2, \sigma_2^2)$，则

$$P_F = P_1(z \geqslant D_T) = P_1 \left\{ \frac{z - \mu_1}{\sigma_1} \geqslant \frac{D_T - \mu_1}{\sigma_1} \right\} \tag{7-42}$$

$$P_M = P_2(z \leqslant D_T) = P_2 \left\{ \frac{z - \mu_2}{\sigma_2} \leqslant \frac{D_T - \mu_2}{\sigma_2} \right\} \tag{7-43}$$

如果给定虚警率，那么利用正态分布表可查得 Z_0。由

$$\alpha_{PF} = \frac{D_T - \mu_1}{\sigma_1} \tag{7-44}$$

可得

$$D_T = \alpha_{PF}\sigma_1 + \mu_1 \tag{7-45}$$

进而可根据式（7-43）求得漏警率。

7.6.2　误差管理阈值的确定方法

为了使虚警率和漏警率都较小，构建如下代价函数，以确定误差管理阈值，即

$$f(D_T) = P_F + P_M \tag{7-46}$$

由于虚警率和漏警率均为正值，因此，$f(D_T)$ 的最小值可满足虚警率和漏警率都较小的要求。令

$$\mathrm{d}f(D_T) / \mathrm{d}T = 0 \tag{7-47}$$

可得

$$\mathrm{d}f(D_T) / \mathrm{d}T = p_2(D_T \mid H_1) - p_1(D_T \mid H_0) = 0 \tag{7-48}$$

解得的飞机飞行误差没有超出航路 RNP 规定范围（H_0）时的飞行误差概率密度分布函数为

$$p_1(D_T \mid H_0) = f_1(D_T) = \frac{1}{\sqrt{2\pi}\sigma_1} \mathrm{e}^{-\frac{(D_T - \mu_1)^2}{2\sigma_1^2}} \tag{7-49}$$

同理，飞机飞行误差超出航路 RNP 规定范围（H_1）时的飞行误差概率密度分布函数

为

$$p_2(D_T \mid H_1) = f_2(D_T) = \frac{1}{\sqrt{2\pi}\sigma_2} e^{-\frac{(D_T - \mu_2)^2}{2\sigma_2^2}} \qquad (7\text{-}50)$$

因此，可得

$$(\sigma_2^2 - \sigma_1^2)D_T^2 + 2(\mu_2\sigma_1^2 - \mu_1\sigma_2^2)D_T + [\mu_1^2\sigma_2^2 - \mu_2^2\sigma_1^2 + 2\sigma_1^2\sigma_2^2(\ln\sigma_1 - \ln\sigma_2)] = 0 \qquad (7\text{-}51)$$

式（7-51）可解得两个根，显然，在 $\mu_1 \sim \mu_2$ 之间的根就是最优误差阈值，此时的漏警率和虚警率都处于较小的水平。

7.6.3　误差阈值设置算例

设定航路 RNP 类型为 RNP-0.03，对应的 RNP 边界约为 55m。若水平航迹跟踪误差加上水平位置估计误差的和超出 55m，则认为不满足航路 RNP 要求。基于前文仿真算例中的某型国产飞机在高度为 2900m、平飞速度为 80m/s 情况下的水平飞行误差统计特性，将位置估计误差和航迹跟踪误差叠加，可得到 H_0 和 H_1 对应的水平飞行误差统计特性，即仿真统计的水平飞行误差如表 7-13 所示。

表 7-13　仿真统计的水平飞行误差

水平飞行误差	H_0 总系统误差/m	H_1 总系统误差/m
均值	6.90	57.19
标准差	15.41	1.87

根据式（7-51）可以得到最优误差阈值 50.65m，此时的漏警率为 0.02%，虚警率为 0.23%。在前文航迹跟踪误差仿真算例中，总共仿真了 100 次，每次检验当前飞行误差 25000 次，总检验次数为 250 万次。统计最优误差阈值 50.65m、RNP 边界为 55m 时的虚警次数，即飞行误差位于（-55m,50.65m）∪（50.65m,55m）时的次数，统计结果为 5148 次，则误警率为 0.21%。由于最优误差阈值在 RNP-0.03 范围内，因此漏警次数为 0，则漏警率为 0%。以上结果基本符合所计算的漏警率和虚警率。

本 章 小 结

本章根据航迹监控循环的显示需求提出了误差管理的解决思路。首先，整理出飞行误差的概念及航路所需导航性能需求，根据某型国产飞机仿真模型模拟实际飞行情况，基于传感器误差模型仿真统计位置估计误差，基于风干扰、舵机干扰及传感器误差仿真统计航迹跟踪误差，利用基于地速估计的飞行时间误差估计方法仿真统计时间误差。最后，利用故障检验中确定最优故障门限的方法，给出能够确定最优误差阈值的方法。

第 8 章　基于四维航迹运行的推力管理系统需求分析及架构设计

8.1　概　　述

基于四维航迹的运行是未来先进民机必须遵循的运行模式，其核心是以四维航迹为基础的空中交通管制系统（简称空管系统）与综合航空电子系统动态信息共享和协同决策，要求实现四维航迹的精确引导和控制。四维航迹运行的实施以精确的速度控制为基础，以精准到达时间控制为目标，这些都需要飞机发动机推力（简称推力）能够及时准确地变化并满足一定的经济性指标。因此，未来先进民机所配备的推力管理系统必须能够满足四维航迹运行的任务需求。本章主要探讨基于四维航迹运行的推力管理系统（Thrust Management System，TMS）需求，并在此基础上提出了基于四维航迹运行的推力管理系统架构及推力管理系统功能的转换逻辑。

8.2　基于四维航迹运行的推力管理系统需求分析

基于四维航迹运行的推力管理系统旨在节省燃油、降低飞行成本，优化各飞行阶段的发动机推力，从而提高空中交通效率，贯彻绿色航空理念。本节以飞行过程为主线，分析不同飞行阶段四维航迹运行对推力管理系统的要求及影响因素，为设计基于四维航迹运行的推力管理系统架构奠定基础。

8.2.1　基于四维航迹运行的起飞段推力管理系统需求分析

1. 传统推力管理系统功能简介

起飞段与爬升段、巡航段、下降段不同，它是一个飞机从地面"运输车"状态转变为航空器的复杂过程。在初始滑跑过程中，机组只通过方向舵和油门杆控制飞机的状态。其中方向舵只做调整飞机滑跑方向之用，油门杆是飞行员操作的重点。在飞机升空后，机组操纵油门杆和升降舵调整飞行的速度，以尽快到达安全的起飞速度。在起飞段无须规划飞行剖面，飞机只需根据标准离场程序以指定的速度到达指定的位置即可。起飞段的主要工况有 3 种：全发（发动机）正常起飞、一发失效继续起飞及一发失效中断起飞。其中，全发正常起飞又分为全推力起飞和减推力起飞；而一发失效中断起飞后，机组只需收油门减速，此时不需要过多的推力管理。因此，起飞段推力管理系统的重点任务是对全发正常起飞和一发失效继续起飞时的推力进行优化及管控。

飞机全发正常起飞时，具体过程如下：飞机停在跑道起始端，发动机被加速到起飞推力值；飞行员松开制动装置开始加速滑跑；当飞机滑跑速度达到抬前轮所需速度时，飞行员拉起飞机，前轮离地；当速度达到离地速度时，飞机离地。在全发正常起飞过程中，对油门杆，保持起飞推力控制指令，发动机推力一般处于高负荷、高功率的工作状态，不利于延长发动机的寿命。以 CFM56-5B 型涡轮风扇发动机为例，43%的此类发动机故障出现在起飞段，而这一阶段发动机的使用时间不足发动机整个使用时间的 1%。因此，飞机性能工程师研制出了减推力起飞方式。传统减推力起飞常使用假设温度法（又称灵活温度减推力），这一技术不仅能够延长发动机热端部件的寿命，有效地降低发动机损耗和维护成本，而且可以减小起飞噪声、节能减排，是降低航空公司运行成本、改善机场周围环境质量的关键技术，也是起飞段的重要推力管理系统功能。

一发失效继续起飞时，具体过程如下：飞机停在跑道起始端，发动机被加速到起飞推力值，飞行员松开制动装置开始加速滑跑；一台发动机出现故障并且飞行员判定只能继续起飞，当飞机滑跑速度达到抬前轮所需速度时，飞行员拉起飞机，前轮离地；当速度达到离地速度时，飞机离地。在这一工况下，推力管理系统的重点任务是在飞机继续起飞的过程中，向飞行员提供可参考的油门控制指令，保证飞机能在一发失效的状态下，到达起飞安全高度，返场检修。

2. 基于四维航迹运行的起飞段推力管理系统需求分析

在四维航迹的运行模式下，推力管理系统应当具备以上优化和管理推力的功能。时间维度的控制精度会影响四维航迹运行模式是否成功。在起飞段由于飞机按照标准离场程序离场，对时间的控制不做过多要求。当飞机全发正常起飞时，起飞推力大小会引起起飞所需时间变化，两者的关系如图 8-1 所示。从图 8-1 可以看出，当最大起飞推力减小 40%时，起飞时间延迟了近 50s。因此，若采用减推力起飞方式，则不能忽视起飞段不同假设温度对应的起飞推力造成起飞所需时间延长而对后续飞行速度的影响。

当起飞推力造成起飞时间增大时，可利用 RTA 和 ETA 的时间误差进行调整，ETA 调整策略如图 8-2 所示。把 ETA 和 RTA 的时间误差的控制转换为对地速的调整，然后由自动飞行控制系统根据地速指令调整速度，从而调整时间。ETA 的计算公式如下：

$$\text{ETA} = \frac{l_{\text{leg}}}{V_{\text{GND}}} + t_{\text{current}} \tag{8-1}$$

式中，V_{GND} 为实际地速；l_{leg} 为航段的长度；t_{current} 为当前飞行时间。

在四维航迹运行，在起飞段推力管理系统不仅要计算不同工况下的推力参考值，还要在飞机采用减推力起飞方式时，根据实际推力的大小估计起飞所需时间，便于在后续飞行中对速度进行调整。同时，也为 RTA 的约束提供参考。

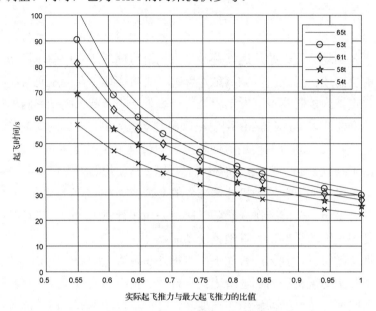

图 8-1　起飞推力与起飞所需时间的关系

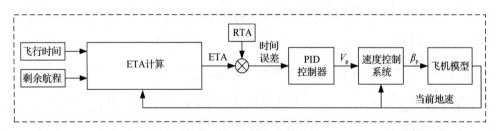

图 8-2　ETA 调整策略

8.2.2　基于四维航迹运行的爬升段推力管理需求分析

在四维航迹运行模式下，爬升段采用更为经济、绿色、高效的连续爬升方式。因此，在爬升段推力管理系统的关键任务是对连续爬升剖面的规划，以及相关推力指令、推力边界值的计算。

在规划连续爬升剖面时，航迹角、爬升速度和爬升推力的大小受到航空器类型、航空器重力、风速/风向、环境温度、地形、空域限制等因素的影响。相较阶梯式爬升，连续爬升剖面规划过程更加复杂，对飞行引导精度的要求更高。在四维航迹运行模式下，推力管理系统不仅要计算时间约束，还要在飞行中根据空管指令调整飞机的后续剖面直至巡航高度。

连续爬升对推力管理系统的要求集中体现在以下两点：

（1）连续爬升剖面规划方式的变化及约束条件的变化。连续爬升剖面减小或取消了爬升的平飞段，因此连续爬升剖面的结构、指令大小及类型都会发生变化，进而引起飞机状态参数持续发生变化，同时造成推力指令大小不断变化。除此之外，在四维航迹运行模式下需要空管系统与机载计算机信息实时交互，导致空管指令更加频繁、约束更多，需要推力管理系统判断空管指令是否合理和可行。若判断空管指令合理和可行，则推力管理系统需要调整推力指令，甚至重规划飞行剖面，调整四维航迹；若判断空管指令不合理和不可行，则需要机载飞行管理系统尝试与空管系统进行协调，从而改变空管指令或飞行计划。

（2）满足时间要求的持续爬升轨迹需要飞机高度变大的同时改变飞行速度，飞机状态参数变化频繁，对自动油门杆的控制要求更高，需要俯仰轴和推力轴更加协调地配合。

8.2.3　基于四维航迹运行的巡航段推力管理系统需求分析

巡航段的特点是飞行平稳、持续时间一般较长，因此，飞行员在这一阶段往往选择自动油门系统控制油门杆。传统推力管理系统的重点任务是，根据飞行高度及飞行速度向自动油门系统提供相应的推力指令。在外界因素中，风的影响最大。在巡航段，风会影响巡航地速的大小，从而使巡航时间发生变化。

当飞机在最佳巡航高度飞行时，根据地面比航程公式，即式（8-2），当飞机遭遇不利逆风时，地面比航程减小，巡航时间增大，使巡航时间偏离初始预计的时间，甚至导致 ETA 不满足 RTA 的限制要求，这显然对基于四维航迹运行的飞行引导十分不利。

$$r_{\mathrm{G}} = r\left(1 \pm \frac{V_{\mathrm{W}}}{V_{\mathrm{TAS}}}\right) \tag{8-2}$$

式中，r 为燃油里程或比航程，反映飞机消耗单位数量燃料时飞机飞行的距离（空中距离）；r_{G} 为地面比航程，反映飞机消耗单位数量燃料时飞机飞行的地面距离；V_{W} 为风速，V_{TAS} 为飞行真空速。

飞机遭遇不利逆风导致 ETA 不满足 RTA 约束的示意如图 8-3 所示。RTA 窗口是指允许 RTA 调整的范围，ETA 窗口是指飞机以可能的最大或最小速度飞行时形成的时间窗口。当 RTA 的限制为 "At or After" 时，若初始 ETA 窗口与 RTA 窗口的交集较小，此时遭遇不利逆风，可能会造成 ETA 窗口后移而与 RTA 窗口无交集，即飞机以最大或最小速度飞行都无法满足 RTA 限制要求。当飞机遭遇不利的逆风导致 ETA 窗口不满足 RTA 限制要求时，推力管理系统需要考虑改变巡航高度或向空管系统申请松弛 RTA 窗口。

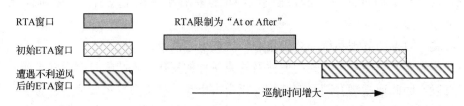

图 8-3　飞机遭遇不利逆风导致 ETA 窗口不满足 RTA 限制要求的示意

飞机遭遇不利顺风导致 ETA 不满足 RTA 限制要求的示意如图 8-4 所示。当 RTA 约束为"At or Before"时，若初始 ETA 窗口与 RTA 窗口的交集较小，此时遭遇不利顺风，可能会造成 ETA 窗口前移而与 RTA 窗口无交集，即飞机以最大或最小速度飞行都无法满足 RTA 限制要求。这种情况下，推力管理系统应当参考飞行计划中航路点的时间约束类型重新计算推力，减小巡航马赫数。

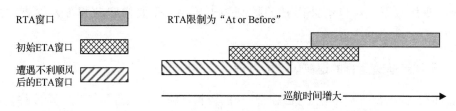

图 8-4　飞机遭遇不利顺风导致 ETA 窗口不满足 RTA 限制要求的示意

因此，巡航段推力管理系统的主要任务除了传统的推力指引、推力边界值计算，还要对巡航段的风对飞行时间造成的延迟影响并进行补偿。

当飞机在巡航段遭遇不利逆风导致 ETA 窗口无法满足 RTA 限制要求时，飞机需要改为平飞，飞到"存在远大于得失相当的风"的高度上。此时，推力管理计算机（Thrust Management Computer，TMC）需要获取巡航高度上下 1000m 高度处的气象信息（若超出巡航高度的限制值，则获取边界内高度的气象信息），判断是否存在某一个高度上的风远大于得失相当的风（在某一高度上存在较小的逆风或有利的顺风，并且使飞机的比航程等于最佳巡航高度上的比航程），即这一高度上的风大大增加了飞机的比航程，从而可以忽略飞机改为平飞后飞到这一高度造成的燃油消耗量及时间的影响。为了减小风的不利影响，推力管理系统应当找到这一高度并规划飞机改为平飞后飞到这一高度的剖面，计算新的推力参考值。若无法规划该高度剖面，则只能向空管人员申请松弛 RTA 窗口。推力管理系统判断是否存在某一个高度上的风远大于得失相当的风的流程如图 8-5 所示。

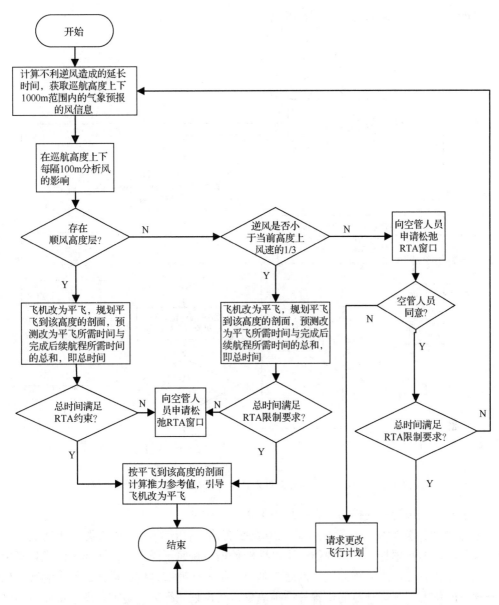

图8-5　推力管理系统判断是否存在某一个高度上的风远大于得失相当的风的流程

8.3　基于四维航迹运行的推力管理系统架构设计

　　基于四维航迹运行的推力管理系统的管理过程与传统推力管理系统相比，主要区别在于飞行中飞行管理系统要频繁地与空管系统共享信息，从而改变推力管理指令，保证最优化管理。这一过程就是飞行管理系统不断向空管系统反馈信息、再按空管指令滚动优化推力管理的过程，其流程框图如图 8-6 所示。

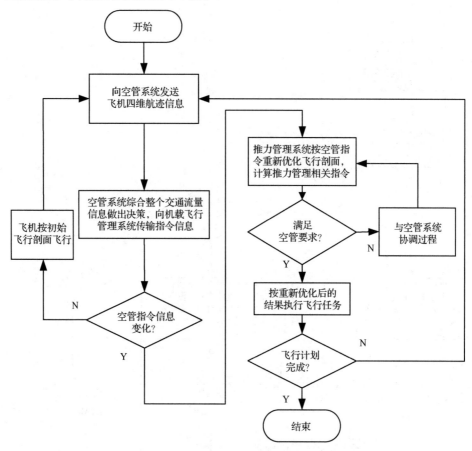

图 8-6　基于四维航迹运行的推力管理系统的滚动优化管理流程框图

基于四维航迹运行的推力管理系统的工作过程如下：

推力管理计算机从飞行管理计算机中获取初始飞行计划，此时的飞行计划是不可飞的。因此，推力管理计算机需要结合飞机性能数据，按照不同飞行剖面选定的优化指标选择最优的飞行方式，进而规划飞行剖面，确定包括最佳巡航高度、最佳巡航马赫数，以及爬升顶点的位置、下降顶点的位置等关键信息，在规划飞行剖面之前，飞行员还可通过控制显示器（CDU）编辑飞行计划和输入指定的飞行指令。飞行剖面规划结束后，飞行管理系统把规划好的飞行计划输入空管系统。若该飞行计划得到空管系统的批准，则由四维航迹预测模块进行航迹预测，并把预测后的四维航迹输入推力管理计算机和飞行指引仪，由两者分别计算出推力指引指令和姿态指引指令，得到解析后可执行的飞行计划。若空管系统没有批准已规划好的飞行计划，飞行管理系统改变飞行剖面指标或向空管系统请求规划飞行剖面的相关约束，重新规划飞行剖面。当尝试多种优化指标仍不能使空管系统满意时，飞行管理系统应当向空管系统提出降低约束条件的要求或更改航线。

当飞行员选择自动油门系统时，推力管理计算机通过改变油门杆的挡位锁定推力的等级，并且根据飞行员选择的推力轴控制参数或自动选择的推力控制参数，以飞行剖面为基础，计算推力及油门杆控制指令，将该指令发送给自动油门系统。自动油门计算机接收来自推力管理计算机的推力或速度的控制指令，经油门杆综合系统调整油门杆的位置。油门杆偏转后，其偏转的角度信息被输送到发动机控制系统，实现发动机的控制。在整个工作过程中，推力管理计算机通过接收自动油门系统及发动机控制系统的反馈信息，监控发动机、油门杆的工作状态。同时，通过对各阶段飞行性能数据的查询，计算相应的推力边界值并判断该推力边界值是否超限。当发现飞机状态参数超出边界值时，应及时向机组发出告警信息，并且调整推力指引值；当飞行员选择人工驾驶时，推力管理计算机同样根据飞行计划计算推力指引值，供飞行员参考使用，并在飞行中实时地根据飞机状态查询推力边界值，通过驾驶舱中的显示器显示出来，为飞行员的操作圈定范围。

飞行中若得到空管系统要求修改飞行剖面和修改优化指标等指令后，推力管理计算机重新规划最优的飞行剖面并将规划结果发送到飞行管理计算机。若得到新的满足空管系统要求的飞行剖面，飞行管理系统把新的飞行计划发送给空管系统，得到空管系统许可后，飞机按照新的飞行计划飞行，执行上述推力管理系统功能。若空管系统未许可新的飞行计划或推力管理计算机未能规划出满足要求的飞行剖面，则向空管系统申请降低约束条件，若申请被拒绝，则申请更换飞行航迹。

推力管理计算机工作时需要飞行管理计算机和性能管理系统协助，具体如下：飞行管理计算机向推力管理计算机传输初始飞行计划、飞行优化指标、飞机状态参数、空管指令等多种信息，推力管理计算机则向飞行管理计算机传输规划好的飞行剖面、推力控制参数、油门杆控制参数、燃油流量及发动机状态信息。因为推力管理的功能都是基于飞机及推力的性能实现的，所以无论是飞行剖面的规划还是推力指引值的计算及推力边界值的计算，都离不开飞行性能和推力性能。因此，性能管理系统也是推力管理计算机必要的外部组成，它向推力管理计算机传输飞机的基本性能数据和性能限制数据。

需要注意的是，本书的研究重点在推力管理的指令生成和优化策略上。虽然发动机控制是推力管理必不可少的环节，但是本书的重点不是发动机控制，发动机控制的研究属于航空发动机控制领域，在本书中，对发动机控制不做过多的讨论。

综合以上内容，设计推力管理系统的"四层次"架构。基于四维航迹运行的推力管理系统架构如图 8-7 所示。

在图 8-7 中，推力管理层主要由推力管理计算机组成。在飞行中，推力管理计算机通过与飞行管理计算机的信息交互，选择并实施合理的推力管理系统功能，而飞行管理计算机把飞机状态信息输入空管系统，实现机载飞行管理系统与空管系统之间的信息交互。推力管理计算机执行推力管理系统功能的主要数据来源包括飞行管理计算机及性能管理系统，性能管理系统向推力管理计算机发送飞机性能数据及推力性能数据，飞行管理计算机向推力管理计算机发送空管指令、飞机状态等信息。自动油门控制层接收来自推力管理层的推力指令，根据推力管理计算机的推力等级设定指令，以改变油门杆的挡位，从而确定推力等级，按推力管理计算机的推力指引值指令改变油门杆的角度偏转量，以调整供油量，发动机控制层按照供油量调整发动机的推力。最后，推力管理计算机计算出的管理指令、油门杆的工作状态及发动机的工作状态等信息都会显示在驾驶舱控制显示层，供机组人员查看或参考。

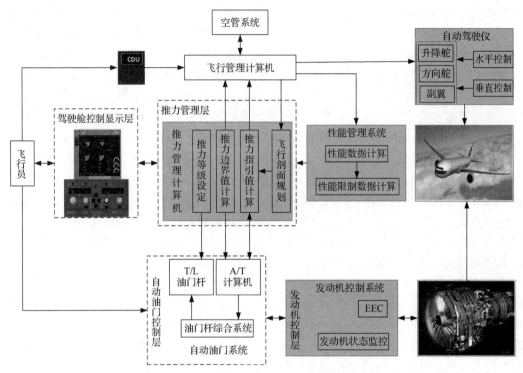

图 8-7　基于四维航迹运行的推力管理系统架构

推力管理层是整个推力管理系统的核心，它主要由推力管理计算机构成。推力管理计算机的主要输入数据来源为飞行管理计算机、性能管理系统、自动油门系统和发动机控制系统，如表 8-1 所示。

表 8-1　推力管理计算机的主要输入数据来源及输入信息

输入数据来源	输入信息
飞行管理计算机	优化指标、初始飞行计划、空管指令、飞机状态参数
性能管理系统	飞机基本性能数据、飞行性能数据
自动油门统	油门杆工作方式
发动机控制系统	燃油流量、发动机运行参数

在表 8-1 中，需要注意的是，空管指令可能包括以下 5 种。

（1）高度限制。高度限制通常出现在空管系统发现两架飞机的飞行航迹可能出现冲突的时候，此时，空管系统会限制其中一架飞机的飞行高度，以实现冲突消解的目的；也可能出现在空管系统发现某区域存在极端气象信息的时候，此时，空管系统会给出可避让该区域的安全飞行高度；当飞机在高空飞行中因一台发动机失效而需要执行飘降程序时，空中交通管制部门根据周围障碍物信息给出飞机改为平飞时的高度限制。

（2）最小爬升梯度约束。最小爬升梯度约束往往是根据爬升段的障碍物而设定的，飞机为了安全爬升越障，爬升梯度必须大于最小爬升梯度。

（3）最大下降率约束。最大下降率约束是为避免高度突然变化引起座舱压力波动，防止乘客出现耳鸣而设置的，该约束是影响乘客乘坐舒适度的关键。

（4）最大下滑角约束。最大下滑角约束是为了方便飞机进近而设置的飞机下降段的限制。

（5）RTA 约束。该约束是指空管系统根据空域中每架飞机的四维航迹状态信息，对到达时间做出的调整要求。

推力管理计算机主要向飞行管理计算机输出规划后的飞行剖面、推力控制参数、油门控制参数、发动机状态参数，向性能管理系统输出推力边界值及推力等级，向自动油门系统输出油门杆控制方式及推力控制指令，如表 8-2 所示。

表 8-2　推力管理计算机的数据输出目的地及输出信息

数据输出目的地	输出信息
飞行管理计算机	规划后的飞行剖面、推力控制参数、油门控制参数、发动机状态参数
性能管理系统	推力边界值、推力等级
自动油门系统	油门杆控制方式、推力控制指令

8.4　基于四维航迹运行的推力管理系统功能实现

大型客机的推力管理系统从节省燃油、降低飞行成本、延长发动机寿命的角度出发，在安全性的基础上，优化各飞行阶段的发动机推力。根据这一目的，把推力管理系统功能分为推力指引、推力边界值计算和推力等级划分，本节介绍实现这些功能的流程及算法。

8.4.1　基于四维航迹运行的飞行剖面规划

基于四维航迹运行的飞行剖面规划的任务是根据优化指标，以飞行计划为基础，规划出符合空管要求和符合所选优化指标的最优飞行剖面。飞行中，推力管理计算机不仅需要把推力情况、发动机工作状态发送给飞行管理计算机，还需要在飞行管理计算机接收到空管指令并需要改变飞行剖面时，按照新的优化指标，重新执行飞行剖面规划流程。当空管系统给定的要求不合理而无法规划满足要求的飞行剖面时，由基于四维航迹运行的飞行管理系统与空管系统进行协调，直至两者达成一致意见，再由推力管理计算机计算新的飞行剖面并把新的飞行计划输入飞行管理计算机。

飞行中，巡航段是一个相对平稳的阶段，只需根据空管指令、气象条件和飞机状态确定最佳巡航高度和巡航速度。

当给定优化指标时，推力管理系统基于飞行计划、飞机性能限制及空管要求，参考爬升/下降性能数据库，规划出满足要求的最优飞行剖面并计算推力、速度指令。当没有给定飞行剖面优化指标时，由于飞机性能指标和各个决策影响因素之间的关系没有明确的映射关系，并且飞行剖面规划优化指标往往不是单一的指标，因此本书拟采用模糊综合评判法进行飞行剖面规划。

1. 给定优化指标下的飞行剖面规划

四维剖面是满足成本指标最低且满足空管要求和气象条件的高度、速度、爬升方式组合。本节分别介绍给定优化指标和未给定优化指标下的飞行剖面规划流程。

1）飞行剖面规划常用优化指标

（1）爬升段常用优化指标。爬升段常用优化指标有飞行成本最小、燃油消耗量最小、爬升时间最短、水平距离最短。为了进行飞行剖面的规划，把飞机升限高度离散化为 m 个高度层，在每个高度层上以不同速度、航迹角的组合进行优化搜索，得到每个高度层上飞行成本最小、燃油消耗量最小、爬升时间最短及水平距离最短的速度及航迹角组合，进而得到整个飞行剖面。详细优化指标介绍如下：

① 飞行成本最小。成本指标定义为

$$C = C_f(Q_f + \text{CI} \times t) + C_\varepsilon \tag{8-3}$$

式中，C 为直接运营成本；C_f 为单位燃油成本；C_ε 为固定成本；Q_f 为飞机飞行单位海里所耗燃油；t 为飞机飞行单位海里所需时间；CI 为成本指数。C_1、C_f、Q_f 等参数是飞机的总质量、高度、速度、爬升方式的函数。因此，在给定总质量、爬升方式及高度下，c 与速度及航迹角的函数关系为

$$C = f_{\text{cost}}(V, \gamma) \tag{8-4}$$

设在每个高度层上根据不同速度及航迹角的组合计算得到的成本为

$$C^k = \{c_{i,j}^k\}, k \in \{1, 2, \cdots, m\}, i \in \{1, 2, \cdots, x_k\}, j \in \{1, 2, \cdots, y_k\} \tag{8-5}$$

式中，k 为 m 维高度层中的第 k 个高度层；x_k 为第 k 个高度层上的速度搜索数组的维数，y_k 为第 k 个高度层上的航迹角搜索数组的维数；$c_{i,j}^k$ 为在第 k 个高度层上以速度指令 V_i 和航迹角指令 γ_j 计算出来的直接运营成本；C^k 为在第 k 个高度层上根据速度及航迹角的组合计算出的成本集合。

因此，第 k 个高度层上的指令为

$$\left[V_k^*, \gamma_k^* \right] = f_{\text{cost}}^{-1} \left[\min(C^k) \right] \tag{8-6}$$

式中，$\min(C^k)$ 为第 k 个高度层上的最小成本；f_{cost}^{-1} 为通过成本获取指令的函数关系，V_k^* 和 γ_k^* 分别为该高度层对应的最优速度及航迹角。

② 燃油消耗量最小。该指标常用于既要节能减排又要保证航空公司经济效益的情况，其爬升经济性低于最低成本。在较小的高度层上，飞行产生的燃油消耗量是时间与燃油消耗率相乘的结果，而燃油消耗率与时间都是速度、航迹角、高度的函数。因此，给定高度层上的燃油消耗量 q 与速度及航迹角的函数关系为

$$q = f_{\text{fuel}}(V, \gamma) \tag{8-7}$$

设在每个高度层上根据不同速度及航迹角的组合计算得到的燃油量为

$$Q^k = \{q_{i,j}^k\}, k \in \{1, 2, \cdots, m\}, i \in \{1, 2, \cdots, x_k\}, j \in \{1, 2, \cdots, y_k\} \tag{8-8}$$

式中，k 为 m 维高度层中的第 k 个高度层；x_k 为第 k 个高度层上的速度搜索数组的维数；y_k 为第 k 个高度层上的航迹角搜索数组的维数；$q_{i,j}^k$ 为在第 k 个高度层上以速度指令 V_i 和航迹角指令 γ_j 计算出的燃油消耗量；Q^k 为在第 k 个高度层上根据速度及航迹角的组合计算出的成本集合。

因此，第 k 个高度层上的指令为

$$\left[V_k^*, \gamma_k^*\right] = f_{\text{cost}}^{-1}\left[\min(Q^k)\right] \tag{8-9}$$

式中，$\min(Q^k)$ 为第 k 个高度层上的最小燃油消耗量；f_{fuel}^{-1} 为通过燃油获取指令的函数关系，V_k^* 和 γ_k^* 分别为该高度层对应的最优速度及航迹角。

③ 爬升时间最短。该指标通常用于要求飞机以最大爬升率上升的特殊情况。飞机爬升的时间与航迹角、速度的函数关系为

$$t = f_{\text{time}}(V, \gamma) \tag{8-10}$$

设在每个高度层上根据不同速度及航迹角的组合计算得到的时间为

$$T^k = \{t_{i,j}^k\}, k \in \{1, 2, \cdots, m\}, i \in \{1, 2, \cdots, x_k\}, j \in \{1, 2, \cdots, y_k\} \tag{8-11}$$

式中，k 为 m 维高度层中的第 k 个高度层；x_k 为第 k 个高度层上的速度搜索数组的维数；y_k 为第 k 个高度层上的航迹角搜索数组的维数；$t_{i,j}^k$ 为在第 k 个高度层上以速度指令 V_i 和航迹角指令 γ_j 计算出的爬升时间；T^k 为在第 k 个高度层上根据速度及航迹角的组合计算出的时间集合。

因此，第 k 个高度层上的指令为

$$\left[V_k^*, \gamma_k^*\right] = f_{\text{time}}^{-1}\left[\min(T^k)\right] \tag{8-12}$$

式中，$\min(T^k)$ 为飞机爬升到第 k 个高度层的最短时间；f_{time}^{-1} 为通过时间获取指令的函数关系；V_k^* 和 γ_k^* 分别为该高度层对应的最优速度及航迹角。

④ 水平距离最短。该指标通常用于高原、高山这一类障碍物密集的地形中的飞行，以最短的水平距离达到一定的高度，实现近距离安全越障。爬升段水平距离与航迹角、速度的函数关系为

$$q = f_{\text{range}}(V, \gamma) \tag{8-13}$$

设在每个高度层上根据不同速度及航迹角的组合计算得到的水平距离为

$$L^k = \{l_{i,j}^k\}, k \in \{1, 2, \cdots, m\}, i \in \{1, 2, \cdots, x_k\}, j \in \{1, 2, \cdots, y_k\} \tag{8-14}$$

式中，k 为 m 维高度层中第 k 个高度层；x_k 为第 k 个高度层上的速度搜索数组的维数；y_k 为第 k 个高度层上的航迹角搜索数组的维数；$l_{i,j}^k$ 为在第 k 个高度层上以速度指令 V_i 和航迹角指令 γ_j 计算出的水平距离；L^k 为在第 k 个高度层上根据速度及航迹角的组合计算出的成

本集合。

因此，第 k 个高度层上的指令为

$$\left[V_k^*, \gamma_k^*\right] = f_{\text{range}}^{-1}\left[\min\left(L^k\right)\right] \tag{8-15}$$

式中，$\min(L^k)$ 为飞机爬升到第 k 个高度层的最小燃油消耗量；f_{range}^{-1} 为通过水平距离获取指令的函数关系；V_k^* 和 γ_k^* 分别为该高度层对应的最优速度及航迹角。

⑤ 指标的优先级。对于民航飞机来说，飞行成本直接反映飞行过程的经济性，它是航空公司能否实现利益最大化的关键因素。因此，飞行成本最小指标的优先级最高。在其余 3 种指标中，水平距离最短指标的优先级最低。出于安全爬升的目的，水平距离最短的爬升方式通常用于近距离越障，爬升航迹较陡，爬升需要的剩余推力大，飞机按照该指标下的飞行剖面飞行时，发动机的工作负荷高，乘客乘坐舒适度低。燃油消耗量最小指标与飞行时间最短指标相比，前者优先级更高一些。这是因为飞行成本由燃油成本、时间成本和固定成本组成，其中燃油成本和时间成本都与飞行时间有关，又分别与燃油售价、航空公司实力有关，所以爬升时间和爬升段的燃油消耗量都对飞行成本有影响。一般来说，单位燃油均价比单位飞行时间成本大很多，因此，爬升飞行采用燃油消耗量最小指标的经济性比时间最短指标的经济性高。除此之外，按爬升时间最短方式飞行时飞机的爬升率最大，对乘客乘坐舒适度有一定的影响，通常只用于飞越山区、颠簸状态、ATC 指令的情况，并且当采用燃油消耗量最小指标时，对发动机推力的需求小于飞行时间最短指标下的推力需求，此时发动机的各项状态参数相对更小，飞行也更加平稳。爬升段常用优化指标及其使用场景如表 8-3 所示。

表 8-3 爬升段常用优化指标及其使用场景

优化指标	使用场景	备注
飞行成本最小	该指标是最常用的爬升方式，爬升经济性最高，乘客乘坐舒适度好	按 4 种优化指标规划飞行剖面时，都要在飞机性能限制、航空公司要求、空管要求下进行。若不满足以上要求或约束条件，需与空管部门、航空公司协商降低约束条件或更改飞行计划
燃油消耗量最小	该指标能有效降低排气污染，适当提高经济性，乘客乘坐舒适度好	
爬升时间最短	该指标用于飞越山区、颠簸状态、空管指令时，以最大爬升率爬升，发动机负荷大，乘客乘坐舒适度低	
水平距离最短	该指标在一般情况下不用，仅用于近距离超越障碍物，在最短的距离内到达某高度，乘客乘坐舒适度低	

综上可知，上述 4 种爬升优化方式的优先级顺序为飞行成本最小>燃油消耗量最小>爬升时间最短>水平距离最短。

（2）巡航段常用优化指标。表 8-4 所示为巡航段常用优化指标及其使用场景。由于巡航段的持续时间较长，在飞机处于正常飞行且没有特别要求的优化指标时，一般采取经济巡航方式，保证飞行的经济性最高。当飞机质量确定时，对经济巡航优化性能数据表插值计算，即可获得最佳的巡航速度和巡航高度。航程最大优化指标往往用于要求燃油消耗量最小的情况，例如，当所携带的燃油量较少时，为尽量保证在该燃油量下能够完成整个飞行。当飞机质量确定时，对远程巡航优化性能数据表插值计算，即可获得最佳的巡航速度和巡航高度；续航时间最长优化指标，一般用于因某种原因而需要飞机放慢巡航速度，以延长到达下降顶点或特定航路点时间的情况。当飞机质量确定时，对续航时间最长的巡航优化性能数据表插值计算，即可获得最佳的巡航速度和巡航高度。

表8-4 巡航段常用优化指标及其使用场景

优化指标	使用场景	备注
飞行成本最小	在无特殊要求或紧急情况下，一般都会选择该指标，其巡航经济性最佳	在飞机性能限制、航空公司要求、空管要求下进行。若不满足以上要求或约束条件，需要与空管部门、航空公司协商降低约束条件或更改飞行计划
续航时间最长	该指标用于因某种原因而需要飞机放慢巡航速度，以延长到达下降顶点或特定航路点时间的情况	
航程最大	该指标用于需要燃油消耗量最小时的情况	

（3）下降段常用优化指标。下降段常用优化指标有飞行成本最小和下降时间最长。这两个指标的使用场景如表8-5所示。在下降段，由于发动机工作负荷不大，推力极小，燃油消耗不多，因此，下降段的飞行成本一般不会太大。对下降段最重要的是安全及乘客乘坐舒适度，飞机在下降的时候，若下降率过大，则会出现座舱失压等危险现象，不利于飞行。因此，在下降段往往采用下降率最小、下滑角较小的飞行方式进行，保证飞行安全及乘客乘坐舒适度。

表8-5 下降段常用优化指标及其使用场景

优化指标	使用场景	备注
飞行成本最小	该指标在对经济性要求最高时使用	在飞机性能限制、航空公司要求、空管要求下进行。若不满足以上要求或约束条件，需要与空管部门、航空公司协商降低约束条件或更改飞行计划
下降时间最长	采用这一指标时的下降率最小、水平距离较长，但乘客乘坐舒适度最好，是常用的一种指标	

下阶段飞行成本最小的指标计算公式同爬升飞行成本最小的计算公式。

飞机下降时间与航迹角、速度的函数关系为

$$t = f_{\text{time}}(V, \gamma) \tag{8-16}$$

设在每个高度层上根据不同速度及航迹角的组合计算得到的时间为

$$T^k = \{t_{i,j}^k\}, k \in \{1,2,\cdots,m\}, i \in \{1,2,\cdots,x_k\}, j \in \{1,2,\cdots,y_k\} \tag{8-17}$$

式中，k 为 m 维高度层中第 k 个高度层；x_k 为第 k 个高度层上的速度搜索数组的维数；y_k 为第 k 个高度层上的航迹角搜索数组的维数；$t_{i,j}^k$ 为在第 k 个高度层上以速度指令 V_i 和航迹角指令 γ_j 计算出的下降时间；T^k 为在第 k 个高度层上根据速度及航迹角的组合计算出的成本集合。

因此，第 k 个高度层上的指令为

$$\left[V_k^*, \gamma_k^*\right] = f_{\text{time}}^{-1}\left[\max(T^k)\right] \tag{8-18}$$

式中，$\max(T^k)$ 为飞行下降到第 k 个高度层所用的最长时间；f_{time}^{-1} 为通过时间获取指令的函数关系；V_k^* 和 γ_k^* 分别为该高度层对应的最优速度及航迹角。

2）飞行剖面规划流程

由于爬升段与下降段的飞行剖面规划指标相似，因此，这里以爬升段为例介绍给定优化指标下的飞行剖面规划流程。给定初始爬升高度、爬升顶点高度的飞行剖面规划流程主要包括以下 4 个步骤。

（1）在初始爬升高度 H_0 与巡航高度 H_{TOC} 之间划分出若干高度层 $[H_0, H_1, \cdots, H_{\text{TOC}}]$，获取爬升段的初始飞机质量、空管数据等，并确定飞机的性能边界。

（2）按照选定的爬升方式和飞行剖面优化指标，在步骤（1）的限制下，计算可能的飞行剖面。给定优化指标下的飞行剖面规划流程如图 8-8 所示。首先，确定爬升顶点的高度，在爬升初始高度与爬升顶点之间划分出若干高度层。其次，根据选择的等表速或等马赫数或先等表速再等马赫数的爬升方式，根据速度的限制范围，划分对应的速度区间。例如，若选择等表速爬升方式，表速的约束范围为 $[\text{IAS}_{\min}, \text{IAS}_{\max}]$，该区间表示表速以 IAS_{step}

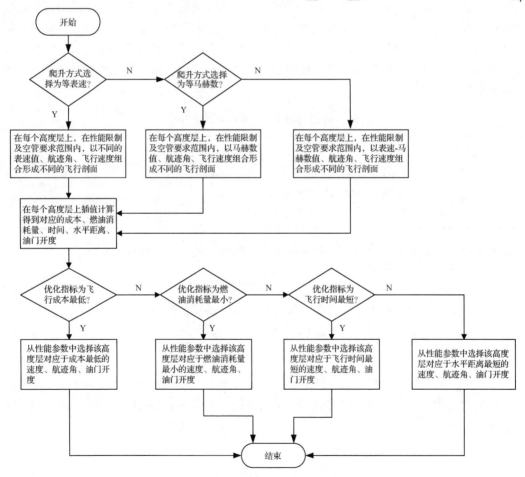

图 8-8　给定优化指标下的飞行剖面规划流程

的大小从 $\text{IAS}_{\min}$ 变为 $\text{IAS}_{\max}$，则规划飞行剖面时的表速变化区间为 $\text{IAS}_{\min}:\text{IAS}_{\text{step}}:\text{IAS}_{\max}$，IAS 为指示空速。以同样方式划分出其他参数区间，如航迹角的区间。最后，在每个高度层上令速度和航迹角在上述区间变化，以此组成所有可能的飞行剖面，分别通过性能数据库插值计算得到飞行剖面对应的性能数据。

（3）搜索每个高度层上能够满足指标要求的性能参数和指令参数。其中，性能参数包含爬升飞行成本、爬升时间、爬升段的水平距离及燃油消耗量，指令参数包含速度、油门开度和航迹角。

（4）把每个高度层上能够满足指标要求的性能参数逐个相加，得到整个飞行剖面的性能数据，并获得按高度划分的指令参数。

2. 无给定优化指标下的飞行剖面规划

对于爬升段及下降段，当机组没有给定的飞行剖面优化指标时，无法按照某个单一优化指标规划飞行剖面。因此，采用模糊综合评价法评价飞行剖面的可行性，进而选择最优的飞行剖面。

1）模糊理论

对受多个因素影响的对象，以模糊理论进行全面评价的方法称为模糊综合评价法，又称为模糊综合决策法或模糊多元决策法。这一方法能够将评价问题中蕴含的模糊性要素转换为合理、贴近实际的量化评价向量，既能够体现决策者对评价问题的全方面认识，又能避免单纯凭经验选择带来的主观性。

模糊理论是在美国 L.A.zadeh 教授创建的模糊集合理论的基础上发展起来的，这一理论主要应用到模糊集合或隶属度函数的概念。其观念在于强调以模糊逻辑描述或显示生活中的事物等级，以弥补古典逻辑（二值逻辑）无法明确定义边界事物的缺点，主要包括模糊数学、人工智能、模糊系统、模糊控制、模糊决策等方面[78]。

模糊理论的几个主要概念如下。

（1）论域。论及的全体对象构成的集合称为论域，常记为 U。

（2）特征函数。设 A 是论域 U 上的一个集合，对于任意 $u \in U$，令

$$C_A(u) = \begin{cases} 1, & u \in A \\ 0, & u \notin A \end{cases} \tag{8-19}$$

则 $C_A(u)$ 称为集合 A 的特征函数。

（3）隶属度。特征函数 $C_A(u)$ 在 $u = u_0$ 时的取值 $C_A(u_0)$ 称为 u_0 对 A 的隶属度。

（4）隶属函数、模糊集。设 U 是论域，μ_A 是把任意 $u \in U$ 映射到区间 $[0,1]$ 上的某个值的函数，即

$$\mu_A : U \to [0,1] \text{或} u \to \mu_A(u) \tag{8-20}$$

则 μ_A 称为定义在论域 U 上的一个隶属函数，由 $\mu_A(u)$（$u \in U$）所构成的集合 A 称为论域 U 上的一个模糊集。

2）基于模糊综合评价法规划飞行剖面的流程

在模糊综合评价法中，还有如下定义：

（1）因素集。与被评价对象相关的指标的集合称为因素集，通常记为 $U=\{u_1,u_2,\cdots,u_n\}$，因素集可以有一级或多级。通常用权重描述各个因素在评价中所占的比重，记为 $A=\{a_1,a_2,\cdots,a_n\}$。

（2）评判集。被评价对象可能出现的评价集合称为评价集，通常记为 $V=\{v_1,v_2,\cdots,v_m\}$。

基于模糊综合评价法的飞行剖面规划流程如图8-9所示，具体步骤如下。

（1）明确模糊综合评价法的因素集。在给定飞行计划及飞行剖面优化指标的情况下，从飞行过程的"成本""燃油消耗量""时间""水平距离"4个性能参数评价飞行性能。因此，模糊综合评价法的一级因素集有4个元素，记为 $U=\{U_1,U_2,U_3,U_4\}$。

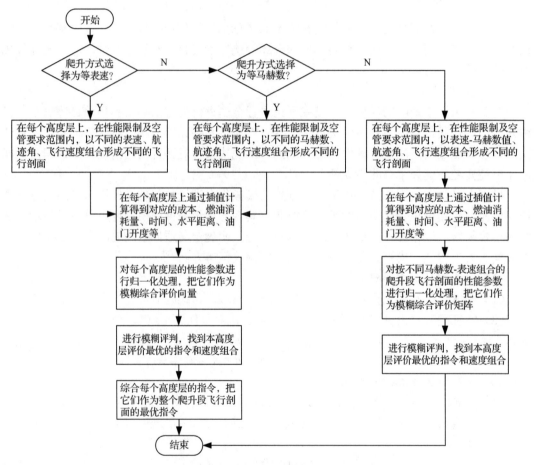

图8-9　基于模糊综合评价法的飞行剖面规划流程

（2）计算因素集（4个性能参数）的权重，因素集权重记为 $A_i=\{A_{i,1},A_{i,2},A_{i,3},A_{i,4}\}$。计算权重的方法有很多，如专家评定法、频率统计法、模糊层次分析法等。其中，模糊层次分析法是从评价者对评价问题的本质、影响因素的理解出发，通过对研究对象的分解、对不同层次关键性因素的比较及综合进行计算，能够明确地给出不同层次中每个因素对最终目标影响程度的量化结果。

（3）计算模糊综合评价向量。模糊综合评价向量的计算流程如下：首先，明确飞行阶段及该阶段飞行剖面的主要构成参数。然后，在飞机性能限制及空管要求范围内，将构成该剖面的主要参数按不同数值的组合，计算出所有可能的飞行剖面及其"成本""燃油消耗量""时间""水平距离" 4 个性能参数，这些性能参数就是评价所用的原始数据。由于每个参数单位、数量级各不相同，无法直接用于评价，因此按评价满分为 100 分的规则，采用式（8-21）对各个参数进行归一化，即

$$\overline{x} = 100 * \left(1 - \frac{x - x_{\min}}{x_{\max} - x_{\min}} \right) \qquad (8\text{-}21)$$

式中，$\overline{x}$ 为综合评价表中的参数；x 为未经归一化的参数；$x_{\min}$ 为该参数的最大值；$x_{\min}$ 为该参数的最小值。

最终得到指标 I_i 下的飞行剖面 P_j 的评价向量，即式（8-22）。

$$R_{i,j} = [\overline{c_{i,j}}, \overline{q_{i,j}}, \overline{t_{i,j}}, \overline{l_{i,j}}] \qquad (8\text{-}22)$$

式中，$\overline{c_{i,j}}$、$\overline{q_{i,j}}$、$\overline{t_{i,j}}$、$\overline{l_{i,j}}$ 分别为指标 I_i 下，可选择的飞行剖面 P_j 对应的"成本""燃油消耗量""时间""水平距离" 4 个性能参数的归一化数值。

（4）进行评价。按相关公式计算得到的模糊综合评价结果为式（8-23），即

$$B_{i,j} = A_i R_{i,j} \qquad (8\text{-}23)$$

式中，A_i 为在指标 I_i 下，4 个性能参数在性能评价中的比重；$R_{i,j}$ 为由步骤（3）计算出的飞行剖面 P_j 的评价向量。

（5）对比所有飞行剖面的评价结果，选取评价得分最大的指令参数作为本高度层的指令，并逐层累加最优指令对应的性能参数。

3）基于层次分析法计算权重

权重是指某一因素在整体评价中的相对重要程度，是影响综合评价结果的关键性因素。常用的权重计算方法有专家咨询权数法、层次分析法、信息量权数法等。在本节中，将使用层次分析法计算二级因素及一级因素的权重值。

层次分析法是定性分析与定量分析相结合的系统分析方法，是将人的主观判断用数量形式表达和处理的方法。其特点是在对复杂的决策问题的本质、影响因素及其内在关系等进行深入分析的基础上，利用较少的定量信息使决策的思维过程数学化。

层次分析法的主要步骤如下：

（1）建立层次结构模型。通常将决策的目标、考虑的因素（决策准则）和决策对象按照相互之间的关系分为高层（决策的目的或需解决的问题）、底层（决策时的备选方案）、中间层（考虑的因素、决策的准则）。对于相邻的两层，高层为目标层，底层为因素层。

（2）构建成对判断矩阵。比较量化模型中的同层因素对上层因素的重要性，对比九级标度成对比较评分标准表（见表 8-6），构建判断矩阵 $A = \left(a_{i,j}\right)_{n \times n}$。

表 8-6　九级标度成对比较评分标准表

标度	含义
1	两个因素相比，具有同样重要性
3	两个因素相比，一个因素比另一因素稍微重要
5	两个因素相比，一个因素比另一因素明显重要
7	两个因素相比，一个因素比另一因素高度重要
9	两个因素相比，一个因素比另一因素极其重要
2,4,6,8	上述两个相邻判断的中值
倒数	若元素 i 与 j 的重要性之比为 $a_{i,j}$，那么元素 j 与元素 i 重要性之比为 $a_{j,i} = 1/a_{i,j}$

依据判断矩阵求解权重，实际上就是计算判断矩阵的最大特征值及其对应的特征向量，即 $AW = \lambda_{max} W$。其中，W 为特征向量，λ_{max} 为判断矩阵 A 的最大特征值，将 $W = (W_1, W_2, \cdots, W_n)^{\mathrm{T}}$ 归一化后就可以把它作为权重向量了。

采用几何平均法的各指标权重计算过程如下。

（1）计算特征向量 W 的分向量，计算公式为

$$\overline{W}_i = \sqrt[n]{\prod_{j=1}^{n} a_{i,j}} \tag{8-24}$$

式中，$a_{i,j}$ 为元素 i 与 j 的重要性比较结果。

（2）对 $W = (W_1, W_2, \cdots, W_n)^{\mathrm{T}}$ 进行归一化，计算为公式。

$$W_A = \sum_{i=1}^{n} \overline{W}_i \tag{8-25}$$

权重为

$$\omega_i = \frac{\overline{W}_i}{W_A} \tag{8-26}$$

（3）一致性检验。由于判断矩阵是根据人们的主观判断得到的，不可避免地存在估计误差，因此要进行一致性检验。在判断矩阵的构建过程中，并不要求判断其是否具有传递性和一致性，即不要求 $a_{i,j} \cdot a_{j,k} = a_{i,k}$ 严格成立，这是由客观事物的复杂性与人的认识的多样性所决定的，但要求比较矩阵大体上满足一致性是应该的。如果出现"甲比乙极其重要，乙比丙极其重要，而丙又比甲极其重要"的判断，就是违反常识的，一个混乱的经不起推敲的判断矩阵有可能导致决策上的失误。而且上述各种计算排序权重向量（相对权重向量）的方法，在判断矩阵过于偏离一致性时，其可靠程度也就值得怀疑了。因此要对判断矩阵的一致性进行检验。具体方法如下。

① 计算一致性指标（Consistency Index），即

$$\mathrm{C.I.} = \frac{\lambda_{max} - n}{n - 1} \tag{8-27}$$

式中，C.I. 为一致性指标；$\lambda_{\max}$ 为判断矩阵的最大特征值；n 为判断矩阵的阶数。

② 查找相应的平均随机一致性指标 R.I.（Random Index）。表 8-7 给出了由 1~15 阶正互反矩阵计算 1000 次得到的平均随机一致性指标 R.I.。

表 8-7　平均随机一致性指标 R.I.

矩阵阶数	1	2	3	4	5	6	7	8
R.I.	0	0	0.52	0.89	1.12	1.26	1.36	1.41
矩阵阶数	9	10	11	12	13	14	15	—
R.I.	1.46	1.49	1.52	1.54	1.56	1.58	1.59	—

③ 计算一致性比例 C.R.（Consistency Ratio）。

$$\text{C.R.} = \frac{\text{C.I.}}{\text{R.I.}} \tag{8-28}$$

当 C.R.<0.1 时，认为判断矩阵的一致性是可以接受的；当 C.R.≥0.1 时，应对判断矩阵做适当修正。

4）爬升性能评价的权重算例

按照层次分析法计算爬升性能参数在该性能评价中的权重，具体步骤如下。

（1）建立层次模型。目标层为所规划的飞行成本最小，因素层为 4 个性能参数，即爬升飞行成本、燃油消耗量、爬升时间、水平距离。

（2）构建成对判断矩阵。对照九级标度成对比较评分标准表，将成对因素对目标层的重要性进行量化处理。

上述 4 个性能参数在评价飞行性能时的重要性分析如下：总体来说，在评价飞行性能时，上述 4 个性能参数越小，往往意味着飞行性能越优良。对民航飞机来说，在保证安全的基础上，最受航空公司关注的就是飞行成本，它直接反映了飞行经济性，是航空公司能否实现利益最大化的关键因素，因此，这一参数最重要；在剩余的 3 个参数中，爬升段的水平距离通常反映爬升航迹的陡度，这一参数反应飞机的越障能力，往往与飞行经济性无太大关系，因此，这一参数最不重要；由于飞行成本由燃油成本、时间成本和固定成本组成，其中燃油成本和时间成本都与飞行时间有关，燃油成本又与燃油价格有关，时间成本又与航空公司设定的要求有关，因此，爬升时间和爬升段的燃油消耗量都会对飞行经济性有影响。但一般来说，单位燃油平均油价比单位飞行时间的成本大很多，因此，燃油消耗量比飞行时间更受关注。综上所述，在评价爬升性能时，上述 4 个性能参数的权重大小顺序为爬升飞行成本>燃油消耗量>爬升时间>水平距离。

把爬升飞行成本、燃油消耗量、爬升时间、水平距离 4 个性能参数进行成对比较，以此得到重要性量化矩阵。优化方式为飞行成本最小的成对比较表如表 8-8 所示。评分过程如下：爬升飞行成本作为主要目标，相比其他 3 个性能参数，它的权重最大。在其他 3 个性能参数中，燃油消耗量和飞行时间都对飞行经济性有影响，水平距离对飞行经济性没有影响，而燃油消耗量对飞行经济性的影响更高。因此，爬升飞行成本相对燃油消耗量、爬升时间、水平距离的重要性分别为介于稍微重要和同样重要之间、稍微重要、明显重要。

对比燃油消耗量与爬升时间和水平距离的重要性。在飞行性能评价中，燃油消耗量与爬升时间相比显得稍微重要，燃油消耗量与水平距离相比显得高度重要。最后比较爬升时间与水平距离。因为爬升时间对飞行经济性的影响大于水平距离的影响，因此爬升时间与水平距离相比明显更重要。由于成对判断矩阵是正互反矩阵，因此，只做以上比较即可。

表 8-8　优化方式为飞行成本最小的成对比较表

比较项目	爬升飞行成本	燃油消耗量	爬升时间	水平距离
爬升飞行成本	1.0	2	3	5
燃油消耗量	1/2	1.0	3	7
爬升时间	1/3	1/3	1.0	5
水平距离	1/5	1/7	1/5	1.0

（3）根据式（8-24）～式（8-26），计算得到的成对判断矩阵的最大特性值为 4.2121，爬升飞行成本、燃油消耗量、爬升时间、水平距离 4 个性能参数的权重为 $[0.4434 \quad 0.3410 \quad 0.1636 \quad 0.0521]$。

（4）进行一致性判断。因为成对判断矩阵是四维的，查表 8-7 可得 R.I.=0.89；一致性比例 C.R.=0.0794<0.1，说明成对判断矩阵的一致性较为合理，计算出来的权重可以用于后续的决策使用。

3. 飞行剖面规划仿真算例

假设飞机以 54t 的质量从 450m 高度开始爬升，爬升顶点高度为 5000m；飞机以等表速-等马赫数的方式爬升，计算得到的交叉高度大于 450m 而小于 5000m 的表速（IAS）及马赫数（Ma）组合共 23 种；若航迹角（γ）从 1° 开始以 0.5° 进行变化，变化到 5° 后，可以分为 207 种 IAS-Ma-γ 组合的指令，分别按这 207 种指令进行爬升性能计算。表 8-9 所示为航迹角为 1° 时的模糊综合评价矩阵，即根据不同表速、马赫数指令计算出的性能参数经归一化、与权重加权求和后的结果。其中"/"表示表速及马赫数对应的交叉高度不存在或小于初始爬升高度或高度与爬升顶点高度相等。同理，可得到飞机以其他航迹角爬升时对应的模糊综合评价矩阵。

表 8-9　航迹角为 1° 时的模糊综合评价矩阵

IAS/（m/s） γ =1Ma	0.3	0.32	0.34	0.36	0.39	0.41
93	77.9587	67.4579	78.6166	—	—	—
97.47	81.5572	98.8287	85.1139	—	—	—
102	—	85.8353	95.0838	73.9106	—	—
106.4	—	81.3173	70.0338	61.4657	72.4264	—
111	—	—	73.8707	68.1862	80.2292	71.5722
115	—	—	—	80.7035	91.4828	79.4583
120	—	—	—	76.3572	67.0651	59.1351
124	—	—	—	—	71.3189	66.2224
128	—	—	—	—	76.4959	79.6200

在得到剩余 8 组模糊综合评价矩阵后，从中选取评价得分最高的一组作为最优飞行剖面。在本算例中最优结果为 $\text{IAS} = 97.47\text{m/s}$，$\text{Ma} = 0.32$，$\gamma = 1°$，交叉高度为 1090m。通过爬升性能数据库插值计算，可得到从 500m 高度爬升至 5000m 高度的油门开度指引值变化，如图 8-10 所示。在图 8-10 及后文相关图中，用油门开度指引值替代推力指引值。因为当飞机质量和速度一定时，推力随油门开度单调变化，而且飞行员直接控制的不是推力而是油门，所以用油门开度指引值替代推力指引值，便于飞行员操作。

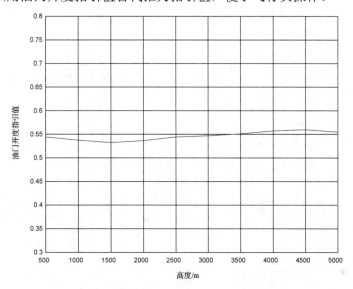

图 8-10　从 500m 高度爬升至 5000m 高度的油门开度指引值变化

8.4.2　基于四维航迹运行的推力指引值计算

1. 推力指引值计算原理

推力指引是指在飞行过程中，推力管理系统根据飞行剖面优化指标，规划飞行剖面并自动计算推力指令，与飞行姿态指引计算机共同指引飞行员操纵飞机，或者向自动飞行控制系统、自动油门系统传输指令，使飞机进入给定轨迹并保持在给定轨迹上飞行。飞行员既可以按照计算的推力指引值操纵油门杆，也可令自动油门系统根据推力管理计算机传输的推力控制指令计算油门杆偏转角度并推动油门杆，使飞机进入给定轨迹并保持在给定轨迹上飞行。这一功能在飞机起飞、爬升、巡航、下降的过程中，能够按不同的飞行方式提供准确的控制指令，提高飞行精度，减轻飞行员的工作压力。因此，这一功能是实现精确四维航迹预测的基础，也是空地决策的重要部分。

起飞段和下降段的推力指引值往往在进行飞行剖面规划、决策的同时就已确定，这里不再介绍。对巡航段和起飞段，首先需要根据飞机状态获得飞机需用推力的大小，然后反向利用发动机的基本特性及飞机的速度和高度状态信息得到油门开度指引值。

图 8-11 所示为起飞段和巡航段的油门开度指引值计算流程。由图 8-11 可知在巡航段，飞机需用推力等于可用推力。因此，可以计算出给定质量、给定高度、给定马赫数巡航飞行状态下飞机需用推力，计算公式为

$$T_{re} = D = \frac{1}{2}\rho V_a^2 C_D \tag{8-29}$$

式中，T_{re} 为飞机需用推力；D 为飞行阻力；ρ 为空气密度；V_a 为飞行真空速；C_D 为阻力系数。阻力系数计算公式如下：

$$C_D = C_L / K \tag{8-30}$$

式中，C_L 为升力系数；K 为升阻比。

在起飞段，推力的大小与起飞方式有关：全推力起飞时，推力为最大推力；减推力起飞时，推力是不同的假设温度对应的推力。

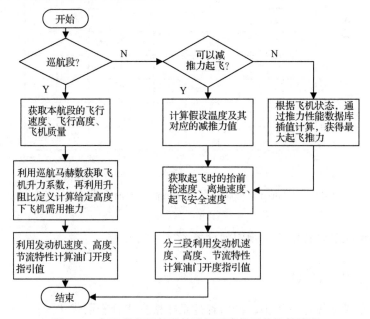

图 8-11　起飞段和巡航段的油门开度指引值计算流程

2. 仿真算例

以起飞段为例，飞机以"干跑道坡度为-2%，机场标高为 300m，机场温度为 40℃，飞机襟翼角度（flap）设置为 35°，逆风飞行速度为 10 节（1 节=1.852 千米/小时）"的条件进行起飞时，抬前轮速度、飞机抬前轮前至抬前轮过程的油门开度指引值、离地速度、飞机抬前轮至离地过程的油门开度指引值、起飞安全速度、飞机离地至飞机到达起飞安全高度过程的油门开度指引值随飞机质量、襟翼角度的变化如图 8-12～图 8-13 所示。从这 3 个图可以看出，推力指引值随飞机质量的增大而增大，随襟翼角度的增大而减小，符合起飞性能的变化趋势。

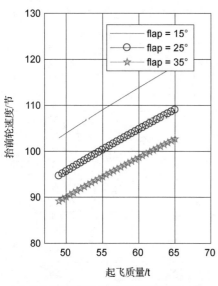

（a）抬前轮速度随飞机质量和襟翼角度的变化

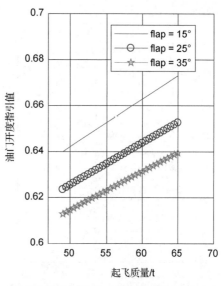

（b）抬前轮前油门开度指引值随飞机质量和襟翼角度的变化

图 8-12　抬前轮速度与抬前轮前的油门开度指引值随飞机质量和襟翼角度的变化

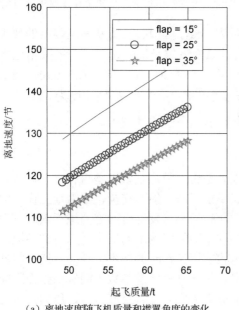

（a）离地速度随飞机质量和襟翼角度的变化

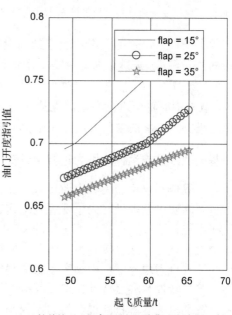

（b）抬前轮至飞机离地油门开度指引值随飞机质量
和襟翼角度的变化

图 8-13　离地速度与抬前轮至飞机离地过程的油门开度指引值随飞机质量和襟翼角度的变化

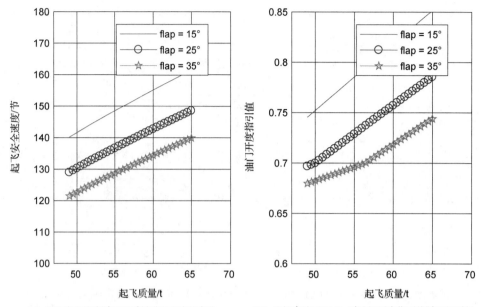

(a) 起飞安全速度随飞机质量襟翼角度的变化　　(b) 飞机离地至10.7m时油门开度指引值随飞机质量襟翼角度的变化

图 8-14　起飞安全速度与飞机离地至 10.7m 高度的油门开度指引值随飞机质量和襟翼角度的变化

在以上条件下，查起飞限重表查到的限重为 68t，可知起飞质量满足限重的要求。但此时最高假设温度为 38℃因此无法采用该假设温度下的减推力起飞，只能采用全推力起飞。图 8-12～图 8-14 的计算结果如下：飞机抬前轮前的油门开度指引值为 0.65，抬前轮速度为 97 节，抬前轮至飞机离地过程的油门开度指引值为 0.69，离地速度为 121 节，飞机离地至起飞安全高度的油门开度指引值为 0.72，起飞安全速度为 132 节。

8.4.3　基于四维航迹运行的推力边界值计算

推力边界值不仅用于飞行中监控和判断推力是否正常、发动机是否稳定工作，还作为推力指引功能实施的基础。为了保证发动机在稳定状态下能够安全、正常地工作，应减小发动机在不正常或高负荷情况下工作的概率，此时需要对发动机的推力进行限制。但是，由于发动机的推力无法直接测得，因此，需要利用能够影响发动机推力的各类参数，间接地推断并计算推力边界值。根据发动机在稳定状态下工作时的基本特性——速度特性、高度特性、节流特性和温度特性，可以得到环境条件、飞机状态参数等因素与推力之间的密切关系。发动机的基本特性说明推力不仅与非标准大气温度、空气密度、压力、湿度等环境条件有关，还与飞行高度、飞行马赫数、油门开度等飞机状态及发动机状态信息有关。

为了提高飞行航迹的精确性，基于航迹的运行引入了四维航迹的概念，提出了 RTA 的约束条件。这一约束是基于四维航迹运行中影响推力边界值大小的关键。为了满足 RTA 的约束条件，飞行中要不断地根据当前地速计算 ETA，然后利用 ETA 与 RTA 之差调整飞行速度。因此 RTA 的约束条件会影响飞行速度，进而影响推力边界值的计算。

基于四维航迹运行的推力边界值的计算流程如图 8-15 所示，主要步骤如下。

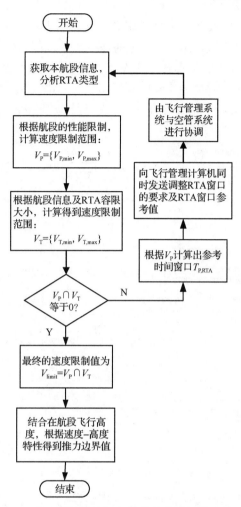

图 8-15　基于四维航迹运行的推力边界值的计算流程

（1）获取一个航段的信息，确定该航段航程和高度等信息，计算这个航段的飞机性能限制数据。主要数据是该航段的速度限制范围，这一范围记为 $V_P = \left\{ V_{P,min}, V_{P,max} \right\}$，$V_P$ 的获取与飞行阶段及飞行高度有关。按照这一速度飞行的时间窗口就是这一个航段的 ETA 窗口。

（2）获取该航段的 RTA 窗口，然后根据 RTA 窗口的大小计算满足要求的速度限制范围，计算得到另一组速度限制范围，即 $V_T = \left\{ V_{T,min}, V_{T,max} \right\}$。

（3）判断 V_P 与 V_T 是否存在交集。

（4）若二者存在交集，则选取 $V_P = \left\{ V_{P,min}, V_{P,max} \right\}$ 和 $V_T = \left\{ V_{T,min}, V_{T,max} \right\}$ 的交集作为最终的速度限制范围，即 $V_{limit} = V_P \cap V_T$。图 8-16 所示为 V_P 与 V_T 有交集的所有可能情况，即 ETA 窗口与 RTA 窗口有交集的所有可能情况。其中，情况 1 和情况 2 是由 RTA 窗口反解出的速度限制范围与性能上的速度限制范围的部分交集，因此，最终的速度限制范围就是二者的交集；情况 3 的性能上的速度限制范围包含由 RTA 反解出的速度限制范围，因此，此时的速度限制范围就是由 RTA 反解出的速度限制范围；情况 4 的性能上的速度限制范围包含由 RTA 反解出的速度限制范围，因此，此时的速度限制范围是性能上的速度限制范围；若二者不存在交集，则需要向飞行管理计算机发送"需要与空管系统协调 RTA 窗口"的信息，并根据 V_P 及该航段的航程计算出参考时间窗口 $T_{P,RTA} = \{RTA_{P,min}, RTA_{P,max}\}$，把它发送给飞行管理计算机，供协调使用。然后等待飞行管理计算机返回 RTA 窗口信息，重新计算推力边界值。

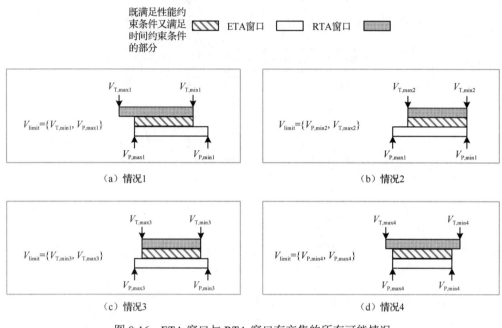

图 8-16　ETA 窗口与 RTA 窗口有交集的所有可能情况

（5）按照发动机的速度-高度基本特性，利用航段高度、速度限制数据 $V_{limit} = V_P \cap V_T$ 计算得到推力和油门开度的变化范围。

8.4.4　推力等级设定

为了匹配飞机在不同飞行阶段对推力、发动机功率的需求，发动机被设置成不同的工作状态。发动机不同的工作状态对应不同的油门杆角度，可以通过调整油门杆角度改变发动机的工作状态及推力的大小。现代民用加力涡扇发动机按油门开度从小到大的主要工作状态有制动、地面慢车、空中慢车、最大连续状态、中间状态、最小加力状态、最大加力状态、最大状态及其他特殊状态（如反推状态、应急状态等）。

为了使飞机在从起飞到着陆的过程中，在不同的飞行阶段按不同优化指标下飞行剖面飞行时，飞行性能总能达到最优，发动机的工作状态总是安全、稳定又经济的，推力管理系统应当针对各个飞行阶段所有可能的飞行方式和飞行状态，与发动机工作状态相结合，设定合理的发动机推力等级。推力等级的设定能够使发动机根据飞机的飞行状态，在安全、稳定的范围内工作，有助于延长发动机的使用寿命。因此，推力等级设定是推力管理系统的重要功能。

1. 起飞段的推力等级设定

1）常规的起飞段的推力等级设定

在起飞段，只有当飞机滑跑速度到达一定值（V_{lift}，即离地速度）时，升力才能兑服重力使飞机离地。起飞时飞机的载重和阻力大，因此，需要很大的推力克服摩擦阻力和气动阻力，使飞机迅速加速，安全起飞。交通运输部发布的《正常类飞机适航规定》对起飞功率要求如下。

（1）在当时条件下，当飞机达到起飞决断速度时飞机获得批准的最大起飞功率的90%所需的功率。

（2）所有依赖于发动机功率或功率杆位置且与安全相关的系统和设备的正常工作所需的功率。

（3）当功率值从选定的起飞功率值增加到获得批准的最大起飞功率值时，表明无发动机危害响应特性的值。

起飞功率通常是（经适航当局批准的）最大起飞功率，并且该最大起飞功率对发动机无过大损害。因此，常规的起飞段的推力等级通常是经过适航当局审核的最大推力，记为"TO"。

除了民航规章要求，保证起飞时的商业载荷（payload，简称商载）足够大也是选择最大推力起飞的原因。起飞段的推力是影响飞机最大起飞质量（Maximum Take-Off Weight，MTOW）的重要因素之一，最大起飞质量不仅是飞机的运行限制要求，也是表征民航飞机商载能力的关键参数，最大起飞质量越小，航空器的商载能力越差。场长限制下的最大起飞质量受起飞段的推力影响如图 8-17 所示，当可用跑道长度为 3000m、跑道坡度为-2%、机场环境温度为 25℃、标高为 300m 时，随着推力的减小，场长限制下的最大起飞质量不断减小，即随着推力的不断减小，该飞机的商载也不断减小。因此，常规的起飞段的推力等级应当设为最大推力，记为"TO"。

2）灵活的起飞段的推力等级设定

即使民航规章已经要求飞行员应当采用对发动机无过大损害的最大起飞功率执行离场程序，但长时间使发动机处于最大推力工作状态，仍会造成发动机负荷大、油耗大。这不仅会减小发动机的使用寿命，也不利于节能减排。因此，在保证安全的情况下，选择适当的减推力起飞方式，既可以满足民航规章的要求，又能够保证起飞的经济性、高效性，提高发动机的寿命并减少发动机的事故率。以国内某航空公司为例，1999 年以来该航空公司广泛推广"减推力起飞技术"，使得 CFM56-3 发动机在翼时间由 14000h 提高到 17000h，发动机单位小时使用成本降低 22%，每台发动机为该航空公司节省了 30 万美元，并且保持 22 个月无发动机空中停车事故征候。

为了能够保证起飞安全，在美国联邦航空管理局发布的 AC 25-13《减推力（动力）起飞》程序中，规定灵活的起飞段推力最多可减小额定值的 25%，因此设定灵活推力等级的

范围为 $0.75 \sim 1.0\text{Thrust}_{max}$，记为"FLX"。

当飞机满足减推力起飞的条件时，减小适当的推力值起飞能够大大提高航空公司的效益、减小发动机事故率；当不满足减推力起飞的条件时，飞机应当按照民航规章的要求，使用最大推力起飞。

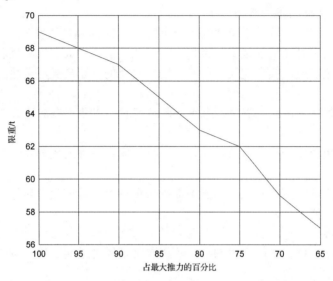

图 8-17　场长限制下的最大起飞质量受起飞段的推力影响

综上所述，起飞段的推力等级设定如表 8-10 所示。

表 8-10　起飞段的推力等级设定

起飞方式	表示符号	推力等级范围
常规起飞	TO	F_{max}
减推力起飞	FLX	$0.75 \sim 1.0F_{max}$

2. 爬升段、巡航段和下降段的推力等级设定

飞机在爬升段往往采用爬升推力等级（CLB），当采用减推力爬升时，可以采用 CLB-1、CLB-2 等级，视选择的爬升方式而定。飞机在巡航段通常采用发动机的"巡航状态"，此推力等级的工作时间不受限制。飞机进入下降段时，推力的需求逐渐减小，并且下降段的主要飞行任务是保证飞行安全，为乘客提供一个稳定和舒适的下降状态。因此，飞机在下降段通常采用发动机的慢车状态。慢车状态是发动机能够稳定和可靠工作的最小推力状态。这一状态下发动机的转速和各部件的效率很低，提供的可用推力也最低，提供可满足飞机下降和地面运行时保证空调系统、防冰系统正常工作，以及维持发动机润滑油的温度不超限、发动机高压转子转速（N_2）不小于最低转速等要求的最小功率。慢车推力不是一个特定的推力，而是指推力手柄的位置。

8.5　基于四维航迹运行的推力管理系统功能转换逻辑

为了满足飞机在不同航段对发动机推力的要求，实现推力及飞行性能最优化管理，还需要适合四维航迹运行的推力管理系统功能的转换逻辑，使推力管理系统根据飞机所处的飞行阶段、飞行状态、外界环境信息自动执行推力管理或向飞行员提出可行的操作建议。

图 8-18 所示为基于四维航迹运行的推力管理系统功能转换逻辑。在飞机的起飞段，首先根据起飞机场的环境及气象信息、飞机起飞时的构型、起飞质量确定合理的推力管理系统功能，并按照起飞性能数据库执行相关功能。当飞机到达起飞安全高度后，执行准备进入爬升段推力管理。飞机进入爬升段后，根据爬升顶点高度、指定的爬升方式、空管要求、爬升过程障碍物的情况，确定最优的爬升段推力管理系统功能并根据爬升性能数据库执行

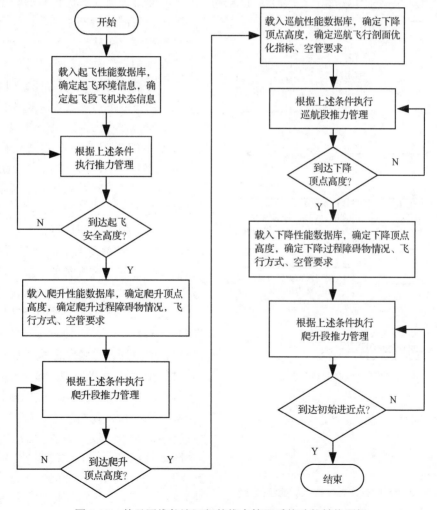

图 8-18　基于四维航迹运行的推力管理系统功能转换逻辑

相关功能；当飞机爬升至爬升顶点时，执行巡航段推力管理。在飞机的巡航段，首先确定下降顶点的位置，结合性能优化指标和空管要求，以巡航性能数据库为基础执行巡航段推力管理；然后在飞机进入下降顶点时，结束巡航段推力管理。在飞机的下降段，同样需要载入下降性能数据库，根据下降段的各类约束条件，执行下降推力管理；当飞机到达初始进近点时，结束下降段推力管理。

8.5.1　起飞段的推力管理系统功能转换逻辑

图 8-19 所示为起飞段的推力管理系统功能转换逻辑。在飞机起飞前，推力管理系统获取起飞跑道相关数据、机场标高、非标准大气温度，以及飞机和发动机的相关数据。然后由推力管理计算机按照飞机起飞时的构型，确定飞机的最大起飞质量，判断此时飞机是否满足灵活温度减推力起飞的条件——飞机实际质量是否小于最大起质量、非标准大气温度是否大于发动机的工作温度。若同时满足这两个条件，推力管理计算机按照假设温度减推力起飞计算减推力指引值，协助飞行员执行离场程序。在从起飞滑跑到爬升初始高度的过程中，自动油门系统不工作，发动机控制系统按照油门杆的偏转角度控制推力，全程由推力管理计算机监控发动机的工作状态，防止推力超出其边界值并在驾驶舱中向飞行员显示起飞过程中的几个重要参数，当飞机到达爬升初始高度时，结束起飞段的推力管理；若不满足假设温度减推力起飞的要求，则按照全推力起飞方式，推力管理计算机、自动油门系统和发动机控制系统的工作过程与假设温度减推力起飞过程类似，当飞机到达爬升初始高度时，结束起飞段的推力管理。

在起飞过程中，若推力管理计算机检测到一台发动机发生故障（一发失效）的情况，推力管理系统立即执行起飞一发失效时的推力管理。图 8-20 所示为起飞一发失效时的推力管理系统功能的转换逻辑。当检测到一台发动机发生故障时，推力管理计算机立即判定飞机在发动机发生故障时的速度 V_{EF} 是否大于起飞决断速度 V_1（飞机能够在跑道尽头安全制动的最大故障速度）。若 $V_{EF} > V_1$，则推力管理计算机

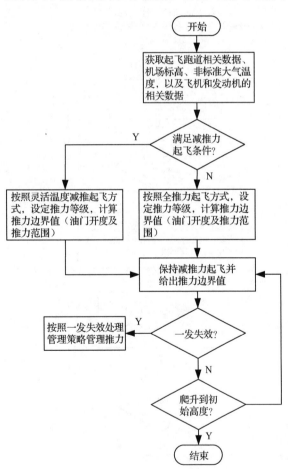

图 8-19　起飞段的推力管理系统功能转换逻辑

向飞行员发出一发失效的告警信息并执行继续起飞程序，按起飞一发失效的程序设定相应的推力等级，直到飞机完成起飞过程；若 $V_{EF} < V_1$，则推力管理计算机向飞行员发出一发失效的告警信息并立即执行中断起飞程序，飞行员应使飞机减速，直到飞机完全停止后，结束推力管理。

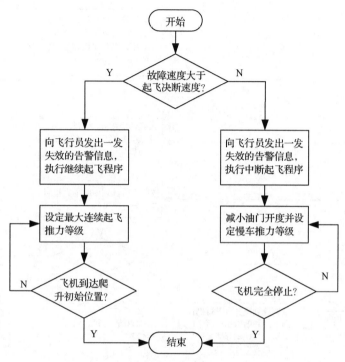

图 8-20　起飞一发失效时的推力管理系统功能转换逻辑

8.5.2　爬升段的推力管理系统功能转换逻辑

飞机进入爬升段后，推力管理计算机载入已规划好的爬升飞行剖面，设定常规爬升段推力等级，并在驾驶舱内显示爬升过程每个航段的推力边界值、推力等级、自动油门工作方式、爬升顶点高度、当前航段的 ETA、RTA 及二者误差等信息。在到达爬升顶点之前，自动油门系统接收推力管理计算机发出的推力指引指令，包括爬升的速度或推力、油门开度、航迹角等信息，并依此选定爬升段的推力指引值，将相应的推力指引值转换为控制油门杆的偏转角度指令。最后，发动机控制系统按照来自油门杆传感器的油门杆位置信号控制推力。在飞行过程中，推力管理计算机不断地检测发动机的工作状态，监控推力边界值是否超限。当出现推力边界值超限或某些飞行状态超出空管要求时，由飞行管理计算机重新规划爬升飞行剖面，由推力管理计算机计算新的推力指引值，然后由飞行管理系统把新的飞行计划输入空管系统。若空管系统通过了新的飞行计划，则自动油门系统按照新的飞行计划中的推力指引值改变油门杆的偏转角度，发动机控制系统控制推力；否则，改变飞行剖面优化指标或飞行方式，继续规划爬升飞行剖面，计算推力指引值。若没有出现需要重新规划爬升飞行剖面的情况，则保持飞机飞行，直到飞机到达爬升顶点高度，结束爬升段的推力管理。爬升段的推力管理系统功能转换逻辑如图 8-21 所示。

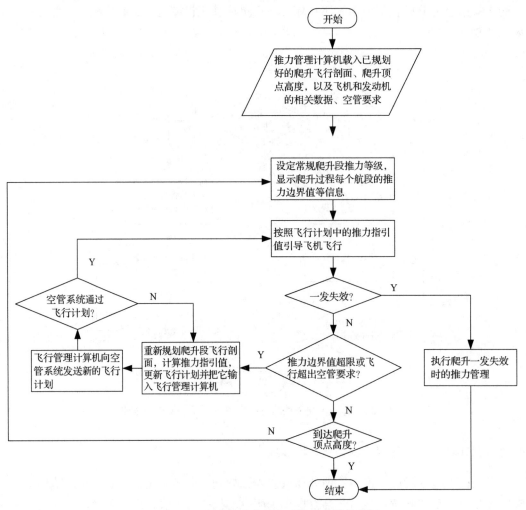

图 8-21　爬升段的推力管理系统功能转换逻辑

在爬升飞行中，当推力管理计算机检测到一台发动机失效时，推力管理系统立即执行爬升一发失效时的推力管理，其转换逻辑如图 8-22 所示。当飞机飞行高度没有高于 1500ft（这一高度是初始爬升结束的高度）时，说明飞机飞行高度相对较低，此时可以向空管系统申请返场。当飞机飞行高度高于 1500ft 时，需要规划飘降剖面，由飞行管理计算机计算飞机从飘降改为平飞的高度及速度，由推力管理计算机计算飘降段推力指引值。飞行员参考该推力指引值操纵油门杆，使飞机飞平飞到飘降高度。到达飘降高度时，飞行管理系统向空管系统申请就近着陆。若空管系统通过该请求，则就近着陆返场；否则飞机按照飘降后的飞行计划继续飞行，等待着陆检修。

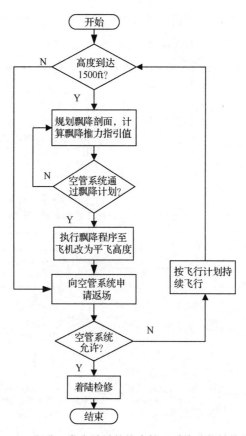

图 8-22　爬升一发失效时的推力管理系统功能转换逻辑

8.5.3　巡航段的推力管理系统功能转换逻辑

飞机到达爬升顶点高度后，执行巡航段的推力管理。推力管理系统载入已规划好的飞行计划、下降顶点高度、巡航性能数据、空管要求，推力管理计算机自动设定巡航段推力等级。在飞行过程中，在驾驶舱内显示巡航过程每个航段的推力边界值、自动油门工作方式、推力等级、当前航段的 ETA、RTA 及二者误差、下降顶点高度等信息。自动油门系统接收推力管理计算机发送的推力指引指令，包括巡航速度、油门开度等信息，将相应的推力指引值转换为油门杆的偏转角度指令推动油门杆偏转。油门杆偏转后，自动油门系统把实际油门杆的角度偏转信号发送至发动机控制系统，从而实现推力的控制。在飞行过程中，推力管理计算机不断地检测发动机的工作状态，监控推力边界值是否超限。当出现推力边界值超限或某些飞行状态超出空管要求时，由飞行管理计算机重新规划飞行剖面，由推力管理计算机计算新的推力指引值并把它输入飞行管理计算机，飞行管理系统再把新的飞行计划输入空管系统。若空管系统通过了新的飞行计划，则自动油门系统按照新的飞行计划中的推力指引值引导飞机飞行；否则，继续规划飞行剖面和计算推力指引值。若没有出现需要重新规划飞行剖面的情况，则保持飞机飞行，直到飞机到达下降顶点高度，结束爬升段推力管理。巡航段的推力管理系统功能转换逻辑如图 8-23 所示。

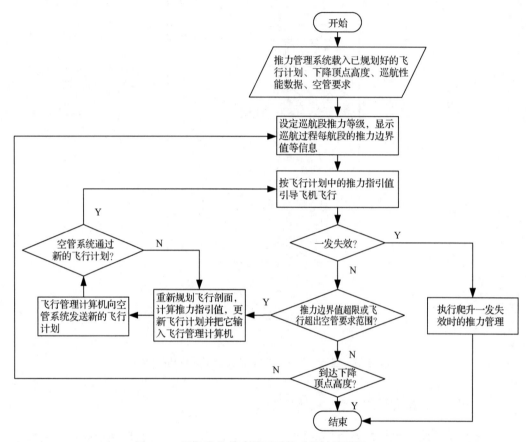

图 8-23　巡航段的推力管理系统功能转换逻辑

　　在巡航飞行中，当推力管理计算机检测到一台发动机失效时，立即执行巡航一发失效时的推力管理并发出一发失效的告警信息。此时需要规划飘降剖面，由飞行管理计算机计算从飘降到平飞的高度及速度，由推力管理计算机计算飘降推力指引值，还要对后续的飞行计划进行修改。若空管系统通过了飘降剖面及后续的飞行计划，则按照飘降推力指引值引导飞机平飞到飘降高度。在飞机到达飘降高度时，执行后续的飞行计划；否则，飞行管理系统向空管系统申请飞行剖面规划的约束条件，以此为依据重新规划飞行剖面，待空管系统通过后执行上述操作。巡航一发失效时的推力管理系统功能的转换逻辑如图 8-24 所示。

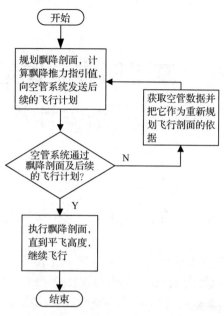

图 8-24　巡航一发失效时的推力管理系统功能转换逻辑

8.5.4　下降段的推力管理系统功能转换逻辑

飞机到达下降顶点高度后，就进入下降段的推力管理过程。下降段的推力管理系统功能的转换逻辑与爬升段相似，只在航段的起点、终点及具体功能的实施上有很大的区别，但管理思路是相似的，这里不再赘述。

本 章 小 结

本章首先对基于四维航迹运行的推力管理系统功能进行需求分析，在此基础上，设计了该系统的架构，并以飞行阶段为主线，介绍了各个功能实现的方法。最后，阐述了各个航段的推力管理系统功能转换逻辑。

第 9 章　基于四维航迹运行的飞行引导指令计算

9.1　概　　述

基于四维航迹运行的飞行引导是保障水平导航（LNAV）、垂直导航（VNAV）、估计到达时间（ETA）和到达时间控制（TOAC）精度最重要的一环，可在空间上实现高精度、鲁棒性的航迹控制，在时间上实现定时可控可达。实现这些目标离不开高精度的飞行引导指令。

9.2　优化水平航段过渡路径

大型客机在航段与航段之间采用平缓过渡方式，因此，基于四维航迹运行的飞行管理系统必须构建航段与航段之间的过渡路径。影响过渡路径的因素通常包括以下 5 种。

（1）航段转换导致的航向角变化。

（2）下一个航段类型。

（3）航路点飞越要求。

（4）滚转角限制。

（5）过渡的预测速度。

国际上公认的过渡路径分为三种：

（1）旁切转弯过渡路径（fly-by）。

① 高高度：气压高度为 FL195 及以上。

② 低高度：气压高度为 FL195 以下。

（2）飞越转弯过渡路径（fly-over）。

（3）固定半径过渡（Fixed Radius Transitions，FRT）路径。

其中，满足所需导航性能（RNP）的过渡路径包括旁切转弯过渡路径和固定半径过渡。如果使用飞越转弯过渡路径，就需要假定飞越转弯后的航段不具有 RNP 要求，因为该路径不可重复且空域保护不能遵循 RNP 概念。

出于空域规划的目的，当大型客机在航段之间过渡时的 RNP 被认为与定义过渡的两个航段相关联的最大 RNP。例如，当大型客机从 RNP 1 航段过渡到 RNP 0.3 航段时，假定过渡基于 RNP 1 航段。

假定在 FL195 以下的气压高度，旁切转弯过渡路径航向角的变化为 120°或更小，在 FL195 及以上的气压高度旁切转弯过渡路径航向角的变化为 70°或更小，并且假定导航数据库（NDB）中的程序和航路定义都是满足上述角度限制的，但是机组人员的操作可能会超出这些角度限制值。在无法构建过渡路径时，基于四维航迹运行的飞行管理系统将提醒机组人员。

旁切转弯过渡将转弯半径与地速和滚转角联系起来，采用如下协调转弯半径公式：

$$R = \frac{V_g^2}{g \tan(\phi)} \tag{9-1}$$

式中，R 为转弯半径，单位为 n mile；g 为重力加速度，其值取 68625.4 n mile/h²；V_g 为地速，单位为 kts；ϕ 为滚转角。

转弯起始边界距离（单位为 n mile）为

$$Y = R \tan(0.5\alpha) \tag{9-2}$$

式中，α 为航向角的变化。

最大地速和滚转角按照气压高度 FL195 区分：

（1）当气压高度小于 FL195 时，最大地速为 500 kts（海里/小时），滚转角按式（9-3）计算。

$$\phi = \min(0.5\alpha, 23°) \tag{9-3}$$

（2）当气压高度大于或等于 FL195 时，最大地速为 750 kts，默认滚转角为 5°。若 5°的滚转角导致转弯起始边界距离 Y 大于 20 n mile，则令 $Y = 20$ n mile，以此反算转弯半径：

$$R = \frac{20}{\tan(0.5\alpha)} \tag{9-4}$$

旁切转弯过渡提供了一个理论过渡区域，飞机在整个转弯过程中应保持在该区域。过渡区域的剩余部分取决于上述航向角变化假设，如果超出航向角的变化范围，该区域可能不适用。当遇到上述假设之外的情况时，按照以下原则构建过渡路径。

（1）对于航向角的变化小于 135°的旁切转弯过渡，应构造与当前航段和后一个航段相切的过渡圆弧，使航段过渡发生在角平分线处，如图 9-1 所示。

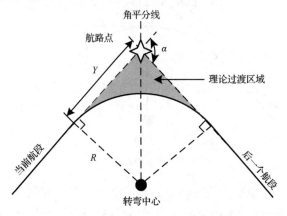

图 9-1　航向角的变化小于 135°的旁切转弯过渡路径的构建

（2）对于航向角的变化大于 135° 的旁切转弯过渡，所构建的过渡圆弧应与当前航段和从航路点作出的垂直于当前航段的直线相切，并延长此路径以向后一个航段提供 40°～50° 的截获（一般选取 45° 截获），如图 9-2 所示。

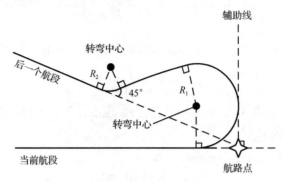

图 9-2　航向角的变化大于 135° 的旁切转弯过渡路径的构建

固定半径过渡路径是指航段之间固定半径的过渡路径，它是根据航向角的变化 α、转弯半径 R 和转弯起始边界距离 Y 定义的，如图 9-3 所示。其中，转弯起始边界距离 Y 按式（9-2）计算，偏置距离 X 的计算公式为

$$X = R\left(\frac{1}{\cos(0.5\alpha)} - 1\right) \tag{9-5}$$

对于使用固定半径过渡的航路，指定固定半径过渡航路的转弯半径导航数据库（NDB），也可以通过空中交通服务（ATS）数据链给出。国际上有两种标准的转弯半径：

（1）当气压高度在 FL195 及以上时，R=22.5 n mile。

（2）当气压高度在 FL195 以下时，R=15 n mile。

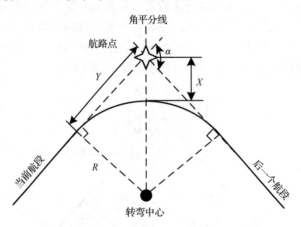

图 9-3　固定半径过渡路径

当指定过渡到后一个航段的飞越航路点时，航段过渡应发生在飞越航路点上，此时的过渡被定义为飞越转弯过渡（fly-over）。当飞越航路点被排序时，水平导航（LNAV）控制

律基于飞机性能和几何参数如地速、航段长度和滚转角限制，产生后一个航段的截获路径，造成航迹不可重复，不满足 RNP 要求。因此，不鼓励使用飞越航路点，除非一些终端区的操作要求，如复飞点，但复飞点不属于基于四维航迹运行的大型客机飞行引导技术考虑的范畴。

9.3　优化水平引导截获路径

在飞行过程中，当飞机偏离原飞行计划或有截获要求时，需要按照飞行要求、飞机当前状态及指标判断并选择待截获航段，生成截获路径。航路上的截获包含在两种特殊路径中：

（1）直飞：把飞机从当前位置直接引导到任何固定位置。

（2）水平偏置：把航段向左或向右偏置一段距离。

由于执行直飞时把当前位置作为飞越航路点，对从当前位置直飞到目标位置的航段过渡采取飞越转弯过渡路径，不满足 RNP 要求，因此超出了基于四维航迹运行的大型客机飞行引导技术讨论的范畴。

水平偏置则具备满足 RNP 要求的条件，它可能发生在 CF 航段、DF 航段和 TF 航段。航路上的水平偏置如图 9-4 所示。

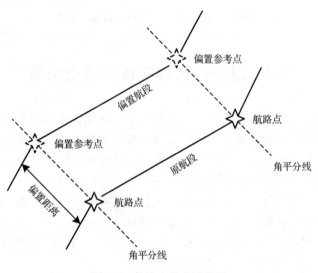

图 9-4　航路上的水平偏置

符合 RNP 要求的水平偏置采用标准的 30° 截获路径，由此构成两种典型旁切转弯过渡参考航迹，即向转弯"内侧"偏置的参考航迹和向转弯"外侧"偏置的参考航迹，分别如图 9-5 和图 9-6 所示。

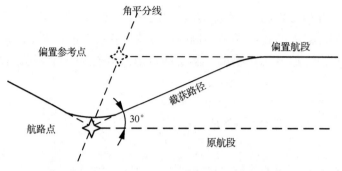

图 9-5　向转弯"内侧"偏置的参考航迹

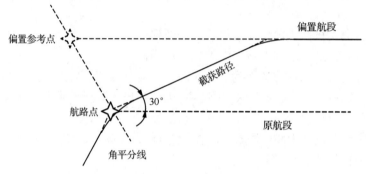

图 9-6　向转弯"外侧"偏置的参考航迹

9.4　基于性能模式优化垂直剖面

　　垂直剖面包括高度剖面和速度剖面。基于性能模式优化高度剖面和速度剖面，可得到在未考虑高度、速度和时间限制下的最符合飞机性能优化指标的高度和速度，把它们作为巡航高度和巡航速度的参考值。在此基础上进行航迹预测和性能计算，综合考虑高度限制和速度限制，优化爬升剖面和下降剖面。

　　在巡航状态下，用于飞行剖面优化的性能数据库有基于成本指数（CI）的数据库、燃油消耗量最小指标下的数据库和续航时间最长指标下的数据库等。其中的巡航高度数据库和巡航马赫数数据库都是二元函数表关系，可以借鉴旋转方向法找到最优解，该最优解即给定条件下的最佳巡航高度和最佳巡航马赫数。

　　旋转方向法是为了解决目标函数不可微，或者目标函数在分段表示的情况下无约束优化问题而提出的。这种方法通过比较目标函数值的大小移动迭代点，因此属于直接法，在一定的假设下能保证收敛性。旋转方向法是由两个动作构成的，即探测移动和模式搜索，其基本流程如图 9-7 所示。

　　探测移动是指沿某个方向进行探测，以求得到有利的方向。模式搜索是指在探测移动成功后，假设探测的方向即有利的方向，于是沿探测的方向继续搜索，以求得到更好的点迭代。

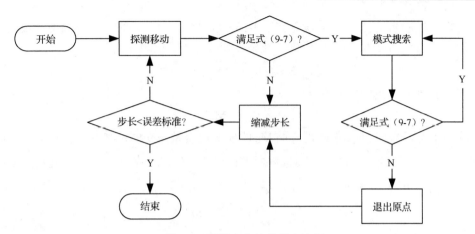

图 9-7　旋转方向法的基本流程

旋转方向法以正交方向探测移动，设 X_k 为当前迭代点，沿当前正交方向进行探测移动得到新的迭代点 X_{k+1}，若这两个点满足式（9-6），则停止迭代。否则，进入 X_{k+1} 的正交方向进行下一次迭代。

$$\|X_{k+1} - X_k\| < \varepsilon \tag{9-6}$$

式中，ε 为设置的误差标准。

设探测步长为 δ，X_k 的正交方向为 p，若

$$f(X_k + \delta p) < f(X_k) \tag{9-7}$$

则认为 X_k 沿 p 方向探测成功，此时令

$$X_{k+1} = X_k + p \tag{9-8}$$

若

$$f(X_k + \delta p) \geqslant f(X_k) \tag{9-9}$$

则认为 X_k 沿 p 方方向探测失败，那么 X_k 需要沿另一个正交方向 p' 探测。沿每个方向执行上述操作，直到每个方向都成功一次然后出现失败为止。此时把某一方向的探测结果依次排列，必然出现相邻两个元素为"成功，失败"然后按式（9-8）移动，即沿着探测成功的方向继续探测，直到探测失败为止。当每个方向的探测结果都是"失败，失败，……"时，说明探测到了极小值点，这就是旋转方向法的数学原理。

把旋转方向法应用到巡航状态下的飞行剖面优化中，不管对哪个指标，都有以下两个局部最小值数据库：给定马赫数 Ma 与给定飞机总质量 W 下的最优巡航高度 H_{Lopt}，以及给定高度 H 与给定飞机总质量 W 下的最优马赫数 Ma_{Lopt}，这两个数据库可以用两个二元函数描述，即

$$H_{\text{Lopt}} = f_H(\text{Ma}, W) \tag{9-10}$$

$$\text{Ma}_{\text{Lopt}} = f_{\text{Ma}}(H, W) \tag{9-11}$$

将其整合，得到一个可以用三元函数描述的数据库：

$$B = f_B(H, W, \text{Ma}) \tag{9-12}$$

当给定飞机总质量 W，同时满足式（9-10）和式（9-11）的最优巡航高度与最优马赫数则成为全局最优高度 H_{Gopt} 和全局最优马赫数 Ma_{Gopt}，它们组成向量：

$$\boldsymbol{B} = (H_{\text{Gopt}}, \text{Ma}_{\text{Gopt}}) \qquad (9\text{-}13)$$

于是，式（9-12）变成

$$\boldsymbol{B} = \boldsymbol{f}_B(H, \text{Ma}) \qquad (9\text{-}14)$$

此时能保证单纯沿方向 H 和单纯沿方向 Ma 的模式搜索是正交的，在 $\text{Ma}_{\text{Lopt},j}(j=1,\cdots,n)$ 点利用式（9-10）进行迭代，相当于沿 Ma 方向进行迭代；在 $H_{\text{Lopt},i}(i=1,\cdots,n)$ 点利用式（9-11）进行迭代，相当于沿 H 方向进行迭代。令

$$\boldsymbol{X}_k = (H_{\text{Lopt},i}, \text{Ma}_{\text{Lopt},j}) \qquad (9\text{-}15)$$

当其满足式（9-6）时

$$\boldsymbol{B} = (H_{\text{Gopt}}, \text{Ma}_{\text{Gopt}}) = \boldsymbol{X}_{k+1} \qquad (9\text{-}16)$$

上式即给定飞机总质量 W 下的全局最优值，最优值数据库成为

$$\boldsymbol{B} = \boldsymbol{f}_B(W) \qquad (9\text{-}17)$$

在给定性能模式下，例如，在给定成本指数、燃油消耗量最小、续航时间最长的巡航方式时，均可用上述方法进行优化。

在爬升段和下降段，为了便于飞行员操纵，通常采用等表速-等马赫数方式。在低空，采用等表速方式；在高空（考虑空气压缩性的影响），采用等马赫数方式。

以爬升段为例，当飞机从低空以等表速爬升时，真空速增大。这一过程是加速爬升过程，部分推力用来增加动能；当飞机从高空以等马赫数爬升时，真空速减小，这一过程是减速爬升过程；达到对流层顶后，真空速不变，如图 9-8 所示。以 0.6 Ma 与 280 kts 为例，两者真空速相等的高度称为交叉高度，这一高度为上述切换等表速和等马赫数方式的分界线。

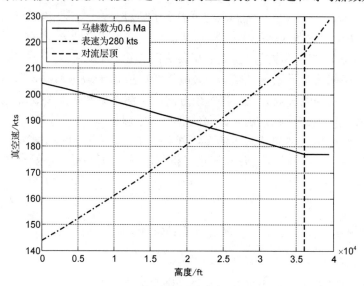

图 9-8　等表速-等马赫数条件下的真空速与高度的变化关系

已有研究表明，借助波音 777-200ER 性能数据库，最佳爬升速度受飞机总质量变化的影响较大，而受随高度变化的影响不大。因此，利用爬升数据库，同样可以为给定飞机总质量 W 下的数据库寻优，通过对从爬升起点到爬升顶点进行分段优化，可得到优化指标下爬升高度和速度表，下降段同理。

9.5　处理高度限制和速度限制

基于四维航迹运行的飞行管理系统应该在支持以下高度限制类型和速度限制类型以满足 RNP 要求：

1）高度限制类型

（1）不低于要求高度（At or Above）。

（2）不高于要求高度（At or Below）。

（3）等于要求高度（At）。

（4）高度上下限区间，即窗口（Window）。

2）速度限制类型

（1）不低于要求速度（At or Above）。

（2）等于要求速度（At）。

（3）不高于要求速度（At or Below）。

以上这些类型都可以用相应的上限值和下限值表示。以高度限制为例，对于 At or Above、At or Below 和 Window 类型，高度上限值大于高度下限值；对于 At 类型，高度上限值等于高度下限值。

在处理高度限制或速度限制时，应当综合考虑相邻的高度限制或速度限制，避免出现在爬升过程中为了满足高度限制而下降、在下降过程中为了满足高度限制而爬升、在起飞和爬升的加速过程中为了满足速度限制而减速，以及在下降和进近的减速过程中为了满足速度限制而加速的情况。

爬升段的高度限制处理可采用如下算法（在爬升过程中 At or Below 类型的高度限制优先级较高）。其中，$\mathrm{alt}_{b,i}$ 为第 i 个高度上限，$\mathrm{alt}_{a,i}$ 为第 i 个高度下限，$\mathrm{alt}_{o,i}$ 为第 i 个最佳高度，经修正后作为最终输出的高度，i_{toc} 为爬升顶点索引号。

```
for i = 1; i ≤ i_toc; i + +
    if ∄alt_b,i
        alt_b,i = alt_o,i
    end
end
for i = i_toc; i ≥ 2; i − −
    if alt_b,i < alt_b,i-1
        alt_b,i-1 = alt_b,i
```

```
    end
  end
  for i = 1; i ≤ i_toc; i + +
    if alt_{o,i} > alt_{b,i}
        alt_{o,i} = alt_{b,i}
    elseif alt_{o,i} < alt_{a,i}
        alt_{o,i} = alt_{a,i}
    end
  end
```

下降段的高度限制处理与爬升段类似，不同的是下降时 At or Above 类型的高度限制优先级较高，可采用如下算法。其中，i_{tod} 为下降顶点索引号，i_{end} 为航路点列表末端索引号。

```
  for i = i_tod; i ≤ i_end; i + +
    if ∄alt_{a,i}
        alt_{a,i} = alt_{o,i}
    end
  end
  for i = i_tod; i ≤ i_end; i + +
    if alt_{a,i} < alt_{a,i+1}
        alt_{a,i} = alt_{a,i+1}
    end
  end
  for i = i_tod; i ≤ i_end; i + +
    if alt_{o,i} > alt_{b,i}
        alt_{o,i} = alt_{b,i}
    elseif alt_{o,i} < alt_{a,i}
        alt_{o,i} = alt_{a,i}
    end
  end
```

对速度限制可采用类似策略，不同的是，速度限制还表现为基于航路点的速度限制和基于高度的速度限制，如机场速度限制及飞行程序（如等待程序）的速度约束。在速度限制中，基于高度的速度限制优先于基于航路点的速度限制，速度上限优先于速度下限。

在起飞和爬升的加速过程中，速度限制处理可采用如下算法（At or Below 类型的速度限制优先级较高）。其中，ias_i 为第 i 点的速度限制区间；$ias_{a,i}$ 为构建的第 i 点速度限制区间的下限，即第 i 点的速度下限；$ias_{b,i}$ 为构建的第 i 点速度限制区间的上限，即第 i 点的速度上限；$ias_{min,i}$ 为第 i 点的最小表速（由性能数据库提供）；$ias_{max,i}$ 为第 i 点的最大表速（由性能数据库提供）；$\mathrm{ias}_{\mathrm{lmt},i}$ 为第 i 点的表速限制值；$\mathrm{ias}_{\mathrm{o},i}$ 为第 i 点的表速最优值，经修正后输出；$\mathrm{ias}_{\mathrm{alt},i}$ 为第 i 点基于高度的表速限制。

```
for i = 1; i ≤ i_toc; i + +
    if 限制类型为 At or Below
        ias_i = [ias_a,i, ias_b,i] = [ias_min,i, ias_lmt,i]
    elseif 限制类型为 At
        ias_i = [ias_a,i, ias_b,i] = [ias_lmt,i, ias_lmt,i]
    elseif 限制类型为 At or Above
        ias_i = [ias_a,i, ias_b,i] = [ias_lmt,i, ias_max,i]
    else
        ias_i = [ias_a,i, ias_b,i] = [ias_min,i, ias_max,i]
    end
end
for i = 1; i ≤ i_toc; i + +
    for j = i; j ≤ i_toc; j + +
        if ias_a,i > ias_b,j
            ias_i = [ias_a,i, ias_b,i] = [ias_b,j, ias_b,j]
        elseif ias_b,i > ias_b,j
            ias_i = [ias_a,i, ias_b,i] = [ias_a,i, ias_b,j]
    end
        end
end
for i = 1; i ≤ i_toc; i + +
    if ias_o,i > ias_b,i
        ias_o,i = ias_b,i
    elseif ias_o,i < ias_a,i
        ias_o,i = ias_a,i
    end
    if ias_o,i > ias_alt,i
        ias_o,i = ias_alt,i
    end
end
```

在下降和进近的减速过程中的速度限制依然优先满足 At or Below 类型的速度限制，可采用如下算法：

```
for i = i_tod; i ≤ i_end; i + +
    if 限制类型为 At or Below
        ias_i = [ias_a,i, ias_b,i] = [ias_min,i, ias_lmt,i]
    elseif 限制类型为 At
```

$$ias_i = \left[ias_{a,i}, ias_{b,i}\right] = \left[ias_{lmt,i}, ias_{lmt,i}\right]$$

    elseif 限制类型为 At or Above

$$ias_i = \left[ias_{a,i}, ias_{b,i}\right] = \left[ias_{lmt,i}, ias_{max,i}\right]$$

    else

$$ias_i = \left[ias_{a,i}, ias_{b,i}\right] = \left[ias_{min,i}, ias_{max,i}\right]$$

end
end
for $i = i_{tod}$; $i \leqslant i_{end}$; $i + +$
   for $j = i$; $j \leqslant i_{end}$; $j + +$
     if $ias_{b,i} > ias_{a,j}$

$$ias_j = \left[ias_{a,j}, ias_{b,j}\right] = \left[ias_{b,i}, ias_{b,i}\right]$$

     elseif $ias_{b,i} < ias_{b,j}$

$$ias_j = \left[ias_{a,j}, ias_{b,j}\right] = \left[ias_{a,j}, ias_{b,i}\right]$$

end
   end
end
for $i = i_{tod}$; $i \leqslant i_{end}$; $i + +$
  if $ias_{o,i} > ias_{b,i}$

     $ias_{o,i} = ias_{b,i}$

  elseif $ias_{o,i} < ias_{a,i}$

     $ias_{o,i} = ias_{a,i}$

  end
  if $ias_{o,i} > ias_{alt,i}$

     $ias_{o,i} = ias_{alt,i}$

end
end

对于巡航段，只需要对每个点检查最佳高度是否大于高度上限或小于高度下限。前者将最佳高度修正至高度上限，后者将最佳高度修正至高度下限即可。

9.6　考虑气象因素时的 ETA 估算

到达时间控制（TOAC）功能需要至少对每个航路点和下降区域，利用 10 层气象数据进行风预测。为了提高 ETA 精度，并为提高到达时间控制精度打下基础，可以对每个航段都利用 10 层气象数据进行地速修正，进行更准确的 ETA 计算。

在起飞前，机组可以通过多功能控制显示组件（MCDU）向航空公司运营通信（Airline Operational Communication，AOC）系统发送风预测请求。本节利用欧洲中期天气预报中心（European Centre for Medium-Range Weather Forecasts，ECMWF）公开的 Grib2NetCDF

格式风模型及以此为基础改造的衍生模型，模拟基于四维航迹运行的飞行管理系统接收到的风预报数据，四维航迹运行的飞行管理系统接收每个航路点上的 10 层风预报数据并构成风预报数据网格。当航路点在网格点上时，选取网格点上的风预报数据，对地速进行修正；当航路点不在网格点上时，利用三维插值计算航路点上的风预报数据，对地速进行修正。修正地速时，考虑直线航段和圆弧航段两种情况，在此基础上计算更准确的 ETA。另外，飞行过程中的风信息需要结合风实测数据进行修正，可以利用平滑滤波的方法进行有效的修正：

$$y_i' = x_i + \frac{\sum\limits_{j=i-n}^{i-1}(y_j - x_j)}{n} \tag{9-18}$$

式中，y_i' 为第 i 点预测值，x_i 为第 i 点预报值，y_j 为第 j 点实测值，n 为滤波窗口数据量。

初始航迹的 ETA 采用以下计算公式：

$$\text{ETA}_i = \sum_{j=1}^{i} \frac{l_{\text{leg},j}}{V_{\text{g,leg},j}} + T_{\text{cur}} \tag{9-19}$$

式中，ETA_i 为第 i 个航段的 ETA；$l_{\text{leg},j}$ 为第 j 个航段长度；$V_{\text{g,leg},j}$ 为第 j 个航段地速；T_{cur} 为当前时间。

在飞行过程中，对当前 ETA 的利用航段的剩余航程 $l_{\text{rem},j}$ 和实测地速 V_{g} 进行计算：

$$\text{ETA}_i' = \frac{l_{\text{rem},i}}{V_{\text{g}}} + T_{\text{cur}} \tag{9-20}$$

对后续航段，在此基础上利用 $l_{\text{leg},j}$ 和 $V_{\text{g,leg},j}$ 计算每个航段的 ETA 并进行叠加。

上述地速是空速矢量 V_{a} 与预测风或修正预测风矢量 V_{w} 矢量和的模。

9.7　特殊情况下的航迹重规划

在飞行过程中，当系统监视到的误差超出阈值时，基于四维航迹运行的飞行管理系统发出告警信息并进行航迹重规划。除此之外，还有一些特殊情况也可能触发航迹重规划。例如，飞行途中遭遇恶劣天气或航迹冲突。

9.7.1　飞行途中遭遇恶劣天气

飞行途中遭遇如强对流天气形成的禁飞区（一般表征为受雷暴天气影响的区域。该区域雷暴积雨云云底高度一般为 2 km，云顶高度可达 12 km，单体雷暴直径可达 5～10 km，超级单体雷暴直径可达几十千米），机组通常应该在离该危险区域 80 n mile 外做出判断，在 40 n mile 外做出绕飞决策。绕飞雷暴区域时，力争在云上或云外飞行，绕飞时应在该区域边缘 25 km 以外通过。

9.7.2 飞行途中遭遇航迹冲突

配备广播式自动相关监视系统（ADS-B）的飞机在飞行过程中，可通过广播式自动相关监视系统的接收功能（ADS-B IN）接收其他飞机通过所配备的广播式自动相关监视系统的发送功能（ADS-B OUT）发送的位置、速度、身份识别、数据完整性和其他数据，通过机载防撞系统（ACAS）监视其他飞机的飞行意图，结合自身未来的四维航迹判断潜在的航迹冲突。当判断出冲突可能性大于阈值时，利用基于四维航迹运行的飞行管理系统的避撞算法发出告警信息并触发航迹重规划，生成符合飞行规则的冲突消解航迹。

基于广播式自动相关监视系统信息的冲突告警算法，以圆柱体模型设置冲突保护区，包括冲突空域（Conflict Airspace，CAZ）和保护空域（Protected Airspace，PAZ），按以下3种情况进行冲突消解。

（1）在同一高度上对头相遇，应当各自向右避让，并保持 500m 以上的间隔。这种情况下，本机向右水平偏置到目标机的保护空域之外，如图 9-9 所示。

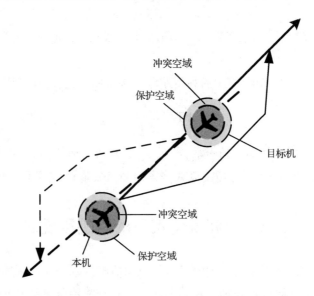

图 9-9　在同一高度上对头相遇

（2）从一架飞机的后方，在与该飞机对称面小于 70° 夹角的航线上向其接近或超越时，被超越的飞机具有航行优先权。而超越飞机不论是在上升、下降或平飞时均应当向右改变航向给目标机让出航路。本机向右水平偏置到目标机的保护空域之外，如图 9-10 所示。

（3）在同一高度上交叉相遇，飞行员从座舱左侧看到另一架飞机时，应当下降高度；从座舱右侧看到另一架飞机时，应当上升高度。这种情况下，调整本机高度向目标机的保护空域之外插入航路点，如图 9-11 所示。

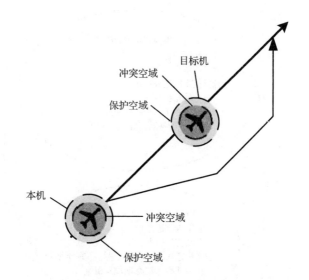

图 9-10 从一架飞机的后方接近或超越

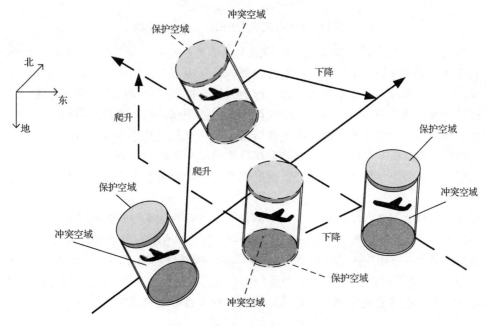

图 9-11 在同一高度上交叉相遇

9.8 飞行引导过程中的模式管理

飞行引导过程中的模式管理包括水平导航模式下（LNAV）的航段转换和垂直导航模式（VNAV）的转换。所有水平航段已经被证明均可以被分解为直线航段和圆弧航段，因此，水平导航模式下的航段转换可以由如图 9-12 所示的状态机来实现。

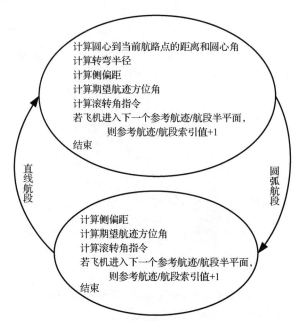

计算圆心到当前航路点的距离和圆心角
计算转弯半径
计算侧偏距
计算期望航迹方位角
计算滚转角指令
若飞机进入下一个参考航迹/航段半平面，
则参考航迹/航段索引值+1
结束

直线航段

圆弧航段

计算侧偏距
计算期望航迹方位角
计算滚转角指令
若飞机进入下一个参考航迹/航段半平面，
则参考航迹/航段索引值+1
结束

图 9-12　水平导航模式下的航段转换状态机

图 9-12 中，直线航段与圆弧航段的信息可从参考航迹中获取。距离、圆心角和航迹方位角的计算在大部分情况下可按大圆航线计算，只有少部分终端区短距航段需要按等角航线计算，这部分内容不在基于四维航迹运行的大型客机飞行引导技术讨论的范畴。图 9-12 中所谓半平面，是指当前航段与后一个航段所构成的平面，它被当前航段与后一个航段的角平分线分割而成的两个半平面。在当前航段与后一个航段几乎不发生航向变化时，半平面的切换发生在（伪）航路点上；在当前航段需要变化航向进入后一个航段时，将在当前航段与后一个航段之间生成过渡路径，此时半平面的切换发生在直线航段与圆弧航段的切点上。

垂直导航模式随飞行阶段的不同而不同，不同飞行管理系统设备制造商为满足飞机生产商的需求，对垂直导航模式的划分也有所差异。表 9-1 所示为空中客车 A350 和 A380 客机装备（霍尼韦尔公司生产的飞行管理系统）的垂直导航模式，表 9-2 所示为波音 737-NG 客机装备（史密斯集团生产的飞行管理系统）的垂直导航模式，表 9-3 所示为波音 747-400 客机装备（霍尼韦尔公司生产的飞行管理系统）的垂直导航模式等。

表 9-1　空中客车 A350 和 A380 客机装备的垂直导航模式

飞行阶段	模式	说明	自动驾驶仪目标	自动油门目标
爬升段	CLB	根据飞行计划爬升	控制速度	控制推力
巡航段	ALT*	高度截获	控制垂直航迹	控制速度
	ALT	高度保持		
下降段	DES（航迹）	根据飞行计划下降	控制垂直航迹	控制速度
	DES（慢车）		控制速度	控制推力

表 9-2　波音 737-NG 客机装备的垂直导航模式

飞行阶段	模式	说明	自动驾驶仪目标	自动油门目标
爬升段	SPD	根据飞行计划爬升	控制速度	控制推力
巡航段	PATH	高度改变	控制垂直航迹	控制速度
	ALT	高度截获和保持		
下降段	PATH	根据飞行计划下降	控制垂直航迹	控制速度
	SPD		控制速度	控制推力

表 9-3　波音 747-400 客机装备的垂直导航模式

飞行阶段	模式	说明	自动驾驶仪目标	自动油门目标
爬升段	SPD	根据飞行计划爬升	控制速度	控制推力
巡航段	PTH	高度改变	控制垂直航迹	控制速度
	ALT	高度截获和保持		
下降段	PTH	根据飞行计划下降	控制垂直航迹	控制速度
	SPD		控制速度	控制推力

　　基于四维航迹运行的飞行管理系统的垂直导航模式划分如下：

　　1）爬升段

　　在爬升段，基于四维航迹运行的飞行管理系统根据飞行计划输出目标高度，同时输出目标速度。自动驾驶仪通过控制升降舵保持速度，若有推力管理系统功能，则输出推力使自动油门保持推力。在没有推力管理系统功能的情况下，自动油门保持爬升推力，飞机在每个爬升段中保持速度，直到爬升到目标高度。

　　2）巡航段

　　这一阶段主要目标为高度保持及小范围的高度改变，包括爬升或下降中到达可能的高度改为平飞。尽管空中客车系列客机和波音系列客机在这一阶段中的模式说明有所不同，但实际效果是类似的，区别仅仅在于高度保持模式的生效时机上，可采用波音系列客机的垂直导航划分方式。

　　（1）小范围的高度改变。基于四维航迹运行的飞行管理系统根据飞行计划计算高度指令和垂直速率指令，同时输出目标速度。自动驾驶仪通过控制升降舵使飞机改变高度，自动油门通过控制推力进而控制速度，使飞机保持在目标速度的一定范围内，飞机以巡航速度改变高度到截获高度。

　　（2）高度截获和保持。基于四维航迹运行的飞行管理系统根据飞行计划计算高度指令和小幅度垂直速率指令，同时输出目标速度。自动驾驶仪通过控制升降舵使飞机接近目标高度并最终保持该高度，自动油门通过控制推力进而控制速度，使飞机保持速度恒定，飞机以巡航速度保持在目标高度的误差范围内。

　　3）下降段

　　当有沿航迹下降的要求时，使用航迹模式，即空中客车系列客机的 DES（航迹）和波音系列客机的航迹（PATH 或 PTH）模式；否则，使用速度（SPD）模式，即空中客车系列客机的 DES（慢车）和波音系列客机的 SPD 模式。

（1）航迹模式。基于四维航迹运行的飞行管理系统根据飞行计划计算高度指令和垂直速率指令，同时输出目标速度。自动驾驶仪通过控制升降舵使飞机改变高度，自动油门通过控制推力进而控制速度，使飞机保持在目标速度的一定范围内，飞机沿航迹下降。

（2）速度模式。基于四维航迹运行的飞行管理系统根据飞行计划计算目标高度，同时输出目标速度。自动驾驶仪通过控制升降舵保持速度，自动油门保持慢车推力，飞机在每个下降段中保持速度，直到下降到目标高度。

垂直导航的模式转换状态机如图 9-13 所示。

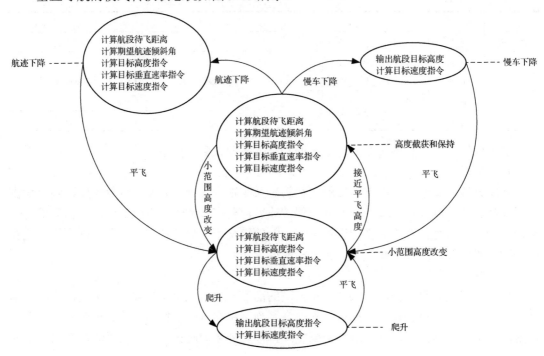

图 9-13　垂直导航的模式转换状态机

9.9　飞行引导指令计算

由 9.8 节可以看出，基于四维航迹运行的飞行引导指令包括水平导航指令和垂直导航指令。水平航段分为直线航段和圆弧航段，由于自动飞行控制系统（AFCS）在水平导航模式下控制滚转角，因此对直线航段和圆弧航段都要计算滚转角指令。自动飞行控制系统根据滚转角指令控制飞机滚转以控制航向，但滚转角指令的计算依据不同，需要分开讨论。垂直导航包含 5 种模式，其中相似的指令计算可以合并讨论，包括目标速度指令、航迹目标高度指令、目标垂直速率指令。以下给出上述飞行引导指令的计算方法。

9.9.1 直线航段滚转角指令计算

直线航段滚转角指令由航迹方位角误差 χ_e 和侧偏距 y_e 计算：

$$\phi_c = k_1\chi_e + k_2\int\chi_e\mathrm{d}t + k_3 y_e + k_4\int y_e\mathrm{d}t + k_5\dot{y}_e \tag{9-21}$$

式中，$k_i(i=1,2,3,4,5)$ 为可调节增益。

通过 χ_e 引导飞机保持航向，同时引入侧偏距修正侧向误差。χ_e 由期望航迹方位角 χ_q 减去实际航迹方位角 χ 而得到，即

$$\chi_e = \chi_q - \chi \tag{9-22}$$

χ_q 可通过大圆航线或等角航线的反解公式计算得到。

9.9.2 圆弧航段滚转角指令计算

圆弧航段滚转角指令仍然由式（9-21）计算，不同的是 χ_q 由式（9-23）计算，即

$$\chi_q = \Delta\chi + \lambda\left[\frac{\pi}{2} + \mathrm{atan}\left(k_6\frac{y_e}{R}\right)\right] \tag{9-23}$$

式中，$\Delta\chi$ 为圆心到飞机位置连线的方位角；λ 为转弯方向标识，$\lambda=1$ 时，为右转弯，$\lambda=-1$ 时为左转弯；k_6 为可调节增益；R 为转弯半径。

圆弧航段滚转角指令计算如图 9-14 所示。

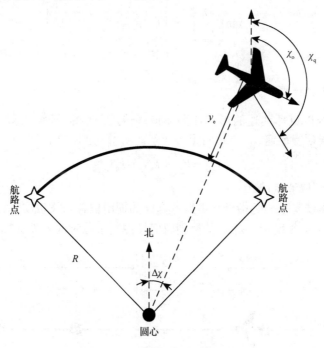

图 9-14　圆弧航段滚转角指令计算

式（9-23）是根据式（9-24）推导得到的，当 $y_e = 0$ 时，期望航迹方位角的计算公式为

$$\chi_o = \Delta\chi + \lambda\frac{\pi}{2} \tag{9-24}$$

在式（9-23）中引入可返回数字的反正切函数 $\mathrm{atan}\left(k_6\frac{y_e}{R}\right)$，使得 χ_q 值可根据 y_e 进行调节，也使得圆弧航段上具有更小的 y_e。

9.9.3 航迹目标高度指令计算

航迹目标高度指令根据航段起点高度 h_s 和终点高度 h_e 进行计算，即

$$h_c = \lambda h_e + (1-\lambda)h_s \tag{9-25}$$

其中，λ 由航段长度和航段待飞距离计算得到

$$\lambda = 1 - \frac{l_{rem}}{l_{leg}} \tag{9-26}$$

式中，l_{rem} 为航段待飞距离；l_{leg} 为航段长度。

9.9.4 目标垂直速率指令计算

目标垂直速率指令根据地速 V_g、航段高度差 Δh、航段长度 l_{leg}、航段待飞距离 l_{rem}、当前高度 h 和航段起点高度 h_s 计算得到，即

$$\dot{h}_c = V_g \tan\left(\frac{\Delta h}{l_{leg}}\right) + k_7\left[h - h_s - \left(1 - \frac{l_{rem}}{l_{leg}}\right)\Delta h\right] \tag{9-27}$$

式中，k_7 为可调节增益。

9.9.5 目标速度指令计算

目标速度指令以目标地速的形式计算，最终转换为目标表速发送给自动飞行控制系统。目标地速根据期望地速 $V_{g,q}$ 与纵向距离误差 x_e 计算得到，即

$$V_{g,c} = V_{g,q} + k_8 x_e + k_9 \dot{x}_e \tag{9-28}$$

式中，k_8 和 k_9 为可调节增益。

所谓纵向距离误差 x_e，是指沿参考航迹方向的期望位置与飞机实际位置在参考航迹上的投影距离，如图 9-15 所示。对 x_e 的控制就间接控制了总时间误差（TTE）。

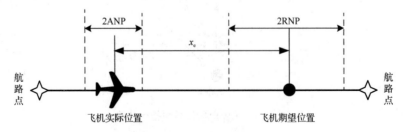

图 9-15 纵向距离误差

期望地速 $V_{\mathrm{g,q}}$ 结合 9.5 节和 9.6 节内容确定。

本 章 小 结

本章研究了基于四维航迹运行的飞行引导指令计算方法。在考虑飞行计划、飞机性能、气象环境和空域冲突等影响因素的约束下，对飞行航迹进行优化，并给出高精度飞行引导指令（包括滚转角指令、高度指令、垂直速率指令和地速指令）的生成方法。

第 10 章　飞行管理着陆系统进近引导技术

10.1　概　　述

进近和着陆是航迹控制精度要求最严苛的飞行阶段。当前国内机场运行主要采用依赖仪表着陆系统（Instrument Landing System，ILS）的精密进近和非精密进近两种方式。尽管依赖于仪表着陆系统的精密进近既能够提供水平引导，又能够提供下滑引导，是当前国内机场运行的主流方式，但是，由于国内大多数机场早期布设的传感器设备为甚高频全向信标（VOR）、导航数据库（NDB）、测距仪（DME）等用于非精密进近的导航传感器。如果把它们替换为仪表着陆系统或微波着陆系统（MLS）等用于精密进近引导的传感器设备，需要投入更多的成本，淘汰旧设备也会造成极大的经济损失。因此，在绝大多数机场飞行员仍采用非精密进近的方式实现飞机的进近引导。

在卫星定位技术和机载传感器技术发展的背景下，为了提高机组在进近过程中对航迹误差的感知能力，同时解决精密进近运行成本高和非精密进近风险大的问题，类似精密进近方式（precision-like approaches）开始发展，飞机进近稳定性和安全性得到提升。空中客车公司提出了把除授权的所需导航性能（Required Navigation Performance Authorization Required，RNP AR）外的所有非精密进近引导技术统一到与仪表着陆系统类似的飞行管理着陆系统（FMS Landing System，FLS）技术中。

10.2　FLS 进近引导技术简介

FLS 进近引导技术是由空中客车公司提出的一种类似精密进近引导技术，在进行 VOR、VOR/DME 或区域导航（RNAV）时，为机组提供类似于 ILS 的座舱指示和指引，其基本原理示意如图 10-1 所示。

在按照 FLS 功能执行非精密进近程序时，飞行管理计算机根据导航数据库存储的信息，计算出用于描述最后进近段航迹的 FLS 虚拟波束；多模接收机（Multi-Mode Receiver，MMR）根据飞机与 FLS 虚拟波束的相对位置关系，计算出飞机相对于 FLS 虚拟波束的位置误差，简称 FLS 波束偏差。飞行引导系统根据 FLS 波束偏差信息和飞机状态参数生成飞行引导指令，引导飞机按 FLS 虚拟波束执行进近程序。

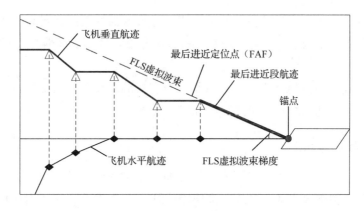

图 10-1　FLS 进近引导技术基本原理示意

10.3　FLS 进近引导功能架构设计和关键技术

10.3.1　FLS 进近引导功能架构

FLS 进近引导过程涉及飞行管理系统、自动飞行系统（AFS）和电子飞行仪表系统（EFIS）3 个系统。实施 FLS 进近引导时飞行管理系统、自动飞行系统和电子飞行仪表系统之间的信息交互如图 10-2 所示。

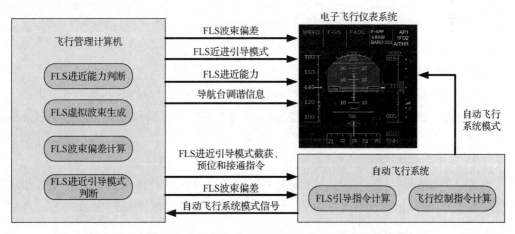

图 10-2　实施 FLS 进近引导时 FMS、AFS 和 EFIS 之间的信息交互

飞行管理系统根据导航数据库、机场信息产生 FLS 虚拟波束并计算 FLS 波束偏差，以及判断 FLS 进近引导能力；根据飞机相对于 FLS 虚拟波束的位置向自动飞行系统发出截获、预位、接通等指令和模式指令。

自动飞行管理系统接收飞行管理系统计算的 FLS 波束偏差信息和 FLS 引导模式截获、预位和接通指令，生成飞行引导指令和飞行控制指令，驱动舵面偏转。同时，向飞行管理系统发送模式信号。

电子飞行仪表系统根据飞行管理系统指令和自动飞行系统情况显示 FLS 波束偏差、FLS 引导模式、自动飞行系统模式和飞行指引信息等。

10.3.2　FLS 进近引导过程

在飞行管理系统中，FLS 进近引导过程如图 10-3 所示。整个过程可分为 FLS 进近能力判断、FLS 虚拟波束生成、FLS 波束偏差计算和 FLS 进近引导模式判断 4 个阶段。

1）FLS 进近能力判断

飞行管理系统首先要根据最后进近段航迹和机场跑道情况，判断是否具备实施 FLS 进近引导的条件。若最后进近段航迹方位角和机场跑道方位角误差大于 50°时，不能使用 FLS 进近引导功能。然后，根据表 10-1 所列的导航传感器完好性监控结果（所需条件）判断当前飞机具备 FLS 进近能力的情况。同时，飞行管理系统根据表 10-2，检查各类进近方式要求的 FLS 进近能力级别。

FLS 进近能力是由飞机导航传感器完好性监控结果决定的飞机进近引导能力，分为 RAW ONLY，F-APP+RAW 和 F-APP 3 种级别。在 F-APP 级别下，飞机依靠 FLS 波束偏差（F-G/S 和 F-LOC 的误差）执行进近程序；在 F-APP＋RAW 级别下，飞机参考 FLS 波束偏差并交叉检查导航设备原始数据（VOR、NDB 或 DME 数据）执行进近程序；在 RAW ONLY 级别下，忽略 FLS 信息，只参考导航设备原始数据执行进近程序，此时飞机已不具备实施 FLS 进近引导的条件。

2）FLS 虚拟波束生成

当飞行管理系统判断当前进近段航迹具备实施 FLS 进近引导的条件且 FLS 进近能力满足对应的进近方式要求时，可根据导航数据库中存储的导航数据和机场信息生成 FLS 虚拟波束。

3）FLS 波束偏差计算

当飞行管理系统中生成 FLS 虚拟波束后，结合飞机当前位置信息计算飞机相对于 FLS 虚拟波束的水平偏差和垂直偏差，并将计算出的 FLS 波束偏差信息发送到自动飞行系统。

4）FLS 进近引导模式判断

在飞行管理系统计算 FLS 波束偏差的同时，飞行管理系统根据水平偏差和垂直偏差情况及导航传感器完好性监控结果，决定 FLS 进近引导模式的预位和接通时机，并将 FLS 引导指令发送给自动飞行系统。

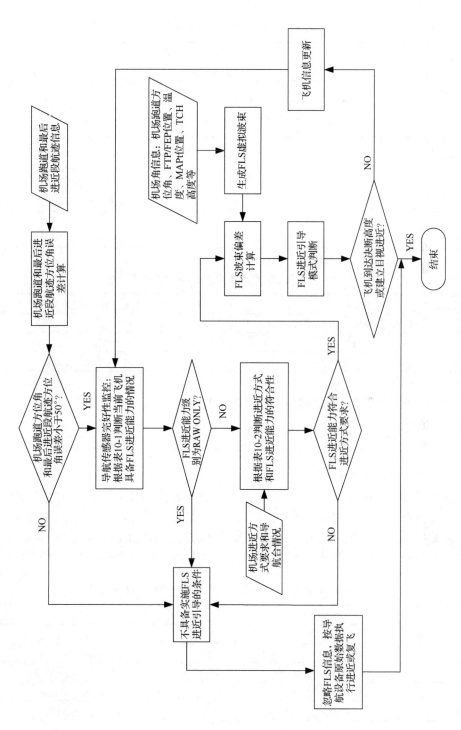

图 10-3　FLS 进近引导过程

表 10-1　FLS 进近能力所需条件

所需条件	FLS 进近能力级别		
	RAW ONLY	F-APP+RAW	F-APP
飞行管理计算机	1 台	1 台	1 台
导航精度	无要求	在 FMS 进近能力范围内的高精度	主用 GPS 信号（GPS PRIMARY）
GPS 接收机	0	0	1 台
大气数据系统（ADS）	1 套	1 套	2 套大气数据系统；或者 1 套大气数据系统和 1 套综合备份仪表系统（ISIS）
惯性导航系统（IRS 或 INS）	1 套	1 套	2 套

表 10-2　各类进近方式要求的 FLS 进近能力级别

进近方式	FLS 能力级别
VOR、VOR/DME、NDB 或 NDB/DME 进近	F-APP 或 F-APP+RAW
RNAV（含 GPS 进近）	F-APP
无 G/S 的 ILS、LOC 或 LOC B/C	F-APP 或 F-APP+RAW

10.3.3　FLS 进近引导过程的影响因素及关键技术分析

1）FLS 进近引导过程的影响因素

从 FLS 进近引导过程及其工作原理可以看出，FLS 进近引导过程中的影响因素包括导航传感器信息和导航数据库信息。

导航传感器信息是指计划航路和目标机场的传感器配置情况，导航传感器的配置情况及其完好性决定了飞机的 FLS 进近能力和机组按照 FLS 功能执行非精密进近的策略。

导航数据库信息主要指机场信息和用于描述最后进近段航迹的参数信息，具体如表 10-3 所示。在机组按照 FLS 功能实施非精密进近时，需要利用导航数据库信息完成以下工作。

表 10-3　FLS 进近引导实施过程中所需导航数据库信息

序号	中文含义	英文全称
1	跑道磁方位角	Runway Magnetic Orientation
2	机场温度	Temperature at Airport
3	机场标高	Airport Elevation
4	决断高度/决断高	Decision Altitude/Height
5	最后进近定位点（FAF）	Final Approach Fix
6	错失进近点（MAPt）	Missed Approach Point
7	穿越跑道入口高（TCH）	Threshold Crossing Height

续表

序号	中文含义	英文全称
8	飞行航迹角（FPA）	Flight Path Angle
9	跑道入口点（LTP）	Landing Threshold Point
10	最后终止点（FEP）	Final End Point
11	假想入口点（FTP）	Fictitious Threshold Point
12	飞行航迹对正点（FPAP）	Flight Path Alignment Point
13	跑道入口处的航道宽度（CRS WDTH）	Course Width at Threshold

（1）计算机场跑道方位角和最后进近段航迹方位角的误差，该误差即航迹误差。当计算得到的航迹误差大于 50°时，机组不能按照 FLS 功能实施非精密进近。这也是判断 FLS 进近引导能否实施的首要条件。

（2）根据导航数据库中错失进近点（MAPt）与机场跑道入口的相对位置关系，生成用于描述最后进近段航迹的 FLS 虚拟波束。

（3）根据导航传感器提供的飞机位置信息和 FLS 虚拟波束信息，计算 FLS 波束偏差。

对表 10-3 中涉及的导航数据库信息解释如下：

（1）跑道方位一般以跑道磁方位角表示，以磁北向为基准，以顺时针为正方向。按照 FLS 功能实施非精密进近时，首要步骤就是计算跑道磁方位角与最后进近段航迹方位角的误差。

（2）机场温度对 FLS 进近引导的实施非常重要，由于 F-G/S 模式是以气压高度为基准的，因此需要考虑对温度的修正。

（3）机场标高是指机场跑道着陆区内最高点距离平均海平面的垂直距离。

（4）决断高度以平均海平面为基准，决断高以机场标高为基准。在精密进近方式下，当飞机到达决断高度/决断高时，如果发生不能正常执行进近操作的错误，应立即展开复飞程序；在 FLS 进近引导过程中，飞机到达决断高度或建立目视进近时，需要转为手动操作。

（5）最后进近定位点（FAF）是指仪表进近程序的最后进近段航迹上的定位点或航路点，是最后进近段的起点，如图 10-4 所示。图 10-4 中的截获地面点（GPIP）为最后进近段航迹与机场跑道高度平面的交点。

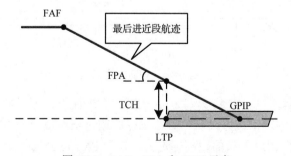

图 10-4 FAF、FPA 和 TCH 示意

（6）错失进近点（MAPt）是指作为复飞起点的航路点，该点在官方公布的文档中通常标注为 MAPt 或 LTP。

（7）穿越跑道入口高（TCH）是指跑道入口点（LTP）之上飞行航迹角的指定跑道入口穿越高。

（8）飞行航迹角（FPA）是指导航数据库中规定的最后进近段航迹的下滑角（梯度）。

（9）跑道入口点（LTP）是指下滑道按规定的基准高飞越的航路点，通常为跑道中线与跑道入口的交点，通过 WGS-84 坐标系下的经度/纬度和椭球体高度进行定位。

（10）最后终止点（FEP）是指位于最后进近段航迹上的一个航路点，该点为最后进近段航迹（Final Approach Course，FAC）和通过跑道入口的垂线的交点。

（11）假想入口点（FTP）是指最后进近段航迹到达以参考原点为基准的一个指定高度的点，采用 WGS-84 坐标系下的经度/纬度和椭球体高度进行定位。当最后进近段航迹与跑道中线延长线不在一条直线上或跑道入口内移时，用假想入口点代替跑道入口点，假想入口点的标高等于实际跑道入口点的标高。根据国际民用航空组织发布的《航空器运行——目视与仪表飞行程序设计》（DOC-8168），FTP 的位置如图 10-5 所示。图 10-5 中的 GARP 为陆基增强系统航向参考点（GBAS Azimuth Reference Point），是程序中线上在 FPAP 前方 305m（1000ft）处的一个定位点，用于确定侧向偏离显示的边界。

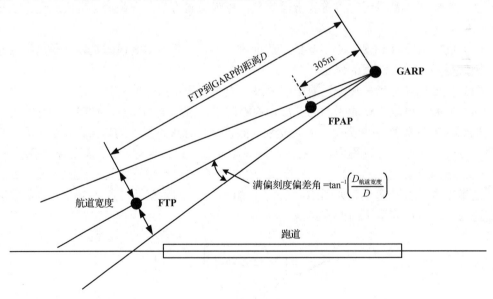

图 10-5　FTP 的位置

（12）飞行航迹对正点（FPAP）与 LTP 在同一个平面上，用于确定最后进近方向对正位置。当进近方向与跑道中线方向一致时，飞行航迹对正点位于反方向跑道入口或入口之外，通过一个到反方向跑道入口的距离确定其位置。FPAP 可分为图 10-6、图 10-7 和图 10-8 所示的 3 种情况。

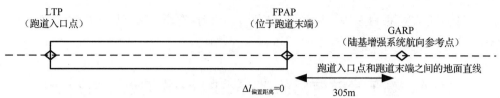

图 10-6　配备 ILS 情况下的进近

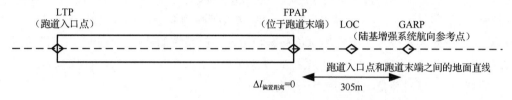

图 10-7　配备 ILS 且 LOC 信标台距离跑道末端 305m 以内

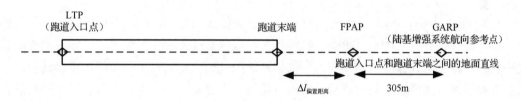

图 10-8　配备 ILS 且 LOC 信标台距离跑道末端 305m 以外

（13）跑道入口处的航道宽度（CRS WDTH）与 FPAP 位置一起定义了整个进近引导过程中横侧向偏差的灵敏度。

2）FLS 进近引导过程中涉及的关键技术

FLS 进近能力是由导航传感器完好性决定的，是飞机具备的可实施非精密进近的能力。对一个目标机场而言，其进场程序和跑道方位是固定的，FLS 进近能力就成为机组能否按照 FLS 功能实施非精密进近的前提条件，并且机组实施 FLS 进近引导的策略也受到 FLS 进近能力的影响。因此，开展基于导航传感器完好性的 FLS 进近能力判断研究至关重要。

在机组具备按照 FLS 功能实施非精密进近时，高精度引导指令是引导飞机实现安全进近和高精度进近的关键。高精度引导指令的生成依赖于准确的参考航迹和误差信息，并且 FLS 进近引导技术的一大优势就是提升机组对航迹误差的感知能力。因此，如何根据导航数据库中存储的数据构建期望进近段航迹，以及如何根据飞机相对于期望进近段航迹的位置关系，计算误差是 FLS 进近引导技术必须解决的问题。

在 FLS 进近引导过程中，进行引导模式的划分和转换逻辑对简化机组操作、提高机组对飞机态势的感知能力、保障飞机进近安全具有重要意义。由于使用的导航指引信息源不同，不同进近方式下的 FLS 进近引导模式有所区别，需要依据进近方式对 FLS 进近引导模式判断及其转换逻辑进行研究。

因此，FLS 进近引导过程中涉及的关键技术为基于导航传感器完好性的 FLS 进近能力判断、基于进近方式的 FLS 进近引导模式判断及其转换逻辑、基于导航数据库信息的 FLS 虚拟波束生成、基于空间几何关系的 FLS 波束偏差计算。

10.4　基于导航传感器完好性的 FLS 进近能力判断

FLS 进近能力判断是 FLS 进近引导技术的关键技术之一,贯穿整个 FLS 进近引导过程。导航传感器故障诊断和完好性监控是 FLS 进近能力判断的关键。本章在分析 FLS 进近引导所需导航传感器的基础上,根据导航传感器和组合导航系统的特性,提出了基于卡尔曼滤波器残差信息的 INS-GPS 组合导航系统故障诊断算法,以及基于故障允许时间和阈值限制的陆基导航传感器机载接收机的故障诊断方法。

10.4.1　FLS 进近能力判断原理

从表 10-1 中不同 FLS 进近能力对导航传感器的要求可知,FLS 进近能力由导航传感器(飞行管理计算机、INS、GPS 接收机和大气数据系统)的配置情况、完好性和导航精度决定。飞行管理计算机、INS 和大气数据系统是飞机飞行过程中必备的传感器设备,采用多余度配置方法提高这些传感器设备的可靠性,不容易发生故障。因而,FLS 进近能力由导航传感器能够提供的导航精度决定。

FLS 进近引导过程中的首用导航源为 GPS-INS,对应的 FLS 进近能力级别为 F-APP。若 GPS 信号发生故障,则 FLS 进近能力降级为 F-APP+RAW,机组使用 INS-陆基导航传感器作为次优导航源,为实施 FLS 进近引导提供高精度的位置信息。常见的陆基无线电定位方式可分为 DME-DME 定位(测距定位)、VOR-DME 定位(测角-测距定位)和 VOR-VOR 定位(测角定位)。现代民航干线飞机优先采用导航精度较高的测距定位方式进行无线电区域导航,并利用惯性导航系统进行组合导航以改善导航精度。当仅有一个 DME 导航台可用时,采用测角-测距定位和惯性平滑导航方式;当所有无线电导航台均不可用时,采用 INS 导航,此时 FLS 进近能力进一步降级为 RAW ONLY。

FLS 进近能力判断原理框图如图 10-9 所示,以 INS 为基准传感器,构建组合导航系统,为实施 FLS 进近引导提供高精度的导航信息。通过传感器故障诊断模块,对各个组合导航系统的 GPS 量测信息进行监测。若 INS/GPS 组合导航系统正常工作,则 FLS 进近能力级别为 F-APP;若 INS/GPS 组合导航系统发生故障,则使用 INS-陆基导航传感器组合导航系统提供位置信息,此时 FLS 进近能力降级为 F-APP+RAW;若陆基导航传感器不可用,则 FLS 进近能力进一步降级为 RAW ONLY。

基于导航传感器完好性的 FLS 进近能力判断流程如图 10-10 所示。在图 10-9 中,传感器故障诊断模块是进行 FLS 进近能力判断的核心。

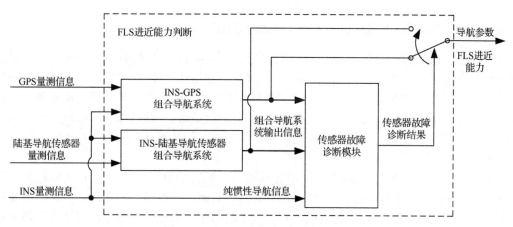

图 10-9　FLS 进近能力判断原理框图

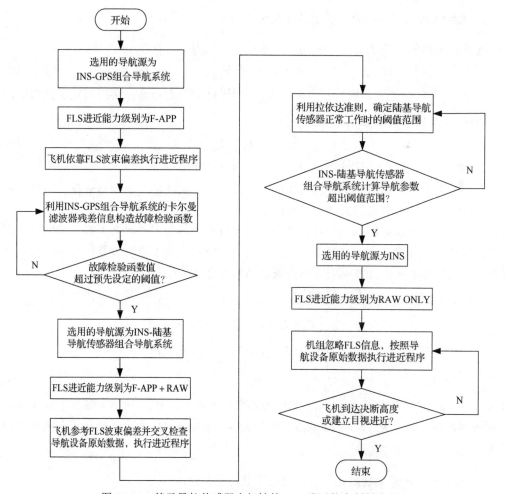

图 10-10　基于导航传感器完好性的 FLS 进近能力判断流程

10.4.2　基于卡尔曼滤波器残差的 FLS 进近能力判断

FLS 进近能力判断依赖于导航传感器的故障诊断结果，本节利用 INS-GPS 组合导航系统的卡尔曼滤波器残差信息，构建故障检验函数，对导航传感器的两种典型故障进行检验。

根据故障程度的大小，导航传感器的典型故障可分为硬故障和软故障。硬故障一般表现为导航传感器的量测信息突然发生变化，其幅值变化较大；软故障一般表现为导航传感器的量测信息发生缓慢、小幅度的变化。相比硬故障，软故障相对较小，难于发现，可能造成更大的危害。

本节研究基于卡尔曼滤波器残差卡方检验的导航传感器硬故障检验方法和基于序贯概率比检验的导航传感器软故障检验方法。针对序贯概率比检验方法在故障消失后需要较长时间故障检验函数值才能恢复到检验阈值以下的问题，提出基于卡尔曼滤波器残差卡方检验和序贯概率比检验联合故障诊断方法，对软故障的结束时间进行确定。

1. 无故障情况下卡尔曼滤波器残差的方差计算

残差是量测值与预测值之间的偏差，其计算公式为

$$r_k = Z_k - H_k \hat{X}_{k,k-1} \tag{10-1}$$

式中，Z_k 为卡尔曼滤波器的量测信息；$\hat{X}_{k,k-1}$ 为根据状态方程递推得到的状态预测值，状态预测值 $\hat{X}_{k,k-1}$ 的计算公式为

$$\hat{X}_{k,k-1} = \boldsymbol{\Phi}_{k,k-1} X_{k-1} \tag{10-2}$$

式中，X_{k-1} 为上一时刻的估计值；$\boldsymbol{\Phi}_{k,k-1}$ 为状态转移矩阵。

当故障发生时，当前时刻状态预测值未受到影响，而残差发生明显变化。因此，可利用卡尔曼滤波器的残差信息对故障进行检验。

已知卡尔曼滤波器的残差为 r_k，残差为量测值和预测值之差，两者相互独立且均为服从高斯分布的白噪声。因此，当卡尔曼滤波器无故障时，卡尔曼滤波器的残差是服从高斯分布的零均值白噪声，无故障时卡尔曼滤波器残差方差的推导公式如下：

$$\begin{aligned}
A_k &= E\left[r_k r_k^{\mathrm{T}} \right] \\
&= E\left[\left(Z_k - H_k \hat{X}_{k,k-1} \right)\left(Z_k - H_k \hat{X}_{k,k-1} \right)^{\mathrm{T}} \right] \\
&= E\left[Z_k Z_k^{\mathrm{T}} \right] + H_k E\left[\hat{X}_{k,k-1} \hat{X}_{k,k-1}^{\mathrm{T}} \right] H_k^{\mathrm{T}} \\
&= H_k P_{k,k-1} H_k^{\mathrm{T}} + R_k
\end{aligned} \tag{10-3}$$

式中，A_k 为无故障情况下卡尔曼滤波器残差的方差矩阵；$P_{k,k-1}$ 为当前时刻卡尔曼滤波器的预测均方差矩阵；R_k 为卡尔曼滤波器的量测误差矩阵；H_k 为量测值与状态预测值的关系矩阵。

2. 基于卡尔曼滤波器残差卡方检验的导航传感器故障诊断原理

卡尔曼滤波器残差卡方检验是指，利用卡尔曼滤波器实时计算的残差的方差与理想情

况下卡尔曼滤波器的残差方差，构建服从卡方分布的故障检验函数；然后通过比较故障检验函数值与故障门限值，判断导航传感器是否存在故障。

当导航传感器存在故障时，卡尔曼滤波器残差 r_k 的均值不再为零。因此，可以通过对卡尔曼滤波器残差 r_k 的均值进行假设检验，确定导航传感器是否存在故障。

对残差 r_k 做出二元假设检验如下：

H_0：无故障，$E(r_k)=0$，$E(r_k r_k^{\mathrm{T}})=A_k$

H_1：有故障，$E(r_k)=\mu$，$E\big[(r_k-\mu)(r_k-\mu)^{\mathrm{T}}\big]=A_k$

若无故障情况下的预测均方差矩阵为 $P_{k,k-1}^s$，则无故障情况下的卡尔曼滤波器残差的方差计算公式为

$$A_k = H_k P_{k,k-1}^s H_k^{\mathrm{T}} + R_k \tag{10-4}$$

构建服从检验统计量为 χ^2 的卡方分布的故障检验函数，设量测值的维数为 m，并且各元素之间无相关性，即

$$r_k = \left[r_{k,1}, r_{k,2}, \cdots, r_{k,m}\right] \tag{10-5}$$

当导航传感器无故障时，卡尔曼滤波器残差内的任一元素服从零均值的正态分布，即

$$r_{k,i} \sim N\big(0, \sigma_i^2\big) \tag{10-6}$$

式中，σ_i^2 为卡尔曼滤波器残差内元素 $r_{k,i}$ 对应的方差。

把卡尔曼滤波器残差内所有元素除以对应的方差，即可化为（0,1）标准型的正态分布，即

$$r_k' = \left[\frac{r_{k,1}}{\sigma_1}, \frac{r_{k,2}}{\sigma_2}, \cdots, \frac{r_{k,m}}{\sigma_m}\right]^{\mathrm{T}} \tag{10-7}$$

由 χ^2 分布的性质可知，各元素 $r_{k,i}(i=1,2,\cdots,m)$ 的平方和服从自由度为 m 的卡方分布，即

$$\left(\frac{r_{k,1}}{\sigma_1}\right)^2 + \left(\frac{r_{k,2}}{\sigma_2}\right)^2 + \cdots + \left(\frac{r_{k,m}}{\sigma_m}\right)^2 \sim \chi^2(m) \tag{10-8}$$

上式转化为矩阵形式，即

$$r_k^{\mathrm{T}}\begin{bmatrix}\sigma_1 & & & \\ & \sigma_2 & & \\ & & \ddots & \\ & & & \sigma_m\end{bmatrix}\begin{bmatrix}\sigma_1 & & & \\ & \sigma_2 & & \\ & & \ddots & \\ & & & \sigma_m\end{bmatrix}r_k = r_k^{\mathrm{T}} A_k^{-1} r_k \tag{10-9}$$

因此，构建的故障检验函数为

$$\xi_k = r_k^{\mathrm{T}} A_k^{-1} r_k \tag{10-10}$$

式中，ξ_k 为服从自由度为 m 的卡方分布，m 为量测信息的维数。

故障的判别标准如下：

若 $\xi_k > T_{\chi^2}$，则判定导航传感器存在故障。

若 $\xi_k \leqslant T_{\chi^2}$ ，则判定导航传感器无故障。

其中，T_{χ^2} 为预先设定的卡方检验门限值。该门限值的大小决定了故障检验的性能，由虚警率 P_F 确定。当给定虚警率 $P_F = \alpha$ 时，可由式（10-11）求解出卡方检验门限值，即

$$P_F = P\left[\xi_k \geqslant T_{\chi^2} \mid H_0\right] = \alpha \tag{10-11}$$

3. 基于卡尔曼滤波器残差序贯概率比检验的导航传感器故障诊断原理

序贯概率比检验（Sequential Probability Radio Test，SPRT）是一种待检验样本数不固定的似然比检验方法，在设定门限值 T_D 之后，从获得的第一组样本数据开始，就直接进行似然比检验。如果根据检验结果能够做出待检验样本存在故障的判断，则检验结束；若不能做出判断，继续获得新的样本数据，并将新样本数据与当前时刻之前存储的所有样本数据，按照同样的规则进行联合似然比检验，直到检验模块能够做出判断为止。

序贯概率比检验要求对单独的样本进行检验，即对残差向量内的状态值分别进行检验。当各个导航传感器无故障时，任意状态值对应的卡尔曼滤波器残差服从高斯分布，即

$$r_{k,i} \sim \left(0, A_k(i,i)\right) \tag{10-12}$$

式中，$r_{k,i}$ 为残差向量中任意状态值对应的残差；$A_k(i,i)$ 为无故障情况下对应的方差。

设 $\sigma_i = A_k(i,i)$ ，进行如下假设检验。

H_0：无故障，$\sigma_i = A_k(i,i)$ ，$E\left(r_{k,i} r_{k,i}^{\mathrm{T}}\right) = \sigma_i$

H_1：有故障，$E\left(r_{k,i}\right) = \mu$ ，$E\left[\left(r_{k,i} - \mu\right)\left(r_{k,i} - \mu\right)^{\mathrm{T}}\right] = \sigma_i$

假设当前待检验状态数目为 n ，则 n 个状态的样本独立同分布。因此，当接受假设条件 H_0 时，n 个状态的联合分布密度函数为

$$L_0\left(x_1, x_2, \cdots, x_n\right) = \sup_{\theta \in \theta_0} L_0\left(x_1, x_2, \cdots, x_n\right) = \left[\frac{1}{\sqrt{2\pi}\sigma_i}\right]^n e^{\left\{-\frac{1}{2\sigma_i^2}\sum\limits_{i=1}^{n} x_i^2\right\}} \tag{10-13}$$

式中，$x_i(i=1,2,\cdots,n)$ 为第 i 个状态值。

当拒绝假设条件 H_0 时，n 个状态的联合分布密度函数为

$$L_1\left(x_1, x_2, \cdots, x_n\right) = \sup_{\theta \notin \theta_0} L_1\left(x_1, x_2, \cdots, x_n\right) = \left[\frac{1}{\sqrt{2\pi}\sigma_i}\right]^n e^{\left\{-\frac{1}{2\sigma_i^2}\sum\limits_{i=1}^{n} (x_i - \bar{x})^2\right\}} \tag{10-14}$$

式中，σ_i 为第 $i(i=1,2,\cdots,n)$ 个状态的方差；$\bar{x}$ 为 n 个状态的样本均值。

根据上述两组函数，构建似然比检验函数，即

$$\xi\left(x_1, x_2, \cdots, x_n\right) = e^{\frac{n}{2\sigma_i^2}\bar{x}^2} \tag{10-15}$$

故障的判别标准如下：

若 $\xi > T_{\mathrm{SPRT}}$ ，则判定导航传感器存在故障。

若 $\xi \leqslant T_{\mathrm{SPRT}}$ ，则判定导航传感器无故障。

其中，T_{SPRT} 为预先设定的序贯概率比检验门限值，该门限值的大小决定了故障检验的性能。序贯概率比检验门限由虚警率 P_{F} 和漏警率 P_{M} 计算得到，计算公式为

$$T_{\mathrm{SPRT}} \approx \ln\left(\frac{1-P_{\mathrm{M}}}{P_{\mathrm{F}}}\right) \tag{10-16}$$

综上可知，给定虚警率和漏警率后，即可通过式（10-16）计算得到序贯概率比检验门限值。

4. 基于卡尔曼滤波器残差卡方检验和序贯概率比检验联合故障诊断方法

基于卡尔曼滤波器残差卡方检验的故障诊断方法仅与当前时刻的导航传感器的工作状态有关，对导航传感器的硬故障具有很好的检验能力，但对于缓慢渐变的小值软故障信息的检验灵敏度较低，不能够满足机组对组合导航系统的可靠性要求。

基于卡尔曼滤波器残差的序贯概率比检验的故障诊断方法采用迭代递推的方法计算故障检验函数值，充分利用导航传感器前一时刻的量测值。因此，当导航传感器发生故障后，基于卡尔曼滤波器残差的序贯概率比检验的故障检验函数值迅速增大，增大到超出告警阈值，从而实现对故障的诊断，但采用迭代递推的方法计算故障检验函数值，也会使得故障结束后故障检验函数值需要较长时间才能恢复到告警阈值以下，而无法准确获知故障结束时间。

基于以上考虑，本章提出一种基于卡尔曼滤波器残差卡方检验和序贯概率比检验联合故障诊断方法，其流程如图 10-11 所示。

在图 10-11 中，$\xi_{\chi^2,k}$ 为 k 时刻的基于卡尔曼滤波器残差卡方检验的故障检验函数值，$\xi_{\chi^2,k-1}$ 为 $k-1$ 时刻的基于卡尔曼滤波器残差卡方检验函数值，$\xi_{\mathrm{SPRT},k}$ 为 k 时刻的基于卡尔曼滤波器残差序贯概率比检验的故障检验函数值。在选定导航源为 INS-GPS 组合导航系统后，分别进行基于卡尔曼滤波器残差卡方检验和序贯概率比检验。若满足 $\xi_{\chi^2,k} > T_{\chi^2}$，即当前时刻的基于卡尔曼滤波器残差卡方检验的故障检验函数值超出设定阈值，说明导航传感器出现硬故障，由机组切换导航源；若满足 $\xi_{\mathrm{SPRT},k} > T_{\mathrm{SPRT}}$，即当前时刻的基于卡尔曼滤波器残差序贯概率比检验的故障检验函数值超出设定阈值，说明导航传感器出现软故障；当满足 $\xi_{\chi^2,k} \leqslant T_{\chi^2}$ 且 $\xi_{\chi^2,k-1} > T_{\chi^2}$ 时，即上一时刻有故障而当前时刻无故障，认为导航传感器软故障消失，此时重置基于卡尔曼滤波器残差序贯概率比检验的故障检验函数值，使之为 0。

5. 基于卡尔曼滤波器残差的 FLS 进近能力判断仿真算例

为验证本章提出的基于卡尔曼滤波器残差的导航传感器故障诊断方法的有效性，下面通过对 GPS 输出的经度和纬度信息附加噪声的方法，模拟 GPS 故障并进行检验。

仿真条件如下：飞机初始经纬高坐标为（108.9°,33.62°,1000m），飞行速度为 100m/s，飞机保持航向 90° 定常平飞，总飞行时间为 100s。设置 INS 量测频率为 100Hz，GPS 更新频率为 1Hz，采用最小二乘时间配准方法实现 INS 与 GPS 在量测时间上的统一。

GPS 无故障时的基于卡尔曼滤波器残差卡方检验和序贯概率比检验的故障检验函数值如图 10-12 所示。

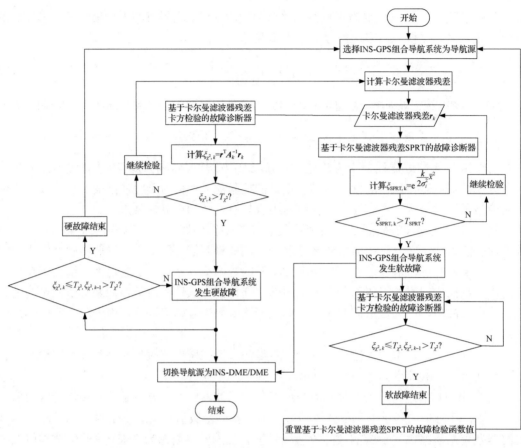

图 10-11　基于卡尔曼滤波器残差卡方检验和序贯概率比检验联合故障诊断流程

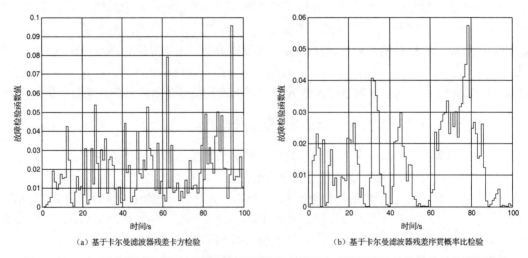

（a）基于卡尔曼滤波器残差卡方检验　　　　　（b）基于卡尔曼滤波器残差序贯概率比检验

图 10-12　GPS 无故障时的基于卡尔曼滤波器残差卡方检验和序贯概率比检验的故障检验函数值

图 10-12 仿真结果表明，在导航传感器无故障情况下，基于卡尔曼滤波器残差卡方检验和序贯概率比检验的故障检验函数值都为一个较小的正值，与上文理论分析基本一致。

1）基于卡尔曼滤波器残差卡方检验的导航传感器硬故障检验算例

在构造 INS/GPS 组合导航系统时，量测信息为 INS 与 GPS 经纬高坐标误差的差值，因此卡尔曼滤波器残差为三维向量。根据基于卡尔曼滤波器残差卡方检验原理可知，其对应的故障检验函数值服从自由度为 3 的 χ^2 分布。设虚警率为 0.05，根据 χ^2 分布表查出的检验阈值为 7.81。

设置 GPS 在 30s 时发生硬故障，纬度通道出现 $(1\times10^{-4})\deg$ 的误差，硬故障持续 10s，GPS 纬度通道误差和基于卡尔曼滤波器残差卡方检验的故障检验函数值变化曲线如图 10-13 所示。

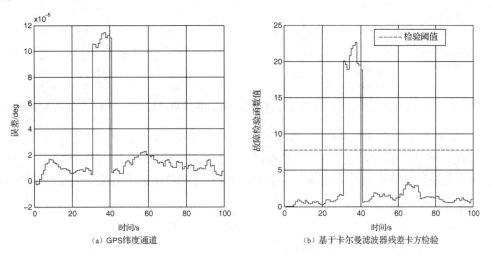

图 10-13　GPS 纬度通道误差和基于卡尔曼滤波器残差卡方检验的故障检验函数值变化曲线

从图 10-13 可以看出，在 30s 时对 GPS 纬度通道输入阶跃误差信号后，基于卡尔曼滤波器残差卡方检验的故障检验函数值迅速增大，根据预先设定的告警阈值即可实现对该故障的检验。

2）基于卡尔曼滤波器残差序贯概率比检验的导航传感器软故障检验

根据式（10-16）给出的基于卡尔曼滤波器残差序贯概率比检验阈值计算方法，当给定虚警率和漏警率均为 0.05 时，可计算出其检验阈值为

$$T_{\mathrm{D}} \approx \ln\left(\frac{1-P_{\mathrm{M}}}{P_{\mathrm{F}}}\right) = \ln\left(\frac{1-0.05}{0.05}\right) = 2.944 \tag{10-17}$$

设置 GPS 在 50s 时发生软故障，纬度通道出现 $(1\times10^{-5})\deg/s$ 的误差（软故障是一个累积的值，以角度变化率表示），软故障持续 10s，GPS 纬度通道误差和基于卡尔曼滤波器残差序贯概率比检验的故障检验函数值变化曲线如图 10-14 所示。

从图 10-14 可以看出，在 50s 时对 GPS 纬度通道输入斜坡误差信号后，基于卡尔曼滤波器残差序贯概率比检验的故障检验函数值逐渐增大，并在第 55s 时该函数值超过预先设

定的检验阈值，从而实现对软故障的检验。在 60s 时，尽管软故障已经结束，但基于卡尔曼滤波器残差序贯概率比检验的故障检验函数值仍然增大，直到 73s 时才恢复到检验阈值以下。

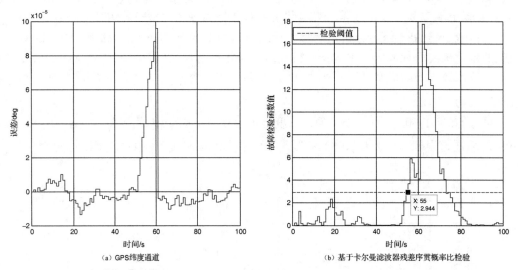

（a）GPS纬度通道　　　　　　　　（b）基于卡尔曼滤波器残差序贯概率比检验

图 10-14　GPS 纬度通道误差和基于卡尔曼滤波器残差序贯概率比检验的故障检验函数值变化曲线

3）基于卡尔曼滤波器残差卡方检验和序贯概率比检验联合故障诊断仿真算例

设置 GPS 在 50s 时发生软故障，纬度通道出现 $(1\times10^{-5})\,\mathrm{deg}/s$ 的误差，软故障持续 10s，基于卡尔曼滤波器残差卡方检验和序贯概率比检验联合故障检验函数值变化曲线如图 10-15 所示。

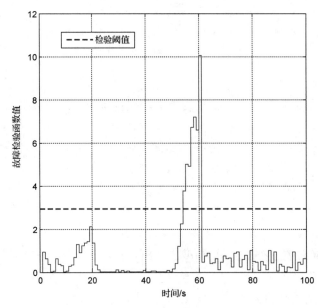

图 10-15　基于卡尔曼滤波器残差卡方检验和序贯概率比检验联合故障检验函数值变化曲线

设置 GPS 更新频率为 1s，因此前一拍和当前拍的时间间隔为 1s。图 10-15 表明，本章提出的基于卡尔曼滤波器残差卡方检验和序贯概率比检验联合故障诊断方法在故障结束后 1s 故障检验函数值恢复到检验阈值以下，利用基于卡尔曼滤波器残差卡方检验能够准确判断故障结束时间的特性，对基于卡尔曼滤波器残差序贯概率比检验进行了改进。

若诊断出 GPS 传感器发生故障，机组会自动切换导航源为 INS/陆基导航传感器组合导航系统。此时，FLS 进近能力级别由 F-APP 降级到 F-APP+RAW。

10.4.3　基于故障允许时间和阈值限制的 FLS 进近能力判断

当 FLS 进近能力降级为 F-APP+RAW 时，需要对 INS-陆基导航传感器组合导航系统进行完好性监控。本节采用基于阈值的故障诊断方法实现对陆基导航传感器机载接收机的故障诊断。

1. 基于阈值的故障诊断方法原理概述

基于阈值的故障诊断方法在故障诊断领域得到了广泛的应用，美国国家航空航天局（NASA）将该方法作为航天飞机推进系统故障的主要诊断方法之一。常规的基于阈值的故障诊断方法是指根据经验值确定系统正常运行时的边界范围，若检测到的数据位于该边界范围内，则认为系统正常；若检测到的数据超出边界范围，则认为系统发生故障。但常规的单纯依赖阈值的故障诊断方法由于偶然噪声或其他因素，容易造成误检和漏检。为此，采用基于故障允许时间和阈值限制的故障诊断方法。

基于故障允许时间和阈值限制的故障诊断方法综合考虑故障的持续时间与检测系统的阈值边界条件，即在常规阈值限制的基础上加上时间的限制。若系统的输出值超出了预先设定的边界值，并且累计超过边界值的时间大于预先设定的故障允许时间，则认为系统发生故障。

基于故障允许时间和阈值限制的故障诊断方法的基本步骤如下。

（1）根据系统动态特性或历史经验，确定系统在正常工作状态下的阈值边界 $[C_{lower}, C_{upper}]$。其中，C_{lower} 表示阈值下界，C_{upper} 表示阈值上界。

（2）根据导航传感器完好性监控要求确定系统故障允许时间 T_0。

（3）对系统进行检测。当系统输出状态参数超出阈值边界值时，继续进行检测。当累计超过边界值的时间大于预先设定的故障允许时间 T_0 时，才认为系统发生故障；否则，就认为系统处于正常工作状态。

2. 基于拉依达准则确定无线电导航设备接收机的阈值范围

基于故障允许时间和阈值限制的故障诊断方法，对陆基导航传感器机载接收机进行故障诊断时，需要确定无线电导航设备接收机正常工作时的阈值范围。尽管航空无线电技术委员会（RTCA）发布的 DO-236B《区域导航所需导航性能最低航空系统性能标准》中指出，对于 1989 年 1 月之后安装的定位系统，尤其对单个 DME 导航台的测距误差应低于 0.2

海里（该值位于 95%置信区间），但对基于 DME-DME 组合定位方式的定位误差并未给出具体要求。

下面采用多次仿真的方法，模拟专家经验给出基于 DME-DME 组合定位方式正常工作的阈值范围，并在忽略接收误差的前提下将其作为无线电导航设备机载接收机正常工作时的阈值范围。

设置仿真条件如下：飞机初始经纬高坐标为（108.9°,33.62°,1000m），飞行速度为 100m/s，飞机保持航向角 90°做定常平飞，总飞行时间为 100s，两个 DME 导航台位置坐标分别为（108.8°,33.5°,0m）和（108.9°,33.5°,100m）。进行 1000 次仿真，得到基于 DME-DME 组合方式的定位纬度误差最大值频数分布和经度误差最大值频数分布统计情况，分别如图 10-16（a）和图 10-16（b）所示。

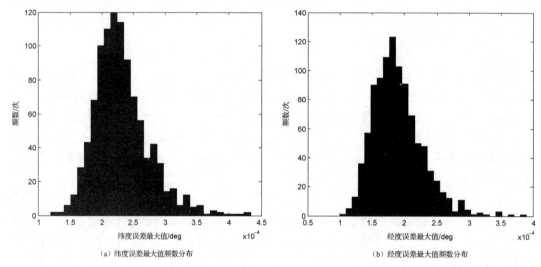

（a）纬度误差最大值频数分布　　　　　　　　（b）经度误差最大值频数分布

图 10-16　基于 DME-DME 组合定位方式的定位误差（纬度误差和经度误差）最大值频数分布统计情况

从仿真结果可以看出，基于 DME-DME 组合定位方式的定位误差最大值近似服从正态分布。其中，定位纬度误差最大值的均值为 $2.3144 \times 10^{-4}\ \mathrm{deg}$，标准差为 $4.3441 \times 10^{-5}\ \mathrm{deg}$；定位经度误差最大值的均值为 $1.8953 \times 10^{-4}\ \mathrm{deg}$，标准差为 $3.7807 \times 10^{-5}\ \mathrm{deg}$。

统计学中对正态分布或近似正态分布的样本数据进行异常值剔除时，通常采用基于拉依达准则（3σ 准则）的阈值选取方法。该方法可表述如下：假定一组样本数据 $x_1, x_2, \cdots, x_n$ 中仅含有随机误差，当这组样本数据服从正态分布或近似正态分布时，可在这组样本数据的标准差的基准上按一定概率确定一个区间，认为超出此区间的数据即异常值，应予以剔除。其基本步骤为

（1）计算 $x_1, x_2, \cdots, x_n$ 的平均值 $\bar{x}$。

$$\bar{x} = \frac{1}{n} \sum_{i=1}^{n} x_i \tag{10-18}$$

（2）计算 $x_1, x_2, \cdots, x_n$ 的标准差 σ。

$$\sigma = \frac{1}{n}\sum_{i=1}^{n}(x_i - \overline{x})^2 \qquad (10\text{-}19)$$

（3）确定边界值 C_{lower} 和 C_{upper}。

$$\begin{cases} C_{\text{lower}} = -(\overline{x} + 3\sigma) \\ C_{\text{upper}} = \overline{x} + 3\sigma \end{cases} \qquad (10\text{-}20)$$

可知样本 $x_1, x_2, \cdots, x_n$ 的正常区间为 $[C_{\text{lower}}, C_{\text{upper}}]$。也就是说，若满足 $\forall x \in [C_{\text{lower}}, C_{\text{upper}}]$，则该样本为正常值；否则，应予以剔除。

根据拉依达准则及基于 DME-DME 组合定位方式的定位误差最大值的统计特性，可设置无线电导航设备机载接收机的纬度误差阈值为 $3.6177 \times 10^{-4}\,\text{deg}$，经度误差阈值为 $3.0295 \times 10^{-4}\,\text{deg}$。

RTCA DO-283A 标准中对 CAT IIIA 和 CAT IIIB 等精密进近着陆过程所需导航性能（RNP）要求：保证完好性监控时间小于 2s。因此，可把 FLS 进近引导过程中的故障允许时间 T_0 设为 2s。

3. 基于故障允许时间和阈值限制的陆基传感器机载接收机故障诊断仿真算例

设置仿真条件与 10.4.2 节一致，以纬度通道为例，在 20s 时输入持续 1s 且幅值为 $1 \times 10^{-3}\,\text{deg}$ 的故障信号，在 50s 时输入持续 10s 且幅值为 $1 \times 10^{-3}\,\text{deg}$ 的故障信号，得到的仿真结果如图 10-17 所示。

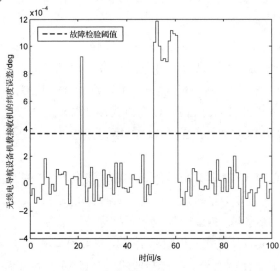

图 10-17　基于故障允许时间和阈值限制的陆基导航传感器机载接收机故障诊断仿真结果

从图 10-17 可以看出，尽管在第 20s 时，基于 DME-DME 组合定位方式的纬度误差超出预先设定的阈值，但超出预先设定的阈值的时间仅 1s，并未超过预先设定的故障允许时间，因此，在第 20s，飞行管理系统并不会发出告警信息。在第 50s 时，基于 DME-DME 组合定位方式的纬度误差超出预先设定的阈值，并且超出预先设定的阈值的时间大于预先设定的故障允许时间，因此，在第 52s 时飞行管理系统会对机组发出告警信息。故障允许时间的引入在一定程度上克服了常规阈值故障诊断方法由于偶然噪声、瞬时信号间断等因素造成的虚警。

若诊断出基于 DME-DME 组合定位方式发生故障，机组会自动切换导航源为 INS。此时的 FLS 进近能力降级到 RAW ONLY 并向机组发出告警信息，警告机组不具备执行 FLS 进近引导的能力。

10.5 FLS 进近引导模式判断及转换逻辑

FLS 进近引导模式判断及转换逻辑是 FLS 进近引导技术的重要内容，包括引导模式的预位/截获/接通/断开条件判断、不同引导模式的转换逻辑及引导模式的显示三部分。

10.5.1 FLS 进近引导模式

参考空中客车 A380 客机的 FLS 功能，可知，FLS 进近引导模式分为 F-LOC*模式、F-LOC 模式、F-G/S*模式和 F-G/S 模式。

（1）F-LOC*模式。F-LOC*模式是指截获 F-LOC 波束的模式。当 F-LOC*已处于预位状态且飞机到达 F-LOC 波束截获区间时，F-LOC*模式接通。F-LOC*模式类似于 LOC 波束截获模式。

（2）F-LOC 模式。F-LOC 模式是指 FLS 航道跟踪方式，类似于 LOC 波束跟踪模式。当至少有一个飞行管理系统可以使用，并且至少有一台多模接收机（MMR）可以用于计算 F-LOC 偏差和 F-G/S 偏差时，F-LOC 模式就可以进入预位状态；当飞机到达 F-LOC 波束截获区间时，F-LOC*模式接通；当 F-LOC*模式接通时长为 10s 且 F-LOC 偏差小于 0.2 个点时，飞机可以建立 F-LOC 波束；当 F-LOC*模式接通且飞机建立 F-LOC 波束时，F-LOC 模式接通。

（3）F-G/S*模式。F-G/S*模式是指截获 F-G/S 波束的引导模式。当 F-G/S*模式已处于预位状态且飞机到达 F-G/S 波束截获区间时，只有在 LOC*、LOC、F-LOC 和 F-LOC*四种模式中的一种接通的情况下，F-G/S*模式才可接通。

（4）F-G/S 模式。F-G/S 模式是指跟踪 F-G/S 波束的下滑引导模式，当至少有一个飞行管理系统可以使用，并且至少有一台多模接收机（MMR）可以用于计算 F-LOC 偏差和 F-G/S 偏差时，可以进入 F-G/S 预位状态；当 F-G/S*模式接通时长超过 15s 且 F-G/S 偏差小于 0.3 个点时，飞机可以建立 F-G/S 波束；当 F-G/S*模式接通且飞机建立 F-G/S 波束时，F-G/S 模式接通。

10.5.2 FLS 进近引导模式的预位/截获/接通/断开条件

FLS 进近引导模式的预位/截获/接通/断开条件是，开展 FLS 进近引导模式逻辑转换研究的前提。在按照 FLS 功能执行非精密进近过程中，各个 FLS 进近引导模式的预位/截获/接通/断开条件简述如下。

1. F-LOC*模式的接通/断开条件

F-LOC*模式的接通/断开条件判断流程如图 10-18 所示。

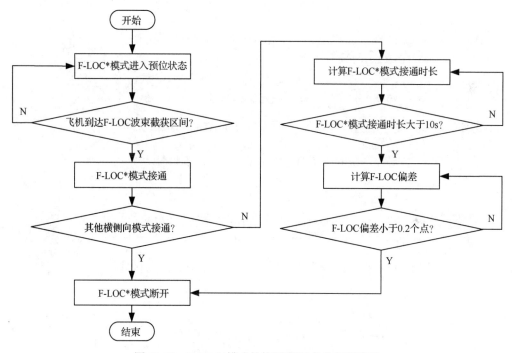

图 10-18　F-LOC*模式的接通/断开条件判断流程

下面对照图 10-18，简述 F-LOC*模式的接通/断开条件。

1）F-LOC*模式接通条件

当 F-LOC*模式预位且飞机到达 F-LOC 波束截获区间时，F-LOC*模式接通。

2）F-LOC*模式的断开条件

当满足下列条件之一时，F-LOC*模式断开。

（1）当任何横侧向模式接通时，都会使 F-LOC*模式断开。

（2）当 F-LOC*模式接通时长大于 10s 且 F-LOC 偏差小于 0.2 个点时，接通 F-LOC 模式，F-LOC*模式自动断开。

3）F-LOC 波束截获区间

F-LOC 波束截获区间可分为两种情况，分别简述如下。

（1）F-LOC 偏差小于 1.3 个点，并且飞行航迹角和跑道磁方位的（QFU）偏差小于 15°，如图 10-19 所示。

（2）F-LOC 偏差小于 2.3 个点，满足飞行航迹角和跑道磁方位的偏差小于 115°，并且飞机以一个转弯动作可以截获 F-LOC 波束，如图 10-20 所示。

2. F-LOC 模式的预位/接通/断开条件

F-LOC 模式的预位及解除预位条件判断流程如图 10-21 所示，F-LOC 模式的接通及断开条件判断流程如图 10-22 所示。

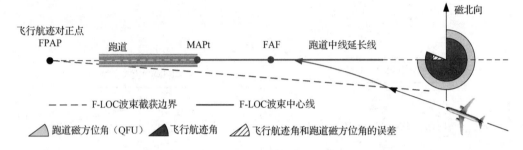

图 10-19　第一种情况下的波束截获区间

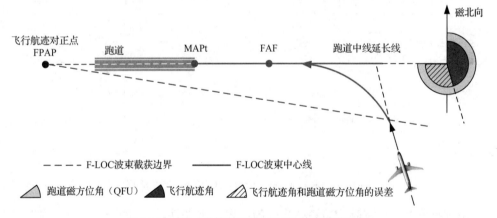

图 10-20　第二种情况下的 F-LOC 波束截获区间

1）F-LOC 模式的预位条件

只有在全部满足下列条件时，才可以进入 F-LOC 模式预位状态。

（1）至少有一个飞行管理系统（FMS）可以使用。

（2）至少有一台多模接收机（MMR）可以用于计算 F-LOC 偏差和 F-G/S 偏差。

注意：如果在多功能显示器（MFD）上显示"NO FLS FOR THIS 自动进场 APPR"，多模接收机就不能计算 F-LOC 偏差和 F-G/S 偏差。

（3）当所有的多模接收机可以正常使用时，多模接收机中的非精密进近（NPA）的跑道方位必须相同。

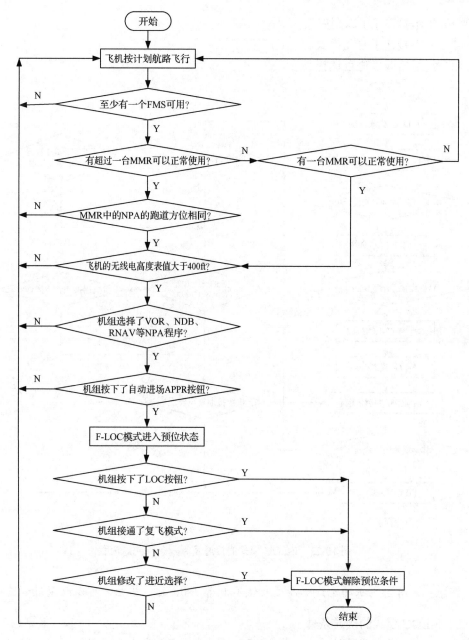

图 10-21　F-LOC 模式的预位及解除预位条件判断流程

（4）飞机的无线电高度表值大于 400ft。

当机组在 FMS 的"ARRIVAL"界面中选择了 VOR、NDB、RNV 或 GPS 进近方式且机组按下了自动进场 APPR 按钮，F-LOC 模式才可以进入预位状态。

2）解除预位条件

当满足下列条件之一时，F-LOC 模式解除预位条件

（1）机组按下了 LOC 按钮。

（2）机组接通了复飞模式。

（3）机组修改了进近选择。

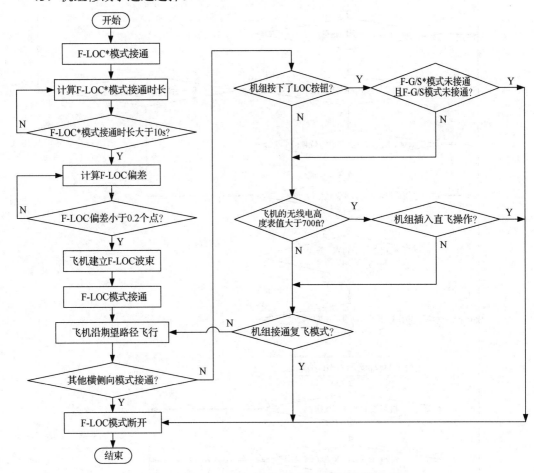

图 10-22 F-LOC 模式的接通及断开条件判断流程

注意：只有当飞机的无线电高度表值不低于 700ft 时，机组才可以改变进近选择。

3）F-LOC 模式的接通条件

当 F-LOC*模式接通时长 10s 且 F-LOC 偏差小于 0.2 个点时，飞机可以建立 F-LOC 波束；当 F-LOC*模式接通且飞机建立 F-LOC 波束时，F-LOC 模式接通。

4）F-LOC 模式断开条件

当任何其他的横侧向模式接通或满足下列条件之一时，F-LOC 模式断开。

（1）机组按下了 LOC 按钮，并且 F-G/S 和 F-G/S*都未接通。

（2）飞机的无线电高度表值大于 700ft，机组插入了直飞操作，垂直导航模式接通。

（3）机组执行复飞指令，复飞模式接通。

3. F-GS*模式的预位/接通/断开条件

F-G/S*模式的预位及解除预位条件判断流程如图 10-23 所示，F-G/S*模式的接通及断开条件判断流程如图 10-24 所示。

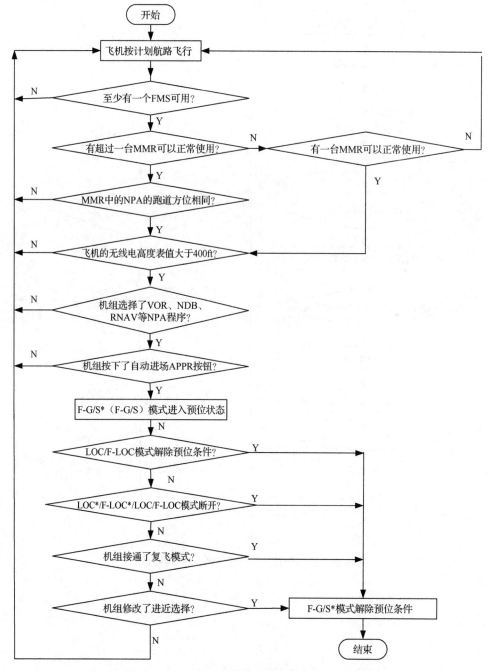

图 10-23　F-G/S*模式的预位及解除预位条件判断流程

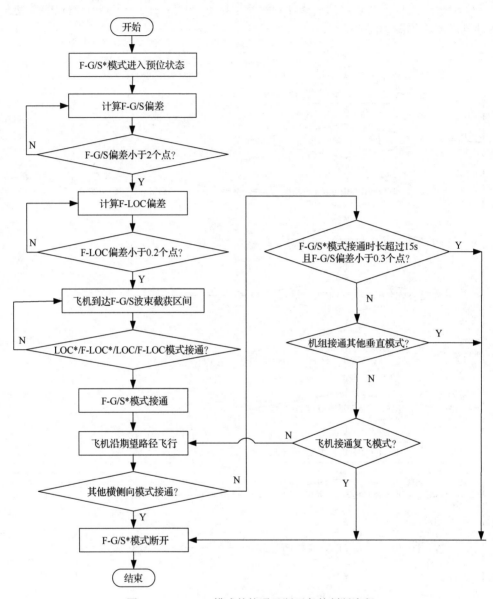

图 10-24　F-G/S*模式的接通及断开条件判断流程

1）F-G/S*模式的预位及解除预位条件

F-G/S*和 F-G/S 模式同步预位（解除预位），接通后由飞行方式信号牌（FMA）显示 F-G/S*模式。

2）接通条件

当 F-G/S 偏差小于两个点时，可认为飞机到达 F-G/S 波束截获区间；当飞机到达 F-G/S 波束截获区间时，F-G/S*模式已处于预位状态，并且 LOC*、LOC、F-LOC 和 F-LOC*四种模式中有一种接通时，F-G/S*模式接通。

3）F-G/S*模式断开条件

满足下列条件之一时，F-G/S*模式断开。

（1）当其他横侧向模式接通。

（2）F-G/S*模式接通时长超过 15s，F-G/S 偏差小于 0.3 个点，飞机建立 F-G/S 波束。

（3）机组接通其他垂直模式。

（4）机组执行复飞指令，复飞模式接通。

4. F-GS 模式的预位/接通/断开条件

F-G/S 模式的预位及解除预位条件判断流程与 F-G/S*模式一致，F-G/S 模式的接通及断开条件判断流程如图 10-25 所示。

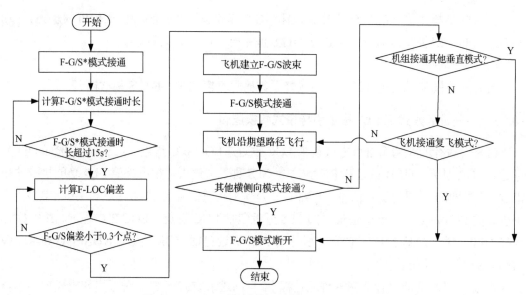

图 10-25　F-G/S 模式的接通及断开条件判断流程

1）预位条件

要使 F-G/S 进入预位状态，必须满足下列条件。

（1）至少有一个 FMS 可以使用。

（2）至少有一台多模接收机（MMR）可以计算 F-LOC 偏差和 F-G/S 偏差。如果在飞行方式信号牌上（MFD）显示"NO FLS FOR THIS 自动进场 APPR"，多模接收机就不能计算 F-LOC 偏差和 F-G/S 偏差。

（3）当所有的多模接收机可以正常使用时，这些多模接收机中非精密进近的跑道方位必须相同。

（4）飞机的无线电高度表值大于 400ft。

如果机组在 FMS 的"ARRIVAL"的界面中选择了非精密进近（NPA），并且机组按下了自动进场 APPR 按钮，F-G/S 才能进入预位状态。

2）解除预位条件

当满足下列情况之一时，F-G/S 模式解除预位条件

（1）LOC 模式或 F-LOC 模式解除预位条件。

（2）LOC*模式、LOC 模式、F-LOC 模式或 F-LOC*模式断开。

（3）机组修改了进近选择。

（4）F-LOC 和 F-G/S 的偏差无效。

（5）机组接通了复飞模式。

3）接通条件

当 F-G/S*模式接通时长超过 15s，并且 F-G/S 偏差小于 0.3 个点时，飞机可以建立 F-G/S 波束；当 F-G/S*模式接通且飞机建立 F-G/S 波束时，F-G/S 模式接通。

4）断开条件

当有其他横侧向模式接通或机组选择了其他垂直模式时，F-G/S 模式断开。

10.5.3 不同进近方式下 FLS 进近引导模式转换逻辑

FLS 可执行的非精密进近方式包括 LOC 进近、LOC B/C 进近、ILS（G/S 选择 OFF）进近、VOR 进近、NDB 进近和 RNAV（含 GPS 进近）进近，根据按照 FLS 功能执行非精密进近时横侧向采用的引导信号，可将其分为基于航道信号的 FLS 进近和基于 F-LOC 水平引导的 FLS 进近。基于航道信号的 FLS 进近包括 LOC 进近、LOC B/C 进近、ILS（G/S 选择 OFF）进近，基于 F-LOC 水平引导的 FLS 进近包括 VOR 进近、NDB 进近和 RNAV（含 GPS 进近）进近。

在按照 FLS 功能执行非精密进近过程中，不同进近方式下 FLS 进近引导模式转换逻辑如图 10-26 所示。

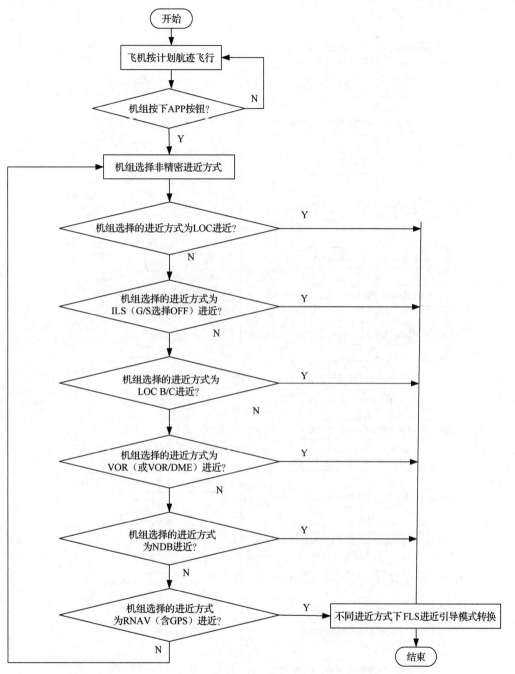

（a）6种方式下FLS进近引导模式转换

图 10-26　不同进近方式下 FLS 进近引导模式转换逻辑

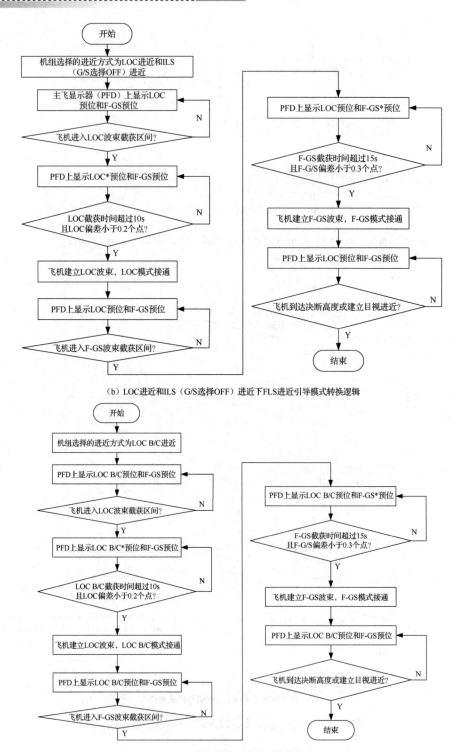

图 10-26 不同进近方式下 FLS 进近引导模式转换逻辑（续）

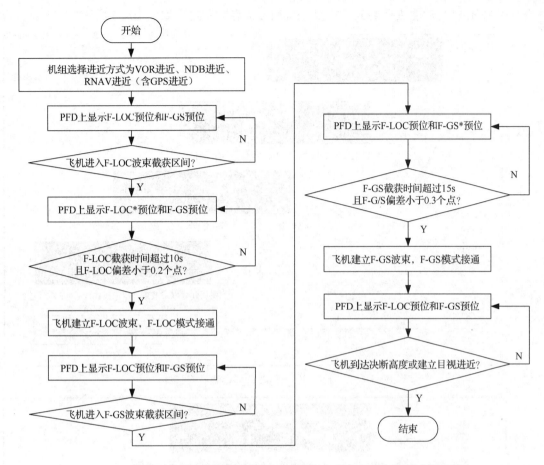

（d）VOR进近、NDB进近、RNAV进近（含GPS进近）方式下FLS进近引导模式转换逻辑

图 10-26　不同进近方式下 FLS 进近引导模式转换逻辑（续）

10.5.4　不同进近方式下 FLS 进近引导模式的显示

由于进近、导航无线电或 FLS 使用的导航指引信息源不同，在按照 FLS 功能执行非精密进近时，飞行方式信号牌（FMA）上显示的 FLS 进近引导模式也有所不同，如表 10-4 所示。

表 10-4　按照 FLS 功能执行非精密进近时 FMA 上显示的 FLS 进近引导模式

分类	进近方式	FMA 上显示的 FLS 进近引导模式
基于航道信号的进近	无 G/S 的 ILS 进近、LOC 进近	LOC*、LOC、F-GS*和 F-GS
	LOC B/C 进近	LOC B/C*、LOC B/C、F-GS*和 F-GS
F-LOC 提供水平航迹指引	VOR 进近、NDB 进近、RNAV 进近（含 GPS 进近）	F-LOC*、F-LOC、F-GS*和 F-GS

按照 FLS 功能执行 LOC 进近时的 FMA 信息显示过程如图 10-27 所示。

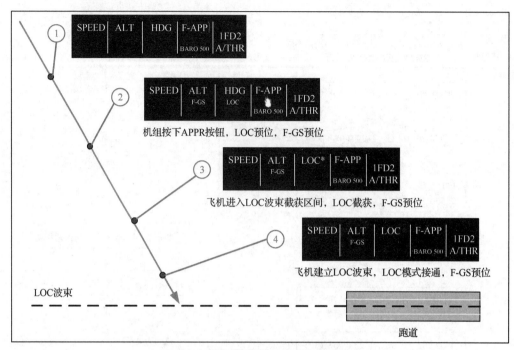

（a）水平引导模式下FMA信息显示过程

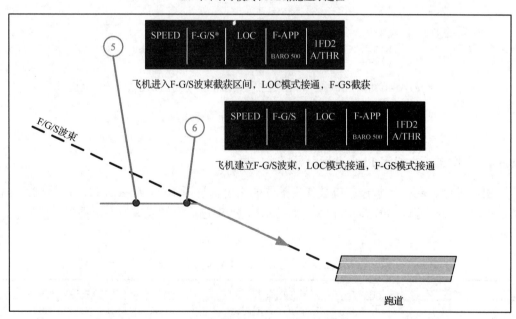

（b）垂直引导模式下FMA信息显示过程

图 10-27　按照 FLS 功能执行 LOC 进近时的 FMA 信息显示过程

按照 FLS 功能执行 VOR 进近时的 FMA 信息显示过程如图 10-28 所示。

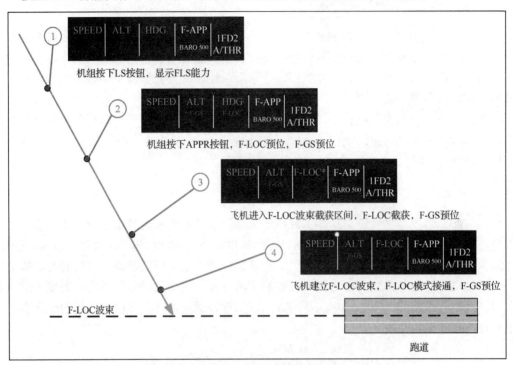

（a）水平引导模式下FMA信息显示过程

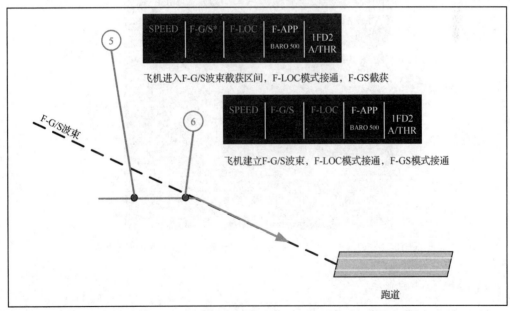

（b）垂直引导模式下FMA信息显示过程

图 10-28　按照 FLS 功能执行 VOR 进近时的 FMA 信息显示过程

基于四维航迹运行的大型客机飞行引导技术

10.5.5　FLS 进近引导过程的信息显示

按照 FLS 功能执行非精密进近时，并非完全采用自动飞行的方式，而是由 FLS 通过飞行指引系统为飞行员提供飞行指引信息，飞行员按照指引信息手动控制飞机飞行。因此，FLS 通过飞行指引系统为飞行员提供哪些信息，在什么时候提供信息，以及以什么形式提供信息就显得至关重要。

根据 FLS 进近运行场景，可以将 FLS 通过飞行指引系统显示的信息分为航迹信息、FMA 信息和偏差信息三类。航迹信息显示在导航显示器（ND）和垂直显示器（VD）上，FMA 信息和偏差信息显示在主飞行显示器（PFD）上。

1. 航迹信息的显示

航迹信息包括水平航迹信息和垂直航迹信息，水平航迹信息显示在导航显示器上，垂直航迹信息显示在垂直显示器上，分别如图 10-29 和图 10-30 所示。F-GS 模式是以气压高度为偏离基准的，因此，垂直显示器上的垂直航迹同时显示经低温修正前后的两条航迹。

图 10-29 的显示方式是以飞机为圆心的显示方式，机头的指向所对应的刻度盘上的数字即飞机当前的航向。图 10-30 的显示方式以飞机为原点，根据飞机到机场的距离显示计划垂直航迹和 F-G/S 波束。

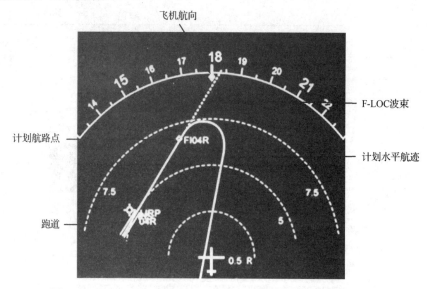

图 10-29　FLS 进近引导过程中导航显示器上显示的水平航迹信息

2. FMA 信息的显示

FMA 信息为 FLS 进近引导模式和 FLS 进近能力级别在主飞行显示器（PFD）上的显示。当机组按下 EFIS 操纵面板上的 LS（Landing System）按钮时，PFD 上显示 FLS 进近能力级别和 FLS 进近引导模式。

268

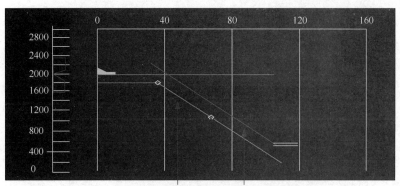

图 10-30　FLS 进近引导过程中垂直显示器上显示的垂直航迹信息

当 FLS 进近能力级别为 F-APP 时，PFD 上显示的信息如图 10-31 所示。

图 10-31　当 FLS 进近能力级别为 F-APP 时，PFD 上显示的信息

当 FLS 进近能力级别为 F-APP＋RAW 时，PFD 上显示的信息如图 10-32 所示。

图 10-32　当 FLS 进近能力级别为 F-APP＋RAW 时，PFD 上显示的信息

当机组在 FMS 的 PERF 界面中手动单击 ACTIVE APPR 选项，或当 NAV 接通且飞机飞到减速点（伪航路点）时，FMS 进近阶段自动激活。当机组按下 AFS 控制面板上的 APPR 按钮时，F-LOC、LOC 或 LOC B/C 预位，F-G/S 预位，PFD 上显示的信息如图 10-33 所示。

图 10-33　当机组按下 AFS 控制面板上的 APPR 按钮时，PFD 上显示的信息

当飞机到达 F-LOC、LOC 或 LOC B/C 波束截获区间时，F-LOC*、LOC* 或 LOC B/C* 模式接通，PFD 上显示的信息如图 10-34 所示。

图 10-34　当飞机到达 F-LOC、LOC 或 LOC B/C 波束截获区间时，PFD 上显示的信息

当飞机建立 F-LOC、LOC 或 LOC B/C 波束时，F-LOC、LOC 或 LOC B/C 模式接通，PFD 上显示的信息如图 10-35 所示。

图 10-35　当飞机建立 F-LOC、LOC 或 LOC B/C 波束时，PFD 上显示的信息

当飞机到达 F-G/S 波束截获区间时，F-G/S*模式接通，PFD 上显示的信息如图 10-36 所示。

注意：当 F-LOC、LOC 或 LOC B/C 模式接通时，F-G/S*模式才可以接通。

图 10-36　当飞机到达 F-G/S 波束截获区间时，PFD 上显示的信息

当飞机建立 F-G/S 波束时，F-G/S 模式接通，PFD 上显示的信息如图 10-37 所示。

图 10-37　当飞机建立 F-G/S 波束时，PFD 上显示的信息

在 FLS 进近能力满足机场进近方式要求时，按照 FLS 功能执行非精密进近的 FMA 信息显示流程如图 10-38 所示。

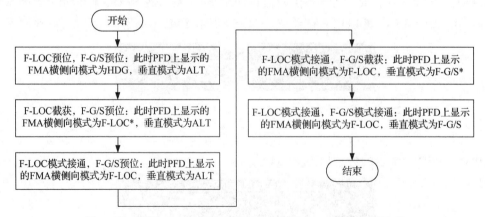

图 10-38　按照 FLS 功能执行非精密进近的 FMA 信息显示流程

3. 偏差信息的显示

偏差信息用于指示飞机相对于 FLS 虚拟波束的位置，分为 F-LOC 偏差和 F-GS 偏差。该信息显示在主飞行显示器 PFD 上，如图 10-39 所示。

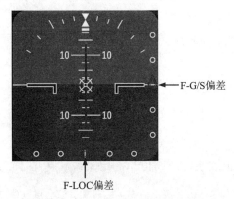

　　　　F-LOC偏差

图 10-39　PFD 上显示的偏差信息

F-LOC 偏差一个点表示偏差 1°，即 F-LOC 波束截获区间为±2°；F-G/S 偏差一个点表示偏差 0.15°，即 F-G/S 波束截获区间为±0.3°。

10.6　基于导航数据库信息的 FLS 虚拟波束生成

FLS 虚拟波束生成、波束偏差计算和引导指令生成是 FLS 进近引导技术的核心算法。在飞机具备实施 FLS 进近引导能力的前提下，如何根据导航数据库中存储的数据构建期望进近航迹、如何根据飞机相对于期望进近航迹的位置关系计算偏差信息，以及如何生成高精度的引导指令是引导飞机实现安全进近和高精度进近的关键。

FLS 进近参考路径是指构建从最终进近定位点（Final Approach Fix，FAF）到错失进近点（Missed Approach Point，MAPt）之间的路径。在构建该参考路径时，需要考虑 MAPt 相对于跑道入口点（Landing Threshold Point，LTP）的位置关系。由于 FAF、MAPt 和跑道信息都存储在导航数据库中，因此采用基于导航数据库信息解析的方法解决 FLS 进近参考路径的生成问题。

另外，由于在计算 FLS 垂直偏差（F-G/S 偏差）时，飞机高度是气压高度。因此，在目的机场温度较低时，还需考虑温度修正。

1. FLS 虚拟波束生成所需导航数据库信息

飞机具备按照 FLS 功能执行非精密进近的能力时，由飞行管理计算机根据导航数据库中存储的机场信息和关键定位点信息，生成用于表征最后进近段的 FLS 虚拟波束。

FLS 虚拟波束是指由飞行管理系统根据存储在飞行管理计算机的导航数据库中的数据

计算的、用于表示非精密进近（NPA）最后进近段的虚拟路径信息，由锚点（Anchor Point）、航道（course）和梯度（slope）3 个要素决定，如图 10-40 所示。

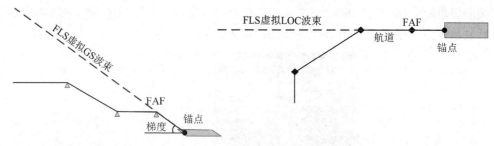

图 10-40　FLS 虚拟波束的 3 个要素

在实施 FLS 进近引导过程中，所需导航数据库信息如表 10-5 所示。表 10-5 中根据导航数据库信息生成 FLS 虚拟波束时所需信息的定义或解释见 10.3.3 节。

表 10-5　FLS 虚拟波束生成所需导航数据库信息

序号	含义	序号	含义
1	跑道磁方位（QFU）	6	穿越跑道入口高（TCH）
2	机场温度	7	跑道入口点（LTP）
3	飞行航迹角（FPA）	8	最后终止点（FEP）
4	最后进近定位点（FAF）	9	假想入口点（FTP）
5	错失进近点（MAPt）	10	飞行航迹对正点（FPAP）

2. FLS 虚拟波束生成流程

FLS 虚拟波束是基于 MAPt 相对于跑道入口点的位置关系计算的，可分为 MAPt 位于跑道入口点之前、MAPt 位于跑道入口点正上方和 MAPt 位于跑道入口点之后 3 种情况。

（1）MAPt 位于跑道入口点之前。MAPt 位于跑道入口点之前，如图 10-41 所示。此时锚点位于由飞行管理系统计算得到的伪最终进近点（Pseudo Final End Point）处，高度等于 TCH。如果导航数据库中没有 TCH，那么锚点高度为跑道入口点高度+50ft。锚点的标识为 EPxxx，此处的 EP 表示 End Point，xxx 表示跑道入口的标识符。需要注意的是，当锚点距离跑道入口点的长度小于 0.1 海里时，锚点的标识就是目的机场的 ICAO 码。FLS 虚拟波束的航向等于最后进近段的航向。FLS 虚拟波束的梯度等于飞行航迹角（FPA），该值一般存储在目的机场跑道的导航数据库中，和 MAPt 的信息放在一起。

（2）MAPt 位于跑道入口点正上方。MAPt 位于跑道入口点正上方（在跑道入口点±0.14海里范围内），如图 10-42 所示。此时锚点在跑道入口点处，距离跑道的高度等于跑道入口跨越高度（Threshold Crossing Height，TCH）。如果导航数据库中没有 TCH，那么锚点高度为跑道入口点高度+50ft。FLS 虚拟波束的航向等于最后进近段的航向。FLS 虚拟波束的梯度等于飞行航迹角，该值一般存储在目的机场跑道的导航数据库中。

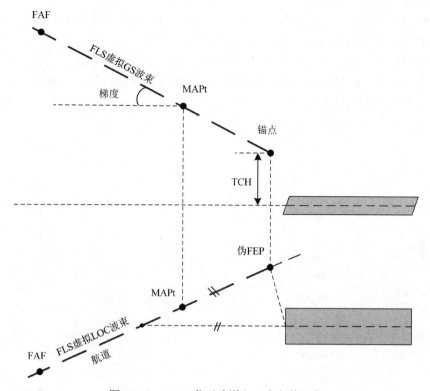

图 10-41　**MAPt** 位于跑道入口点之前示意

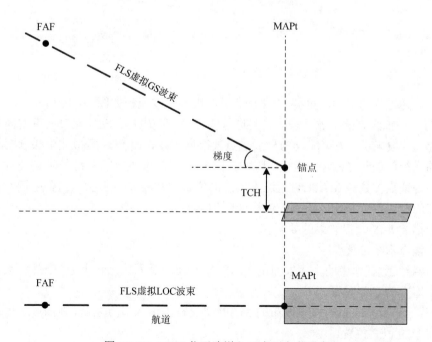

图 10-42　**MAPt** 位于跑道入口点正上方示意

（3）MAPt 位于跑道入口点之后。目的机场的 MAPt 位于跑道入口点之后，如图 10-43 所示。此时锚点位于跑道起点（该点存储在导航数据库中），高度为 TCH；如果导航数据库中没有 TCH，那么锚点高度为跑道入口点高度+50ft。需要注意的是，当锚点距离跑道入口点的长度小于 0.1 海里时，锚点的标识就是目的机场的 ICAO 码。FLS 虚拟波束的航向等于导航数据库中存储的跑道起点的航向。FLS 虚拟波束的梯度等于飞行航迹角，该值一般存储在目的机场跑道的导航数据库中。

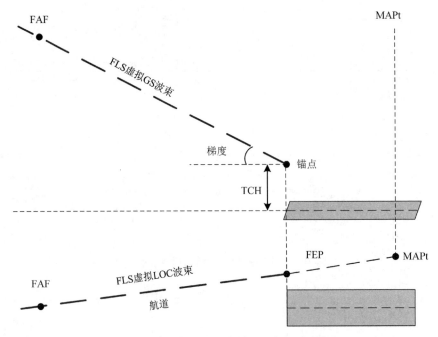

图 10-43　MAPt 位于跑道入口点之后示意

根据上述过程的描述，可得到 FLS 虚拟波束的生成流程如图 10-44 所示。

在 FLS 虚拟波束的生成过程中，要进行锚点经纬高坐标、FLS 虚拟波束航向和波束梯度的确定。一般来说，波束航向与最后进近段航向一致，而 FLS 虚拟波束梯度则与导航数据给出的飞行航迹角（FPA）相等。因此，FLS 虚拟波束生成的关键是确定锚点的经纬高坐标。因为锚点位置和 MAPt 与跑道入口点的位置关系相关，所以首先要进行 MAPt 与跑道入口点的相对位置判断，该判断流程如图 10-45 所示。

用于描述 FLS 虚拟波束的要素如下。

（1）锚点水平位置。

① 若导航数据库中的程序发布的 MAPt 定义在跑道入口点正上方，则锚点水平位置为导航数据库中的 LTP 位置。

② 若导航数据库中的程序发布的 MAPt 定义在跑道入口点之后，则锚点水平位置为导航数据库中的 FEP 位置。

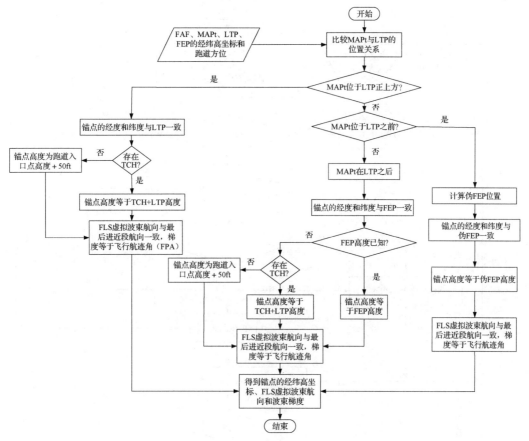

图 10-44　FLS 虚拟波束的生成流程

③ 若导航数据库中的程序发布的 MAPt 定义在跑道入口点之前,则锚点水平位置为由飞行管理系统计算的伪 FEP 位置。当跑道延长线和最后进近段的交点 IP 在 LTP 之前时,伪 FEP 位置如图 10-46 所示;当跑道中心线和最后进近段近乎平行但不重合,并且跑道方位角和最后进近段航向角误差小于 3°时伪 FEP 位置如图 10-47 所示;当跑道中心线和最后进近段重合时,伪 FEP 位置为导航数据库中的 LTP。

(2）锚点高度。

① 导航数据库中的程序发布的 MAPt 定义在跑道入口点正上方,锚点高度=LTP 高度+TCH（若导航数据库中没有 TCH,则锚点高度=LTP 高度+50ft）。

② 导航数据库中的程序发布的 MAPt 定义在跑道入口点之后,锚点高度=FEP 高度（若导航数据库中没有 FEP 高度,则锚点高度=LTP 高度+50ft）。

③ 导航数据库中的程序发布的 MAPt 定义在跑道入口点之前,锚点高度=伪 FEP 高度（由 FMS 计算的）=LTP 高度+TCH（若导航数据库中没有 TCH,则锚点高度=LTP 高度+50ft）。

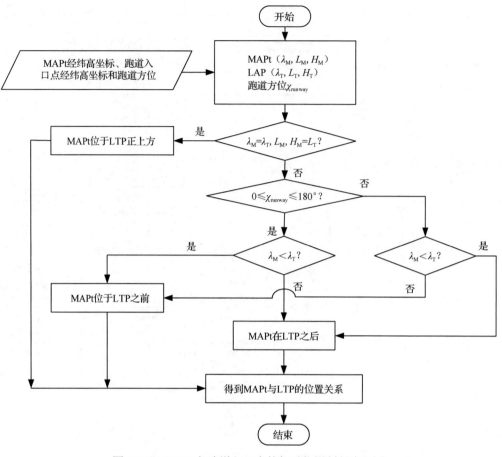

图 10-45　MAPt 与跑道入口点的相对位置判断流程图

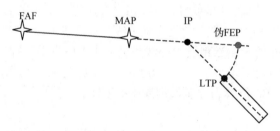

图 10-46　当跑道延长线和最后进近段的交点在 LTP 之前时的伪 FEP 位置

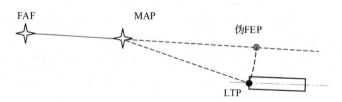

图 10-47　当跑道中心线和最后进近段近乎平行但不重合且两者的航向角误差小于 3°时的伪 FEP 位置

（3）FLS 虚拟波束的航道。

① 导航数据库中的程序发布的 MAPt 定义在跑道入口点正上方，FLS 虚拟波束的航道应为导航数据库中 LTP 的航道数据。

② 导航数据库中的程序发布的 MAPt 定义在跑道入口点之后，FLS 虚拟波束的航道应为导航数据库中 FEP 的航道数据。

③ 导航数据库中的程序发布的 MAPt 定义在跑道入口点之前，FLS 虚拟波束的航道应为导航数据库中 MAPt 的航道数据。

因为飞行员需要通过交叉检验 FLS 虚拟波束航道数据和最后进近段的航道数据（导航数据库、航图中的数据）监视 FLS 功能，所以在 MMR 中，FLS 虚拟波束航道数据和最后进近航段的航道数据需要保持一致。

（4）FLS 虚拟波束的梯度。

① 导航数据库中的程序发布的 MAPt 定义在跑道入口点正上方，FLS 虚拟波束的梯度应为导航数据库中 LTP 的 FPA。

② 导航数据库中的程序发布的 MAPt 定义在跑道入口点之后，FLS 虚拟波束的梯度应为导航数据库中 FEP 的 FPA。

③ 导航数据库中的程序发布的 MAPt 定义在跑道入口点之前，FLS 虚拟波束的梯度应为导航数据库中 MAPt 的 FPA。

3. 根据地球曲率修正 FLS 虚拟波束高度

按照 FLS 功能执行非精密进近时，采用 WGS-84 地球模型，其最终航迹穿越高度是锚点的几何高度，而在切入最后进近段航迹时，由于地球曲率效应，气压高度表和公布的进近表中的高度有轻微误差。在此情况下，需要根据地球曲率修正 FLS 虚拟波束高度，如图 10-48 所示。

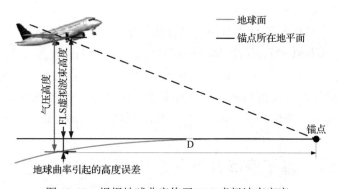

图 10-48 根据地球曲率修正 FLS 虚拟波束高度

FLS 虚拟波束高度的修正公式为

$$\Delta H = \frac{D^2}{2R_e} \tag{10-21}$$

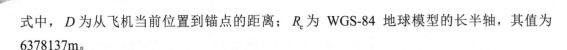

式中，D 为从飞机当前位置到锚点的距离；R_e 为 WGS-84 地球模型的长半轴，其值为 6378137m。

4. FLS 虚拟波束对温度的修正

不同于 ILS，FLS 垂直偏离是以气压高度为基准的，1hPa 高度表调整误差会使 F-G/S 垂直剖面向上或向下移动 30ft。因此，应特别注意高度表调整。

在相同的气压高度下，温度越低，几何高度越低；几何高度相同，温度越低，气压高度读数越大，如图 10-49 所示。

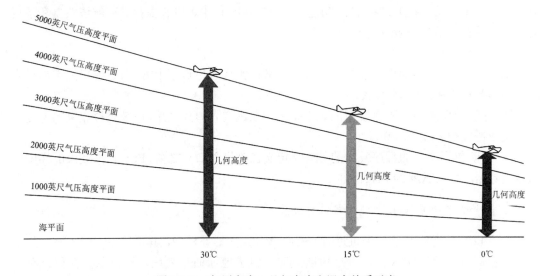

图 10-49　气压高度、几何高度和温度关系示意

标准文件 DO-283B 在附录 H 中给出了按照温度修正气压高度的公式，可为 FLS 垂直误差的修正提供计算依据。

本书采用 DO-283B 附录 H 中按照温度修正气压高度的公式，即

$$\Delta H = \left(-\Delta T_{std}/V_0\right)*\ln\left[1+V_0*\Delta h_{Paircraft}\big/\left(T_0+V_0*h_{Paerodrome}\right)\right] \tag{10-22}$$

式中，的 ΔT_{std} 为偏离国际标准大气（ISA）的温度误差，单位为 K；V_0 为第一个气压高度层国际标准大气的标准温度直减率，单位为 K/ft，其值为 2K/（1000ft）；$\Delta h_{Paircraft}$ 为飞机相对机场的气压高度，单位为 ft；$h_{Paerodrome}$ 为机场标高（气压高度），单位为 ft。

10.7　基于空间几何关系的 FLS 波束偏差计算

FLS 进近引导技术的一大优点就是提升机组对航迹误差的感知能力，准确的误差信息是进行 FLS 进近引导的关键。飞机相对于 FLS 虚拟波束的偏差（简称 FLS 波束偏差）信息包括水平距离误差、水平角度误差、垂直距离误差和垂直角度误差，前两者统称水平误

差，后两者统称垂直误差。基于 ILS 的进近引导指令是基于调制深度差（Difference in Depth of Modulation，DDM）计算的，考虑到与 ILS 的兼容，需要同时计算水平 DDM 和垂直 DDM。

1. 用于描述 FLS 虚拟波束的坐标系定义

利用空间几何关系计算飞机相对于 FLS 虚拟波束的误差信息的关键是，定义用于描述 FLS 虚拟波束的坐标系。由 FLS 虚拟波束的生成原理可知，FLS 虚拟波束实质上是从锚点指向 FAF 点的直线。

以 FAF 点、锚点及 FAF 点在跑道高度平面的投影点为基准确定水平误差基准面，如图 10-50 所示。设 FAF 点在跑道高度平面上的投影点为 P_1，锚点在地面上的投影点为 P_2。

若已知地理坐标系中的一点 P 的经度为 λ，纬度为 L，高度为 H，则该点在地心空间直角坐标系（Earth Centered Earth Fixed，ECEF）中的坐标为

$$\begin{cases} x = \left(R_{\mathrm{N}} + H\right)\cos L \cos \lambda \\ y = \left(R_{\mathrm{N}} + H\right)\cos L \sin \lambda \\ z = \left[R_{\mathrm{N}}\left(1 - e\right)^2 + H\right]\sin L \end{cases} \tag{10-23}$$

式中，R_{N} 为卯酉圈曲率半径，计算公式为

$$R_{\mathrm{N}} = R_{\mathrm{e}}\left(1 + e\sin^2 L\right) \tag{10-24}$$

式中，e 为 WGS-84 地球模型曲率，其值 1/298.257。

则由地心指向点 P 的矢量可表示为

$$r_P^{\mathrm{ECEF}} = \begin{bmatrix} \left(R_{\mathrm{N}} + H\right)\cos L \cos \lambda \\ \left(R_{\mathrm{N}} + H\right)\cos L \sin \lambda \\ \left[R_{\mathrm{N}}(1 - e)^2 + H\right]\sin L \end{bmatrix} \tag{10-25}$$

由地心指向地理坐标系中任一点的矢量求解方式与 r_P^{ECEF} 一致。

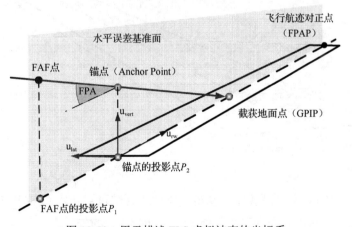

图 10-50　用于描述 FLS 虚拟波束的坐标系

描述 FLS 虚拟波束实际上就是确定 3 个互相垂直的单位矢量 u_{rw}、u_{vert} 和 u_{lat}。单位矢量 u_{vert} 定义为过锚点的投影点 P_2 且与 WGS-84 地球模型椭球面正交的单位矢量，即

$$u_{vert} = \frac{r_{P_2}^{ECEF}}{\left\| r_{P_2}^{ECEF} \right\|} \tag{10-26}$$

从 P_2 点指向飞行航迹对正点（FPAP）的单位矢量定义为

$$u_{FPA}^{ECEF} = \frac{\left(r_{FPAP}^{ECEF} - r_{P_2}^{ECEF} \right)}{\left\| r_{FPAP}^{ECEF} - r_{P_2}^{ECEF} \right\|} \tag{10-27}$$

在水平方向单位矢量由矢量叉乘计算：

$$u_{lat} = \frac{u_{vert} \times u_{FPA}}{\left\| u_{vert} \times u_{FPA} \right\|} \tag{10-28}$$

沿跑道方向的单位矢量定义为

$$u_{rw} = u_{lat} \times u_{vert} \tag{10-29}$$

则跑道所在水平面就是由矢量 u_{rw} 和 u_{lat} 定义的平面，u_{rw} 和 u_{vert} 定义的平面就是水平误差基准面。

2. FLS 虚拟波束水平误差计算

需要计算的 FLS 虚拟波束水平误差包括水平距离误差、水平角度误差和水平 DDM，如图 10-51 所示。

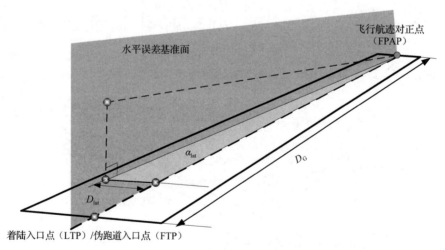

图 10-51　水平误差示意

定义 r_{FPAP}^{ECEF} 为 WGS-84 地球模型中从地心指向飞行航迹对正点（FPAP）的矢量，r_{GRP}^{ECEF} 为 WGS-84 地球模型中从地心指向飞机导航参考点（GRP）的矢量。

水平距离误差计算公式为

$$D_{\text{lat}} = \boldsymbol{u}_{\text{lat}} \cdot \left(r_{\text{GRP}}^{\text{ECEF}} - r_{\text{FPAP}}^{\text{ECEF}} \right) \tag{10-30}$$

水平角度误差计算公式为

$$\alpha_{\text{lat}} = \arctan \left(\frac{D_{\text{lat}}}{\left| \boldsymbol{u}_{\text{rw}} \cdot \left(r_{\text{GRP}}^{\text{ECEF}} - r_{\text{FPAP}}^{\text{ECEF}} \right) \right|} \right) \tag{10-31}$$

水平 DDM 计算公式为

$$\text{DDM}_{\text{lat}} = \frac{0.155}{\arctan \left(\dfrac{L}{D_{\text{G}}} \right)} \alpha_{\text{lat}} \tag{10-32}$$

式中，D_{G} 为从着陆入口点（LTP）到飞行航迹对正点（FPAP）的距离，L 为跑道入口处的航道宽度，由导航数据库提供。

3. FLS 虚拟波束垂直误差计算

需要计算的 FLS 虚拟波束垂直误差包括垂直距离误差、垂直角度误差和垂直 DDM，如图 10-52 所示。

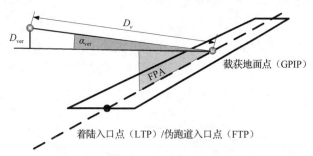

图 10-52　垂直偏差示意

定义 $r_{\text{GPIP}}^{\text{ECEF}}$ 为 WGS-84 地球模型中从地心指向截获地面点（GPIP）的矢量，则垂直角度误差计算公式为

$$\alpha_{\text{ver}} = \arctan \left\{ \frac{\boldsymbol{u}_{\text{vert}} \left(r_{\text{GRP}}^{\text{ECEF}} - r_{\text{GPIP}}^{\text{ECEF}} \right)}{\sqrt{\left[\boldsymbol{u}_{\text{lat}} \left(r_{\text{GRP}}^{\text{ECEF}} - r_{\text{GPIP}}^{\text{ECEF}} \right) \right]^2 + \left[\boldsymbol{u}_{\text{rw}} \left(r_{\text{GRP}}^{\text{ECEF}} - r_{\text{GPIP}}^{\text{ECEF}} \right) \right]^2}} \right\} - \text{FPA} \tag{10-33}$$

垂直距离误差计算公式为

$$D_{\text{ver}} = \sin \alpha_{\text{ver}} \left\| r_{\text{GRP}}^{\text{ECEF}} - r_{\text{GPIP}}^{\text{ECEF}} \right\| \tag{10-34}$$

垂直 DDM 计算公式为

$$\text{DDM}_{\text{ver}} = \frac{0.175 \alpha_{\text{ver}}}{0.25 \cdot \text{FPA}} \tag{10-35}$$

10.8　FLS 进近引导指令计算

高精度的引导指令是实现对预定航迹准确跟随的必要条件。FLS 进近引导律包括飞机在被 FLS 虚拟波束截获前的引导和飞机被 FLS 虚拟波束截获后的引导。截获前，根据给定航段（航段类型、航段长度、航段方位、航段起点高度、终点高度等）及地速信息进行引导；截获后，采用飞机相对于 FLS 虚拟波束的误差信息进行引导。

考虑到 FLS 进近引导律与自动驾驶仪的接口要求，以期望滚转角和期望垂直速率作为引导指令信号实现对预定航迹的跟随。

1. 水平引导指令计算

飞机被 FLS 虚拟波束截获分为水平截获和垂直截获。水平截获即航道截获，其过程如图 10-53 所示，当飞机相对于 F-LOC 波束的水平角度误差 α_{lat} 小于截获阈值 ε 时，飞机被 FLS 虚拟波束水平截获。

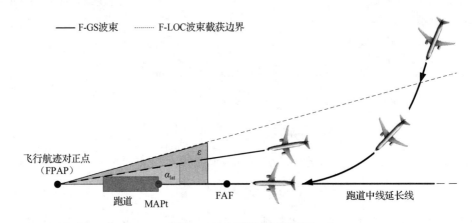

图 10-53　水平截获过程示意

1）飞机被 FLS 虚拟波束水平截获前的引导指令计算

飞机被 FLS 虚拟波束水平截获前的水平航迹主要由给定的航线（由程序航段、航路点、保持方式等组成），还包括飞行管理系统按照飞机应该怎样飞行所计算的各种转弯点和航段终点，整个水平航线按直线航段和圆弧航段定义各个航段。因此，飞机被 FLS 虚拟波束水平截获前的引导指令计算可分别按圆弧航段和直线航段的特征进行计算，此时的进近引导律结构如图 10-54 所示。

直线航段的进近引导律表达式为

$$\phi_{\text{g}} = \left(K_d + \frac{K_{d,\text{I}}}{s} \right) \Delta D + K_\chi (\chi_{\text{leg}} - \chi) V_{\text{GND}} \tag{10-36}$$

式中，K_d 为侧偏距比例系数；$K_{d,\text{I}}$ 为侧偏距积分系数；K_χ 为航迹方位角误差系数；ΔD 为飞机相对于期望航迹的侧偏距；χ_{leg} 为航段方位角；χ 为飞机当前航迹方位角；V_{GND} 为飞机地速；ϕ_{g} 为期望滚转角。

圆弧航段的进近引导律为

$$\begin{cases} \phi_{\text{g,r}} = \arctan\left(\dfrac{V_{\text{GND}}^2}{gR_{\text{arc}}}\right) \\ \phi_{\text{g}} = K_{\phi,\text{R}}\phi_{\text{g,r}} + K_{D_{\text{r}}}\Delta D_{\text{r}} \end{cases} \tag{10-37}$$

式中，$K_{\phi,\text{R}}$ 为滚转角比例系数；$K_{D_{\text{r}}}$ 为侧偏距微分比例系数；g 为重力加速度；R_{arc} 为圆弧航段转弯半径；ΔD_{r} 为圆弧航段侧偏距的微分。

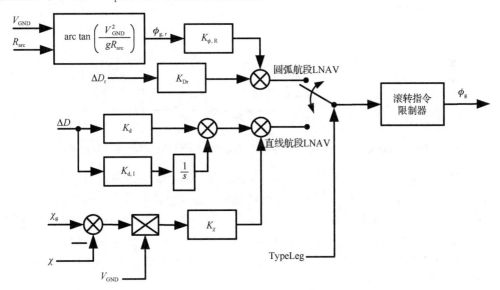

图 10-54　飞机被 FLS 虚拟波束水平截获前的进近引导律结构

图 10-54 中，TypeLeg 为航段类型标志位，用于控制律的切换判断。其值为 0 时，表示当前航段为直线航段，采用式（10-36）所示的进近引导律；其值为 1 时，表示当前航段为圆弧航段，采用式（10-37）所示的进近引导律。

2）飞机被 FLS 波束水平截获后的引导指令计算

在 FLS 进近引导过程中，对现有进近方式（ILS、VOR 等），在横侧向采用截获波束径向线的方式进行水平引导。A300-600 型飞机的维护手册中给出了利用 VOR 执行非精密进近时的引导指令计算过程框图如图 10-55 所示。

其引导指令计算公式分两种情况：

当 CAPTURE=1 时，

$$\phi_{\text{g}} = \begin{cases} -k_{\eta}(\eta_{\text{VOR}} - \psi_{\text{set}}), & |\eta_{\text{VOR}} - \psi_{\text{set}}| \leqslant 90° \\ -k_{\eta}\left[180° - (\eta_{\text{VOR}} - \psi_{\text{set}})\right], & |\eta_{\text{VOR}} - \psi_{\text{set}}| > 90° \end{cases} \tag{10-38}$$

当 CAPTURE（飞机截获 VOR 航道值）=0 时，

$$\phi_g = -k_\psi(\psi - \psi_{set})$$

即在飞机未截获 VOR 径向线时，采用航向预选的方式引导飞机飞行；在截获 VOR 径向线以后采用偏差角修正的方式引导飞机飞行。

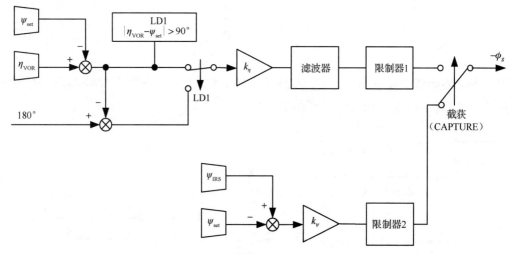

图 10-55　A300-600 型飞机利用 VOR 执行非精密进近时的引导指令计算过程框图

由于在最后进近段截获航道后，需要高精度的航迹控制，而现有进近引导方式引导指令计算方法仅利用角度误差信息，通过比例控制实现对飞机的引导。此种控制方法在引导飞机进近时可能会出现飞机航向与跑道方位一致，但飞机实际偏离跑道的情况，严重情况下飞机会冲出跑道。针对于此，本书在引导指令计算过程中，引入了距离误差、角度误差和地速信息对引导指令进行修正。飞机被 FLS 虚拟波束水平截获后的进近引导律结构如图 10-56 所示。

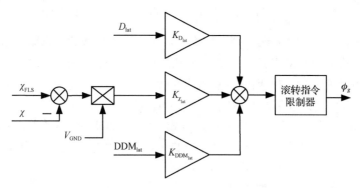

图 10-56　飞机被 FLS 虚拟波束水平截获后的进近引导律结构

进近引导律表达式为

$$\phi_g = K_{\chi_{lat}} \cdot V_{GND} \cdot (\chi_{FLS} - \chi) + K_{D_{lat}} D_{lat} + K_{DDM_{lat}} DDM_{lat} \tag{10-39}$$

式中，χ_{FLS} 为 FLS 虚拟波束航向；$K_{\chi_{lat}}$ 为飞机航迹方位角与 FLS 波束偏差比例系数；$K_{D_{lat}}$

为水平距离误差比例系数，$K_{\text{DDM}_\text{lat}}$ 为水平 DDM 比例系数。

式（10-39）相比于式（10-38）引入了水平距离误差 D_lat，使用地速和航迹偏差角的乘积 $V_\text{GND} \cdot (\chi_\text{FLS} - \chi)$ 作为水平距离误差的微分项，增加了阻尼；充分利用误差信息，同时引入水平距离误差和水平角度误差信息对引导指令进行修正。由于引入了地速，因此在有风的情况下控制效果也较好。

2. 垂直引导指令计算

与 FLS 进近引导过程中水平引导指令的计算类似，飞机在按照 FLS 功能执行非精密进近时，垂直引导分为飞机被 FLS 虚拟波束垂直截获前的引导和飞机被 FLS 虚拟波束垂直截获后的引导。

垂直截获即下滑道截获，其过程如图 10-57 所示。当飞机相对于 F-GS 波束的垂直角度误差 α_v 小于截获阈值 η 时，飞机被 FLS 虚拟波束垂直截获。

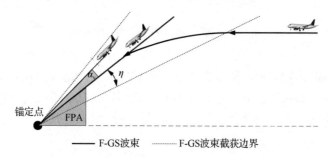

图 10-57　FLS 进近引导过程中垂直截获过程示意

1）飞机被 FLS 虚拟波束垂直截获前的引导指令计算

垂直引导指令是基于由航迹预测功能计算得到的垂直剖面，以及由性能数据库驱动的性能计算结果得到的。飞机在被 FLS 虚拟波束垂直截获前，任何给定点要求的垂直速率都可以按如下公式计算：

$$\begin{cases} K_\text{slope} = \dfrac{H_\text{start} - H_\text{end}}{D_\text{L}} \\ V_\text{S,g} = V_\text{GND} \cdot K_\text{slope} \end{cases} \tag{10-40}$$

式中，K_slope 为航段梯度；H_start 为航段起点高度；H_end 为航段终点高度；D_L 为航段长度；$V_\text{S,g}$ 为期望垂直速率。

2）飞机被 FLS 虚拟波束垂直截获后的引导指令计算

飞机被 FLS 虚拟波束垂直截获后的进近引导律结构如图 10-58 所示。

该进近引导律表达式为

$$V_\text{S,g} = -V_\text{GND} \cdot \tan\gamma_\text{FLS} + K_{D_\text{ver}} D_\text{ver} + K_{\text{DDM}_\text{ver}} \text{DDM}_\text{ver} \tag{10-41}$$

当 FLS 虚拟波束梯度一定时，仅使用 $-V_\text{GND} \cdot \tan\gamma_\text{FLS}$ 就可以获得期望垂直速率。但是，

如果不引入修正项，飞机就有可能偏离最后进近段航迹，沿着与最后进近段航迹平行的垂直航迹进近，这便是引入修正项的意义。

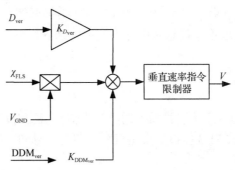

图 10-58　飞机被 FLS 虚拟波束垂直截获后的进近引导律结构

本 章 小 结

FLS 是提高进近感知能力、降低运营风险的有效手段，是现代和未来先进大型飞机飞行管理系统必备的核心功能。本章对 FLS 进近能力判断、FLS 进近引导模式判断及其转换逻辑、FLS 虚拟波束生成和引导指令计算等关键问题进行了研究。

第11章 基于四维航迹运行的大型客机飞行引导技术仿真验证系统设计

11.1 概　　述

基于四维航迹运行的大型客机飞行引导技术仿真验证系统是用于验证基于四维航迹运行的飞行管理系统（4D-TBO FMS）飞行引导技术的综合平台。本章在分析基于四维航迹运行的大型客机飞行引导技术仿真验证系统功能需求的基础上，设计基于MATLAB/Simulink 的基于四维航迹运行的大型客机飞行引导技术仿真验证系统功能架构、层次结构、任务设计、网络结构和数据接口。

11.2 仿真验证系统功能需求分析

基于四维航迹运行的大型客机飞行引导技术作为 4D-TBO FMS 的核心技术，需要4D-TBO FMS 的各个功能共同完成。

对 4D-TBO FMS，需要在传统 FMS 的基础上，增加基于四维航迹运行的大型客机飞行引导技术升级改造所需的内容。为此，需要明确标准 ARINC 702A 中的 FMS 功能并进行完善。

1）导航

满足基于性能的导航（PBN）功能需求具体如下：

（1）符合基于航段的所需导航性能（RNP），其默认值应与 ICAO Doc.9613 号文件中的定义一致。

（2）满足航空无线电技术委员会发布的标准 RTCA DO-283 中的 RNP 完整标准。

2）飞行计划

为更多的功能提供支持，具体如下：

（1）为垂直引导、航迹预测和性能计算提供更多参数，如 RTA。

（2）支持标准 RTCA DO-283 要求的高度限制和速度限制。

3）飞行引导、航迹预测和性能计算

进行四维航迹预测，引导飞机执行所预测的四维航迹，以提高四维航迹精度。

（1）在 RNP 空域中支持符合标准 RTCA DO-283 要求的水平过渡。

（2）支持 ICAO Doc.8168 号文件中定义的特殊水平路径，进入和退出满足标准 RTCA

DO-236 规定的空域限制。

（3）对地球模型，根据标准 RTCA DO-236 和 RTCA DO-283 要求，统一采用 WGS-84 地球模型。

（4）在飞行计划中提及参数情况下，在飞行计划基础上进行爬升、巡航、下降连续完整的四维航迹计算，预测飞行计划中各个航路点距离、燃油余量和 ETA，计算参考高度和参考速度。

（5）支持协议式自动相关监视（ADS-C）功能，在上述第（4）点的基础上，增加到达时间（Time of Arrival，TOA）范围计算，即 ETA 窗口计算。

（6）在标准 RTCA DO-283 要求的高度限制和速度限制下，生成单调的爬升剖面和下降剖面，使飞机可以完成连续爬升运行（CCO）和连续下降运行（Continuous Descent Operations，CDO）。

（7）利用标准 ARINC 660B 描述的连续爬升运行功能进行高度剖面和速度剖面预测。

（8）满足标准 RTCA DO-283 中定义的垂直误差。

（9）提供精度满足标准 RTCA DO-283 要求的 ETA。

（10）支持 RTA 功能。

（11）具备满足标准 RTCA DO-283 和 RTCA DO-236 要求的到达时间控制（TOAC）能力。

综上所述，从两个方面应用上述功能满足技术指标。

（1）四维航迹规划和预测。四维航迹规划和预测需要 4D-TBO FMS 中的飞行计划、航迹预测与性能计算功能共同完成，从飞行计划到航迹预测和性能计算，构建满足 RNP 运行的参考航迹，优化水平航段过渡路径，并考虑需要的水平引导截获路径。同时，考虑气象因素，根据性能模式，兼顾高度限制和速度限制，优化高度剖面和速度剖面，从而生成满足四维航迹运行的优化航迹，满足基于性能模式的优化能力和 ETA 预测精度的技术指标。

（2）精确四维飞行引导。精确四维飞行引导在 4D-TBO FMS 中的飞行计划、航迹预测和性能计算功能的支持下，由 4D-TBO FMS 中的引导功能完成。在引导过程中进行模式管理、引导指令计算和误差管理等，满足水平导航（LNAV）精度、垂直导航（VNAV）精度和到达时间控制精度的技术指标。

该仿真验证系统不仅需要考虑基于四维航迹运行的大型客机飞行引导技术本身的功能需求，还需要考虑完成仿真验证必要的额外功能，具体如下。

（1）场景设置。通过场景设置，可以将仿真验证测试用例导入基于四维航迹运行的大型客机飞行引导技术仿真验证系统，使仿真验证过程能够按照该测试用例的设计进行。

（2）空中交通管制（ATC）。通过 ATC，可以进行高度、速度或时间约束的设置和修改，模拟基于航迹运行的协同决策（CDM）。

（3）控制显示器（Control Display Unit，CDU）。测试人员通过控制显示器对基于四维航迹运行的大型客机飞行引导技术仿真验证系统进行设置和操作，并在其上显示仿真验证过程一些必要的数据，为基于四维航迹运行的大型客机飞行引导技术仿真验证提供便利。

（4）飞行仿真。飞行仿真包括自动飞行控制系统（AFCS）和飞机模型仿真。

（5）状态估计。通过状态估计，可以仿真飞行过程中传感器对飞机位置和状态的估计过程，以及 4D-TBO FMS 利用信息融合进行组合导航的过程，这是飞行引导回路中的必要环节。

（6）推力管理。该功能模拟推力管理系统对发动机推力指引值的计算和发动机工作模式的转换，以及对发动机和燃油状态的监视。

（7）状态显示与告警。通过状态显示与告警，进行电子飞行仪表系统（EFIS）和发动机指示机组告警系统（Engine Indication and Crew Alerting System，EICAS）的仿真，以便测试人员对飞机位置和状态进行监视。

（8）数据采集。该功能可以采集仿真验证的过程和结果数据，为进行基于四维航迹运行的大型客机飞行引导技术指标的符合性验证提供数据基础。

（9）统计分析。

图 11-1 所示为基于四维航迹运行的大型客机飞行引导技术仿真验证系统总体功能需求。

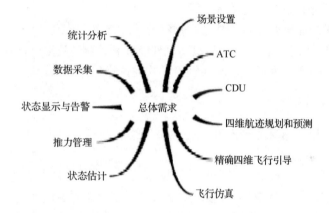

图 11-1　基于四维航迹运行的大型客机飞行引导技术仿真验证系统总体功能需求

11.3　仿真验证系统的功能架构

为了设计基于四维航迹运行的大型客机飞行引导技术仿真验证系统的功能架构，需要将该系统的总体功能需求进行分解。每个功能需求可能的操作或需要的子功能如下。

1. 场景设置

基于四维航迹运行的大型客机飞行引导技术仿真验证可能需要初始化的场景设置项包括以下 5 项。

（1）飞行计划。导入飞行计划，使之成为临时飞行计划，约定飞行计划的切换和修改操作，并在约定时刻执行。

（2）气象数据。初始化预报气象数据，设置气象禁飞区。

（3）扰动因素。设置飞行过程中可能的扰动因素。

（4）飞行冲突。设置飞行过程中存在潜在冲突的飞行计划。

（5）空管要求更改。约定飞行过程中可能的四维航迹修订许可，并在约定时刻执行。

2. ATC

基于四维航迹运行的大型客机飞行引导技术仿真验证可能需要的 ATC 功能包括以下 2 项。

（1）空管要求。储存初始的空管要求，包括高度限制、速度限制或 RTA 限制。

（2）空管要求更改。执行场景设置的四维航迹修订许可。

3. CDU

基于四维航迹运行的大型客机飞行引导技术仿真验证可能需要的 CDU 功能包括以下 5 项。

（1）飞行计划操作。为执行飞行计划修改、切换和激活提供操作接口。

（2）导航源设置。设置可能的导航源进行组合导航。

（3）预测结果。显示四维航迹规划和预测的计算结果。

（4）状态告警。显示非法操作、超出飞机性能限制范围、超出阈值限制值等告警信息。

（5）性能模式操作。为设置和转换性能模式提供操作接口。

4. 四维航迹规划和预测

四维航迹规划和预测除了包括 9.2～9.7 节所述的功能，还包括以下功能以支持 9.2～9.7 节所述功能的执行。

（1）性能数据库。性能数据库为性能计算提供查询飞机性能数据的服务。

（2）RTA 分配。当初始 RTA 不能达到要求时，可能需要尝试 RTA 分配。

（3）冲突探测和消解。需要在飞行过程中探测可能存在的飞行冲突，若出现冲突告警信息，应计算消解冲突的航迹。

（4）四维航迹修订请求。需要发出四维航迹修订许可请求（如 RTA 分配失败）时，应发出该项的告警信息和建议值。

5. 精确四维飞行引导

精确四维飞行引导执行 9.8～9.9 节所述的功能。

6. AFCS

AFCS 作为飞行仿真功能的一部分，响应精确四维飞行引导指令并计算相应的舵量和油门开度，包括以下 3 个功能。

（1）模式控制。响应 9.8 节所述的模式指令和可能的模式控制面板（Mode Control Panel，MCP）的模式指令，切换自动油门和自动驾驶仪的指令输入。

（2）自动驾驶。该功能根据水平导航和垂直导航的引导指令或模式控制面板的预选指令计算舵量，对飞机纵向和横侧向的状态进行控制。

（3）自动油门。自动油门根据垂直导航的引导指令和由推力管理系统功能计算出的推力指引信息，计算所需油门开度。

7. 飞机模型仿真

飞机模型仿真是飞行仿真的主要功能，仿真飞机在环境中的飞行状态，包括以下 5 个方面的仿真。

（1）作动器模型。仿真作动器从接收自动驾驶舵量信号到响应的过程。

（2）发动机模型。利用发动机模型对飞机发动机进行仿真，根据油门开度和飞机状态计算推力。

（3）六自由度（6 Degree of Freedom，6-DOF）动力学模型。飞机 6-DOF 动力学模型根据舵量和推力计算的气动力与力矩，计算飞机状态参量。

（4）舵机噪声。仿真可能的舵机噪声，作为飞行技术误差（FTE）和纵向飞行技术误差（FTE_Z）考虑的噪声之一。

（5）风切变和紊流。仿真不确定的风干扰，以验证基于四维航迹运行的大型客机飞行引导技术在不确定风场环境下的到达时间控制（TOAC）能力。

8. 状态估计

状态估计包括飞行过程中的传感器和滤波器仿真，以及根据导航源的设置情况进行信息融合组合导航。

9. 推力管理

基于四维航迹运行的大型客机飞行引导技术仿真验证的推力管理系统功能包括以下 6 项。

（1）推力边界值。计算飞机所处状态的推力边界值。

（2）发动机状态和燃油监控。监视发动机状态和燃油，当推力接近边界值或燃油不足时发送告警信息。

（3）逻辑转换。根据发动机状态和飞行阶段进行逻辑转换，发出油门工作方式转换的指令。

（4）减推力指令。若有减推力爬升的需求，则发出减推力指令。

（5）油门工作方式。包括两种工作方式，即以控制推力为目标的工作方式和以控制速度为目标的工作方式，根据逻辑转换指令进行转换。

（6）推力指引值计算。根据油门工作方式和可能的减推力指令，计算相应的推力指引值，供自动油门参考。

10. 状态显示与告警

状态显示与告警包括电子飞行仪表系统功能、发动机指示和发动机指标机组告警系统（EICAS）功能，以显示飞行计划、飞机状态和告警信息。

11. 数据采集

该功能是指从飞行仿真、状态估计和精确四维飞行引导功能中记录位置、时间误差和性能限制。

12. 统计分析

通过蒙特卡洛模型仿真对采集的数据进行统计，并对基于四维航迹运行的大型客机飞行引导技术指标的符合性进行分析。

综上可知，基于四维航迹运行的大型客机飞行引导技术仿真验证系统的功能架构如图 11-2 所示。

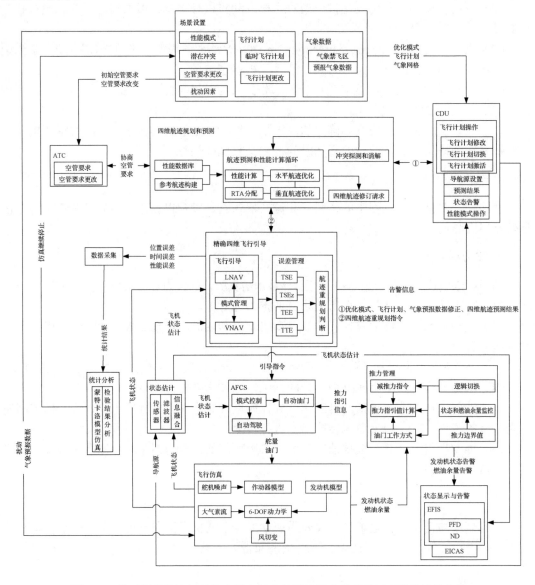

图 11-2 基于四维航迹运行的大型客机飞行引导技术仿真验证系统的功能架构

11.4　仿真验证系统的层次结构

基于四维航迹运行的大型客机飞行引导技术仿真验证系统的层次结构如图 11-3 所示。

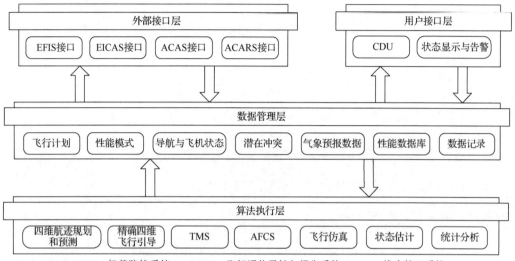

ACAS—机载防撞系统；ACARS—飞机通信寻址与报告系统；TMS—推力管理系统

图 11-3　基于四维航迹运行的大型客机飞行引导技术仿真验证系统的层次结构

（1）数据管理层。数据管理层的功能模块负责基于四维航迹运行的大型客机飞行引导技术仿真验证系统所需数据的导入、储存、修改和读取等数据管理功能，如飞行计划、性能模式、潜在冲突、气象预报数据、导航与飞机状态、性能数据库和数据记录。数据管理层的功能模块包括其管理的数据和相应的接口函数，可以通过接口函数对其管理的数据进行读取和写入（非只读的情况下）。数据管理层的功能模块设计如图 11-4 所示。

（2）用户接口层。用户接口层的功能模块方便用户对基于四维航迹运行的大型客机飞行引导技术仿真验证系统的部分数据进行创建、修改和读取，如 CDU 和状态显示与告警。

（3）算法执行层。算法执行层的功能模块执行基于四维航迹运行的大型客机飞行引导技术仿真验证系统的主要功能，包括四维航迹规划和预测、精确四维飞行引导、推力管理系统、状态估计和统计分析。

（4）外部接口层。外部接口层的功能模块负责基于四维航迹运行的大型客机飞行引导技术仿真验证系统与可扩展的设备或用于仿真的网络数据交互。

用户接口层、算法执行层和外部接口层的功能模块设计与任务设计有关，将在 11.5 节介绍。下面说明图 11-2 所示各项功能与图 11-3 所示各层模块的组织关系。

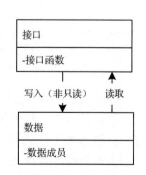

图 11-4　数据管理层的功能模块设计

（1）场景设置功能与各层模块的组织关系如图 11-5 所示。

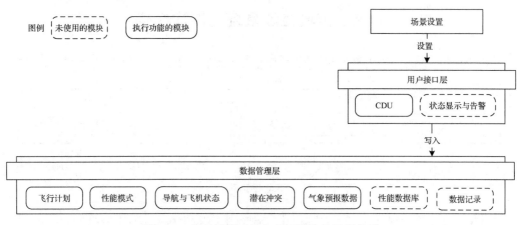

图 11-5　场景设置功能与各层模块的组织关系

（2）ATC 功能与各层模块的组织关系如图 11-6 所示。

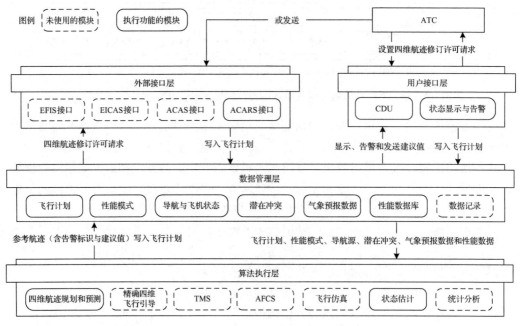

图 11-6　ATC 功能与各层模块的组织关系

（3）CDU 功能与各层模块的组织关系如图 11-7 所示。

（4）四维航迹规划和预测功能与各层模块的组织关系如图 11-8 所示。

（5）精确四维飞行引导功能、飞行仿真功能、状态估计功能、推力管理系统功能、状态显示与告警功能和数据采集功能同步进行，同步进行的功能所需模块如图 11-9 所示。

（6）统计分析功能只在仿真结束进行统计分析时从数据记录模块中获取数据。

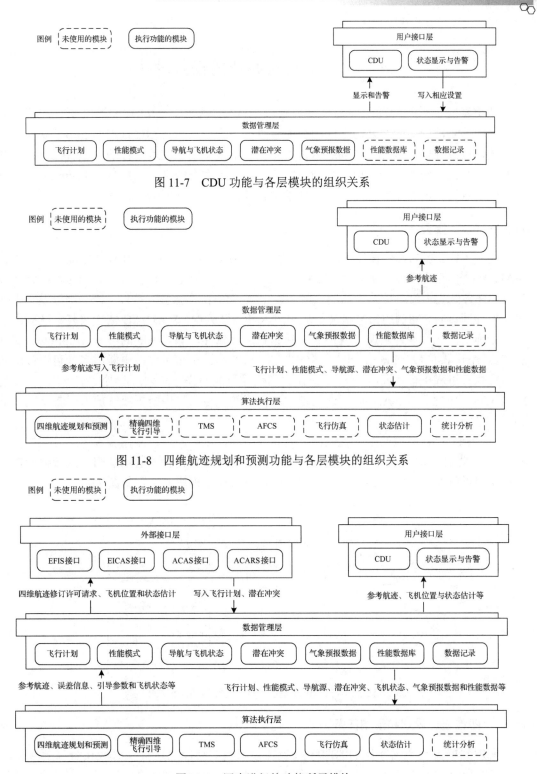

图 11-7　CDU 功能与各层模块的组织关系

图 11-8　四维航迹规划和预测功能与各层模块的组织关系

图 11-9　同步进行的功能所需模块

11.5　仿真验证系统的任务设计

从仿真验证系统的功能架构设计和层次结构可以看出，一些功能的实现过程相对独立，而一些功能的实现需要与不同功能同时进行。结合飞机实际运行中的各部分功能的呈现方式，以及 MATLAB/Simulink 运行机制，可把基于四维航迹运行的大型客机飞行引导技术仿真验证系统的功能模块分配到不同任务中。下面介绍基于 MATLAB/Simulink 的基于四维航迹运行的大型客机飞行引导技术仿真验证系统设计的活动任务。

11.5.1　CDU 任务

由于 CDU 多为控件设计，因此，可以基于 MATLAB 的 GUI 和控件中断机制，设计 MATLAB 前端的 CDU 任务。MATLAB 存在一个任务队列，一般情况下，当控件回调未被触发、任务队列中没有控件中断的信号量时，MATLAB 不会触发控件中断。当触发一个或多个控件回调时，回调的信号量被依顺序放入任务队列中，MATLAB 依次将任务队列中的信号量弹出，执行控件回调。控件的中断具有两个属性，即可中断的（Interruptible）属性和 BusyAction 属性。Interruptible 属性决定当前的回调是否可以被中断，当其可以被中断并且在执行过程中被中断时，MATLAB 将其信号量放回任务队列；否则，检查中断回调的 BusyAction 属性。BusyAction 属性决定中断回调的信号量在中断失败时放入任务队列或被抛弃。

将 CDU 控件回调的中断属性设置为允许中断，以响应用户操作和进行及时的控件刷新，利用 MATLAB 的控件中断任务队列，CDU 可以与数据管理层功能模块的数据操作和读取接口进行交互。MATLAB 前端的 CDU 任务与功能模块的交互如图 11-10 所示。

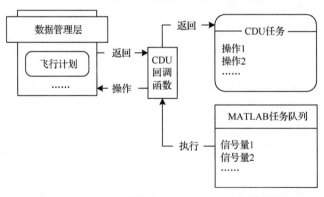

图 11-10　MATLAB 前端的 CDU 任务与功能模块的交互

11.5.2　四维航迹规划和预测任务

考虑到覆盖整个飞行计划的四维航迹规划和预测功能的运行耗时较长且需要频繁运行，可以利用 MATLAB Parallel Pool，即 MATLAB 并行池，把四维航迹规划和预测功能模块的一部分功能设计成后台任务，即进行周期性四维航迹规划和预测，以及重规划触发的四维航迹规划和预测。MATLAB 并行池基于 Parallel Computing Toolbox（工具箱），可以使用多核处理器、图形处理器（Graphics Processing Unit，GPU）和计算机集群，解决计算问题和数据密集型问题，把 MATLAB 应用程序并行化，进行多线程计算。把四维航迹规划和预测任务放入 MATLAB 并行池中，并创建新的后台 MATLAB 进程。MATLAB 通过操作系统，为其创建一个线程并分配到一个处理器内核上，前台的 MATLAB 任务无须等待其完成。

由于开辟的 MATLAB 进程独立于前台 MATLAB 进程，两者的工作空间数据不能直接访问。考虑到基于四维航迹运行的大型客机飞行引导技术仿真验证系统中的数据管理层，可以将一部分数据的访问设计成共享内存的方式，以便访问不同任务和进行数据管理。

共享内存是不同进程之间的通信方式之一，即多个进程共享一段指定的存储区。这段指定的存储区被这些进程映射到自身的地址空间中，一个进程写入的共享内存信息可以被其他进程使用，因为在整个过程中进程可以直接读写内存而不需要进行数据拷贝。在数据量大的情况下，这种方式显得尤为高效。

可以通过内存映射在不同的进程中映射同一个普通文件，映射到进程地址空间后，进程可以像访问普通内存一样访问文件的内容，而不必进行文件的读写操作。

将不同进程之间需要频繁访问的数据设计成共享内存的方式，通过共享内存访问的数据包括飞行计划功能模块管理的数据、性能模式功能模块管理的数据和潜在冲突功能模块管理的数据。下面介绍这 3 个功能模块的数据逻辑结构。

1. 飞行计划功能模块管理的数据

飞行计划功能模块管理的数据包括第一飞行计划、第二飞行计划和参考航迹，以及版本号和其他标识位。其中，飞行计划为航路点链表，其最小节点为航路点；参考航迹为航段链表，其最小节点为航段。

航路点类型数据的设计考虑导航数据（NDB）中包含的航路点属性，在导航数据中，除了航路点记录包含航路点属性，航路、标准离场/标准进场/进近（Standard Instrument Departure/ Standard Arrival/Approach，SID/STAR/Approach）和机场终端区记录也包含航路点属性。

航路点记录的航路点属性包括记录类型、所属地区、所属扇区、所属子扇区、所属区域、国际民用航空组织（ICAO）编码、航路点标识、航路点类型、使用条件、航路点纬度、航路点经度、磁差、水平参考基准、航路点描述。

航路记录附加的航路点属性包括（对重复的属性不再赘述）适用高度、推荐的导航、导航台信息、出入航磁航向、转弯半径。

SID/STAR/Approach 记录附加的航路点属性包括（对重复的属性不再赘述）：转弯方向、RNP、终结码、高度限制描述、高度字段、速度限制类型、速度限制描述、下滑角、转弯航段圆心。

导航数据库提供的数据称为一类数据，飞行管理系统制造商会对其进行梳理，使其成为飞行管理系统方便处理的形式。例如，GE Aviation 公司的飞行管理系统把以上航路点属性处理为航路标识、序号、终结码、航路点标识、航路点纬度、航路点经度、航路点说明、飞越（fly-over）标识、转弯方向、磁航向、高度限制描述、高度字段、RNP、速度限制类型、速度限制描述、导航台信息、转弯航段圆心、航路点高度、下滑角。

注意：高度字段与高度限制描述有关，如表 11-1 所示。

表 11-1　高度字段与高度限制描述

高度限制描述	高度限制类型	高度字段	作用范围
+	At or Above	1	—
-	At or Below	1	—
@	At	1	—
B	Window	1（上限）、2（下限）	—
C	At or Above（earlier）	2	只用在条件终止高度
D	At or Above（later）	2	只用在条件终止高度
G	Glide Slope Altitude	1	
V	At or Above	1（高度）、2（下滑角）	阶梯下降
X	At	1（高度）、2（下滑角）	阶梯下降
Y	At or Below	1（高度）、2（下滑角）	阶梯下降

关于基于四维航迹运行的大型客机飞行引导技术仿真验证系统的航路点类型，参考上述属性定义，摘取该技术所需的航路点属性，结合其仿真验证需求，通过 MATLAB classdef 函数定义航路点类型，代码如下。

```
class 航路点
public
        终结码
        航路点经度
        航路点纬度
        转弯方向
        转弯半径
        高度上限
        高度下限
        速度限制
        速度限制类型
        RTA
        RTA 类型
        偏置方向
        偏置距离
End
```

导入或创建飞行计划时，CDU 功能模块通过飞行计划功能模块为飞行计划的航路点新建实例，并建立航路点链表，并把它作为临时飞行计划保存在 CDU 相应控件的静态变量中。当飞行计划保存为第二飞行计划或激活为第一飞行计划时，CDU 功能模块通过飞行计划功能模块把飞行计划写入共享内存对应的文件中，以此仿真飞机运行中造成的第一飞行计划改变。例如，在航段排序和重规划前，把当前位置插入飞行计划等，把飞行计划写入共享内存。

航段类型数据的设计是为表现参考航迹，通常由飞行管理系统制造商自定义。关于基于四维航迹运行的大型客机飞行引导技术仿真验证系统的航段类型，根据参考航迹需求定义。航段类型继承航路点类型所有属性，并具有附加属性，代码如下。

```
class 航段 extends 航路点
public
        目标高度
        目标表速
        ETA
        飞行距离
        预计余油
        所属阶段
        最小表速
        最大表速
        ETA_min
        ETA_max
end
```

当四维航迹规划和预测功能模块开始构建满足所需导航性能（RNP）的参考航迹时，通过飞行计划功能模块建立由航段结点组成的航段链表。在四维航迹规划和预测任务完成时，通过飞行计划功能模块把参考航迹写入共享内存，同时更新飞行计划数据的版本号。飞行计划功能模块的数据逻辑结构如图 11-11 所示。

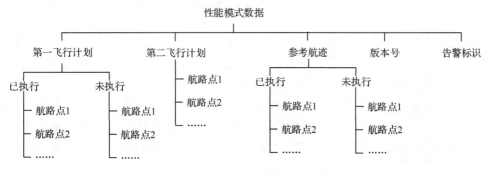

图 11-11　飞行计划功能模块的数据逻辑结构

2. 性能模式功能模块管理的数据

性能模式功能模块管理的数据包括爬升模式和下降模式所需要的性能初始化参数（模式、预选表速和预选马赫数）、巡航模式所需要的性能初始化参数（模式和预选马赫数）、成本数据（时间成本、燃油成本、固定成本和成本指数）和修正项（用于性能计算初始化的飞机初始总质量，以及时间和燃油量的修正值），上述预选速度在人工模式下使用。性能模式模块的数据逻辑结构如图 11-12 所示。

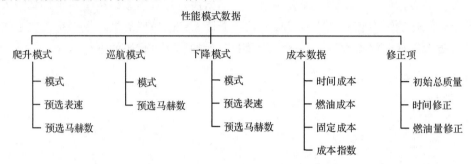

图 11-12　性能模式模块的数据逻辑结构

性能模式数据项是固定的，可定义性能模式的 MATLAB 结构体包含其所有内容的变量。当四维航迹规划和预测功能模块进行 9.4～9.6 节所述计算时，通过性能模式功能模块读取性能模式数据。

3. 潜在冲突功能模块管理的数据

潜在冲突功能模块管理的数据来自模拟的潜在冲突飞机 ADS-B 信息，或通过 ACAS 接口处理的潜在冲突飞机 ADS-B 信息，这些信息构成潜在冲突飞机的飞行计划，但其包含的信息不如飞行计划功能模块中的飞行计划全面。由于 ADS-B 信息可能只包含最低要求的信息，即每 0.5s 更新的潜在冲突飞机经度、纬度和高度及相应精度，将这些信息处理后得到潜在冲突飞机当前的经度、纬度和高度，以及估计接下来某一时刻的经度、纬度和高度，把它们作为其飞行计划。因此，其航路点的有效值包括终结码、航路点经度、航路点纬度、高度上限、高度下限、RTA 和 RTA 类型。其中，默认终结码为 TF，高度上限等于高度下限且等于潜在冲突飞机在该点的估计高度，RTA 类型默认为 AT。

潜在冲突功能模块的数据逻辑结构如图 11-13 所示。当四维航迹规划和预测功能模块进行 9.7.2 节所述遭遇其他飞机航迹冲突时，通过潜在冲突功能模块读取潜在冲突飞机的飞行计划。

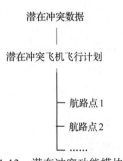

图 11-13　潜在冲突功能模块的数据逻辑结构

4. 其他数据功能模块管理的数据

对需要频繁读取但不需要写入的数据，如性能数据库模块管理的数据，利用静态变量在基于四维航迹运行的大型客机飞行引导技术仿真验证系统启动时，载入性能数据库功能模块的读取接口。四维航迹规划和预测功能模块在进行如 9.4 节和 9.6 节所述的计算性能查询时，通过性能数据库功能模块的读取接口获取其静态变量的值进行计算并返回。

对需要频繁读取但不需要频繁写入的数据，如气象预报功能模块管理的数据，同样利用静态变量在基于四维航迹运行的大型客机飞行引导技术仿真验证系统启动时，载入气象预报功能模块的读写接口。在有修改需求时，基于四维航迹运行的大型客机飞行引导技术仿真验证系统通过读写接口修改静态变量的值，四维航迹规划和预测功能模块在进行 9.6 节和 9.7 节所述的计算中气象数据查询时，气象预报功能模块的读写接口获取其静态变量的值进行计算并返回。

5. 四维航迹规划和预测任务分配

四维航迹规划和预测的另一部分功能需驻留前台，如当前航段 ETA 的计算。由于执行精确四维飞行引导功能时需要获取每个更新时刻的 ETA 值，因此，把精确四维飞行引导功能的计算步长设置成与 Simulink 模块一致。当前航段 ETA 的计算需要利用导航与飞机状态功能模块管理的数据。

导航与飞机状态功能模块需要与精确四维飞行引导仿真模块同步执行任务，因此，导航与飞机状态功能模块也设计为 Simulink 模块。进行仿真时，导航与飞机状态模块将导航源设置情况发送给状态估计模块，并从状态估计模块接收飞机的位置和状态估计信息，供其他功能模块获取。

综上所述，四维航迹规划和预测任务与各个功能模块的交互如图 11-14 所示。四维航迹规划和预测的后台任务实现覆盖整个飞行计划的航迹预测和性能计算，其运行流程如图 11-15 所示。

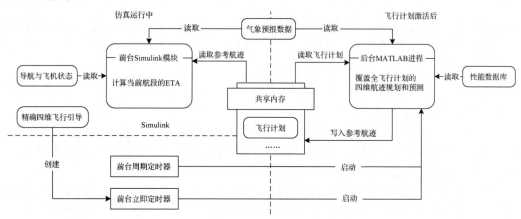

图 11-14　四维航迹规划和预测任务与各个功能模块的交互

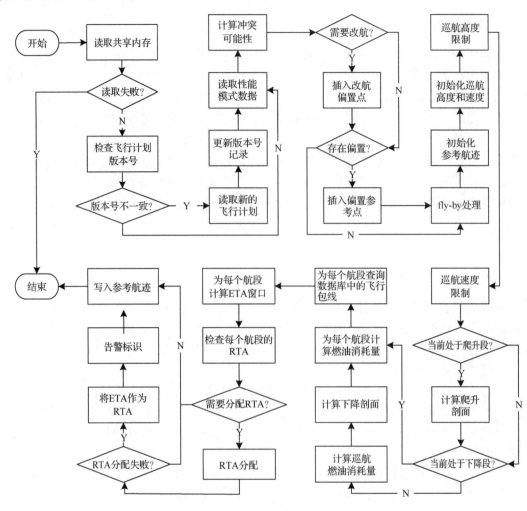

图 11-15　四维航迹规划和预测的后台任务运行流程

在图 11-15 中，fly-by 处理指旁切转弯路径构建中的转弯点处理，它分为转弯角大于 135°的 fly-by 处理和转弯角小于 135°的 fly-by 转弯角。先寻找转弯角大于 135°的 fly-by，将其处理成固定半径过渡（FRT）+直线+转弯角小于 135°的 fly-by，再处理转弯角小于 135°的 fly-by。大于 135°的 fly-by 处理流程如图 11-16 所示。转弯角小于 135°的 fly-by 处理流程如图 11-17 所示。

图 11-15 中的爬升剖面计算流程如图 11-18 所示。下降剖面计算流程与此类似，如图 11-19 所示。ETA 计算流程如图 11-20 所示，这个流程同样适用于前台当前航段的 ETA 计算，只需要将航段起点替换成飞机当前位置即可。

注 1：辅助点是指图 9-2 中的 45°线延长后与辅助线相交的点。定义左转时转弯方向 dir 为正，第一个航段（图 9-2 中的当前航段）的方位角为 az_1，辅助点与过渡的航路点距离为 $Y + R_1$，方位角为

$$az = az_1 - \text{dir}\frac{\pi}{2} \qquad\qquad (11\text{-}1)$$

由此计算大圆航迹正解从而得到辅助点。

注 2：大圆交点是指图 9-2 中的 45° 线与下一个航段的交点。

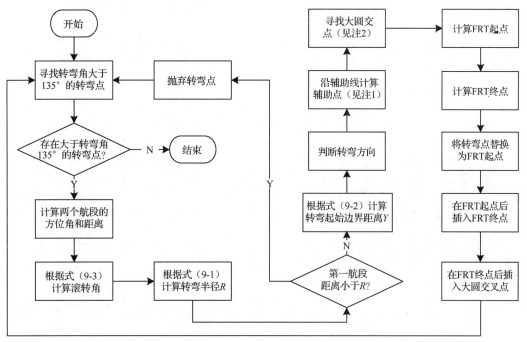

图 11-16　转弯角大于 135°的旁切转弯处理流程

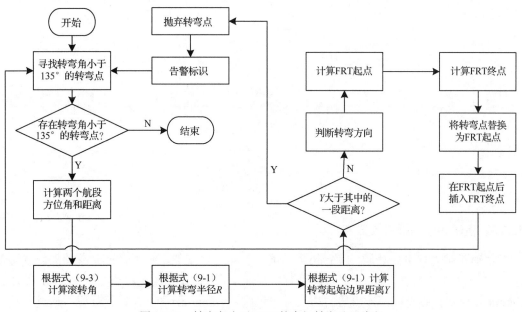

图 11-17　转弯角小于 135°的旁切转弯处理流程

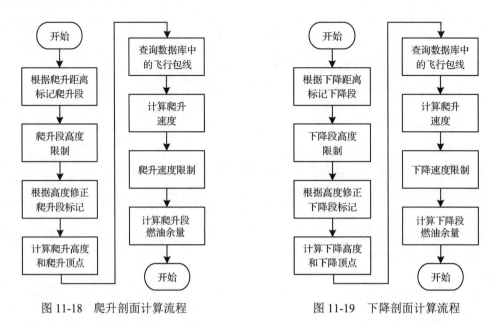

图 11-18　爬升剖面计算流程　　　　　　　图 11-19　下降剖面计算流程

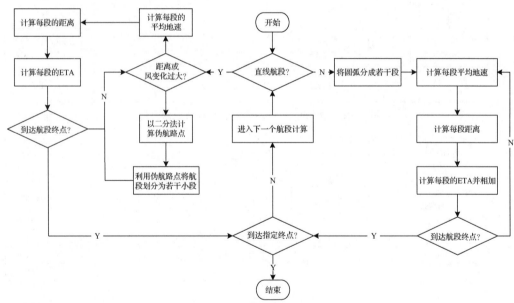

图 11-20　ETA 计算流程

11.5.3　精确四维飞行引导任务

精确四维飞行引导功能、飞行仿真功能、状态估计功能、推力管理系统功能、状态显示与告警功能和数据采集功能同步进行，因此，将精确四维飞行引导功能模块设计为 Simulink 模块，并将外部接口层的功能模块集成到 Simulink 中。在运行过程中通过导航与飞机状态功能模块获取估计的飞机位置和状态，检查飞行计划功能模块数据版本号，利用飞行计划功能模块接口读取最新版本的参考航迹，进行 9.8 节和 9.9 节所述的计算。在转换航段进行航段排序时，利用飞行计划功能模块接口对已执行的飞行计划航路点、未执行的飞行计划航路点、已执行的参考航迹航段和未执行的参考航迹航段进行更新，同时更新飞行计划数据版本号。若需要触发航迹重规划，则可使用飞行计划功能模块接口把当前飞机位置创建为一个航路点，并把它插入第一飞行计划未执行的航路点链表头节点，创建前台 MATLAB 立即定时器，由该定时器中断启动后台四维航迹规划和预测任务。精确四维飞行引导任务与各个功能模块的交互如图 11-21 所示。

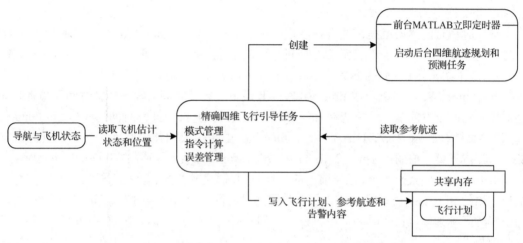

图 11-21　精确四维飞行引导任务与各个功能模块的交互

另外，考虑到精确四维飞行引导任务的准实时性，能够引导准实时的飞行仿真，需要使用一种方便经济的方法解决 MATLAB/Simulink 的准实时仿真问题。

传统的 MATLAB/Simulink 实时仿真系统需借助 xPC 环境，以上、下位机的形式进行，不便于扩展，并且在实时仿真过程中，上位机长时间处于空闲状态，造成硬件资源的极度浪费。为解决这些问题，本书给出了一种基于 Simulink 的准实时仿真方法，该方法在方便系统扩展的同时节省了硬件资源。基于 MATLAB/Simulink 的基于四维航迹运行的大型客机飞行引导技术仿真验证系统需要捕获外部事件触发时间并调用相应回调函数，以响应外部事件，以及实现与其他功能模块同步仿真。

1. 基于 Simulink 的准实时仿真方法

基于 Simulink 的准实时仿真方法借鉴数字电路设计中利用时钟比较法（Clock Comparator，CC）实现数字延迟锁相环（Delay-Locked Loop，DLL）的思想，即通过比较内外时钟的长短，对每周期的延迟时间进行补偿，最终使内外时钟趋于同步。这种方法既不需要借助其他实时内核，也不需要烦琐的硬件匹配和软件设置，便于不同研发人员理解、使用和扩展。

在不采用类似 xPC 环境的情况下，MATLAB/Simulink 仍需在多任务操作系统中运行。由于多任务操作系统难以精确定时，因此，Simulink 仿真时间和物理世界的实际时间存在差异。准实时仿真方法就是通过合适的时间处理机制，使模型的仿真时间和物理世界的实际时间相逼近。

通常情况下，将物理世界的实际时间称为挂钟时间。挂钟时间是从计算机进程开始到结束所花费的实际时间，包括进程的就绪、阻塞和运行所需的全部实际时间，挂钟时间是由计算机的实时时钟（Real Time Clock，RTC）测量的。

Simulink 仿真时间仅仅是 Simulink 时钟的计时单元数，其值仅与仿真步长、仿真拍数和 Simulink 模型的调度方式有关。

准实时仿真的本质就是在通过提高代码运行效率，保证 Simulink 时钟计时快于 RTC 计时且定步长仿真的前提下放慢仿真时间，使其逼近挂钟时间。通过 Level-2 MATLAB file S-function 中结构体 block 的参数 CurrentTime，可以获取 Simulink 仿真时间，通过 MATLAB 函数 toc（timerVal），可以获取 timerVal 时间基线下的挂钟时间。确定挂钟时间和仿真时间还需要确定两个时间基线，即挂钟时间基线和仿真时间基线。挂钟时间基线即 Simulink 仿真第一拍调用 Level-2 MATLAB file S-function 更新函数的挂钟时间，仿真时间基线即 Simulink 仿真第一拍调用 Level-2 MATLAB file S-function 更新函数的 Simulink 仿真时间。当 Simulink 运行到某一拍时，把当前拍的挂钟时间减去挂钟时间基线就得到当前挂钟时间，把当前拍的 Simulink 仿真时间减去仿真时间基线就得到当前仿真时间。Simulink 运行每拍的仿真时间称为单位仿真时间，单位仿真时间对应的挂钟时间称为单位挂钟时间。当前仿真时间与当前挂钟时间不匹配时，可以通过 MATLAB 函数 pause(n) 使正在运行的 MATLAB 程序暂停 n 秒。每运行一拍，就通过当前挂钟时间和当前仿真时间比较和等待，可以使单位仿真时间逼近单位挂钟时间，从而达到准实时仿真的目的。

设单位仿真时间为 t_s，单位挂钟时间为 t_w，以 ms 为单位；仿真时间基线为 $t_{s,b}$，挂钟时间基线为 $t_{w,b}$，当前 Simulink 仿真时间为 $t_{s,c}$，当前挂钟时间为 $t_{w,c}$，步长比 $k_{s,2w}$ 的计算公式为式（11-2），则等待时间 t_p 如式（11-3）所示。

$$k_{s,2w} = \frac{t_s}{t_w} \tag{11-2}$$

$$t_p = \frac{t_{s,c} - t_{s,b}}{k_{s,2w}} - (t_{w,c} - t_{w,b}) \tag{11-3}$$

Level-2 MATLAB file S-function 中的模型更新函数 Update 的伪代码如下，该函数被 Simulink 仿真中的每拍调用。

```
if 仿真第一拍
    获取当前挂钟时间作为 t_{w,b}
    获取当前运行仿真时间作为 t_{s,b}
else
    if k_{s,2w} 为+∞
```

```
        return
    end
    运用式（11-3）计算等待时间 t_p
    pause（t_p）
end
```

2. 基于 Simulink 的同步仿真方法

基于四维航迹运行的大型客机飞行引导技术仿真验证系统可以是一个由多台计算机构成的仿真网络，要想保证该仿真验证系统的正常运行，必须使不同计算机中 Simulink 的仿真时间基线在同一物理时刻确定。由于 Simulink 模型需要初始化，不同计算机模型初始化的物理耗时不同，不同模型初始化的物理耗时也不同，因此，需要先初始化 Simulink 模型，再通过用户数据报协议（UDP）发送开始仿真的信号，以实现同步运行。

基于 Simulink 的准实时和同步仿真工作过程如图 11-22 所示，以精确四维飞行引导仿真为例，其他基于 Simulink 仿真的功能模块同理。

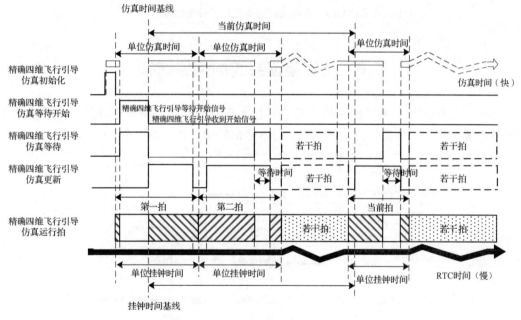

图 11-22　基于 Simulink 的准实时和同步仿真工作过程

11.5.4　飞行仿真任务

飞行仿真是精确四维飞行引导的对象，需要有独立运行的能力。考虑其他机载设备运行的实际情况，将飞行仿真功能模块、推力管理系统（TMS）功能模块、状态估计功能模块和 AFCS 功能模块设计成 MATLAB 应用程序，由其他计算机运行。执行飞行仿真任务的应用程序如图 11-23 所示。

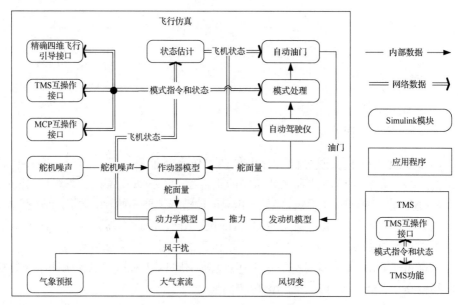

图 11-23 执行飞行仿真任务的应用程序

11.6 仿真验证系统的网络结构

基于四维航迹运行的大型客机飞行引导技术仿真验证系统将各个功能模块分解到不同设备中，利用用户数据报协议（UDP）进行数据传输，其网络结构如图 11-24 所示。

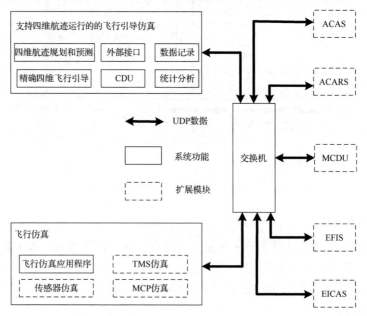

图 11-24 基于四维航迹运行的大型客机飞行引导技术仿真验证系统的网络结构

11.7　仿真验证系统的数据接口

基于四维航迹运行的大型客机飞行引导技术仿真接收与发送的数据分别如表 11-2 和表 11-3 所示。

表 11-2　基于四维航迹运行的大型客机飞行引导技术仿真接收的数据

序号	数据	来源
1	仿真时间、经度、纬度、真空速、真航向、地速、航迹角、垂直速率、风速、风向、航向角速率、气压高度、俯仰角、滚转角、推力、燃油余量、仿真开始标识	飞行仿真
2	四维航迹修订许可要求	ACARS
3	导航源、飞行计划操作、性能操作	MCDU
4	潜在冲突飞机的 ADS-B 信息	ACAS

表 11-3　基于四维航迹运行的大型客机飞行引导技术仿真发送的数据

序号	数据	去向
1	高度指令、垂直速率指令、地速指令、航向角指令、滚转角指令、侧偏距、航段标识、油门工作方式、推力指令值	飞行仿真
2	四维航迹修订许可请求	ACARS
3	飞行计划、性能预测、气象预报、飞机状态、告警信息	MCDU
4	激活的飞行计划、航迹预测、飞机位置和状态	EFIS
5	燃油量告警信息、状态告警信息、发动机告警信息	EICAS

本 章 小 结

首先，本章在分析基于四维航迹运行的大型客机飞行引导技术仿真验证系统功能需求的基础上，把该仿真验证系统的总体功能需求进行分解，梳理每个功能需求可能的操作或需要的子功能，搭建了基于四维航迹运行的大型客机飞行引导技术仿真验证系统功能架构。其次，结合飞机实际运行中的各部分功能的呈现方式以及 MATLAB/Simulink 运行环境，把基于四维航迹运行的大型客机飞行引导技术仿真验证系统的功能模块分配到不同任务中，设计了基于 MATLAB/Simulink 的基于四维航迹运行的大型客机飞行引导技术仿真验证系统的活动任务，其中包括数据模块的逻辑结构，以及 Simulink 的准实时和同步仿真方法。最后，把基于四维航迹运行的大型客机飞行引导技术仿真验证系统的各个功能模块分解到不同设备中，利用用户数据报协议（UDP）进行数据传输，并设计了其网络结构和数据接口。

第 12 章　FLS 进近引导技术仿真验证系统

为检验第 10 章所提算法的有效性，本章通过 FLS 进近引导技术仿真验证系统，对其进行综合验证。

12.1　功能需求分析及总体框架设计

FLS 进近引导技术仿真验证系统的功能需求分析是进行系统开发的前提。本节在功能需求分析的基础上，设计 FLS 进近引导技术仿真验证系统的总体框架，为仿真验证环境提供支撑。

1. 功能需求分析

FLS 进近引导技术仿真验证系统应能够对第 10 章所提算法的有效性进行检验。因此，该系统应具备以下 5 项功能。

（1）FLS 进近引导仿真场景设置功能。该功能用于仿真场景和初始化数据的设置，需要设置的信息包括五个方面：

① 飞机初始状态。

② 飞行计划。

③ 导航传感器误差特性。

④ 气象数据。

⑤ 着陆环境。

（2）导航传感器故障注入与完好性监控功能。该功能用于模拟导航传感器故障情况，并对导航传感器的完好性进行监控。模拟导航传感器发生故障时 FLS 进近能力的变化，进而调整和实施 FLS 进近的策略。

（3）自动飞行功能。执行 FLS 进近引导时，借助自动飞行功能，可以使飞机对航道和垂直航迹的跟踪更加准确，避免因飞行员操作不当导致飞行事故。自动飞行功能包括自动驾驶仪提供的基本控制模态及外环的飞行引导功能。

（4）FLS 进近引导功能。该功能是 FLS 进近引导技术仿真验证系统的核心，要求能够根据设置的仿真场景进行 FLS 进近能力判断、FLS 虚拟波束生成、FLS 波束偏差计算和 FLS 进近引导模式判断及逻辑转换，引导飞机飞到决断高度或建立目视进近。

（5）显示和数据分析功能。该功能为飞行员提供指引信息，保障进近时的安全性；数据分析功能用于仿真结果的统计分析，评估第 10 章所提算法的有效性。

2. 总体框架设计

FLS 进近引导技术仿真验证系统总体框架的设计采用模块化设计的思想。下面以某大型客机为研究对象，搭建 FLS 进近引导技术仿真验证系统的总体框架，如图 12-1 所示。

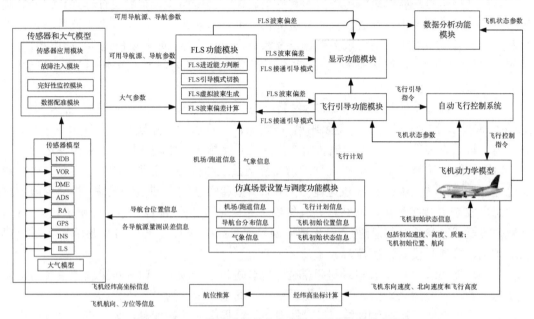

图 12-1　FLS 进近引导技术仿真验证系统的总体框架

FLS 进近引导技术仿真验证系统可划分为仿真场景设置与调度功能模块、飞机动力学模型、传感器和大气环境模型、飞行引导功能模块、自动飞行控制系统、FLS 功能模块、显示功能模块和数据分析功能模块。

仿真场景设置与调度功能模块是整个仿真系统运行的基础，需要设置的信息包括以下 5 项。

（1）飞机初始状态信息，包括飞机初始位置、初始速度、质量、航向等信息。

（2）飞行计划信息，包括航路点经纬高坐标、过点方式等信息。

（3）导航传感器误差特性数据，包括量测频率、误差分布强度和分布类型。

（4）风速、风向、温度等气象数据。

（5）着陆环境信息，包括导航台经纬高坐标、跑道方位、跑道入口点位置等信息。

飞机动力学模型是整个仿真系统运行的必要条件，该模型包括刚体动力学和运动学模型、舵机模型、发动机模型，以及根据平面直角坐标系和飞机状态参数（东向速度、北向速度、飞行高度）推算飞机经纬高坐标的航位推算模块等。飞机动力学模型根据仿真场景设置与调度功能模块设置的飞行计划信息和着陆环境信息，为导航传感器模型提供导航所需要的经纬高坐标、方位、姿态等信息。

大气模型采用 MATLAB 中自带的 ISA 模块，用来模拟飞行过程中大气环境的变化。

传感器模型包括民航飞机航路飞行和进场着陆阶段常用的导航传感器模型（如 VOR、DME、ADS、RA、INS、GPS 等）、传感器故障注入模块和传感器完好性监控模块，用于模拟在导航传感器出现故障后 FLS 进近能力的降级，进而调整和实施 FLS 进近的策略。

利用飞行引导功能模块，可根据仿真场景设置和调度模块设置的飞行计划和进场着陆场景进行飞行计划解析，生成垂直参考航迹和水平参考航迹。然后结合飞机位置与姿态信息和 FLS 波束偏差信息，生成水平引导指令和垂直引导指令，如期望航迹角、期望滚转角、期望高度/垂直速率、期望地速等。自动飞行控制系统接收引导指令，驱动油门或舵机偏转，引导飞机跟踪预定的航迹。

自动飞行控制系统包括俯仰姿态、滚转姿态、航向预选/保持、垂直速率预选、高度预选/保持等基本控制律和自动油门控制律，接收来自飞行引导功能模块的引导指令。然后结合当前飞机状态参数，计算舵面偏转指令及油门开度指令，驱动飞机动力学模型运行。

FLS 功能模块是 FLS 进近引导技术仿真验证系统的核心，主要完成以下任务：根据导航源完好性监控结果进行 FLS 进近能力判断，调整和实施 FLS 进近的策略；根据导航数据库信息生成 FLS 虚拟波束后，结合大气参数（主要为温度）、地球参数（曲率半径）、导航参数、飞机状态参数等信息进行 FLS 波束偏差计算；根据 FLS 波束偏差进行 FLS 进近模式的预位、接通和模式转换等。

显示功能模块用于显示 FLS 进近能力、FLS 进近引导模式、FLS 波束偏差及飞机的重要状态参数，如经纬高坐标、航向、指示空速、真空速等，为机组提供指引信息。

数据分析功能模块在仿真结束后，根据飞行过程中的关键信息，如飞机飞行过程中的侧偏距变化情况、水平剖面、垂直剖面、滚转角速率、过载等，对引导效果进行评估。

12.2 建模需求分析

FLS 进近仿真场景建模是对开展 FLS 进近引导仿真验证所需模型的数学描述，是进行 FLS 进近引导技术仿真验证环境开发和仿真功能验证的基础。下面以某大型客机为对象，建立非线性六自由度模型、自动飞行控制系统模型、风场模型、传感器模型和机场环境模型。

12.2.1 所需模型概述

为进行 FLS 进近引导技术仿真验证系统开发，需建立飞机非线性六自由度模型、自动飞行控制系统模型、风场模型、传感器模型及机场环境模型，各个模型之间的信息交互如图 12-2 所示。

FLS 进近引导功能模块包括引导模式判断及转换逻辑、参考路径构建、引导参数计算、引导指令生成等部分内容。本节重点对 FLS 进近引导过程中所需的基本模型进行说明。

飞机动力学模型描述在气动力、气动力矩、发动机推力、大气扰动和导航传感器误差作用下飞机姿态与位置的变化，为 FLS 进近引导技术仿真验证提供支撑。要求所建立的飞机动力学模型能体现出因外界环境（风）变化而引起的飞机气动力、气动力矩的变化；为更加准确地体现着陆过程，飞机质量应包含飞机空重和载油量，而且飞机的质量需要随着着陆距离和发动机工作状态的变化而变化，飞机的质量特性（转动惯量和惯性积）也需要发生变化。此外，飞机动力学模型中力和力矩的描述涉及气流坐标系、地面坐标系、机体坐标系等坐标系；由于飞机的位置信息、风速信息等是在不同坐标系下描述的，因此，除了建立相应的坐标系，还需通过坐标变换将各种信息统一起来。

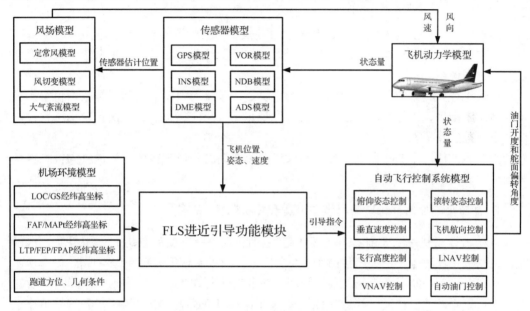

图 12-2　各个模型之间的信息交互

　　自动飞行控制系统模型是执行引导指令、实现进近引导的执行机构，其重点表现在自动飞行控制律的设计及实现，以及自动飞行控制系统模式调度与转换逻辑两个方面。一般而言，自动飞行控制系统包含俯仰姿态控制、垂直速率控制、飞行高度控制、滚转姿态控制、飞机航向控制、LNAV/VNAV 控制、自动油门控制等飞行控制律。

　　风扰动是飞机进场着陆最主要的扰动源，主要包括定常风、风切变和大气紊流，各种风产生的原因和作用效果互不相同，但是都会引起飞机气动力和气动力矩的变化，从而导致飞机的姿态和位置变化。

　　传感器量测误差是飞机着陆过程中的另一扰动源，飞机的状态位置信息通过传感器的量测产生，但传感器不可避免地带有误差，从而影响着陆轨迹跟踪精度。导航传感器的完好性监控结果决定了 FLS 进近能力，对实施 FLS 进近引导有着至关重要的作用。

　　机场环境模型包括机场跑道的几何条件和着陆关键定位点信息，几何条件主要指跑道的长、宽和跑道方位信息，为飞机着陆提供侧偏限制、滑跑距离限制和方位限制；着陆关键定位点包括 LOC 经纬高坐标、GS 经纬高坐标、FAF 经纬高坐标、MAPt 经纬高坐标、LTP 经纬高坐标、FEP 经纬高坐标、FPAP 经纬高坐标信息等，LOC 和 GS 是仪表着陆系统的地面安装设备，FAF 是最后进近定位点，用于指示飞机对正下滑轨迹；MAPt 是复飞定位点，是保证飞机着陆安全的关键定位点，若飞机在该点还未建立稳定进近，则应考虑复飞；LTP 是跑道入口点，需要根据 MAPt 相对于跑道入口点的位置关系，构建 FLS 最后进近段参考路径；FEP 为最后终止点，是用于构建 FLS 最后进近段参考路径的参考点；FPAP 为飞行航迹对正点，用于确定最后进近段的对正位置和飞机相对于 FLS 波束偏差的计算。

12.2.2 自动飞行控制系统模型

由于自动飞行控制系统仅为 FLS 进近引导技术仿真验证的一个辅助模块，并且在 7.4.2 节已经对自动飞行控制律进行了介绍。因此，本节仅针对自动飞行控制系统模式调度与转换逻辑进行说明。

自动飞行控制系统的调度和模式逻辑模块是该系统的中枢，其功能是根据机组人员设定的 MCP 指令、飞行管理系统（FMS）指令和飞机当前状态信息，决定自动飞行控制系统处于何种控制模态。

为阐述方便，本书将自动飞行控制系统的模态调度和逻辑转换分为横侧向模态转换与纵向模态转换两部分。

1. 自动飞行控制系统横侧向模态调度和转换逻辑

自动飞行控制系统（AFCS）的横侧向包括航向保持、航向预选、近距导航、水平导航、自动进场和改为平飞（简称改平）6 个模态，其模态调度和转换逻辑如图 12-3 所示。

在自动飞行控制系统接通之前，要对飞机状态进行调整，使之进入一个相对平稳的状态，然后该系统才能接通。接通条件根据飞机的俯仰角速率、滚转角速率和偏航角速率、滚转姿态、俯仰角和法向加速度等进行判断，当飞机满足自动飞行控制系统接通条件时，该系统可以接通。

如果飞行控制系统接通，那么默认的横侧向模态为航向保持模态。若飞行员不对自动飞行控制系统的 MCP 横侧向模态设定进行更改，则飞机保持当前航向飞行。

若把 MCP 横侧向模态设定为航向预选模态，则自动飞行控制系统按照航向预选控制律计算横滚指令，以协调转弯的方式，控制飞机以最小的角度自动转弯到预选的航向上；当飞机的当前航向角和预选航向角之差小于某个航向截获设定值（如 5°）时，飞机自动进入航向保持模式。

若把 MCP 横侧向模态设定为近距导航模态，则自动飞行控制系统按照航向预选控制律计算横滚指令。在近距导航模态下，自动飞行控制系统需要根据飞行管理系统选定的导航台方位、航道波束偏离值、航迹误差、自动驾驶仪所选坡度限制、飞机当前航向等信息计算截获路径和截获点；当飞机到达截获点后，飞机跟踪并保持所选航道直到 VOR 信号消失或 DME 导航台的距离大于设定值。

若把 MCP 横侧向模态设定为水平导航（LNAV）模态，则自动飞行控制系统按照水平导航控制律计算横滚指令。水平导航控制律根据飞行管理计算机计算得到的侧偏距和航迹方位角误差计算横滚指令，并将指令输送到飞行指引仪和自动驾驶仪。

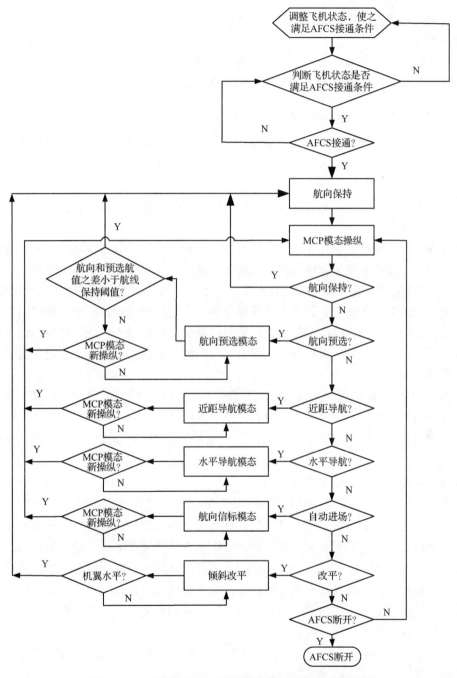

图 12-3　自动飞行控制系统横侧向模态调度和转换逻辑

　　若把 MCP 横侧向模态设定为自动进场模态，则自动飞行控制系统按照自动进场的航向信标控制律计算横滚指令。自动飞行控制系统控制飞机截获并跟踪 LOC 航向信标，根据 LOC 航向波束误差、自动驾驶仪所选坡度限制、飞机当前航向等信息计算截获路径和截获点；当飞机到达截获点后，飞机跟踪并保持所选航向信标信号，直到飞机到达决断高度或触发复飞指令为止。

若把 MCP 横侧向模态设定为改平模态，则按照滚转姿态控制律计算飞机从斜飞变到平飞的指令，使飞机机翼保持水平。当飞机机翼保持水平后，飞机进入航向保持模式。

2. 自动飞行控制系统纵向模态调度和转换逻辑

自动飞行控制系统的纵向包括高度保持、高度预选、垂直速率、垂直导航、高度层改变、空速保持、自动进场和改平 8 个模态，其模态调度和转换逻辑如图 12-4 所示。

当自动飞行控制系统接通条件满足时，该系统就可以接通。接通时，纵向模态默认为高度保持模态。若飞行员不对自动飞行控制系统的 MCP 纵向模态设定进行更改，则飞机保持当前高度飞行。

若把 MCP 纵向模态设定为高度预选模态，则自动飞行控制系统按照高度预选控制律计算俯仰指令，以控制飞机俯仰姿态。同时，计算油门控制指令，使飞机爬升或下降。当飞机的飞行高度接近 MCP 设定高度且高度差小于某一值时，飞机自动进入高度保持模态。

若把 MCP 纵向模态设定为垂直速率预选模态，则自动飞行控制系统按照垂直预选控制律计算俯仰指令，控制飞机俯仰姿态，同时计算油门控制指令，使飞机按预选垂直速率爬升或下降；飞机飞行高度接近 MCP 设定高度且两者高度差小于某一值时，飞机自动进入高度保持模态。

若把 MCP 纵向模态设定为高度层改变模态，则自动飞行控制系统按照 MCP 设定的指示空速计算俯仰指令，控制升降舵保持设定空速，同时计算油门控制指令或由飞行员操纵油门杆，使飞机按预选速度爬升或下降；当飞机飞行高度接近 MCP 设定高度且高度差小于某一值时，飞机自动进入高度保持模态；或者当飞行员将油门拨到巡航位置时，飞机自动进入高度保持模态，保持当前飞行高度。

若把 MCP 纵向模态设定为垂直导航（VNAV）模态，则自动飞行控制系统按照飞行管理系统给出的垂直参数（推力管理计算机目标高度、推力管理计算机目标速度）控制飞机升降。一般情况下，垂直导航有两种工作方式：垂直导航速度方式（VNAV SPD）和垂直导航轨迹（VNAV PTH）方式。当飞机在向推力管理计算机目标高度爬升时，垂直导航速度控制升降舵保持推力管理计算机目标速度；当飞机截获目标高度后，则垂直导航速度转变为垂直导航轨迹方式，飞机保持推力管理计算机目标高度飞行。当飞机下降时，垂直导航通常工作在垂直导航轨迹方式。

若把 MCP 纵向模态设定为空速保持模态，自动飞行控制系统按照 MCP 设定的指示空速计算俯仰指令，控制升降舵保持设定空速。

若把 MCP 纵向模态设定为自动进场模态，则自动飞行控制系统按照自动进场的 GS 下滑控制律计算俯仰指令。自动飞行控制系统控制飞机截获并跟踪 GS 下滑波束，根据 GS 波束偏差、飞机高度和地速等信息计算俯仰指令，引导飞机沿 GS 下滑波束下降，直到飞机到达决断高度或触发复飞指令为止。

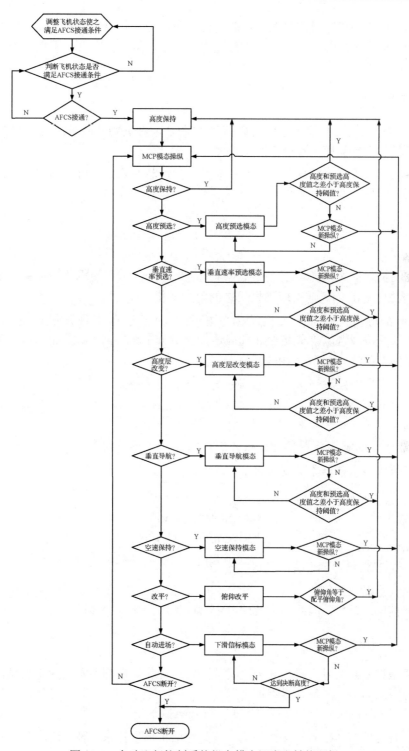

图 12-4　自动飞行控制系统纵向模态调度和转换逻辑

若把 MCP 纵向模态设定为改平模态，则按照俯仰控制律计算俯仰改平指令，使飞机俯仰角达到当前配平俯仰角。当飞机垂直速率小于某一值时，飞机进入高度保持模态，保持当飞行高度。

12.2.3　风场模型

大气扰动是飞机飞行过程中的主要扰动源之一，对进场着陆阶段的航迹控制影响显著，降低飞机的飞行品质，甚至危及飞行安全。

大气扰动改变了飞机的真空速、迎角及侧滑角，从而改变飞机受到的气动力。这种附加气动力的影响可以通过状态量 V、α、β 的等价改变表示，即

$$\begin{cases} \Delta V_\mathrm{w} = -u_\mathrm{w} \\ \Delta \beta_\mathrm{w} = -v_\mathrm{w} / V \\ \Delta \alpha_\mathrm{w} = -w_\mathrm{w} / V \end{cases} \tag{12-1}$$

式中，V 为飞机未受大气扰动之前的真空速；u_w、v_w、w_w 为风沿机体坐标系 3 个方向的速度；ΔV_w、$\Delta \alpha_\mathrm{w}$、$\Delta \beta_\mathrm{w}$ 为风速引起飞机状态的附加变化。

建立包含大气扰动下的飞机动力学模型，相当于在常规飞机运动方程中加入 ΔV_w、$\Delta \alpha_\mathrm{w}$、$\Delta \beta_\mathrm{w}$ 的影响，即先把空速和风速按矢量关系在机体坐标系下进行叠加，再进行大气干扰下的 V、α、β 计算，相关计算公式为

$$\begin{cases} u_\mathrm{T} = u - u_\mathrm{w} \\ v_\mathrm{T} = v - v_\mathrm{w} \\ w_\mathrm{T} = w - w_\mathrm{w} \end{cases} \tag{12-2}$$

式中，u、v、w 为无风情况下空速在机体坐标系 3 个方向的速度分量；u_T、v_T、w_T 为有风情况下空速在机体坐标系 3 个方向的速度分量。

$$\begin{cases} V = \sqrt{u_\mathrm{T}^2 + v_\mathrm{T}^2 + w_\mathrm{T}^2} \\ \alpha = \arctan(w_\mathrm{T} / u_\mathrm{T}) \\ \beta = \arcsin(v_\mathrm{T} / V) \end{cases} \tag{12-3}$$

式中，V、α、β 为包含风干扰的飞机状态信息。

典型大气扰动类型包括定常风、风切变和大气紊流，7.4.3 节已经介绍了用于模拟大气紊流的德莱顿风场模型。因此，本节仅对定常风和风切变进行建模。

1. 定常风模型

定常风是指在某个时间段和某个空间范围内风向和风速都不发生变化的风，即风速矢量与时间和空间无关。其数学模型可表示为

$$V_\mathrm{w} = \mathrm{Const} \tag{12-4}$$

此时，若飞机的飞行姿态保持不变，则风速沿机体坐标系三轴的速度分量的变化率均为 0，即

$$\dot{u}_w = \dot{v}_w = \dot{w}_w = 0 \tag{12-5}$$

式中，$\dot{u}_w$ 为风速沿机体坐标系 OX 轴的速度分量变化率；$\dot{v}_w$ 为风速沿机体坐标系 OY 轴的速度分量变化率；$\dot{w}_w$ 为风速沿机体坐标系 OZ 轴的速度分量变化率。

2. 风切变模型

风切变是指风向、风速在水平或垂直方向上突然变化的风。在航空气象学中，把出现在 600m 以下空气层中的风切变称为低空风切变。

风切变对飞机的飞行安全尤其是进近着陆阶段有着不可忽视的影响。若飞机在进近着陆阶段遭遇逆风切变，则飞机指示空速迅速增大，升力明显增加，飞机被突然抬升而脱离正常下滑道，这种情况还不算可怕；若飞机遭遇顺风切变，指示空速会大幅度降低，升力明显减小，飞机飞行高度下降。若此时飞机高度较低，则可能会出现撞地风险。因而，进近着陆阶段一定要考虑风切变的影响。

采用 GJB 2191—1994《有人驾驶飞机飞行控制系统通用规范》中定义的风切变模型，其风切变幅值计算方法为

$$V_w = 0.46 \cdot U \cdot \lg(Z) + 0.64 \cdot U \tag{12-6}$$

式中，V_w 为 $Z\,m$ 高度处的风速，单位为 m/s；U 为 6m 高度处的风速，单位为 m/s；Z 为离机场地面的高度，单位为 m。

12.2.4　机场环境模型

机场环境模型包括机场跑道的几何条件和关键定位点信息。几何条件包括跑道长度及宽度、机场标高及跑道方位；关键定位点信息由导航数据库提供，包括错失进近点（MAPt）、最后进近定位点（FAF）、飞行航迹对正点（FPAP）、仪表着陆系统航向信标台（Localizer，LOC）、仪表着陆系统下滑信标台（Glide Slope，GS）及仪表着陆系统指点信标台（Marker Beacon，MB）等。

参考国内机场条件配置情况，本章建立的机场环境模型示意如图 12-5 所示。该模型既可以作为 FLS 进近引导技术典型测试场景，也可用于 ILS 的精密进近测试场景，具有通用性。机场环境模型参数如表 12-1 所示。

表 12-1　机场环境模型参数

序号	机场环境模型信息	参数说明
1	跑道	长度为 $s_1\,m$，宽度为 $b_1\,m$
2	仪表着陆系统航向信标台 LOC	位于跑道中线延长线上，距离跑道终点 $s_2\,m$
3	仪表着陆系统下滑信标台 GS	靠近跑道入口，距离跑道入口 $s_3\,m$，距跑道中线 $b_2\,m$
4	仪表着陆系统内指点信标台	位于跑道中线延长线上，距离跑道入口 $s_5\,m$
5	仪表着陆系统中指点信标台	位于跑道中线延长线上，距离跑道入口 $s_6\,m$
6	仪表着陆系统外指点信标台	位于跑道中线延长线上，距离跑道入口 $s_7\,m$
7	理想着陆点	下滑信标台 GS 在跑道中线上的投影，即 ILS 引导信号与跑道平面的交点

序号	机场环境模型信息	参数说明
8	最终进近定位点（FAF）	位于 ILS 产生的角度为 3° 的引导路径上，距跑道平面 h_1 m，距离理想着陆点 $(s_3 + s_9)$ m
9	错失进近点（MAPt）	位于 ILS 产生的角度为 3° 的引导路径上，距跑道平面 h_2 m，距离理想着陆点 $(s_3 + s_8)$ m
10	飞行航迹对正点（FPAP）	位于跑到中线延长线上，距离仪表着陆系统航向信标台 LOC 的长度为 s_{10} m

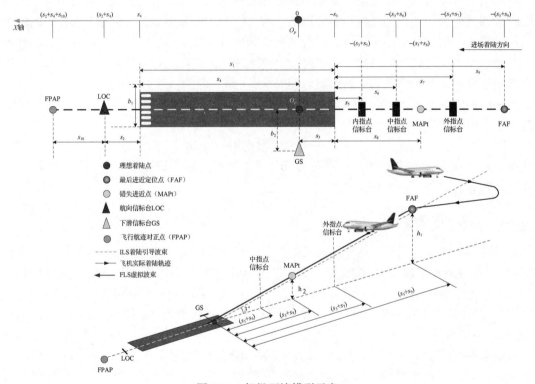

图 12-5　机场环境模型示意

12.3　显示界面设计

参考当前先进民航飞机如空中客车 A380、波音 737 等，把 FLS 进近引导技术仿真验证系统的显示界面拆分为主飞行显示器（PFD）、导航显示器（ND）和垂直显示器（Vertical Display，VD）。

由于本章研究内容为 FLS 进近引导技术仿真验证，并非显示仪表的开发。因此，本章在设计显示界面时，重点显示按照 FLS 功能执行非精密进近过程时的信息。

所设计的 FLS 进近引导技术仿真验证系统主飞行显示器的显示界面如图 12-6 所示。

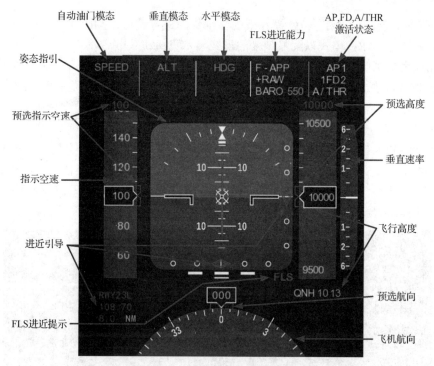

图 12-6　主飞行显示器的显示界面

所设计的 FLS 进近引导技术仿真验证系统导航显示器在 ARC 模式下的显示界面如图 12-7 所示。

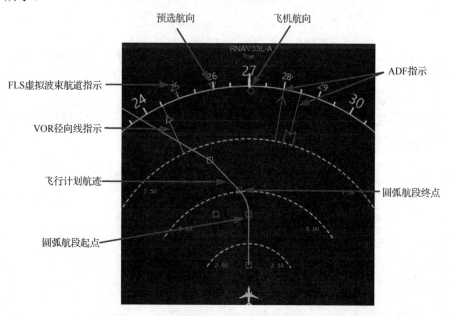

图 12-7　导航显示器在 ARC 模式下的显示界面

本书仅对导航显示器在 ARC 模式下的显示界面进行设计，ARC 模式即以飞机为显示中心的显示方式。ARC 模式以圆弧刻度的形式显示飞机机头前方水平-40°～40°范围的信息。其中，最大的圆弧半径需要设置，向内的各个虚线圆弧半径分别为最大圆弧半径的 3/4、1/2、1/4，同时在左右两侧显示具体的数值。该模式下导航显示器会显示飞机的当前航向、当前航迹、预选航向、VOR 导航台相对于飞机的当前方位角，自动定向仪（ADF）指示的方位等信息。

所设计的 FLS 进近引导技术仿真验证系统垂直显示器的显示界面如图 12-8 所示。不同于 ILS 进近，FLS 进近的垂直偏离是以气压高度为基准的。在低温情况下，气压高度与真实高度相差很大，因此，在 FLS 功能下，在最后进近段垂直显示器会显示修正前后的两条航迹，当 F-GS 截获后，这两条航迹重合。

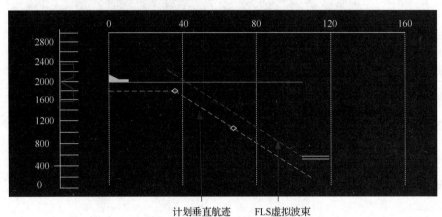

图 12-8　垂直显示器的显示界面

对主飞行显示器、导航显示器和垂直显示器等虚拟仪表采用 GL Studio 进行开发，对 12.2 节所述的基本模型在 MATLAB/Simulink 环境下开发。在不同软件环境下，采用共享内存的方式进行数据传输。

基于 MATLAB/Simulink 开发的基本模型和基于 GL Studio 开发的虚拟仪表显示界面之间传输的数据如表 12-2 所示。

表 12-2　基于 MATLAB/Simulink 开发的基本模型和基于 GL Studio
开发的虚拟仪表显示界面之间传输的数据

序号	变量名	数据类型	单位	含义
1	H_g	double	m	预选高度
2	IAS_g	double	m/s	预选指示空速
3	Heading_g	double	°	预选航向
4	Plane_H	double	m	飞行高度
5	Plane_IAS	double	m/s	指示空速
6	Plane_Heading	double	°	飞机航向

续表

序号	变量名	数据类型	单位	含义
7	Plane_theta	double	°	俯仰角
8	Plane_phi	double	°	滚转角
9	Plane_VS	double	m/s	垂直速率
10	Plane_lati	double	°	飞机当前位置的纬度
11	Plane_longi	double	°	飞机当前位置的经度
12	Anchor_Height	double	m	锚点高度
13	Anchor_lati	double	°	锚点纬度
14	Anchor_longi	double	°	锚点经度
15	FLS_Slope	double	°	FLS 虚拟波束梯度
16	FLS_Course	double	°	FLS 虚拟波束航道
17	FLS_Capability	int	—	FLS 进近能力，2 表示 F-APP，1 表示 F-APP+RAW，0 表示 RAW ONLY
18	FLS_Dlat	double	m	飞机相对于 FLS 虚拟波束的水平距离误差
19	FLS_Alat	double	°	飞机相对于 FLS 虚拟波束的水平角度误差
20	FLS_DDMlat	double	—	飞机相对于 FLS 虚拟波束的水平 DDM
21	FLS_Dver	double	m	飞机相对于 FLS 虚拟波束的垂直距离误差
22	FLS_Aver	double	°	飞机相对于 FLS 虚拟波束的垂直角度误差
23	FLS_DDMver	double	—	飞机相对于 FLS 虚拟波束的垂直 DDM
24	FLS_LOC_Star	int	—	F-LOC*模式标志，0 表示断开，1 表示预位，2 表示接通
25	FLS_GS_Star	int	—	F-GS*模式标志，0 表示断开，1 表示预位，2 表示接通
26	FLS_LOC	int	—	F-LOC 模式标志，0 表示断开，1 表示预位，2 表示截获，3 表示接通
27	FLS_GS	int	—	F-GS 模式标志，0 表示断开，1 表示预位，2 表示截获，3 表示接通
28	FlightPoint_lati	double	°	航路点纬度
29	FlightPoint_longi	double	°	航路点经度
30	FlightPoint_Height	double	m	航路点高度

12.4　基于蒙特卡洛模型的 FLS 进近引导技术仿真验证

尽管空中客车 A380 等先进客机已配备 FLS 功能，但仅用于给飞行员提供参考信息，并未在国内施行，相关标准文件中也未给出 FLS 进近引导的测试方法和评价指标。

考虑到 FLS 功能能够为机组提供类似 ILS 的座舱指引，并且既能够提供水平引导信息又能够提供垂直引导信息。FLS 和 ILS 具有极大的相似性，并且 FLS 进近引导技术是民航领域的新技术，它的实施必须满足民航有关适航规定。中国民用航空局发布的咨询通告《航空器运营人全天候运行要求》（AC-91-FS-2012-16）中要求利用蒙特卡洛模型进行仿真，对

Ⅲ级着陆系统的性能进行评估。因此，利用蒙特卡洛模型进行仿真，对前文提出的 FLS 进近引导技术的引导效果进行评估。

12.4.1 FLS 进近引导效果评估流程

AC-91-FS-2012-16 文件中指出，由于传感器误差和风干扰等不确定因素的存在，飞机自动着陆精度受到影响，因此，在利用蒙特卡洛模型进行仿真，对 FLS 进近引导技术的引导效果进行评估时，需要考虑到导航传感器误差和风干扰造成的随机扰动。为此，本书给出基于蒙特卡洛模型的 FLS 进近引导技术的引导效果评估流程如图 12-9 所示。

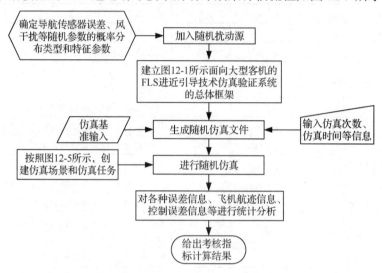

图 12-9　基于蒙特卡洛模型的 FLS 进近引导技术的引导效果评估流程

12.4.2 FLS 进近引导效果评估指标

目前，国内并无相关标准文件给出 FLS 进近引导技术的引导效果的评估指标。本书通过研究中华人民共和国军用标准《有人驾驶飞机飞行控制系统通用规范》（GJB 2191—1994）、中国民用航空局咨询通告《航空器运营人全天候运行要求》（AC 91-FS-2012-16）、美国联邦航空管理局咨询通告起飞、着陆和滑跑阶段要求的Ⅲ级天气最低标准 *CRITERIA FOR APPROVAL OF CATEGORY III WEATHER MINIMA FOR TAKEOFF, LANDING, AND ROLLOUT*（FAA-AC-120-28D）和国际民用航空组织发布的 Annex 10 等有关标准文献，把 FLS 进近引导技术的引导效果评估指标归纳为误差指标和飞机参数指标。

误差指标包括水平距离误差、水平角度误差、水平 DDM、垂直距离误差、垂直角度误差和垂直 DDM，飞机参数指标主要包括飞机滚转角速率、进近引导过程中的侧向过载和法向过载，这些参数由飞机动力学模块计算得到。

FAA-AC-120-28D 文件中给出的不同着陆等级下最后进近段的所需导航性能（RNP）要求如表 12-3 所示。

表 12-3　不同着陆等级下最后进近段的所需导航性能要求

着陆等级	RNP 类型	正常性能（位于95%置信区间）	最大允许值
支持I类进近标准（高于200ft）	RNP-0.03	±0.03 nmile	±0.06 n mile
支持II类进近标准（高于100ft）	RNP-0.01	±0.03 nmile	±0.06 n mile
支持III级进近标准	RNP-0.003	±0.003 n mile	±0.006 n mile

RTCA-DO-236B 文件将系统总误差（TSE）分为航迹定义误差（Path Definition Error，PDE）、飞行技术误差（Flight Technical Error，FTE）和导航系统误差（Navigation System Error，NSE），在忽略航迹定义误差的基础上，将系统总误差分配到飞行技术误差和导航系统误差上。其中，导航系统误差为 $0.6\,\mathrm{RNP}-x$，飞行技术误差为 $0.8\,\mathrm{RNP}-x$。由此可计算得到满足III级的飞行技术误差，即4.4448m。

GJB 2191—1994 标准中要求在高于跑道90m的进场航迹上，飞机的2σ位置应当保持在与航向信标波束中心线偏差-0.47°～0.47°的范围内；在高出跑道 30～90m 的决断高度的进场航迹上，飞机的2σ位置应当保持在与航向信标波束中心线偏差-0.33°～0.33°的范围内。在下滑信标台基准以上 30～210m 的高度上，飞机的2σ位置应当保持在与下滑信标波束中心线偏差-0.16°～0.16°的范围内或保持在与该波束中心偏差-3.7～3.7m 的范围内。

MH/T 4006.1—1998《航空无线电导航设备第 1 部分：仪表着陆系统（ILS）技术要求》中指出，ILS 信号的角度误差与 DDM 呈线性关系，并且满足 2°的航向道偏差角对应的水平 DDM 满偏值为 0.155；0.7°的下滑道偏差角对应的垂直 DDM 满偏值为 0.175。由此可计算出 DDM 的限制值：水平 DDM 不超过 0.0256，垂直 DDM 不超过 0.04。

用于评估 FLS 进近引导技术的引导效果的误差指标如表 12-4 所示。

表 12-4　用于评估 FLS 进近引导技术的引导效果的误差指标

误差信息	符号表示	指标要求
水平距离误差	D_{lat}	不考虑导航传感器误差时，要求水平距离误差小于 4.4448m；在导航传感器误差和风干扰条件下利用蒙特卡洛模型进行仿真时，要求水平距离误差小于 5.5560m
水平角度误差	α_{lat}	水平角度误差应保持在-0.33°～0.33°的范围内
水平 DDM	$\mathrm{DDM}_{\mathrm{lat}}$	水平 DDM 应保持在-0.0256～0.0256 的范围内
垂直距离误差	D_{ver}	垂直距离误差应保持在 3.7-～3.7m 的范围内
垂直角度误差	α_{ver}	垂直角度误差应保持在-0.16°～0.16°的范围内
垂直 DDM	$\mathrm{DDM}_{\mathrm{ver}}$	垂直 DDM 应保持在-0.04～0.04 的范围内

本书的研究对象为大型客机，其机动性较弱，参考 GJB 185—1986、GJB 2191—1994 标准中对"轰运"类飞机提出的性能要求。用于评估 FLS 进近引导技术的引导效果的飞机参数指标如表 12-5 所示。

表 12-5　用于评估 FLS 进近引导技术的引导效果的飞机参数指标

飞机参数	指标要求
滚转角速率	滚转角速率不超过 10°/s
侧向过载	侧向过载在-0.1～0.1 之间
法向过载	法向过载在-0.2～0.2 之间

12.4.3　FLS 进近引导技术仿真场景及参数设置

本书采用图 12-5 所示的机场环境模型进行 FLS 进近引导技术仿真验证，飞机进场过程中的关键参数如表 12-6 所示。

利用蒙特卡洛模型进行随机仿真时，需要确定的扰动参数包括导航传感器误差和风干扰的概率分布类型和概率分布参数。导航传感器误差信息在 7.3.1 节已经给出，此处不再赘述。中国民用航空局咨询通告《航空器运营人全天候运行要求》（AC91-FS-2012-16）要求，在最后进近段进行无风、风速为 10 节的侧风、风速为 20 节的逆风和风速为 10 节的顺风条件下的测试。因此，本书可将风干扰描述为风向服从[0,360°]的均匀分布变量，风速为服从[0,20 节]的均匀分布变量。

表 12-6　飞机进场过程中的关键参数

序号	数据	具体参数
1	初始进近定位点（IAF）位置	（108.2019°,33.7293°,500m）
2	中间进近定位点（IF）位置	（108.0873°,33.6341°,500m）
3	最后进近定位点（FAF）位置	（108.2000°,33.6000°,500m）
4	错失进近点（MAPt）位置	（108.2870°,33.5736°,100m）
5	着陆入口点（LTP）位置	（108.2870°,33.5736°,0m）
6	最后终止点（FEP）位置	（108.2870°,33.5736°,50m）
7	飞行航迹对正点（FPAP）位置	（108.3002°,33.5696°,0m）
8	跑道方位	110°
9	机场温度	-20℃
10	跑道入口穿越高（TCH）	50m
11	飞行航迹角（FPA）	3°
12	跑道入口处航道宽度（CourseWidth）	45.6m

说明：关键定位点的位置信息采用 WGS-84 坐标系下的经纬高描述。设置飞机初始位置为 IAF，飞行航向为 225°，并且 IF 为旁切航路点，转弯半径为 4000m。

12.4.4　FLS 进近引导律设计

FLS 进近引导律包括水平引导律和垂直引导律两部分。飞机被 FLS 虚拟波束水平截获前在直线航段采用的引导律为

$$\phi_{\mathrm{g}} = k_1 \Delta D + k_2 (\chi_{\mathrm{leg}} - \chi) V_{\mathrm{GND}} \tag{12-7}$$

在圆弧航段采用的引导律为

$$\begin{cases} \phi_{\mathrm{g1}} = \arctan\left(\dfrac{V^2}{gR_{\mathrm{arc}}}\right) \\ \phi_{\mathrm{g}} = k_3 \phi_{\mathrm{g1}} + k_4 \Delta \dot{D} \end{cases} \tag{12-8}$$

飞机被 FLS 虚拟波束水平截获后采用的引导律为

$$\phi_{\mathrm{g}} = K_{\chi_{\mathrm{lat}}} V_{\mathrm{GND}} (\chi_{\mathrm{FLS}} - \chi) + K_{D_{\mathrm{lat}}} D_{\mathrm{lat}} + K_{\mathrm{DDM}_{\mathrm{lat}}} \mathrm{DDM}_{\mathrm{lat}} \tag{12-9}$$

飞机被 FLS 虚拟波束垂直截获前采用的引导律为

$$\begin{cases} K_{\mathrm{slope}} = \dfrac{H_{\mathrm{start}} - H_{\mathrm{end}}}{D_L} \\ V_{\mathrm{g}} = V_{\mathrm{GND}} K_{\mathrm{slope}} \end{cases} \tag{12-10}$$

飞机被 FLS 虚拟波束垂直截获后采用的引导律为

$$V_{\mathrm{g}} = -V_{\mathrm{GND}} \tan\gamma_{\mathrm{FLS}} + K_{D_{\mathrm{ver}}} D_{\mathrm{ver}} + K_{\mathrm{DDM}_{\mathrm{ver}}} \mathrm{DDM}_{\mathrm{ver}} \tag{12-11}$$

针对以上引导律，选择的飞机增益分别为 $k_1 = 0.05, k_2 = -0.018, k_3 = 1, k_4 = 0.06$，$K_{\chi_{\mathrm{lat}}} = -0.02, K_{D_{\mathrm{lat}}} = 0.014, K_{\mathrm{DDM}_{\mathrm{lat}}} = 2$；$K_{D_{\mathrm{ver}}} = -0.08, K_{\mathrm{DDM}_{\mathrm{ver}}} = -1$。

水平引导律转换逻辑如图 12-10 所示。

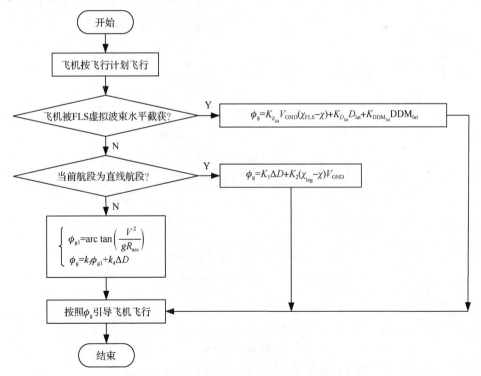

图 12-10　水平引导律转换逻辑

12.4.5　FLS 进近引导技术综合仿真验证

FLS 进近引导技术综合仿真验证包括对基于导航传感器完好性的 FLS 进近能力判断技术、FLS 虚拟波束生成和引导指令计算算法和基于进近方式的 FLS 进近引导模式调度技术的验证。设计的仿真算例如下。

1. 有/无风条件下的仿真验证

为验证本书提出的 FLS 虚拟波束生成和引导指令计算算法的有效性，参考中国民用航空局咨询通告 AC91-FS-2012-16，分别在无风、10 节侧风、20 节逆风和 10 节顺风（1 节=1.852 千米/小时）条件下进行 FLS 进近引导技术综合仿真验证。无风条件下的 FLS 进近引导航迹剖面如图 12-11 所示。

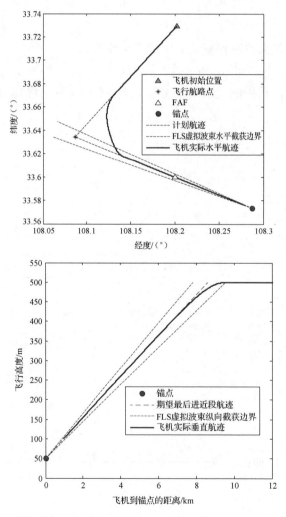

图 12-11　无风条件下的 FLS 进近引导航迹剖面

导航显示器显示界面中的飞机航迹如图 12-12 所示。

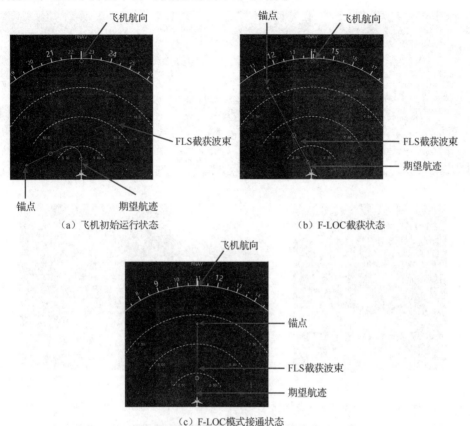

（a）飞机初始运行状态　　　　　　　（b）F-LOC 截获状态

（c）F-LOC 模式接通状态

图 12-12　导航显示器显示界面中的飞机航迹

图 12-12 中的"RNAV"表明选择的进近方式为 RNAV 进近程序，飞机当前航向角为 225°，与初始设定值一致。图 12-12（a）为飞机初始运行状态，此时对应主飞行显示器上的飞行方式信号牌显示在图 12-13（a）中；图 12-12（b）为 F-LOC 截获状态，此时对应主飞行显示器上的飞行方式信号牌显示在图 12-13（b）中；图 12-12（c）为 F-LOC 模式接通状态，此时对应主飞行显示器上的飞行方式信号牌显示在图 12-13（c）中。

图 12-13 所示为按照 FLS 功能执行 RNAV 进近程序时的进近引导模式转换过程：（F-LOC 预位，F-GS 预位）→（F-LOC 截获，F-GS 预位）→（F-LOC 模式接通，F-GS 预位）→（F-LOC 模式接通，F-GS 截获）→（F-LOC 模式接通，F-GS 模式接通）。

图 12-14 所示为按照 FLS 功能执行 RNAV 进近程序时的垂直显示器的显示界面，在 F-GS 截获前，垂直显示器上显示低温修正前后两条垂直航迹；在 F-GS 截获后，这两条航迹重合。

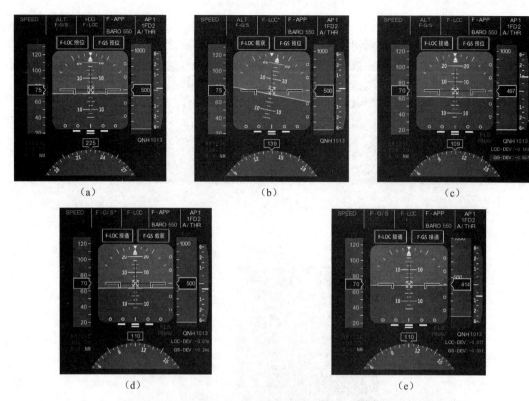

图 12-13　按照 FLS 功能执行 RNAV 进近程序时的进近引导模式转换过程

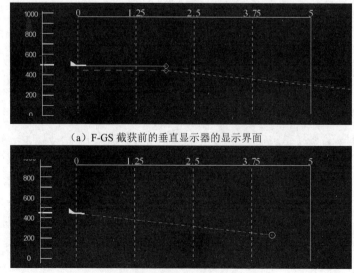

（a）F-GS 截获前的垂直显示器的显示界面

（b）F-GS 截获后的垂直显示器的显示界面

图 12-14　按照 FLS 功能执行 RNAV 进近程序时的垂直显示器的显示界面

FLS 进近过程中飞机姿态变化曲线如图 12-15 所示。

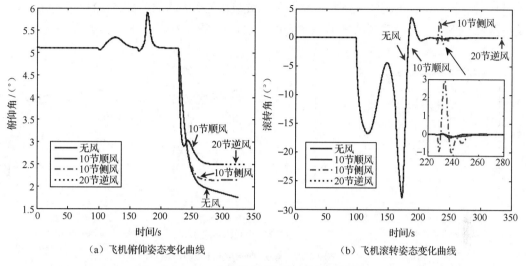

（a）飞机俯仰姿态变化曲线　　　（b）飞机滚转姿态变化曲线

图 12-15　FLS 进近引导过程中飞机姿态变化曲线

从图 12-15 可以看出，在 95s 之前，飞机保持平飞，俯仰角保持在配平状态；飞机在 95～200s 出现大幅度滚转，产生两个滚转角波谷：第一个波谷出现在飞机进入圆弧航段后需要快速调整航向以实现对圆弧的跟随这一过程，第二个波谷出现在飞机被 FLS 虚拟波束水平截获后快速调整航向直到与 FLS 虚拟波束航向保持一致这一过程，在此期间，由于飞机横纵向存在耦合，俯仰姿态出现波动；在 225s 后，飞机被 FLS 虚拟波束垂直截获后，按照固定下滑梯度下降，此时飞机航迹倾斜角固定，飞机姿态稳定，俯仰角也基本保持稳定状态。

飞行按照 FLS 功能执行非精密进近时，相对于 FLS 虚拟波束的水平误差与垂直误差变化曲线分别如图 12-16 和图 12-17 所示。

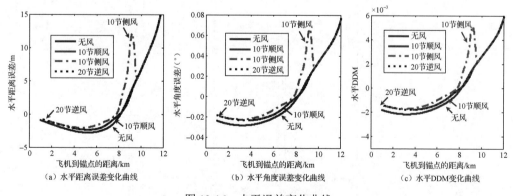

（a）水平距离误差变化曲线　　（b）水平角度误差变化曲线　　（c）水平DDM变化曲线

图 12-16　水平误差变化曲线

图 12-11～图 12-17 所示仿真结果表明，按本书提出的 FLS 虚拟波束生成和引导指令计算算法，飞机能够按照预定航迹飞行；在被 FLS 虚拟波束截获后，飞机能够沿该波束中

心线执行 FLS 进近引导。FLS 进近引导技术的引导效果能够满足 GJB 2191—1994 标准中对进近引导的要求：飞机应保持在与航向信标波束中心线偏差-0.33°～0.33°的范围内，以及保持在与下滑信标波束中心线偏差-0.16°～0.16°的范围内。

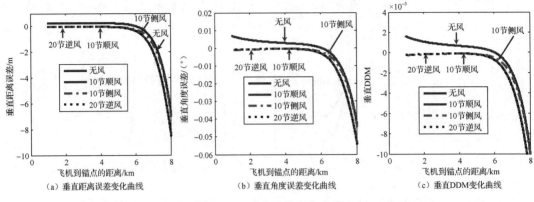

图 12-17　垂直误差变化曲线

2. 在因导航传感器故障引起 FLS 能力降级情况下的仿真验证

为验证本书提出的基于导航传感器完好性的 FLS 进近能力判断算法的有效性，同时对因导航传感器故障引起的 FLS 进近能力降级进行仿真验证。设置的仿真条件与 12.4.3 节一致，利用附加噪声的方法模拟导航传感器故障。假设 GPS 在 100s 时发生软故障，纬度通道出现 (3×10^{-5})deg/s 的误差，该故障持续 10s；在 200s 时发生硬故障，纬度通道出现 (3×10^{-4})deg 的误差，故障持续该 10s。

GPS 纬度通道量测误差变化曲线如图 12-18 所示。

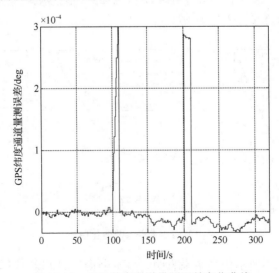

图 12-18　GPS 纬度通道量测误差变化曲线

基于卡尔曼滤波器残差卡方检验（χ^2）和序贯概率比检验联合故障检验结果如图 12-19 所示。

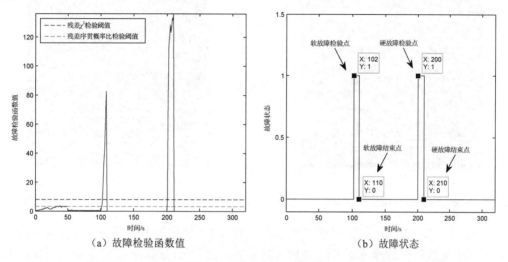

（a）故障检验函数值　　　　　　　　（b）故障状态

图 12-19　基于卡尔曼滤波器残差卡方检验（χ^2）和序贯概率比检验联合故障检验结果

在图 12-19（b）中，故障状态为 0 时，表示导航传感器正常工作；故障状态为 1 时，表示导航传感器发生故障。仿真结果表明，本书提出的基于卡尔曼滤波器残差卡方检验和序贯概率比检验联合故障诊断方法能够对硬故障和软故障快速识别，并能够准确地判断软故障的结束时间。

在导航传感器发生故障的情况下执行 FLS 进近引导过程中主飞行显示器上的飞行方式信号牌显示界面如图 12-20 所示。图 12-20（b）为诊断出 GPS 软故障后，FLS 能力由 F-APP 降级到 F-APP+RAW，此时导航源由 INS-GPS 切换为 INS-DME-DME；图 12-20（c）为检测软故障结束后，FLS 能力又恢复到 F-APP，此时导航源切换回 INS-GPS；图 12-20（d）中 FMA 显示为 F-APP+RAW，是 GPS 发生硬故障造成的 FLS 能力降级。

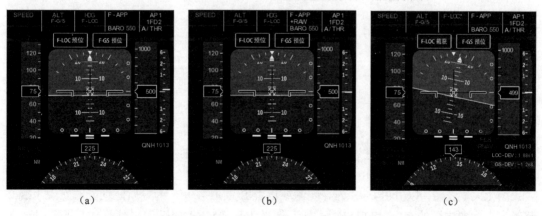

（a）　　　　　　　　（b）　　　　　　　　（c）

图 12-20　在导航传感器发生故障的情况下主飞行显示器上的飞行方式信号牌显示界面

图 12-20　在导航传感器发生故障的情况下主飞行显示器上的飞行方式信号牌显示界面（续）

图 12-18～图 12-20 的仿真结果仅为了验证 10.4.2 节提出的基于滤波器残差卡方检验和序贯概率比检验联合故障诊断方法对 FLS 进近能力的判断，进而证明 FLS 进近引导实施策略是有效的。但为了比较不同进近能力下的 FLS 进近引导技术的引导效果，分别以 GPS-INS 和 INS-DME-DME 作为导航源进行仿真，得到的航迹引导效果如图 12-21 所示（请登录华信教育资源网下载彩色插图，下同）。

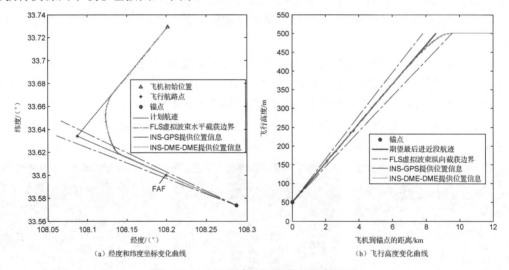

图 12-21　不同导航源下的航迹引导结果

不同导航源情况下最后进近段水平误差与垂直误差变化曲线分别如图 12-22 和图 12-23 所示。

图 12-21 表明，以 INS-GPS 为导航源或以 INS-DME-DME 为导航源均能够实现 12.4.2 节确定指标要求下的 FLS 虚拟进近引导，但以 INS-DME-DME 为导航源时，飞机相对于 FLS 虚拟波束的偏差明显更大，这也就体现了进行 FLS 进近能力判断的意义。

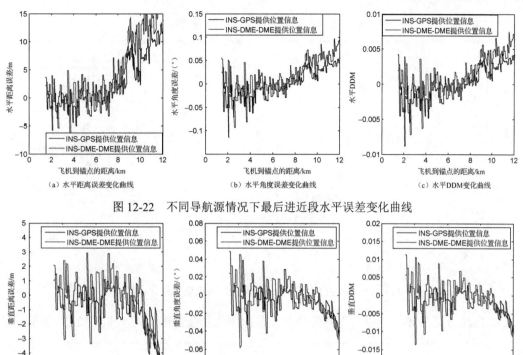

（a）水平距离误差变化曲线　　（b）水平角度误差变化曲线　　（c）水平DDM变化曲线

图 12-22　不同导航源情况下最后进近段水平误差变化曲线

（a）垂直距离误差变化曲线　　（b）垂直角度误差变化曲线　　（c）垂直DDM变化曲线

图 12-23　不同导航源情况下最后进近段垂直误差变化曲线

3. 基于蒙特卡洛模型的 FLS 进近引导技术的引导效果评估

参考 AC 91-FS-2012-16 文件中给出的 FLS 进近引导技术的引导效果评估方法，利用蒙特卡洛模型在导航传感器误差和风干扰的作用下，进行 500 次随机仿真，选择 INS-GPS 导航源。FLS 进近引导航迹结果如图 12-24 所示。

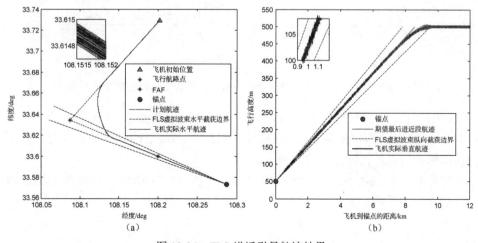

图 12-24　FLS 进近引导航迹结果

在 FLS 进近引导过程中的飞机姿态变化如图 12-25 所示。

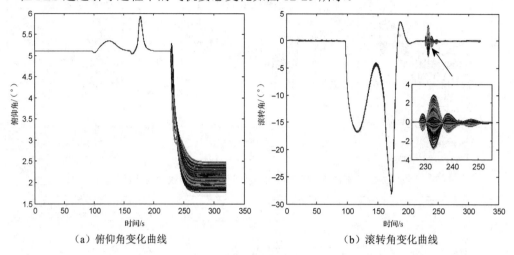

（a）俯仰角变化曲线 （b）滚转角变化曲线

图 12-25 在 FLS 进近引导过程中的飞机姿态变化曲线

在 FLS 进近引导过程中的飞机各种参数指标变化曲线如图 12-26 和图 12-27 所示。

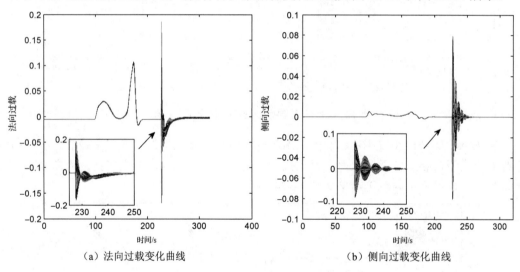

（a）法向过载变化曲线 （b）侧向过载变化曲线

图 12-26 在 FLS 进近引导过程中飞机法向过载与侧向过载变化曲线

仿真时间较长，并且采样时间仅为 0.01s，难以对完整数据进行统计。因此，本书选取 100m、200m、300m 和 400m 四组观测高度，对 12.4.2 节确定的 FLS 进近引导技术的引导效果评估指标中的误差指标进行统计和分析。

不同观测高度处的各种误差分布如图 12-28～图 12-33 所示，相对应的统计特性如表 12-7～表 12-12 所示。

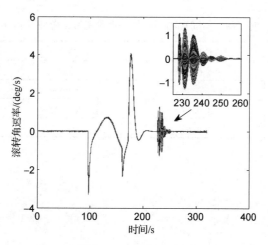

图 12-27　在 FLS 进近引导过程中飞机滚转角速率变化曲线

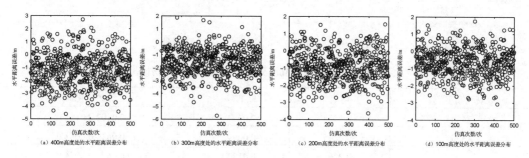

图 12-28　不同观测高度处的水平距离误差分布

表 12-7　不同观测高度处的水平距离误差统计特性

观测高度/m	均值/m	标准差/m	误差范围/m
400	−1.2061	1.2651	(−4.6268,2.6870)
300	−1.6306	1.4051	(−5.7325,1.8610)
200	−0.9336	0.9226	(−3.8825,1.5475)
100	−0.6834	0.8366	(−3.0565,1.7407)

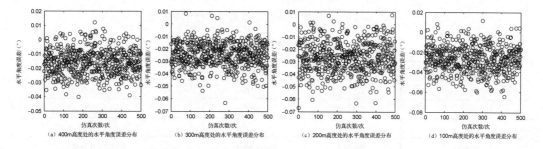

图 12-29　不同观测高度处的水平角度误差分布

表 12-8　不同观测高度处的水平角度误差统计特性

观测高度/m	均值/（°）	标准差/（°）	误差范围/（°）
400	−0.0158	0.0091	（−0.0402,0.0121）
300	−0.0249	0.0099	（−0.0634,0.0081）
200	−0.0267	0.0127	（−0.0671,0.0074）
100	−0.0266	0.0132	（−0.0643,0.0117）

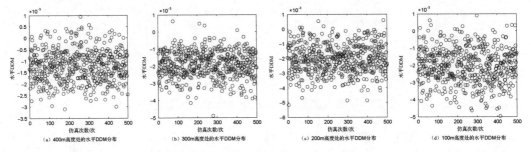

图 12-30　不同观测高度处的水平 DDM 分布

表 12-9　不同观测高度处的水平 DDM 统计特性

观测高度/m	均值	标准差	误差范围
400	−0.0158	0.0091	（−0.0402,0.0121）
300	−0.0249	0.0099	（−0.0634,0.0081）
200	−0.0267	0.0127	（−0.0671,0.0074）
100	−0.0266	0.0132	（−0.0643,0.0117）

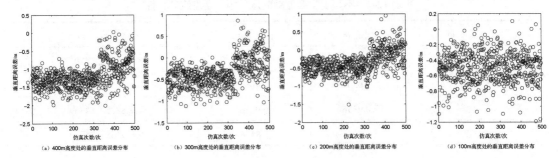

图 12-31　不同观测高度处的垂直距离误差分布

表 12-10　不同观测高度处的垂直距离误差统计特性

观测高度/m	均值/m	标准差/m	误差范围/m
400	−1.1856	0.3667	（−2.0125,0.0201）
300	−0.3570	0.3290	（−1.1175,0.8552）
200	−0.3520	0.3129	（−1.5153,0.9535）
100	−0.4965	0.2070	（−1.1942,0.1003）

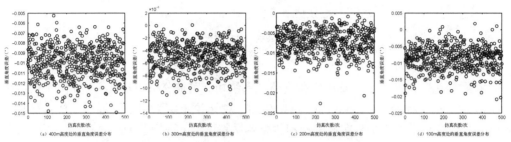

图 12-32　不同观测高度处的垂直角度误差分布

表 12-11　不同观测高度处的垂直角度误差统计特性

观测高度/m	均值/（°）	标准差/（°）	误差范围/（°）
400	−0.0099	0.0017	（−0.0149，−0.0053）
300	−0.0050	0.0021	（−0.0126，0）
200	−0.0074	0.0031	（−0.0226，−0.0007）
100	−0.0087	0.0036	（−0.0209，0.0018）

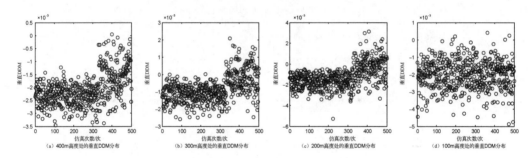

图 12-33　不同观测高度处的垂直 DDM 分布

表 12-12　不同观测高度处的垂直 DDM 统计特性

观测高度/m	均值	标准差	误差范围
400	−0.0021	0.0006	（−0.0035，0）
300	−0.0008	0.0008	（−0.0026，0.0021）
200	−0.0012	0.0011	（−0.0053，0.0031）
100	−0.0020	0.0008	（−0.0049，0.0004）

　　上述仿真结果表明，在导航传感器误差和风干扰下，按照第 10 章提出的算法，能够实现 AC 91-FS-2012-16 要求的进近引导。从飞机姿态上看，为实现对预定航向的跟踪，飞机滚转姿态即使快速调整，但最大滚转角也未达到常规民航飞机的 30°限制值，俯仰姿态变化平稳；从飞机参数指标上看，在执行 FLS 进近引导过程中，最大滚转角速率为 4°/s，法向过载在-0.2～0.2 范围内，侧向过载在-0.1～0.1 范围内；从误差指标上看，水平距离误差、水平角度误差、水平 DDM、垂直距离误差、垂直角度误差、垂直 DDM 均能够满足 GJB 2191—1994、AC 91-FS-2012-16、FAA-AC-120-28D 和 ICAO Annex 10 等标准文件确定的限制条件。

本 章 小 结

本章在进行 FLS 进近引导技术仿真验证系统功能需求分析的基础上，提出了该系统的整体框架。基于 MATLAB/Simulink 和 GL Studio 设计并开发了 FLS 进近引导技术仿真验证系统。利用蒙特卡洛模型，在风干扰和传感器误差作用下进行了 500 次随机仿真，仿真结果表明，第 10 章提出的 FLS 进近引导算法能够引导飞机飞行，使之满足精密进近要求。

参 考 文 献

[1] 王金岩, 孙晓敏, 齐林. 民用飞机飞行管理系统[M]. 上海: 上海交通大学出版社, 2019.

[2] 张汝麟, 宋科璞. 现代飞机飞行控制系统工程[M]. 上海: 上海交通大学出版社, 2015.

[3] RTCA. DO-283B: Minimum Operational Performance Standards for Required Navigation Performance for Area Navigation[S]. Washington DC, USA, 2015.

[4] RTCA. DO-236C: Minimum Aviation System Performance Standards Required Navigation Performance for Area Navigation[S]. Washington DC, USA, 2013.

[5] RINC. 424-21-2016: Navigation System Database[S]. Maryland, USA, 2016.

[6] ARINC. 702A-5-2018: Advanced Flight Management Computer System[S]. Maryland, USA, 2018.

[7] ICAO. Doc 9613: Performance-based Navigation (PBN) Manual[S]. Montréal, Canada, 2008.

[8] ICAO. DOC 9854: Global Air Traffic Management Operational Concept [S]. Montréal, Canada, 2005.

[9] Airbus, A380 Flight Crew Operation Manual [Z], 2005.

[10] Boeing, B787-8 Flight Crew Operation Manual [Z], 2010.

[11] 伊群. 民航空管新技术和航行新技术应用情况回顾[J]. 中国民用航空, 2011(1): 53-56.

[12] 车进军. 推进 "四强空管" 建设 助力民航高质量发展[N]. 中国民航报, 2018-12-13(07).

[13] 吴建民, 吴铭望, 李国经. 大型客机航空电子系统研发关键技术分析及建议[C]// 大型飞机关键技术高层论坛暨中国航空学会 2007 年学术年会论文集. 2007.

[14] 王丹, 马航帅, 孙晓敏, 等. 民用飞机 IRS 冗余配置下融合算法研究[J]. 航空电子技术, 2013, 44(4): 14-17.

[15] 金卯. 在华 30 年合作共赢——本刊总编辑刘柱对话罗克韦尔柯林斯董事长 Clay Jones 先生[J]. 航空制造技术, 2013, 439(19): 38-39.

[16] 姚烨. 海阔凭鱼跃 天高任鸟飞——霍尼韦尔先进技术助力中国民航首次卫星着陆系统演示验证飞行成功[J]. 民航管理, 2015(5): 52-53.

[17] 空客与中国签署四维航迹技术演示验证项目协议[J]. 航空精密制造技术, 2016(5): 63-64.

[18] 中国民航首次开展国产 GBAS 设备验证飞行[J]. 空运商务, 2019(4): 9.

[19] 朱海波, 张军峰, 刘杰, 等. 民用飞机四维航迹预测技术综述[J]. 航空计算技术, 2017(2).

[20] 王艳霞. 民用航空四维航迹的预测模型[J]. 电子技术与软件工程, 2017(17): 167-167.

[21] LYMPEROPOULOS I, LYGEROS J. Sequential Monte Carlo methods for multi-aircraft trajectory prediction in air traffic management[J]. International Journal of Adaptive Control & Signal Processing, 2010, 24(10): 830-849.

[22] 潘薇. 基于数据挖掘的四维航迹运行轨迹预测模型[J]. 计算机应用, 2007, 27(11): 2637-2639.

[23] 王涛波, 黄宝军. 基于改进卡尔曼滤波的四维航迹运行轨迹预测模型[J]. 计算机应用, 2014, 34(6): 1812-1815.

[24] 周宏仁, 等. 机动目标跟踪[M]. 北京: 国防工业出版社, 1991.

[25] LAWTON J A, JESIONOWSKI R J, ZARCHAN P. Comparison of Four Filtering Options for a Radar Tracking Problem[J]. Journal of Guidance, Control, and Dynamics, 1998, 21(4): 618-623.

[26] BLAIR W D, KAZAKOS D. [IEEE 1993 American Control Conference - San Francisco, CA, USA (1993. 6. 2-1993. 6. 4)] 1993 American Control Conference - Second Order Interacting Multiple Model Algorithm for Systems With Markovian Switching Coefficients[C]// American Control Conference. IEEE, 1993: 484-488.

[27] BAR-SHALOM Y, CHANG K C, BLOM H A P. Tracking a maneuvering target using input estimation versus the

interacting multiple model algorithm[J]. IEEE Transactions on Aerospace and Electronic Systems, 1989, 25(2): 296-300.

[28] 潘薇. 基于数据挖掘的四维航迹运行轨迹预测模型[J]. 计算机应用，2007，27(11)：2637-2639.

[29] PREVOST C G, DESBIENS A, GAGNON E. Extended Kalman Filter for State Estimation and Trajectory Prediction of a Moving Object Detected by an Unmanned Aerial Vehicle[C]// American Control Conference. 2007.

[30] LYMPEROPOULOS I, LYGEROS J. Sequential Monte Carlo methods for multi-aircraft trajectory prediction in air traffic management[J]. International Journal of Adaptive Control & Signal Processing, 2010, 24(10): 830-849.

[31] 郭运韬，朱衍波，黄智刚. 民用飞机航迹预测关键技术研究[J]. 中国民航大学学报，2007，25(1)：20-24.

[32] GONG C, CHAN W N. Using flight manual data to derive aero-propulsive models for predicting aircraft trajectories[C]//Proc. of AIAA's Aircraft Technology, Integration, and Operations (ATIO) Forum, Los Angeles, CA. 2002.

[33] WARREN A W, EBRAHIMI Y S. Vertical path trajectory prediction for next generation ATM[C]// Digital Avionics Systems Conference, 1998. Proceedings. 17th DASC. The AIAA/IEEE/SAE. IEEE, 1998.

[34] JACKSON M R, SLATTERY R A, ZHAO Y J. Sensitivity of Trajectory Prediction in Air Traffic Management[J]. Journal of Guidance Control and Dynamics, 1999, 22(2): 219-228.

[35] THIPPHAVONG D P, SCHULTZ C A, LEE A G, et al. Adaptive Algorithm to Improve Trajectory Prediction Accuracy of Climbing Aircraft[J]. Journal of Guidance, Control, and Dynamics, 2013, 36(1): 15-24.

[36] 王超，郭九霞，沈志鹏. 基于基本飞行模型的四维航迹预测方法[J]. 西南交通大学学报，2009(2)：153-158.

[37] 汤新民，韩云祥，韩松臣. 基于混杂系统模型的飞机四维航迹推测[J]. 南京航空航天大学学报，2012(1)：109-116.

[38] 蒋海行，张军峰，武晓光，等. 飞机意图及在四维航迹预测中的应用[J]. 武汉理工大学学报：交通科学与工程版，2015(39)：341.

[39] C.GRABOW, "A method to design a tie-point-based optimized profile descent (OPD) solution, " 2013 IEEE/AIAA 32nd Digital Avionics Systems Conference (DASC), East Syracuse, NY, 2013, pp. 1D3-1-1D3-9.

[40] 韩云祥，汤新民，韩松臣，等. 基于混杂系统理论的无冲突四维航迹预测[J]. 西南交通大学学报，2012，47(6)：1069-1074.

[41] J A Sorensen, "Concepts for generating optimum vertical flight profiles", Analytical Mechanics Associates Inc. and NASA Langley Research Center NASA Contract Report CR-159181, Hampton, VA, USA, 1979.

[42] SORENSEN J A. Generation and evaluation of near-optimum vertical flight profiles[C]// American Control Conference. IEEE, 1983.

[43] IRONS J R P, SCHULTZ R L, ZAGALSKY N R. Energy state approximation and minimum-fuel fixed-range trajectories[J]. Journal of Aircraft, 1971, 8(6): 488-490.

[44] 杜文彬，王超. 基于航线对象方法的四维航迹建模与优化[J]. 计算机技术与发展，2012，22(8)：249-252.

[45] DE SMEDT, D, PUTZ, T.. Flight simulations using time control with different levels of flight guidance[P]. Digital Avionics Systems Conference, 2009. DASC '09. IEEE/AIAA 28th, 2009.

[46] GARRIDO-LOPEZ D, D'ALTO L, LEDESMA R G. A novel four-dimensional guidance for continuous descent approaches[C]// Digital Avionics Systems Conference, 2009. DASC '09. IEEE/AIAA 28th. IEEE, 2009.

[47] BOUADI H, MORA-CAMINO F, CHOUKROUN D. Aircraft time-2D longitudinal guidance based on spatial inversion of flight dynamics[C]// Digital Avionics Systems Conference (DASC), 2012 IEEE/AIAA 31st. IEEE, 2012.

[48] JACKSON, MICHAEL R C, SHARMA, et al. Airborne Technology for Distributed Air Traffic Management[J]. European Journal of Control, 11(4-5): 464-477.

[49] JACKSON M, O'LAUGHLIN B. Airborne Required Time of Arrival Control and Integration with ATM[C]// Aiaa Atio Conf, Ceiat Intl Conf on Innov & Integr in Aero Sciences, Lta Systems Tech Conf; Followed by Teos Forum. 2013.

[50] DE JONG P M A, DE GELDER N, VERHOEVEN R P M, et al. Time and Energy Management During Descent and

Approach: Batch Simulation Study[J]. Journal of Aircraft, 2015, 52(1): 190-203.

[51] 吴树范, 郭锁凤. 基于四维导引的飞机纵向飞行剖面的解算与综合[J]. 航空学报, 1993, 14(5).

[52] 陈正举. 大飞机轨迹优化与四维导航算法研究[D]. 哈尔滨: 哈尔滨工业大学, 2008.

[53] 何皖华, 杨永胜, 敬忠良. 民用飞机上升段四维制导算法设计与仿真[J]. 计算机仿真, 2011, 28(12): 42-46.

[54] 杜实, 郝佳欢, 张楠. 终端区四维轨迹到达时间的控制与计算[J]. 中国民航大学学报, 2011(1): 3-6.

[55] FRANK NEUMAN, DAVID N WARNER. A Flight Investigation of a 4D Area Navigation System Concept for STOL Aircraft in the Terminal Area NASA TMX-73. 195[R]. Boston: NASA, 1977.

[56] FRANK NEUMAN, DAVID N WARNER. A Flight Investigation of a 4D Terminal Area Guidance System Concept for STOL Aircraft[R]. Hampton: NASA, 1983.

[57] 李广文, 贾秋玲, 齐林, 等. 基于四维航迹的飞机连续下降运行飞行引导技术[J]. 中国科学: 技术科学, 2018, 48: 312–325.

[58] KORN B, KUENZ A. 4D FMS for Increasing Efficiency of TMA Operations[C]// Digital Avionics Systems Conference. IEEE, 2007.

[59] DE SMEDT, D, PUTZ, T. Flight simulations using time control with different levels of flight guidance[P]. Digital Avionics Systems Conference, 2009. DASC'09. IEEE/AIAA 28th, 2009.

[60] HONZIK, B. Airborne 4-dimensional trajectory management[P]. Digital Avionics Systems Conference (DASC), 2012 IEEE/AIAA 31st, 2012.

[61] RAMASAMY S, SABATINI R, GARDI A, et al. Novel Flight Management System for Real-Time 4-Dimensional Trajectory Based Operations[C]// Aiaa Guidance, Navigation & Control. 2013.

[62] WILLIAMS D H, GREEN S M. Airborne four-dimensional flight management in a time-based air traffic control environment[R]. 1991.

[63] OSTWALD P. Impacts of ATC Related Maneuvers on Meeting a Required Time of Arrival[C].2006 ieee/aiaa 25TH Digital Avionics Systems Conference. IEEE, 2006: 1-12.

[64] KLOOSTER J, TORRES S, EARMAN D, et al. Trajectory synchronization and negotiation in trajectory based operations[C]//29th Digital Avionics Systems Conference. IEEE, 2010: 1. A. 3-1-1. A. 3-11.

[65] DE PRINS J, LEDESMA R G, MULDER M. Time-based arrival management concept with mixed FMS equipage[C]. 2013 IEEE/AIAA 32nd Digital Avionics Systems Conference (DASC). IEEE, 2013: 1A3-1-1A3-14.

[66] REYNOLDS T, GLINA Y, TROXEL S, et al. Wind Information Requirements for NextGen Applications[J]. Fuel Consumption, 2013.

[67] PARK S G, VADDI V V, KWAN J. Next Generation Flight Management System Simulator[C] Aiaa Scitech. 2015.

[68] SGORCEA R, SYMIONOW W, BALAKRISHNA M, et al. Integrating avionics standards with ground air traffic management systems to meet 2025 operational needs[C]// Digital Avionics Systems Conference. IEEE, 2016.

[69] S MONDOLONI, "Trajectory-based operations—Robust planning under trajectory uncertainty, " 2016 IEEE/AIAA 35th Digital Avionics Systems Conference (DASC), Sacramento, CA, 2016, pp. 1-10.

[70] MOALLEMI M, CLIFFORD J, NEIGHBORS J, et al. Flight dynamics and surveillance equipment simulation for trajectory based operation in unmanned aerial systems[C]// Digital Avionics Systems Conference. IEEE, 2016.

[71] 王力. 航空电子系统仿真实验平台研究[J]. 自动化与仪表, 2005(2): 4-6.

[72] 齐林, 梁斌, 程农. 飞行管理系统实时仿真研究[C]// 全国 petri 网理论与应用学术年会. 2009.

[73] 李大川, 程农, 李清, 等. 基于 AFDX 网络的飞行管理仿真系统[J]. 北京航空航天大学学报(7): 861-867, 876.

[74] 李杨, 杨永胜, 敬忠良. 民用飞机飞行管理仿真系统设计与实现[J]. 飞行力学, 2010(6): 74-78.

[75] 孟繁鹏. 飞行管理仿真系统设计与分析[D]. 上海: 上海交通大学, 2011.

[76] 孟繁鹏, 胡士强. 飞行管理数字仿真系统设计[J]. 计算机仿真, 2011(8): 67-71+277.

[77] 魏志强, 王超. 飞行管理系统中飞行计划模块的功能设计与仿真实现[J]. 民用飞机设计与研究, 2012(3): 22-25.

[78] 邢健. 基于高精度四维航迹预测的空中交通诱导技术研究[D]. 南京: 南京航空航天大学, 2015.

[79] 顾俊伟. 基于多源数据融合的四维航迹规划技术研究[D]. 南京: 南京航空航天大学, 2016.

[80] 程农, 拓朴笃, 李清, 等. 新航行体系下大型客机飞行管理系统关键技术研究与仿真验证[J]. 中国科学: 技术科学, 2018, 48(3): 264-276.

[81] ICAO ATMRPP. SESAR TBO Concept[R]. 2015.

[82] SESAR Joint Undertaking. Initial 4D trajectory[R]. 2014.

[83] FAA. NextGen Priorities 2017[R]. 2017.

[84] FAA. NextGen-SESAR State of Harmonisation[R]. 2018.

[85] ICAO. Doc 9993: Continuous Climb Operations (CCO) Manual[S]. Montréal, Canada, 2012.

[86] ICAO. Doc 9931: Continuous Descent Operations (CDO) Manual[S]. Montréal, Canada, 2010.

[87] DANCILA B D, BOTEZ R M. Construction of an aircraft's VNAV flight envelope for in-FMS flight trajectory computation and optimization[C]// AIAA Aviation 2014. 2014.

[88] PATRÓN, R S Félix, Botez R M, et al. New altitude optimisation algorithm for the flight management system CMA-9000 improvement on the A310 and L-1011 aircraft[J]. The Aeronautical Journal, 2013, 117(1194): 787-805.

[89] 张燕光. 航空气象学[M]. 北京: 中国民航出版社, 2014.

[90] 张中广, 时宏伟, 等. 一种基于 ADS-B 信息的冲突告警算法[J]. 计算机与现代化, 2015(11): 79-83.

[91] CAAC. CCAR-91-R2: 一般运行和飞行规则[S]. 中国民用航空总局, 2008.

[92] 中华人民共和国交通运输部. 交通运输部关于修改《一般运行和飞行规则》的决定[R]. 2018.

[93] Dubins L E. On Curves of Minimal Length with a Constraint on Average Curvature, and with Prescribed Initial and Terminal Positions and Tangents[J]. American Journal of Mathematics, 1957, 79(3): 497-516.

[94] 苏志刚, 王广超, 郝敬堂. 基于大圆航线的飞行动态信息三维可视化[J]. 计算机测量与控制, 2016, 24(8): 233-235.

[95] ARINC. 702A-3-2006: Advanced Flight Management Computer System[S]. Maryland, USA, 2006.

[96] ARINC. 702A-4-2014: Advanced Flight Management Computer System[S]. Maryland, USA, 2014.

[97] 中国民用航空局飞行标准司. 广播式自动相关监视(ADS-B)在飞行运行中的应用[R]. 2008.

[98] 中国民用航空局空管行业管理办公室, 中国民用航空局空中交通管理局. 关于下发《广播式自动相关监视(ADS-B)管制运行规程》的通知[R]. 2011.

[99] 中国民用航空局飞行标准司, 中国民用航空局航空器适航审定司. 在无雷达区使用 1090 兆赫扩展电文广播式自动相关监视的适航和运行批准指南[S]. 2010.

[100] Wilkinson T, Pederson D. Automatic takeoff thrust management system: US, US6880784[P]. 2005.

[101] BOWAN B A. Active Thrust Management of a Turbopump within a Supercritical Working Fluid Circuit in a Heat Engine System[P]. US201515523485. 2017.

[102] 姚志超. 民用飞机新型推力管理架构研究[A]. 第九届长三角科技论坛——航空航天科技创新与长三角经济转型发展分论坛论文集[C]. 江苏省航空航天学会, 上海市宇航学会, 上海市航空学会, 浙江省航空航天学会, 江苏省航空航天学会, 2012: 5.

[103] 李乐尧, 王新民, 杨森, 等. 民用客机推力管理系统仿真研究[J]. 计算机仿真, 2014, 31(9): 42-45+50.

[104] 宗军耀, 郑智明. 民用飞机推力管理系统架构浅析[J]. 科技展望, 2014(10).

[105] 王日先. 飞/推综合系统建模与控制研究[D]. 南京: 南京航空航天大学, 2011.

[106] 申功勋, 高金源, 张津. 飞机综合控制与飞行管理[M]. 北京: 北京航空航天大学出版社. 2008, 402-408.

[107] 刘国刚. 综合飞行/推进控制关键技术研究[D]. 南京: 南京航空航天大学, 2002.

[108] SCHREUR J M. B737 flight management computer flight plan trajectory computation and analysis[C]//American Control Conference. IEEE, 1995.

[109] A310 Flight Crew Operating Manual. Airbus Training.

[110] BRIERE D, TRAVERSE P. AIRBUS A320/A330/A340 electrical flight controls—A family of fault-tolerant systems[J]. 1993.

[111] 石斌. 航空发动机高可靠性 FADEC 软件系统技术研究[D]. 西安: 西北工业大学, 2004.

[112] 黄家骅, 冯国泰. 航空发动机特性仿真技术的进展与展望[J]. 推进技术, 2002, 23(4).

[113] 华振. 民用飞机假设温度减推力起飞研究与仿真[J]. 科技视界, 2016(18): 21-21.

[114] 宋花玉. 飞机起飞性能计算中发动机推力确定方法的改进[J]. 航空计算技术, 2015(1).

[115] CFM Company. CFM Fleet Highlites[M]. France: Snecma, 2014.

[116] 王朝蓬, 汪涛, 马志平. 民用飞机灵活温度起飞和试验数据简析[J]. 工程与试验, 2016, 56(4): 33-35.

[117] 华振. 民用飞机假设温度减推力起飞研究与仿真[J]. 科技视界, 2016(18): 21.

[118] 黄太平. 飞机性能工程[M]. 北京: 科学出版社, 2005.

[119] 刘雪涛, 张序. 空客 A320 系列爬升性能研究[J]. 沈阳航空航天大学学报, 2015(2): 91-96.

[120] AIAA. Information requirements for pilots to execute 4D trajectories on the airport surface[C]//AIAA 2009, 2009: 1-12.

[121] TEMIZKAN S, SIPAHIOĞLU A. A mathematical model suggestion for airspace sector design[J]. Journal of the Faculty of Engineering & Architectu, 2016, 31(4): 913-920.

[122] TREIMUTH T, DELAHAYE D, NGUEVEU S U. A branch-and-price algorithm for Dynamic Sector Configuration[C]//8th International Conference on Applied Operational Research (ICAOR). 2016, 8: 47-53.

[123] NETO E P, BAUM D M, HERNANDEZ-SIMÕES C E, et al. An airspace capacity-based safety assessment model considering UAS integration[C]//International Conference on Unmanned Aircraft Syst, 2017: 961-970.

[124] ITOH E, BROWN M, SENOGUCHI A, et al. Future arrival management collaborating with Trajectory-Based operations[M]. [S. l.]: Springer Japan, 2017.

[125] LANSONNEUR M, THOREAU T, WILDEY S, et al. Safely Flying Non-Precision Instrument Approaches[J]. Airbus Safety first magazine, 2017, 23(1): 7

[126] 董建民. 非精密进近执行 CDFA 的两种新方法[J]. 环球飞行, 2015, 0(11): 28-33.

[127] 苏金. 基于 CDFA 技术提高非精密进近安全[J]. 民航学报, 2018, 2(3): 26-28+54.

[128] 喻思琪, 张小红, 郭斐, 等. 卫星导航进近技术进展[J]. 航空学报, 2019, 40(3): 16-37.

[129] SONG B H, SIN H S, MOON K B. A Study on the Approach Methods with a Constant Vertical Speed for Diminution of CFIT Accidents in Non-Precision Approach. 2005, 13(4): 43-57.

[130] ETIENNE TARNOWSKI. From Non-Precision Approaches to Precision-like Approaches Method and Operational Procedures[J]. Flight Safety Foundation Aerosafety World. 2007, 10.

[131] 周贵荣. C919 飞机要求授权的所需导航性能(RNP AR)设计与仿真验证. 中国商用飞机有限责任公司上海飞机设计研究院, 2018-11-14.

[132] TAMER SAVAS, OZLEM SAHIN. Safety assessment of RNP AR approach procedures[J]. Int. J. of Sustainable Aviation, 2017, 3(1).

[133] AIRBUS S. A. S (空中客车公司). Customer Services Directorate 31707 Blagnac Cedex France. A380 Flight Crew Operating Manual[G]. 2005.

[134] ROBERT B. DAVIS, Integrated Approach Navigation System, Method and Computer Program Product [P], 2011.

[135] 杨浩. 利用 xLS 助推更高效安全的仪表进近[J]. 民航学报, 2020, 4(2): 61-67.

[136] 项勇. 新技术带来的挑战——B787 机型 IAN 在非精密进近中的应用[J]. 中国民用航空, 2014(11): 12+14+16.

[137] LOOTS D D, PARICAUD E, THEBAULT Y. Method for operating flight management system (FMS), involves selecting FMS landing system (FLS) guidance mode and FM vertical guidance mode to operate FMS during designated

approach if designated approach is non-precision approach[P], 2012.

[138] 马立群，孙晓哲，杨士斌，等. 民用飞机飞控系统传感器故障诊断研究综述[J]. 电光与控制，2022，29(1)：56-60.

[139] MCINTYRE M D W, GOSSETT C A. The Boeing 777 Fault Tolerant Air Data and Inertial Reference System-a new venture in working together[C]. //Digital Avionics Systems Conference, 1995., 14th DASC. 1995: 178-183.

[140] JOSHI, SURESH M, GONZALEZ, et al. Identifiability of Additive Actuator and Sensor Faults by State Augmentation[J]. Journal of Guidance, Control, and Dynamics: A Publication of the American Institute of Aeronautics and Astronautics Devoted to the Technology of Dynamics and Control, 2014, 37(3): 941-946. DOI: 10. 2514/1. 62523.

[141] 雷宝权，曾进. 一种惯性辅助卫星完好性监测多解分离法的优化方法[J]. 中国惯性技术学报，2014，22(3)：374-380.

[142] PENG LU, ERIK-JAN VAN KAMPEN, CORNELIS DE VISSER, et al. Nonlinear aircraft sensor fault reconstruction in the presence of disturbances validated by real flight data[J]. Control Engineering Practice, 2016, 49: 112-128.

[143] G ALCALAY, C SEREN, G HARDIER, et al. Development of virtual sensors to estimate critical aircraft flight parameters[J]. IFAC PapersOnLine, 2017, 50(1): 14174-14179.

[144] JURADO, JUAN, RAQUET, et al. Single-Filter Finite Fault Detection and Exclusion Methodology for Real-Time Validation of Plug-and-Play Sensors[J]. IEEE Transactions on Aerospace and Electronic Systems, 2021, 57(1): 66-75.

[145] 张浩，肖勇，杨朝旭，等. 基于双状态卡方故障检测的组合导航系统[J]. 航空学报，2020，41(S2)：53-60.

[146] 魏春岭，张洪钺. 一种基于神经网络的传感器故障诊断方法[J]. 中国惯性技术学报，2001，9(3)：29-33. DOI: 10. 3969/j. issn. 1005-6734. 2001. 03. 006.

[147] DENNICE GAYME, SUNIL MENON, CHARLES BALL, et al. Fault Diagnosis in Gas Turbine Engines Using Fuzzy Logic[C]. //2003 IEEE International Conference on Systems, Man and Cybernetics (SMC '03), vol. 4. 2003: 3756-3762.

[148] 谢廷峰，刘洪刚，吴建军. 基于主元分析法的液体火箭发动机传感器故障检测与诊断[J]. 宇航学报，2007，28(6)：1668-1672, 1703.

[149] JONNY CARLOS DA SILVA, ABHINAV SAXENA, EDWARD BALABAN, et al. A knowledge-based system approach for sensor fault modeling, detection and mitigation[J]. Expert Systems with Application, 2012, 39(12): 10977-10989.

[150] 李长征，张瑜. 基于广义回归神经网络的传感器故障检测[J]. 推进技术，2017，38(9)：2130-2137.

[151] 张宁. 面向无人机航电仿真系统的多模态控制逻辑设计与实现[D]. 四川：电子科技大学，2013.

[152] 曹云峰，庄丽葵，丁萌，等. 一种用于飞行器多模态控制系统的设计方法[P]，2015.

[153] 邵慧，岳峰，徐宏哲. 民用飞机自动飞行系统导航模式及相关告警设计[J]. 电子技术与软件工程，2016(4)：31.

[154] HoRN A, LI W C, BRAITHWAITE G. Human-Centered Design of Flight Mode Annunciation for Instantaneous Mode Awareness. 15th International Conference on Engineering Psychology and Cognitive Ergonomics (EPCE) held as part of the 20th International Conference on Human-Computer Interaction (HCI International), 2018, 10906: 137-146.

[155] 王飞. 大型客机飞行导引控制系统工作模式仿真研究[D]. 天津：中国民航大学，2020.

[156] 蒋超，张国强，李嘉玮. 基于 MATLAB 的民机多模态飞行控制[J]. 兵工自动化，2021，40(8)：38-42.

[157] 方学东，朱代武，陈肯. 基于 Gauss 平均引数的 RNAV 进近程序航迹引导参数计算[J]. 航空计算技术，2009，39(5)：19-22.

[158] MA L, LI G W, XU L N, et al. A Generation of Glidepath and Guidance Errors of Shipboard Aircraft Based on SRGPS. C IEEE/CSAA CGNCC 2018: 2044-2051.

[159] 刘文学，王亮亮，缪炜涛，等. 一种 GLS 连续下降进近飞机位置偏差计算方法[J]. 航空计算技术，2020，50(4)：5-8.

[160] 常凡凡. 基于 III 级着陆标准的民用客机自动着陆系统的设计[D]. 西安：西北工业大学，2012.

[161] 高丽丽. 固定翼无人机总体设计及自主着陆控制技术研究[D]. 南京: 南京航空航天大学, 2017.

[162] 向薇, 刘辛果. 低温情况下的最后进近航段安全超障分析[J]. 中国科技信息, 2017(16): 30-31.

[163] 袁丁, 翟瑞, 戴晨亮, 等. 气压式高度表的低温修正算法研究[J]. 航空计算技术, 2019, 49(3): 24~27.

[164] 中国南方航空公司. A380 飞机飞行机组训练手册[G], 2005.

[165] Boeing Commercial Airplanes, B787 Flight Crew Training Manual[G], 2007.

[166] FAA Order 8260. 5, UNITED STATES STANDARD FOR REQUIRED NAVIGATION PERFORMANCE (RNP) APPROACH PROCEDURES WITH SPECIAL AIRCRAFT AND AIRCREW AUTHORIZATION REQUIRED (SAAAR)[G]. 2005.

[167] DOC-8168, Aircraft Operations II Construction of Visual and Instrument Flight Procedures[S]. International Civil Aviation Organization. 2006. `

[168] 秦永元. 惯性导航[M]. 北京: 科学出版社, 2006.

[169] 秦永元, 张洪钺, 王叔华. 卡尔曼滤波与组合导航原理[M]. 西安: 西北工业大学出版社, 2012.

[170] 中华人民共和国国家军用标准. 军用飞机大气数据系统通用规范(GJB1190A-2012)[S]. 2012.

[171] 中华人民共和国民用航空行业标准. MH/T 4006. 2-1998 航空无线电导航设备第 2 部分: 甚高频全向信标(VOR)技术要求[S]. 1998.

[172] 朱建设. 民机传感器系统[M]. 上海: 上海交通大学出版社, 2015.

[173] 中华人民共和国国家军用标准. 航空精密距离测量系统性能要求和测试方法(GJB 6277-2008)[S]. 2008.

[174] 马航帅, 王丹, 孙晓敏. 区域导航陆基无线电导航系统自动选台和定位算法研究[J]. 航空电子技术, 2015, 46(1): 29-34+51.

[175] 韩利军, 刘晴晴, 董纯, 等. 惯性/陆基无线电组合导航算法研究[J/OL]. 战术导弹技术: 1-6[2021-09-07]. https://doi. org/10. 16358/j. issn. 1009-1300. 2021. 1. 175.

[176] 崔小丹, 程咏梅, 李振威. 多余度大气/惯性系统高灵敏度故障检测方法[J]. 西北工业大学学报, 2020, 38(5): 971-976.

[177] 熊鑫, 黄国勇, 王晓东. 基于卡方检验的自适应鲁棒 CKF 组合导航算法[J]. 探测与控制学报, 2019, 41(5): 125-131.

[178] JOERGER, MATHIEU, PERVAN, et al. Fault Detection and Exclusion Using Solution Separation and Chi-Squared ARAIM[J]. IEEE Transactions on Aerospace and Electronic Systems, 2016, 52(2): 726-742.

[179] PRAMANIK SANDIPAN, JOHNSON VALEN E, BHATTACHARYA ANIRBAN. A modified sequential probability ratio test[J]. Journal of Mathematical Psychology, 2021, 101.

[180] 李莉. 最小二乘法时间配准在测量数据融合中的应用[J]. 仪表技术, 2017(12): 35-36+49.

[181] 杨春, 张磊, 郭健, 等. 采用双状态传播卡方检验和模糊自适应滤波的容错组合导航算法[J]. 控制理论与应用, 2016, 33(4): 500-511.

[182] 张闯, 赵修斌, 庞春雷, 等. SINS/GNSS/CNS 组合导航自适应容错联邦滤波方法[J]. 控制理论与应用, 2019, 36(9): 1469-1476.

[183] 张春熹, 卢鑫, 高爽, 等. 基于残差卡方检验和动态 Allan 方差的 INS/GPS 故障检测与定位算法研究[J]. 导航与控制, 2018, 17(2): 25-31.

[184] 吕旭, 胡柏青, 戴永彬, 等. 基于 AR 建模的组合导航系统渐变故障双阈值检测方法[J]. 中国惯性技术学报, 2021, 29(1): 133-140.

[185] 马航帅, 王丹, 孙晓敏. 基于 RNP 的 DR/GPS/DME/VOR 综合导航及性能评估方法[J]. 指挥控制与仿真, 2017, 39(2): 123-128.

[186] XIA JIANHUA, ZHANG JINBING, WANG YANG, et al. WC-KNNG-PC: Watershed clustering based on k-nearest-neighbor graph and Pauta Criterion[J]. Pattern Recognition, 2022, 121.

[187] 张振慧, 张正江, 胡桂廷, 等. 基于拉依达准则与线性拟合的改进型无迹卡尔曼滤波粗大误差补偿算法[J]. 计算

机测量与控制，2019，27(11)：153-156+162.

[188] 中华人民共和国民用航空行业标准. MH/T 4006. 1-1998 航空无线电导航设备第 1 部分：仪表着陆系统(ILS)技术要求[S]. 1998.

[189] A300-600 AIRCRAFT MAINTENANCE MANUAL [G]. 1994.

[190] 中华人民共和国国家军用标准. 有人驾驶飞机自动驾驶仪通用规范(GJB-2191-1994)[S]. 1994：8.

[191] 中国民用航空局飞行标准司. 航空器运营人全天候运行要求(AC-91-FS-2012-16)，2012：109.

[192] FAA Advisory Circular AC-120-28D. CRITERIA FOR APPROVAL OF CATEGORY Ⅲ WEATHER MINIMA FOR TAKEOFF, LANDING, AND ROLLOUT[S]. 1999.

[193] ICAO Annex 10. Aeronautical Telecommunications[S]. 2006.